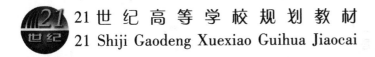

21世纪高等学校规划教材

21 Shiji Gaodeng Xuexiao Guihua Jiaocai

Tumu Gongcheng Cailiao

土木工程材料

（第二版）

叶青　丁铸　主编

中国质检出版社

中国标准出版社

北　京

图书在版编目（CIP）数据

土木工程材料（第二版）/叶青，丁铸主编. —2 版. —北京：中国质检出版社，2013.9（2023.2 重印）

21 世纪高等学校规划教材

ISBN 978 - 7 - 5026 - 3834 - 4

Ⅰ.①土…　Ⅱ.①叶…②丁…　Ⅲ.①土木工程—建筑材料—高等学校—教材　Ⅳ.①TU5

中国版本图书馆 CIP 数据核字（2013）第 108715 号

内　容　提　要

　　本书系统地讲述了常用土木工程材料的基本组成及结构、生产工艺、技术性质、应用和材料实验等基本理论及应用技术，还介绍了土木工程材料的新技术和发展方向。全书共分为十五章，内容包括绪论、材料的基本性质、天然石材、气硬性胶凝材料、水泥、混凝土、砂浆、聚合物材料、沥青及防水材料、沥青混合料、建筑钢材、墙体材料、木材、绝热材料和吸声材料、其他土木工程材料和材料实验。

　　本书采用了最新技术标准和规范、最新课程内容，应用性强、适用面宽，可作为高等院校土木工程类各相关专业的教材，也可供土木工程设计、施工、科研、工程管理和监理人员学习参考。

中国质检出版社
中国标准出版社　出版发行

北京市朝阳区和平里西街甲 2 号（100013）

北京市西城区三里河北街 16 号（100045）

网址：www. spc. net. cn

总编室：(010) 64275323　发行中心：(010) 51780235

读者服务部：(010) 68523946

中国标准出版社秦皇岛印刷厂印刷

各地新华书店经销

＊

开本 787×1092　1/16　印张 21.25　字数 511 千字

2013 年 9 月第二版　　2023 年 2 月第十二次印刷

＊

定价：42.00 元

序　言

伴随着近年来经济的空前发展和社会各项改革的不断深化，建筑业已成为国民经济的支柱产业和重要的经济增长点。该行业的快速发展对整个社会经济起到了良好的推动作用，尤其是房地产业和公路桥梁等各项基础设施建设的深入开展和逐步完善，也进一步促使整个国民经济逐步走上了良性发展的道路。与此同时，建筑行业自身的结构性调整也在不断进行，这种调整使其对本行业的技术水平、知识结构和人才特点提出了更高的要求，因此，近年来教育部对高校土木工程类各专业的发展日益重视，并连年加大投入以提高教育质量，以期向社会提供更加适应经济发展的应用型技术人才。为此，教育部对高等院校土木工程类各专业的具体设置和教材目录也多次进行了相应的调整，使高等教育逐步从偏重于理论的教育模式中脱离出来，真正成为为国家培养生产一线的高级技术应用型人才的教育，"十二五"期间，这种转化将加速推进并最终得以完善。为适应这一特点，编写高等院校土木工程类各专业所需教材势在必行。

针对以上变化与调整，由中国质检出版社牵头组织了21世纪高等学校规划教材的编写与出版工作，该套教材主要适用于高等院校的土木工程、工程监理以及道路与桥梁等相关专业。由于该领域各专业的技术应用性强、知识结构更新快，因此，我们有针对性地组织了中南林业科技大学、深圳大学、大连海洋大学、浙江工业大学以及北方工业大学等多所相关高校、科研院所以及企业中兼具丰富工程实践和教学经验的专家学者担当各教材的主编与主审，从而为我们成功推出该套框架好、内容新、适应面广的好教材提供了必要的保障，以此来满足土木工程类各专业普通高等教育的不断发展和当前全社会范围内建设工程项目安全体系建设的迫切需要；这也对培养素质全面、适应性强、有创新能力的应用型技术人才，进一步提高土木工程类各专业高等教育教材的编写水平起到了积极的推动作用。

针对应用型人才培养院校土木工程类各专业的实际教学需要，本系列教材的编写尤其注重了理论与实践的深度融合，不仅将建筑领域科技发展的新理论合理融入教材中，使读者通过对教材的学习可以深入把握建筑行业发展的全貌，而且也将建筑行业的新知识、新技术、新工艺、新材料编入教材中，使读者掌握最先进的知识和技能，这对我国新世纪应用型人才的培养大有裨益。相信该套教材的成功推出，必将会推动我国土木工程类高等教育教材体系建设的逐步完善和不断发展，从而对国家的新世纪人才培养战略起到积极的促进作用。

教材编审委员会
2013 年 6 月

第一版前言
• FOREWORD •

　　本书以高等学校土木工程专业指导委员会编写的《土木工程材料教学大纲》为依据进行编写，系统地讲述了常用土木工程材料的基本组成及结构、生产工艺、技术性质、应用和材料实验等基本理论及应用技术，还介绍了土木工程材料的新技术和发展方向。通过认真学习和阅读，读者将能掌握主要土木工程材料的性质、用途、制备和使用方法以及检测和质量控制方法，并可了解材料性质与材料组成及结构的关系、以及性能改善的途径，了解材料与设计参数及施工措施选择的相互关系，能针对不同工程的要求进行合理选用材料。

　　本书由浙江工业大学叶青教授和深圳大学丁铸教授担任主编，浙江工业大学孔德玉副教授、黑龙江八一农垦大学薛辉副教授和浙江树人大学金小群副教授担任副主编。各章编写人员如下：叶青编写绪论、第一、第二、第四和第九章，丁铸编写第六、第七、第八和第十四章，孔德玉编写第五章，薛辉编写第十五章，金小群编写第十和十二章，浙江树人大学盛黎编写第三章，浙江工业大学马成畅编写第十一章，衢州学院朱劲松编写第十三章。

　　本书采用了最新技术标准和规范、最新课程内容，理论联系实际，突出应用性，应用性强、适用面宽，可作为高校土木工程类各专业的教材，也可供土木工程设计、施工、科研、工程管理、监理人员学习参考。

由于土木工程材料科学和技术发展很快，新材料、新工艺层出不穷，各行业的技术标准不统一，加之我们的水平所限，编写时间仓促，书中难免有不当、甚至错误之处，敬请读者批评指正。

编　者

2010 年 8 月

第二版前言
• FOREWORD •

《土木工程材料》第一版于 2010 年 9 月发行，是原中国计量出版社（现中国质检出版社）"十一五"高等学校通用教材（土木建筑类）系列之一。经过 3 年的使用，相关院校反映较好。根据各个院校使用者的建议、有关规范与标准的发展以及出版社的要求，我们对本书进行了修订。

本次修订在原书基本框架基础上，由浙江工业大学叶青教授对本教材进行了部分修订（主要内容为混凝土配合比、砂浆配合比和材料试验等），并经深圳大学丁铸教授进行了审阅。

本书由浙江工业大学叶青教授和深圳大学丁铸教授担任主编，浙江工业大学孔德玉副教授、黑龙江八一农垦大学薛辉副教授和浙江树人大学金小群副教授担任副主编。各章编写人员如下：叶青编写绪论、第一、第二、四和九章，丁铸编写第六、七、八和十四章，孔德玉编写第五章，薛辉编写第十五章，金小群编写第十和十二章，浙江树人大学盛黎编写第三章，浙江工业大学马成畅编写第十一章，衢州学院朱劲松编写第十三章。

由于土木工程材料科学和技术发展很快，新材料、新工艺层出不穷，各行业的技术标准不统一，加之我们的水平所限，编写时间仓促，书中难免有不当，甚至错误之处，敬请读者批评指正。

编　者
2013 年 4 月

目录 CONTENTS

绪　论

一、土木工程材料的定义

土木工程材料是指在土木工程建设中所使用的各种材料及其制品的总称,它是土木工程的物质基础。土木工程材料种类繁多,应用广泛,品种达数千种之多。随着社会生产力和科技水平的发展,依次主要有土、石块、木材、砖瓦、石灰、石膏、铸铁、钢、水泥、钢筋、混凝土、预应力混凝土、合金结构钢、塑料和橡胶等土木工程材料。

二、土木工程材料的分类

按材料的使用性能,可分为:①承重结构材料,主要是指梁、柱、板、桩、墙体和其他受力构件所用的材料,最常用的有钢材、混凝土、砖和石材等;②非承重结构材料,主要是指框架结构的填充墙、内隔墙和其他围护等所用的材料;③功能材料,主要有防水材料、防火材料、装饰材料、保温材料、吸声(隔声)材料和采光材料等。

按材料的使用部位,可分为结构材料、墙体材料、屋面材料、地面材料和饰面材料等。

按工程类别,可分为建筑材料、道路建筑材料、港工材料、水工材料和核工业材料等。

按材料的化学组成,可分为无机材料、有机材料和复合材料,见表0—1。

表0—1　按材料的化学组成分类的土木工程材料

分　类		实　例
无机材料	金属材料	黑色金属:铁、建筑钢材
		有色金属:铜、铝、铝合金
	无机非金属材料	天然材料:石材、砂、碎石
		无机胶凝材料:石灰、石膏、水泥
		硅酸盐制品:砖、瓦、玻璃、陶瓷
		无机纤维材料:玻璃纤维、矿物棉等
有机材料	植物材料	木材、竹材等
	沥青材料	石油沥青、煤沥青等
	高聚物材料	塑料、橡胶、有机涂料、胶粘剂
复合材料	无机非金属复合材料	水泥混凝土、砂浆、无机结合料稳定混合料
	金属－无机非金属材料	钢筋混凝土、钢纤维混凝土
	有机－无机非金属材料	玻璃钢、聚合物混凝土、沥青混凝土
	金属－有机材料	轻质金属夹芯板

三、土木工程材料的发展简史

在原始社会，土木工程材料以天然材料为主，如土、草、竹、木、石材、土坯和石灰等。最早的人工材料主要为烧土制品，如砖、瓦和陶瓷等。近代土木工程材料主要有钢、水泥、混凝土、平板玻璃、粘结剂和人造板材等，而且发展较快。现代新型土木工程材料主要有聚合物、铝合金、合金钢、高性能混凝土、新型墙体材料、装饰材料和节能材料等。

材料科学的发展标志着人类文明的进步。人类的历史由史前的石器时代，经过青铜器时代、铁器时代，发展到今天的人工合成材料时代。同样，材料的发展也标志着土木工程建设事业的进步。高层建筑、大跨度结构和海洋工程等，无一不与材料的发展紧密相连。

四、土木工程材料的现状

由目前我国的材料现状来看，普通水泥、普通钢材、普通混凝土和普通防水材料仍是最主要的土木工程材料。这是因为这一类材料已有比较成熟的生产工艺和应用技术，使用性能尚能满足目前的消费需求。

虽然近十年来土木工程材料工业有了较大的进步和发展，但与发达国家相比，还存在着品种较少、质量档次较低、生产和使用能耗较大及浪费严重等问题。因此，如何发展和应用新型土木工程材料已成为现代化建设急需解决的关键问题。

随着现代化建筑向高层、大跨度、节能、美观、舒适等方向的发展和人民生活水平与国民经济实力的提高，特别是基于新型土木工程材料的自重轻、抗震性能好、能耗低和大量利用工业废渣等的优点，研究开发和应用土木工程新材料已成为必然。

五、未来土木工程材料的发展趋势

土木工程材料的发展，必须遵循可持续发展的方针，大力发展低能耗、无污染、环境友好型的绿色材料产品，积极采用高技术成果，全面推进材料工业的现代化。材料的发展要求主要为：轻质、高强、大尺寸和高性能等。因此，主要发展下列材料：

轻质高强型材料。目前的主要目标仍然是开发高强度钢材和高强度混凝土，同时探讨由碳纤维及其他纤维材料与混凝土和聚合物等复合制成的轻质高强度结构材料。

高耐久性材料。到目前为止，普通建筑物和构筑物的设计使用年限一般为50～100年。现代社会设施的建设，例如超高层建筑、水利设施等大型工程，耗资巨大、建设周期长、维修困难，因此对其结构物的耐久性要求越来越高。所以应注重开发高耐久性的材料。

新型墙体材料和建筑节能新材料。墙体材料的改革已成为国家保护土地资源、节省建筑能耗的一个重要环节。灰砂砖、加气混凝土砌块和板材等将更广泛地用作墙体材料。外墙外保温、新型节能门窗等节能技术和产品也将被普遍推广和使用。

环保型材料。为了实现可持续发展、保护环境和生态平衡的目标，将土木工程材料对环境造成的负面影响控制在最小限度之内，需要开发研究环保型土木工程材料。

智能化材料。即材料本身具有自我诊断、预告破坏、自我调节、自我修复的功能。当内部发生某种异常变化时，这类材料能将材料的内部状况，例如位移、变形、开裂等情况反映出来，以便在破坏前采取有效措施。

路面材料。提高路面材料的抗冻性、抗裂性，开发耐久性高、并具有可再生利用的路面材料是今后的发展方向。还应开发和应用具有透水性、排水性、透气性的路面材料。

六、材料在土木工程中的重要地位

土木工程材料是土建工程的物质基础。没有材料，也就没有建筑。材料的费用约占土建工程总投资的 60%，因此材料的价格直接影响到建设投资。

土木工程材料与建筑、结构和施工之间存在着相互促进、相互依存的密切关系。例如，大跨度结构、预应力结构的大量应用，要求提供更高强度的混凝土和钢材，以减小构件截面尺寸、减轻建筑物自重。同样，泵送和高强混凝土的推广与应用，要求发展新的钢筋混凝土结构设计和施工技术。

建筑物的功能和使用寿命在很大程度上取决于土木工程材料的性能。如装饰材料的装饰效果、钢材的锈蚀、混凝土的劣化、防水材料的老化等问题，无一不是材料问题，也正是这些材料的特性构成了建筑物的整体性能。因此，由强度设计理论向耐久性设计理论的转变，关键在于材料耐久性的提高。

建设工程的质量，在很大程度上取决于材料质量的控制。如钢筋混凝土结构的质量（除配筋外）主要取决于混凝土强度、密实度和是否产生裂缝。在材料的选择、生产、储运、使用和检验评定过程中，任何环节的失误，都将可能导致土木工程的质量事故。事实上，在国内外土木工程建设中的质量事故，绝大部分都与材料的质量缺损有关。

建筑物可靠度的评价，在很大程度上取决于材料可靠度的评价。材料信息参数是构成构件和结构性能的基础，在一定程度上"材料－构件－结构"组成了宏观上的"本构关系"。因此，作为一名土木工程技术人员，无论是从事设计、施工或管理工作，均必须掌握土木工程材料的基本知识，并做到合理选材、正确使用、重视维护和保养等。

在土木工程建设中材料、建筑、结构、施工四者是密切相关的。从根本上说，材料是基础，它决定了建筑形式和施工方法。新材料的开发，可以促使建筑形式的变化、结构设计和施工技术的革新。土建工程的发展和需要又推动了材料的发展。例如，秦时，阿房宫由石材、木材、砖瓦等建成。那时肯定也想到要建一个十层二十层的阿房宫，但是由于生产力和科技水平的低下，秦砖汉瓦是不适合建造高楼大厦的。但那时的人们已想到了要建仙山琼阁。又如，开发月球，到月球上造建筑物，就必须要了解月球环境，在材料、建筑、结构和施工等方面按照月球的变化规律去研制材料。

七、土木工程材料的技术标准

在我国，技术标准分为四级：国家标准 GB、行业标准、地方标准 DB 和企业标准 QB。国家标准是由国家标准化管理委员会发布的全国性的指导技术文件。行业标准也是全国性的指导技术文件，但它由各行业主管部门发布，其代号按各部门名称而定，如建材标准代号为 JC，建工标准为 JG，交通标准 JT、石油标准 SY、化工标准 HG、水电标准 SD、冶金标准 YJ 和中国工程建设标准化协会标准 CECS 等。地方标准是地方主管部门发布的地方性指导技术文件。企业标准则仅适用于本企业；凡没有制定国家标准、行业标准和地方标准的产品，均应制定相应的企业标准。与土木工程材料关系密切的国际或外国标准，主要有国际标准 ISO、美国材料试验协会标准 ASTM、日本工业标准 JIS、德国工业标准 DIN、英国标准 BS 和法国标准 NF 等。熟悉有关的技术标准，并了解制定标准的科学依据，也是十分必要的。

技术标准代号按标准名称、部门代号、编号和批准年份的顺序编写,按要求执行的程度分为强制性标准和推荐标准(在部门代号后加"/T"表示"推荐")。例如,国家标准《通用硅酸盐水泥》(GB 175—2007),部门代号为 GB,编号 175,批准年份为 2007 年,为强制性标准。又如混凝土用砂,除可满足《建设用砂》(GB/T 14684—2011)外,还须满足《普通混凝土用砂、石质量及检验方法标准》(JGJ 52—2006)的规定。

目前我国绝大多数土木工程材料都有相应的技术标准,这些技术标准涉及产品规格、分类、技术要求、验收规则、代号与标志、运输与储存和取样方法等内容。

土木工程材料的技术标准是确定产品质量的技术依据。对于生产企业,必须按照标准生产,控制其质量。对于使用部门,则可按照标准进行选材、设计和施工,并按标准验收产品。

八、本课程的地位和教学目的

本课程是土木工程专业学生必修的专业基础课,它与公共基础课及专业课紧密衔接,起着承上启下的作用。

本课程的教学目的在于使学生掌握主要土木工程材料的性质、用途、制备和使用方法,以及检测和质量控制方法;了解土木工程材料性能与材料结构的关系,以及性能改善的途径。通过本课程的学习,使学生能针对不同工程的需要进行合理选材,并与后续课程密切配合,了解材料与设计、施工之间的相互关系。

实验课是本课程的重要教学环节之一,其任务是验证基本理论、学习试验方法、培养科学研究能力。做实验时要严肃认真、一丝不苟,即使对一些操作简单的实验,也不应例外。要了解实验条件对实验结果的严重影响,并对实验结果作出正确的分析和判断。

九、单位和数值修约问题

来源于人名的计量单位符号首字母大写:N、Pa、K 等;一般单位符号为小写:m、s、g、min 等;体积单位"升"的符号为"l",可以大写为"L"。10^{3n} 的代号,请见下表 0—2。常见单位有:kN,kg,mm,MPa,kPa,kN·m,kJ/K,W/(m·K)等。常见问题有:12km^2,是 12 平方千米,而不是 12 千平方米;力矩的单位是 Nm 或 N·m,而不是 mN 或 m·N;3ks^{-1},是 3 每千秒,而不是 3 千每秒;遇到除号时,读为"每"字,如"/s","s^{-1}"。

表 0—2　10^{3n} 的代号(并以米为单位)

10^{3n}	10^9m	10^6m	10^3m	10^{-1}m	10^{-2}m	10^{-3}m	10^{-6}m	10^{-9}m
代号	Gm	Mm	km	dm	cm	mm	μm	nm
	吉米	兆米	千米	分米	厘米	毫米	微米	纳米

数值修约按《数值修约规则与极限数值的表示和判定》(GB/T 8170—2008)进行。拟舍弃数值的进舍规则按"四舍六入五单双法进行",也即"四舍六入五考虑,五后非零则进一,五后皆零视奇偶,五前为偶应舍去,五前为奇则进一"。表 0—3 为将一组数值计算至 1(或修约间隔为 1 或修约到个位数)的实例。表 0—4 为将一组数值计算至 5(或修约间隔为 5 或将个位数修约为 5)的实例,其步骤为将拟修约数值乘以 2,按修约间隔为 10 进行修约,所得

数值再除以 2,即为将个位数修约为 5。

表 0—3　下列数值计算至 1（或修约间隔为 1 或修约到个位数）

	5.500	5.501	5.400	5.600	6.500	6.501	6.400	6.600	5.475
修约间隔为 1	6	6	5	6	6	7	6	7	5

表 0—4　下列数值计算至 5（或修约间隔为 5 或将个位数修约为 5）

A	400.0	402.5	402.6	407.4	407.5	≤2.5	>2.5	<7.5	≥7.5
2A	800.0	805.0	805.2	814.8	815.0				
2A,修约间隔为 10	800	800	810	810	820				
2A/2,修约间隔为 5	400	400	405	405	410	0	5	5	10

第一章　土木工程材料的基本性质

第一节　材料的物理性质

一、材料的含水状态及其质量

亲水材料的含水状态主要有如下四种，以卵石或砂为例，如图1—1所示。

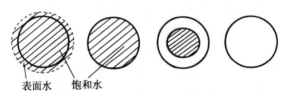

表面水　饱和水
①湿润状态　②饱和面干状态　③气干状态　④干燥状态

图1—1　材料的含水状态示意图

①湿润状态（wet）：材料不仅在内部孔隙中吸水饱和，而且在其表面被水润湿，并附有一层水膜。在常温常压下通常将试样放入水中浸泡4d后，由水中取出即为湿润状态。此时称得的质量即为湿润状态质量（m_{wet}或$m_{湿}$）。

②饱和面干状态（saturated-surface-dry）：材料表面干燥，内部孔隙吸水饱和。即将上述湿润状态的试样，用拧干的湿毛巾擦除表面水分后，即为饱和面干状态或饱水状态。其质量即为饱和面干状态质量或表干质量（m_{ssd}或m_b）。

③气干状态（air-dry）：材料表面干燥，内部孔隙中部分含水。即在室内或室外与空气相对湿度平衡时的含水状态，其含水量的大小与空气相对湿度和温度密切相关。其质量即为气干状态质量（m_{ad}）。

④干燥状态（oven-dry）：材料内外不含任何自由水或含水极微。通常在（105 ± 5）℃条件下烘干而得。其质量即为干燥质量（m_{od}或m）。

除上述四种基本含水状态外，材料还可能处于两种基本状态之间的过渡状态中。

二、材料的含孔状态及其体积

大多数材料内部都含有孔隙（pores），孔隙的特征和孔隙的多少对材料的性能均会产生影响。材料的孔隙特征主要涉及三个方面：①按孔隙尺寸大小，分为微孔、细孔和大孔三种；②按孔隙之间是否相互连通，分为孤立孔和连通孔；③按孔隙与外界是否连通，分为与外界连通的开口孔（open/interconnected pores）和与外界不连通的闭口孔（closed/disconnected pores）。

若把开口孔和闭口孔的体积分别记为 V_K 和 V_B，则材料的孔隙体积 $V_P = V_K + V_B$。

含孔材料的体积组成如图 1—2 所示，其体积包括以下三种情况：

①材料绝对密实体积，用 V 表示。是指不包括材料内部孔隙体积的固体物质的实体体积。

②材料绝对密实体积 + 闭口孔隙体积，用 $V + V_B = V' = V_{排}$ 表示。是指包括了材料内部闭口孔隙体积的固体物质本身的体积。它等于干燥状态粒状或块状材料的排水体积（$V_{排}$）。因为水不能进入闭口孔，故常用排水法测定该体积。

③自然状态下的体积，用 $V_0 = V + V_P = V + V_K + V_B$ 表示。是指材料的实体体积与材料所含全部孔隙体积之和，即包括材料实体体积和内部孔隙的外观几何形状的体积。

散粒状含孔材料群体的堆积体积组成如图 1—3 所示，其中含有颗粒之间的空隙（voids）体积（V_V）。散粒状材料的总体积，用 $V'_0 = V + V_P + V_V = V + V_K + V_B + V_V$ 表示。

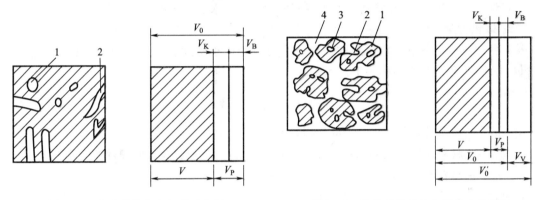

图 1—2 含孔材料体积组成示意图
1—闭口孔；2—开口孔

图 1—3 散粒材料松散体积组成示意图
1—颗粒中的固体物质；2—颗粒的开口孔隙；
3—颗粒的闭口孔隙；4—颗粒间的空隙

三、材料质量与体积有关的性质

1. 密度

材料在绝对密实状态下单位体积的质量称为材料的密度（density）。用公式表示为：

$$\rho = \frac{m}{V} \tag{1—1}$$

式中　ρ——密度，g/cm^3 或 kg/m^3；

　　　m——材料在干燥状态下的质量，g 或 kg；

　　　V——干燥材料在绝对密实状态下的体积，cm^3 或 m^3。

土木工程材料中除钢材、玻璃等外，绝大多数材料均含有一定的孔隙。测定多孔材料密度时，须将材料磨成细粉（过 0.20mm 方孔筛），经干燥后用李氏瓶测定其密实体积。材料磨得愈细，测得的密度值愈精确。密度测定时，体积测定可按以下几种情况进行：

①完全密实材料：如玻璃、钢、铁、单矿物等。对于外形规则的材料可测量其几何尺寸来计算其绝对密实体积；对于外形不规则的材料可用排水（液）法测定其绝对密实体积。

②多孔材料：如砖、岩石等。磨细烘干后用李氏瓶测定其绝对密实体积。

③粉状材料：如水泥、粉煤灰等。用李氏瓶测定其绝对密实体积（瓶中装入的液体根据

被测材料的性质而定,如测定水泥时采用煤油)。

2. 表观密度

材料(主要是指散粒状材料)在包括了闭口孔隙体积的条件下单位体积的干燥质量称为材料的表观密度(apparent density)。用公式表示为:

$$\rho' = \frac{m}{V'} = \frac{m\rho_w}{m - m_{sw}} \tag{1—2}$$

式中 ρ'——表观密度,g/cm^3 或 kg/m^3;

m——材料在干燥状态下的质量,g 或 kg;

m_{sw}——已吸水饱和的材料在水中称得的质量,g 或 kg;

ρ_w——水的密度,在常温下约为 $1.00 g/cm^3$ 或 $1000 kg/m^3$;

V'——干燥材料包括闭口孔体积在内的体积,$V' = V + V_B = V_{排} = (m - m_{sw})/\rho_w$,$cm^3$ 或 m^3。

工程上砂、碎石等散粒状材料的表观密度就是用排水法测定的。

3. 体积密度

材料在自然状态下单位体积的质量称为材料的体积密度(bulk density)(或表观密度)(原称容重,道路工程中亦称为毛体积密度)。用公式表示为:

$$\rho_0 = \frac{m^*}{V_0} \tag{1—3}$$

式中 ρ_0——材料的体积密度,g/cm^3 或 kg/m^3;

m^*——材料的质量,g 或 kg,一般以干燥状态为准,若材料含水时须注明含水情况;

V_0——材料在自然状态下的体积,cm^3 或 m^3。

由式(1—3),可派生出干体积密度:

$$\rho_0 = \frac{m}{V_0} = \frac{m\rho_w}{m_{ssd} - m_{sw}} \tag{1—3a}$$

由式(1—3),可派生出表干体积密度 ρ_{0ssd}(或饱和面干体积密度):

$$\rho_{0ssd} = \frac{m_{ssd}}{V_0} = \frac{m_{ssd}\rho_w}{m_{ssd} - m_{sw}} \tag{1—3b}$$

材料在自然状态下的体积是指包含材料内部开口孔隙和闭口孔隙的体积。该体积的测定方法有三种:量积法、水中称量法和封蜡法。对于外形规则的材料,宜用量积法测定其体积。对于外形不规则(但开口孔尺寸较小)的材料,宜用水中称量法。对于外形不规则(但开口孔尺寸较大)的材料,宜用封蜡法。

材料体积密度的大小与其含水情况有关。当材料含水率变化时,其质量和体积均有所变化。因此测定材料体积密度时,须同时测定其含水率,并予以注明。在烘干状态下的体积密度称为干体积密度。通常材料的体积密度是指气干状态下的体积密度。

4. 堆积密度

散粒状材料在自然堆积状态下单位体积的质量称为堆积密度(accumulated density)。用公式表示为:

$$\rho'_0 = \frac{m^*}{V'_0} \tag{1—4}$$

式中 ρ'_0——散粒材料的堆积密度,kg/m^3;

m^*——散粒材料的质量，kg，一般以干燥状态为准，若材料含水时须注明含水情况；

V_0'——散粒材料在自然堆积状态下的体积，$V_0' = V + V_B + V_K + V_V = V_筒$，$m^3$。

散粒材料在自然堆积状态下的体积，是指既含有颗粒内部的孔隙，又含有颗粒之间空隙在内的总体积。散粒材料的体积可用已标定容积的容量筒（$V_筒$）测得。砂和碎石的堆积密度即由此法测得。若以捣实体积计算时，则称紧密堆积密度。

由于大多数材料或多或少含有一些孔隙，故有一般干燥材料的密度≥表观密度≥体积密度≥堆积密度。

在土木工程中，计算材料用量、构件自重、配料、材料堆放的体积或面积时，常用到材料的密度、表观密度、体积密度和堆积密度。常用土木工程材料的密度、表观密度、体积密度和堆积密度等见表1—1。

表1—1　常用土木工程材料的密度、表观密度、体积密度、堆积密度、孔隙率和空隙率

材料名称	密度/ $g \cdot cm^{-3}$	表观密度/ $kg \cdot m^{-3}$	体积密度/ $kg \cdot m^{-3}$	堆积密度/ $kg \cdot m^{-3}$	孔隙率 （%）	空隙率 （%）
钢	7.85		7850		0	
花岗岩	2.60～2.90		2500～2800		0.5～1	
石灰岩	2.50～2.80		2400～2750		0.5～1	
石灰岩碎石	2.50～2.80	2450～2780		1350～1650		45～50
砂	2.50～2.80	2450～2780		1350～1650		45～50
黏土	2.50～2.70			1600～1800		35～40
水泥	2.80～3.20			1200～1300		50～60
烧结普通砖	2.50～2.70		1600～1900		20～30	
烧结多孔砖	2.50～2.70		800～1480		50～60	
红松木	1.55		380～700			
泡沫塑料			20～50			
普通混凝土	2.50～2.60		2100～2600		5～20	

四、材料孔隙率与密实度

1. 孔隙率

材料内部孔隙体积占总体积的百分率称为材料的孔隙率（P，porosity）。用公式表示为：

$$P = \frac{V_P}{V_0} \times 100\% = \frac{V_0 - V}{V_0} \times 100\% = \left(1 - \frac{\rho_0}{\rho}\right) \times 100\% \qquad (1—5)$$

材料孔隙率的大小直接反映材料的密实程度，孔隙率小，则密实程度高。孔隙率相同的材料，它们的孔隙特征可以不同，如大孔和小孔、孤立孔和连通孔、开口孔和闭口孔。因此，孔隙率及其孔隙特征与材料的许多重要性质（如强度、吸水性、抗渗性、抗冻性和导热性等）密切相关。一般而言，孔隙率较小且连通孔较少的材料，其吸水性较小、强度较高、抗渗性与抗冻性较好。

2. 密实度

固体物质的体积占总体积的百分率称为密实度（D），反映材料体积内被固体物质所充

实的程度。用公式表示为：

$$D = \frac{V}{V_0} \times 100\% = \frac{\rho_0}{\rho} \times 100\% \tag{1—6}$$

孔隙率与密实度的关系为：

$$P + D = 1 \quad \text{或} \quad 孔隙率 + 密实度 = 1 \tag{1—7}$$

五、散粒状材料的空隙率与填充率

1. 空隙率

散粒材料堆积体积中，颗粒间空隙体积［还应包括（部分）开口孔体积］所占总体积的百分率称为空隙率（P'，percentage of voids 或 voids content）。用公式表示为：

$$P' = \frac{V_V + V_K}{V_0'} \times 100\% = \left(1 - \frac{\rho_0'}{\rho'}\right) \times 100\% \tag{1—8}$$

空隙率的大小反映了散粒材料的颗粒之间相互填充的密实程度。

在配制混凝土时，砂和碎石的空隙率是作为控制混凝土中骨料级配与计算混凝土砂率时的重要依据。

注：如在一堆卵石中，空隙与开口孔是有边界的，但难划定。在拌制和成型混凝土时，水泥浆能填充在空隙中，也会深入到开口孔中，但又难以深入到又细又长开口孔的末端。

2. 填充率

填充率（D'）是指在某堆积体积中，被散粒材料的颗粒所填充的程度。用公式表示为：

$$D' = \frac{V + V_B}{V_0'} \times 100\% = \frac{\rho_0'}{\rho'} \times 100\% \tag{1—9}$$

空隙率与填充率的关系为：

$$P' + D' = 1 \quad \text{或} \quad 空隙率 + 填充率 = 1 \tag{1—10}$$

六、材料与水有关的性质

1. 亲水性和憎水性

当材料与水之间的分子亲合力大于水本身分子间的内聚力时，材料表现为亲水性（water affinity, lyophilic radical）。亲水材料能被水润湿。土木工程材料中大多数为亲水性材料，如水泥、混凝土、砂、石、砖、木材等。

当材料与水之间的分子亲合力小于水本身分子间的内聚力时，材料表现为憎水性（water repellency, lyophobic radical）。憎水材料不能被水润湿。土木工程材料中少数为憎水性材料，如沥青、石蜡及某些塑料等。

材料被水湿润的情况也可用润湿边角 θ 表示。在材料（固相）、水、空气这三相的交点处，作沿水滴表面的切线，此切线与材料和水接触面的夹角 θ，称为润湿边角，如图 1—4 所示。θ 愈小，表明材料愈易被水润湿。当 $\theta \leqslant 90°$ 时［见图 1—4（a）］，材料表面吸附水，材料表面能被水润湿而表现出亲水性，这种材料称为亲水性材料；当 $\theta > 90°$ 时［见图 1—4（b）］，材料表面不吸附水，此种材料称为憎水性材料。当 $\theta = 0°$ 时，表明材料完全被水润湿。上述概念也适用于其他液体对固体的润湿情况，相应地称为亲液材料和憎液材料。

亲水性材料易被水润湿，且水能通过毛细管作用而渗入材料内部，表现为毛细管水上

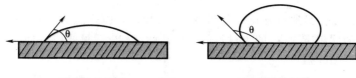

(a) 亲水性材料　　　　　　　　　(b) 憎水性材料

图1—4　材料润湿示意图

升。憎水性材料则能阻止水分渗入毛细管中,从而降低材料的吸水性,表现为毛细管水下降。憎水性材料常被用作防水材料,或用作亲水性材料的覆面层,以提高其防水、防潮性能。

2. 吸湿性

材料在潮湿空气中吸收水分的性质称为吸湿性。材料的吸湿性用含水率($W_含$,moisture content)表示。含水率是指材料内部所含水质量占材料干质量的百分率,用公式表示为:

$$W_含 = \frac{m_含 - m}{m} \times 100\% \tag{1—11}$$

式中　$m_含$——材料在潮湿空气中吸收水分的质量,g,即为气干状态质量(m_{ad});

　　　m——干燥材料的质量,g。

材料的吸湿性随着空气湿度和环境温度的变化而改变,当空气湿度较大且温度较低时,材料的含水率较大,反之则小。材料中所含水分与周围空气的湿度相平衡时的含水率,称为平衡含水率(equilibrium moisture content)。具有许多微小开口孔隙的材料,吸湿性特别强,在潮湿空气中能吸收很多水分,这是由于这类材料的内表面积很大,吸附水的能力很强所致。

当材料吸湿达到饱和状态或极限时的含水率即为吸水率。

3. 吸水性

材料在水中吸收水分的性质称为吸水性。吸水性用吸水率表示,有以下两种表示方法:

①质量吸水率(W_m,water absorption):是指材料在吸水饱和时,其内部所吸收水分的质量占材料干质量的百分率。用下式表示:

$$W_m = \frac{m_{ssd} - m}{m} \times 100\% \tag{1—12}$$

式中　m_{ssd}——饱和面干状态质量,g。

土木工程材料一般采用质量吸水率。各种材料的吸水率差异很大,如花岗岩的质量吸水率只有 0.5% ~ 1.0%,混凝土的质量吸水率为 2% ~ 5%,烧结普通砖的质量吸水率为 8% ~ 20%,木材的质量吸水率可超过 100%。

②体积吸水率(W_V):是指材料在吸水饱和时,其内部所吸收水分的体积占干燥材料自然体积的百分率。用下式表示:

$$W_V = \frac{m_{ssd} - m}{V_0 \rho_w} \times 100\% \tag{1—13}$$

式中　V_0——材料在自然状态下的体积,cm^3 或 m^3;

　　　ρ_w——水的密度,常温下取 $1.00g/cm^3$。

质量吸水率与体积吸水率有下列关系:

$$W_V = W_m \rho_0 / \rho_w \qquad (1—14)$$

材料所吸收的水分是通过开口孔隙吸入的,故开口孔隙率愈大,则材料的吸水量愈多。材料吸水饱和时的体积吸水率,即为材料的开口孔隙率(P_K)[见式(1—15)]。因此,体积吸水率不会大于等于100%。

$$W_V = (m_{ssd} - m)/(V_0 \rho_w) \times 100\% \approx V_K/V_0 \times 100\% = P_K \qquad (1—15)$$

材料的吸水性与材料的孔隙率及孔隙特征有关。对于细微连通的孔隙,孔隙率愈大,则吸水率愈大。封闭的孔隙内水分不易进去,而开口的大孔虽然水分易进入,但不易保留,只能润湿孔壁,所以吸水率仍然较小。

材料的吸水性和吸湿性均会对材料的性能产生不利影响。材料吸水后会导致其自重增大、导热性增大、强度与耐久性下降。干湿交替还会引起材料形状和尺寸的改变而影响使用。

注1:开口孔的体积可由材料吸入水的体积或质量来确定,即在常温常压下将干燥试样放入水中浸泡4d后测定吸入水的体积。但对于一些又细又长的开口孔(见图1—5),在常温常压下水是难以渗入到孔的前端的,这部分孔隙体积将成为闭口孔体积的一部分。故在其他领域,有要求在一定的负压条件或在沸煮条件下测定吸入水的体积,以得到真实的开口孔的体积。

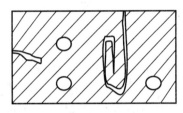

图1—5　具有又细又长的
开口孔的材料图示

注2:(广义)含水率(water content)——材料在任意含水状态下的质量(m_{wat}),减去其干燥质量,再除以其干燥质量后,所得到的百分率,即为(广义)含水率(W_{wat})。

$$W_{wat} = \frac{m_{wat} - m}{m} \times 100\% \qquad (1—16)$$

例如,露天堆放的气干状态卵石,经短时小雨淋湿后,卵石表面被水润湿,但内部孔隙中含水还未达到饱和,现场施工要使用这些卵石,这时就要测定它的(广义)含水率。即现场含水率是随时可测的,含水状态可以是任意的。

4. 耐水性

材料长期在饱和水作用下,强度不显著降低的性质称为耐水性(water resistance)。材料的耐水性用软化系数($K_{软}$,softening coefficient)表示:

$$K_{软} = R_{ssd}/R \qquad (1—17)$$

式中　R_{ssd}——材料在饱和水状态下的强度,MPa;

　　　R——材料在干燥(或气干,不能经受105℃烘干的材料)状态下的强度,MPa。

材料的软化系数通常在 0 ~ 1。不同材料的值相差较大,如粘土砖坯,$K_{软} = 0$;而钢材,$K_{软} = 1$。土木工程中将 $K_{软} > 0.85$ 的材料,称为耐水材料。在设计长期处于水中或潮湿环境中的重要结构时,必须选用 $K_{软} > 0.85$ 的材料。用于受潮较轻或次要结构物的材料,其值不宜 < 0.75。

$K_{软}$ 值的大小表明材料在浸水饱和后强度降低的程度。一般来说,材料被水浸湿后,强度均会有所降低。这是因为组成材料的微粒表面吸附了水分,形成水膜,削弱了微粒间的结合力。$K_{软}$ 值愈小,表示材料吸水饱和后强度下降愈多,即耐水性愈差。

5. 抗渗性

材料抵抗压力水(或溶液)渗透的性质称为抗渗性(impermeability)。材料的抗渗性通常用渗透系数表示。渗透系数的意义是:一定厚度的材料,在单位压力水头作用下,在单位时间内透过单位面积的水量。用公式表示为:

$$K = \frac{Qd}{HAt} \qquad (1—18)$$

式中　K——材料的渗透系数,m/s;

　　　d——材料的厚度,m;

　　　t——渗水时间,s;

　　　Q——渗透水量,m^3;

　　　A——渗水面积,m^2;

　　　H——静水压力水头,m。

K 值愈大,表示渗透通过材料的水量愈多,即抗渗性愈差。

材料的抗渗性也可用抗渗等级表示。抗渗等级是以规定的试件,在标准试验条件下所能承受的最大水压力来确定。例如,混凝土抗渗等级以符号"Pn"表示,如 P8 表示在标准试验条件下 150mm 厚的混凝土材料能承受 0.8MPa 的水压而不渗水。

材料的抗渗性与其孔隙特征和内部薄弱区有关。封闭孔隙中水不易渗入,因此封闭孔隙率大的材料,其抗渗性仍然良好。细微连通的孔隙中水易渗入,故这种孔隙愈多,材料的抗渗性愈差。开口大孔中水最易渗入,故其抗渗性最差。混凝土材料的内部薄弱区主要为水泥硬化浆体与骨料的界面过渡区,因存在着潜在裂缝,水易沿着界面渗透。

抗渗性是决定材料耐久性的重要因素。在设计地下结构、压力管道、压力容器等结构时,均要求其所用材料具有一定的抗渗性能。抗渗性也是检验防水材料质量的重要指标。

6. 抗冻性

材料在吸水饱和状态下,经受多次冻融循环作用而质量损失不大,强度也无显著降低的性质称为材料的抗冻性(resistance to freezing and thawing)。

材料的抗冻性用抗冻等级表示。抗冻等级是以规定的试件,在规定的试验条件下,测得其强度(或相对动弹性模量)降低和质量损失不超过规定值时所能经受的冻融循环次数,用符号"Fn"表示,其中 n 即为最大冻融循环次数,如 F50、F100 等。

材料抗冻等级的选择,是根据结构物的种类、使用要求、气候条件等来确定的。例如烧结普通砖、陶瓷面砖、轻混凝土等墙体材料,一般要求其抗冻等级为 F15 或 F25;用于桥梁和道路的混凝土应为 F50、F100 或 F200,而水工混凝土有的要求高达 F300。

材料受冻融破坏主要是因其孔隙中的水结冰所致。水结冰时体积增大约 9%,若材料孔隙中充满水,则结冰膨胀对孔壁产生很大的冻胀应力,当此应力超过材料的抗拉强度时,孔壁将产生局部开裂。随着冻融循环次数的增多,材料破坏加重。所以材料的抗冻性取决于其孔隙率、孔隙特征、充水程度和材料对结冰膨胀所产生的冻胀应力的抵抗能力。如果孔隙未充满水,即还未达到饱和,具有足够的自由空间,则即使受冻也不致产生很大的冻胀应力。极细的孔隙虽可充满水,但因孔壁对水的吸附力极大,吸附在孔壁上水的冰点很低,它在一般负温下不会结冰。粗大孔隙中水分一般不会充满其中,对冻胀破坏可起缓冲作用。毛细管孔隙中易充满水分,又能结冰,故对材料的冻融破坏影响最大。若材料的变形能力大、强度高、软化系数大，则其抗冻性较高。一般认为软化系数小于 0.80 的材料，其抗冻性较差。

七、材料与热有关的性质

土木工程材料除了须满足必要的强度及其他性能要求外，为了降低建筑物的使用能耗，以及为生产和生活创造适宜的条件，常要求土木工程材料具有一定的热工性质，以维持室内温度。常考虑的热工性质有材料的导热性、热容量和比热等。

（1）导热性

材料传导热量的能力称为导热性。材料的导热性可用导热系数（thermal conductivity coefficient）表示。导热系数的物理意义是：厚度为 1m 的材料，当其相对两侧表面温度差为 1K 时，在 1s 时间内通过面积为 $1m^2$ 的热量。用公式表示为：

$$\lambda = \frac{Qd}{(T_2 - T_1)At} \tag{1—19}$$

式中　　λ——导热系数，W/(m·K)，热阻 $R = d/\lambda$；

　　　　Q——传导的热量，J；

　　　　d——材料的厚度，m；

　　　　A——热传导面积，m^2；

　　　　t——热传导时间，s；

　　$T_2 - T_1$——材料两侧温差，K。

工程中通常把导热系数 <0.23W/(m·K) 的材料称为绝热（保温隔热）材料。材料的导热系数愈小，表示其绝热性能愈好。各种材料的导热系数差别很大，大致在 0.03（如泡沫塑料）~3.5（如花岗岩）W/(m·K)。

导热系数与材料的物质组成、微观结构、孔隙率、孔隙特征、湿度、温度和热流方向等有着密切的关系。由于密闭空气的导热系数很小（0.023W/(m·K)），当材料的孔隙率较大并多数为细小的闭口孔时，其导热系数较小；但当孔隙粗大或贯通时，由于对流作用，材料的导热系数反而增加。材料受潮或受冻后，其导热系数大大提高，这是由于水和冰的导热系数比空气的导热系数大很多（分别为 0.58 和 2.20）的缘故。因此，绝热材料应经常处于干燥状态，以利于发挥材料的绝热效能。

（2）热容量与比热

热容量（heat capacity）是指材料在温度变化时吸收或放出热量的能力，可用下式表示：

$$C = cm = Q/(T_2 - T_1) = dQ/dT \tag{1—20}$$

式中　C——材料的热容量，J/K；

　　　Q——材料在温度变化时吸收或放出的热量，J；

　　　m——材料的质量，g；

　$T_2 - T_1$——材料受热或冷却前后的温度差，K；

　　　c——材料的比热容，[J/(g·K)]；

　dQ/dT——微分式。

在相同的热源下，物质的热容量越大，则温度越不容易升降。

不同材料的热容量，可用比热容作比较。比热容（specific heat）的物理意义是指 1g 质量的材料,在温度升高或降低 1K 时所吸收或放出的热量。比热容是反映材料的吸热或放热能力大小的物理量。材料的比热容,对保持建筑物内部温度稳定有很大的意义,比热容大的材料,能在热流变动或采暖设备供热不均匀时,缓和室内的温度波动。

材料的导热系数和热容量是设计建筑物围护结构(墙体、屋盖)进行热工计算时的重要参数,设计时应选用导热系数较小而热容量较大的材料,这有利于保持建筑物室内温度的稳定。同时,导热系数也是工业窑炉热工计算和确定冷藏绝热层厚度的重要数据。几种典型材料的热工性质指标如表 1—2 所示。

表 1—2 几种典型材料的热工性质指标

材料	导热系数/ $W \cdot m^{-1} \cdot K^{-1}$	比热容/ $J \cdot g^{-1} \cdot K^{-1}$	材料	导热系数/ $W \cdot m^{-1} \cdot K^{-1}$	比热容/ $J \cdot g^{-1} \cdot K^{-1}$
铜	350	0.38	松木(横纹)	0.15	1.63
钢	58	0.47	泡沫塑料	0.03	1.30
花岗岩	3.5	0.92	冰	2.20	2.05
普通混凝土	1.6	0.86	水	0.58	4.19
烧结普通砖	0.65	0.85	静止空气	0.023	1.00

(3)耐火性

指材料在长期高温作用下,能保持其结构和工作性能的基本稳定而不损坏的性能,用耐火度(refractoriness)表示。工程上用于高温环境和热工设备等的材料都要使用耐火材料。根据材料耐火度的不同,可分为三大类:①耐火材料:耐火度不低于 1580℃ 的材料,如各类耐火砖等;②难熔材料:耐火度为 1350~1580℃ 的材料,如难熔粘土砖、耐火混凝土等;③易熔材料:耐火度低于 1350℃ 材料,如普通粘土砖、玻璃等。

(4)耐燃性

指材料能经受火焰和高温的作用而不破坏,强度也不显著降低的性能,是影响建筑物防火、结构耐火等级的重要因素。根据材料耐燃性(flammability resistance)的不同,可分为三大类:①不燃材料:遇火或高温作用时,不起火、不燃烧、不碳化的材料,如混凝土、天然石材、砖、玻璃和金属等。需要注意的是玻璃、钢铁和铝等材料,虽然不燃烧,但在火烧或高温下会发生较大的变形或熔融,因而是不耐火的;②难燃材料:遇火或高温作用时,难起火、难燃烧、难碳化,只有在火源持续存在时才能继续燃烧,在火源消除时燃烧即停止的材料,如沥青混凝土和经防火处理的木材等;③易燃材料:指遇火或高温作用时,容易引燃起火或微燃,火源消除后仍能继续燃烧的材料,如木材、沥青等。用可燃材料制作的构件,一般应作阻燃处理。

(5)温度变形

指材料在温度变化时产生的体积变化,多数材料在温度升高时体积膨胀,温度下降时体积收缩。温度变形在单向尺寸上的变化称为线膨胀或线收缩,一般用线膨胀系数来衡量,其计算式如下:

$$\alpha = \frac{\Delta L}{L(T_2 - T_1)} \qquad (1-21)$$

式中 α——材料在常温下的平均线膨胀系数,1/K;

ΔL——材料的线膨胀或线收缩量,mm;

$T_2 - T_1$——温度差,K;

    L——材料原长,mm。

材料的线膨胀系数一般都较小,但由于土木工程结构的尺寸较大,温度变形引起的结构体积变化仍是关系其安全与稳定的重要因素。工程上常用预留伸缩缝的办法来解决温度变形问题。

八、材料与声音有关的性质

为了改善声波在室内传播的质量,保持良好的音响效果和减少噪音的危害,在音乐厅、影剧院、大会堂和噪音大的车间等室内的墙面、地面和顶棚等部位,应选用适当的吸声材料。

(1)声波的形成

声音起源于物体的振动,说话时喉间声带的振动和击鼓时鼓皮的振动,都能产生声音,声带和鼓皮称为声源。声源的振动迫使邻近的空气随着振动而形成声波,并在空气介质中向四周传播。声音沿发射的方向最响,称为声音的方向性。

声音在传播过程中,一部分声能随着距离的增大而扩散,另一部分声能则因空气分子的吸收而减弱。声能的这种减弱现象,在室外空旷处颇为明显,但在室内如果房间的空间并不大,上述的这种声能减弱就不起主要作用,而重要的是室内墙壁、天花板、地板等材料表面对声能的吸收和反射。

(2)吸声系数

当声波遇到材料表面时,一部分被反射,另一部分穿透材料,其余的声能转化为热能而被吸收。被材料吸收的声能 E(包括部分穿透材料的声能在内)与原先传递给材料的全部声能 E_0 之比,是评定材料吸声性能好坏的主要指标,称为吸声系数(α, sound absorption coefficient),用公式表示如下:

$$\alpha = E/E_0 \tag{1—22}$$

假如入射声能的 60% 被吸收,40% 被反射,则该材料的吸声系数就等于 0.60。当入射声能 100% 被吸收而无反射时,吸声系数等于 1。当门窗开启时,吸声系数相当于 1。一般材料的吸声系数为 0～1。

一般而言,材料内部开口并连通的气孔越多,吸声性能越好。材料的吸声性能除了与材料本身性质及厚度、有无空气层及空气层的厚度、材料表面状况等有关外,还与声波的入射角及频率有关。因此,吸声系数用声音从各个方向入射的平均值表示,并应指出是对哪一频率的吸收。同一材料,对于高、中、低不同频率的吸声系数是不同的。为了全面反映材料的吸声性能,规定取 125Hz、250Hz、500Hz、1000Hz、2000Hz、4000Hz 六个频率的吸声系数来表示材料的吸声特性。吸声材料在上述六个规定频率的平均吸声系数应大于 0.2。

(3)吸声机理

材料的吸声机理是当声波进入材料内部互相贯通的孔隙时,受到空气分子及孔壁的摩擦和粘滞阻力,以及使细小纤维作机械振动,从而使声能转化为热能。吸声材料大多为疏松多孔的材料,如矿渣棉、地毯和石膏板等。多孔性吸声材料的吸声系数,一般从低频到高频逐渐增大,故对高频和中频的吸声效果较好。

第二节 材料的力学性质

一、材料的强度及强度等级

1. 强度

材料在外力作用下抵抗破坏的能力称为强度(R 或 f, strength),并以单位面积上所能承受的荷载大小来衡量。材料的强度本质上是材料内部质点间结合力的表现。当材料受外力作用时,材料内部便产生应力相抗衡,外力增加,内部应力相应增大,直至材料内部质点间的结合力不足以抵抗所作用的外力时,材料即发生破坏。材料破坏时,应力达到极限值,这个极限应力值就是材料的强度,也称极限强度。

根据外力作用形式的不同,材料的强度可分为抗压(compressive)强度、抗拉(tensile)强度、抗弯(bending, flexural)强度及抗剪(shear)强度等,如图1—6所示。材料的这些强度是通过静力试验来测定的,故称为静力强度。材料的静力强度是通过标准试件的破坏试验来测定的。材料的抗压、抗拉和抗剪的计算公式为:

$$R = F/A \tag{1—23}$$

式中 R——材料的抗压(抗拉或抗剪)强度,MPa;

$\quad$ F——试件破坏时的最大荷载,N;

$\quad$ A——试件受力面积,mm^2。

材料的抗弯(或抗折)强度与试件的几何外形及荷载施加的情况有关,对于矩形截面及条形试件,当其二支点间的中间作用一集中荷载 F 时,其抗弯强度按式(1—24)计算;当其二支点间的三分点处作用两个相等的集中荷载 $F/2$(即三分点处双点加载)时,其抗弯强度按式(1—25)计算。

$$R_b = 3FL/(2bh^2) \tag{1—24}$$

$$R_b = FL/(bh^2) \tag{1—25}$$

式中 R_b——材料的抗弯强度,MPa;

$\quad$ F——试件破坏时的最大荷载,N;

$\quad$ L——试件两支点间的距离,mm;

$\quad$ b、h——分别为试件截面的宽度和高度,mm。

2. 影响材料强度的主要因素

①材料的组成:材料的组成是材料性质的基础,不同化学成分或矿物成分的材料,具有不同的力学性质,它对材料的性质起着决定性作用。

②材料的结构:即使材料的组成相同,其结构不同,强度也不同。材料的孔隙率、孔隙特征及内部质点间结合方式等均影响材料的强度。晶体结构材料,其强度还与晶粒粗细有关,其中细晶粒的强度高。玻璃是脆性材料,抗拉强度很低,但当制成玻璃纤维后,就具有较高的抗拉强度。一般材料的孔隙率越小,强度愈高。对于同一品种的材料,其强度与孔隙率之间存在近似直线的反比关系。

③含水状态:大多数材料被水浸湿后或吸水饱和后的强度低于干燥状态下的强度。这是由于水分被组成材料的微粒表面吸附,增大了微粒间的距离,降低了微粒间的结合力。

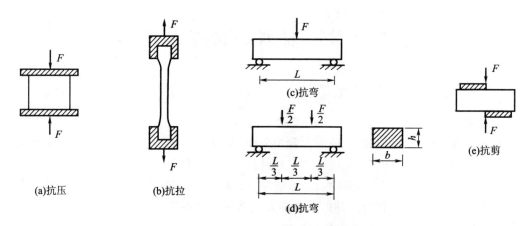

图1—6　材料受外力作用示意图

④温度：温度升高，材料内部质点间的振动加强，质点间距离增大，质点间的作用力减弱，从而使材料的强度降低。

⑤试件形状和尺寸：相同的材料及形状，小尺寸试件的强度大于大尺寸试件的强度；相同的材料及受压面积，立方体试件的强度要高于棱柱体试件的强度。

⑥加荷速度：加荷速度快时，由于变形速度落后于荷载增长速度，故测得的强度值会偏高；反之，因材料有充裕的变形时间，测得的强度值会偏低。

⑦试件表面性状：试件受力表面不平整或表面涂润滑剂时，所测强度值会偏低。

由此可知，材料的强度是在特定条件下测得的数值，为了使试验结果准确，且具有可比性，各个国家均制定了统一的材料试验标准。在测定材料强度时，必须严格按照规定的试验方法进行。材料强度是大多数材料划分等级的依据。

3. 强度等级

各种材料的强度差别甚大，土木工程材料按其强度值的大小可划分为若干个强度等级（strength grade）。如烧结普通砖按抗压强度分为 MU10～MU30 共五个强度等级，普通混凝土按其抗压强度分为 C7.5～C60 共十二个强度等级。划分强度等级，对生产者和使用者均有重要意义，它可使生产者在控制质量时有据可依，从而保证产品质量；对使用者则有利于掌握材料的性能指标，以便合理选用材料，正确地进行设计和施工。常用土木工程材料的强度见表1—3。

表1—3　常用土木工程材料的强度　　　　　　　　　　　　MPa

材　　料	抗压强度	抗拉强度	抗弯强度
花岗岩	100～250	5～8	10～14
烧结普通砖	10～30	—	1.8～4.0
普通混凝土	7.5～60	1～4	2.0～8.0
松木（须纹）	30～50	80～120	60～100
钢材	235～1800	235～1800	—

4. 比强度

比强度（specific strength）等于材料强度与其体积密度之比，反映材料单位体积质量的强度。比强度是衡量材料轻质高强性能的重要指标。优质的结构材料,必须具有较高的比强度。由表1—4中几种主要材料的比强度值可知,玻璃钢和木材是轻质高强的材料,它们的比强度大于低碳钢,而低碳钢的比强度大于普通混凝土。普通混凝土是体积密度大而比强度相对较小的材料,所以努力使普通混凝土向轻质、高强、高性能化发展是一项十分重要的工作。

表1—4 几种主要材料的比强度

材　　料	强度/MPa	体积密度/kg·m^{-3}	比强度
低碳钢	420	7850	0.054
普通混凝土	40	2400	0.017
松木(顺纹抗拉)	100	500	0.200
松木(顺纹抗压)	36	500	0.072
玻璃钢	450	2000	0.225
烧结普通砖	10	1700	0.006

二、材料的弹性与塑性

材料在外力作用下产生变形,当外力取消后变形即可消失并能完全恢复到原始形状的性质称为弹性(elasticity)。这种可恢复的可逆变形称为弹性变形,具有这种性质的材料称为弹性材料。弹性材料的变形特征常用弹性模量 E 表示,其值等于应力(σ)与应变(ε)之比,即:

$$E = \sigma / \varepsilon \tag{1—26}$$

弹性模量是衡量材料抵抗变形能力的一个重要指标。同一种材料在其弹性变形范围内,弹性模量为常数,弹性模量愈大,材料愈不易变形,亦即刚度愈好。弹性模量是结构设计的重要参数。

材料在外力作用下产生变形,当外力取消后,不能恢复变形的性质称为塑性(plasticity)。这种不可恢复的不可逆变形称为塑性变形。具有这种性质的材料称为塑性材料。

实际上,纯弹性变形的材料是没有的,通常一些材料在受力不大时,表现为弹性变形,当外力超过一定值时,则呈现塑性变形,如图1—7(a)所示,OA 为可恢复的弹性变形,AB 为不可恢复的塑性变形。另外许多材料在受力时,弹性变形和塑性变形同时产生,这种材料当外力取消后,弹性变形即可恢复,而塑性变形不能消失,普通混凝土[如图1—7(b)所示]就是这类材料的代表。而低碳钢[如图1—7(c)所示]在受力拉伸过程中依次产生了弹性变形、塑性变形和弹塑性变形,是图1—7(a)和图1—7(b)的叠加。

三、材料的脆性与韧性

材料受外力作用,当外力达到一定值时,材料突然破坏,而无明显的塑性变形的性质称为脆性(brittleness)。具有这种性质的材料称为脆性材料。脆性材料的抗压强度远大于其抗拉强度,可高达数倍甚至数十倍。脆性材料抵抗冲击荷载或振动作用的能力很差,只适合用

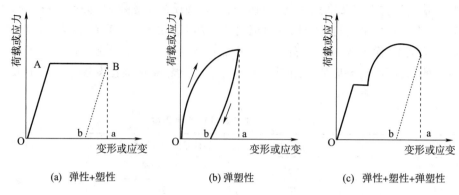

(a) 弹性+塑性　　　　　(b) 弹塑性　　　　　(c) 弹性+塑性+弹塑性

图1—7　弹性、塑性和弹塑性材料的变形曲线

作承压构件。天然岩石、陶瓷、玻璃、普通混凝土等均为脆性材料。

材料在冲击或振动荷载作用下，能吸收较大的能量，同时产生较大变形而不破坏的性质称为韧性（toughness）。材料的韧性用冲击韧性指标 α_K 表示。冲击韧性指标是指用带缺口的试件做冲击破坏试验时，断口处单位面积所能吸收的能量。其计算公式为：

$$\alpha_K = A_K / A \tag{1—27}$$

式中　α_K——材料的冲击韧性指标，J/mm^2；

　　　A_K——试件破坏时所消耗的能量，J；

　　　A——试件受力净截面积，mm^2。

在土木工程中，对于要求承受冲击荷载和有抗震要求的结构，如吊车梁、桥梁、路面等所用的材料，均应具有较高的韧性。

四、材料的硬度与耐磨性

1. 硬度

硬度（hardness）是指材料表面抵抗硬物压入或刻划的能力。测定材料硬度的方法有多种，常用的有刻划法和压入法两种，不同材料其硬度的测定方法不同。刻划法常用于测定天然矿物的硬度，按刻划法的矿物硬度分为十级（莫氏硬度），其硬度递增顺序为滑石1级、石膏2级、方解石3级、萤石4级、磷灰石5级、正长石6级、石英7级、黄玉8级、刚玉9级、金刚石10级。钢材、木材及混凝土等材料的硬度常用压入法测定，例如布氏硬度。布氏硬度值是以压痕单位面积上所受的压力来表示的。

一般材料的硬度愈大，则其耐磨性愈好。工程中有时也可用硬度来间接推算材料的强度。

2. 耐磨性

耐磨性（abrasion resistance）是指材料表面抵抗磨损的能力。材料的耐磨性用磨损率表示，其计算公式为：

$$N = (m_1 - m_2) / A \tag{1—28}$$

式中　N——材料的磨损率，g/cm^2；

　　　m_1、m_2——分别为材料磨损前、后的质量，g；

　　　A——试件受磨面积，cm^2。

测得的磨损率越小,材料的耐磨性能越好。材料的耐磨性与材料的化学成分、矿物成分、结构、强度、硬度等因素有关。在土木工程中,对于用作踏步、台阶、地面、路面等部位的材料,应具有较高的耐磨性。一般说,强度较高且密实的材料,其硬度较大,耐磨性较好。

第三节　材料的耐久性

材料的耐久性(durability)是指在环境的多种因素作用下,能经久不变质、不破坏,长久地保持其性能的性质。耐久性是材料的一项综合性质,诸如抗冻、抗渗、抗碳化、抗风化、抗老化、大气稳定、耐化学腐蚀等均属耐久性的范围。此外,材料的强度和耐磨性等也与材料的耐久性有着密切的关系。

一、环境对材料的作用

在建筑物使用过程中,材料除内在原因使其组成、构造、性能发生变化以外,还长期受到周围环境及各种自然因素的作用而逐渐破坏。这些作用可概括为以下几方面:

①物理作用。包括环境温度、湿度的交替变化,即冷热、干湿、冻融等循环作用。材料在经受这些作用后,将发生膨胀、收缩,产生内应力。长期的反复作用,将使材料渐遭破坏。

②化学作用。包括大气和环境水中的酸、碱、盐等溶液或其他有害物质对材料的侵蚀作用,以及日光等对材料的作用,使材料产生本质的变化而破坏。

③机械作用。包括荷载的持续作用或交变作用,引起材料的疲劳、冲击、磨损等破坏。

④生物作用。包括菌类、昆虫等的侵害作用,导致材料发生腐朽、蛀蚀等破坏。

⑤综合作用。上述多种作用的复合和叠加,并相互促进。

各种材料耐久性的具体内容,因其组成和结构不同而异。例如,钢材易氧化而锈蚀,无机非金属材料常因风化、碳化、溶蚀、冻融、热应力、干湿交替作用等而破坏,有机材料多因腐烂、虫蛀、老化而变质,详见表1—5。

表1—5　材料的耐久性与破坏因素的关系

破坏原因	破坏作用	破坏因素	评定指标	常用材料
冻融	物理	水、冻融作用	抗冻等级	混凝土、陶瓷
渗透	物理	压力水	渗透系数、抗渗等级	混凝土、砂浆
磨损	物理	机械力、流水、泥砂	磨损率	混凝土、石材
热环境	物理、化学	冷热交替、晶型转变	☆	耐火砖、石材
燃烧	物理、化学	高温、火焰	☆	防火板
碳化	化学	CO_2、H_2O	碳化深度	混凝土
化学侵蚀	化学	酸、碱、盐	☆	混凝土
老化	化学	阳光、空气、水、温度	☆	塑料、沥青
锈蚀	物理、化学	H_2O、O_2、Cl^-	电位锈蚀率	钢材
腐朽	生物	H_2O、O_2、菌类	☆	木材、棉、毛
虫蛀	生物	昆虫	☆	木材、棉、毛
碱－骨料反应	物理、化学	碱 R_2O、H_2O、活性 SiO_2	膨胀率 ☆	混凝土

注:☆表示可参考强度变化率、开裂情况、变形情况等进行评定。

二、材料耐久性的测定

对材料耐久性最可靠的判断,是对其在使用条件下进行长期的观察和测定,但这需要很长的时间。为此,采用快速检验法,该法是模拟实际使用条件,将材料在实验室进行有关的快速试验,根据试验结果对材料的耐久性作出判定。快速试验的项目主要有:冻融循环、人工加速碳化、干湿循环、紫外线 + 干湿循环、盐溶液浸渍 + 干湿循环、化学介质浸渍等。

三、提高材料耐久性的重要意义

美国学者用"五倍定律"形象地说明耐久性的重要性,特别是设计对耐久性问题的重要性。设计时,对新建项目在钢筋防护方面,每节省 1 美元,则发现钢筋锈蚀时采取措施多追加 5 美元,混凝土开裂时多追加维护费用 25 美元,严重破坏时多追加维护费用 125 美元。这一可怕的放大效应,使得各国投入大量资金用于钢筋混凝土结构耐久性的研究。

在设计选用土木工程材料时,必须考虑材料的耐久性问题。采用耐久性优良的材料,对节约材料、减少维护费用、保证和延长建筑物长期正常使用等,均具有十分重要的意义。因此,重要的土木工程项目,不仅要按强度指标来设计,而且要按耐久性指标来设计。

第四节　组成、结构和构造对材料性质的影响

环境条件是影响材料性质的外部因素,材料的组成、结构和构造是影响材料性质的内部因素。外因要通过内因才起作用,内因对材料性质起着决定性的作用。

一、材料的组成

材料的组成包括材料的化学组成、矿物组成和相组成。它影响着材料的化学性质,也决定着材料的物理性质。

1. 化学组成

化学组成(chemical composition)是指构成材料的基本化学元素或化合物的种类和数量。当材料与外界自然环境及各类物质相接触时,它们之间必然要按照化学变化规律发生作用。如水玻璃的耐酸性、沥青的老化、混凝土的碳化、水泥混凝土能够保护钢筋不锈蚀等都属于化学作用,这些都与材料的化学组成有关。

2. 矿物组成

无机非金属材料中具有特定的晶体结构和物理性质的组织结构称为矿物。矿物组成(mineral composition)是指构成材料的矿物种类和数量。矿物组成是决定材料性质的主要因素,例如,化学组成均是碳的石墨和金刚石,由于晶体结构的不同,它们的物理性能差异很大。矿物数量也影响着材料的性质,例如,当硅酸盐水泥中的硅酸三钙含量较高时,水泥的凝结硬化较快、强度较高。

3. 相组成

材料中具有相同物理、化学性质的均匀部分称为相(phase)。凡由两相或两相以上物质组成的材料称为复合材料。土木工程材料多数由多相固体组成,可看作复合材料。两相之

间的分界面称为界面,在实际材料中,界面是一个很薄的薄弱区,可称为"界面相"。例如,碳素钢是一种铁基合金,主要含有铁素体和渗碳体两个固相,两相之间存在着晶界(即界面),晶界上原子排列不太规律并富含杂质,钢材的破坏往往首先发生在晶界上。因此,通过改变和控制材料的相组成,可改善和提高材料的技术性能。

二、材料的结构

材料的结构和构造是决定材料性质的重要因素。材料的结构指的是组织状况,可分为微观结构、细观结构和宏观结构。

1. 微观结构

微观结构(microstructure)是指原子、分子层次的结构,尺寸范围在 $0.1 \sim 1000nm$。可用电子显微镜和 X 射线衍射仪等手段来研究该层次的结构特征。材料的许多物理性质,如强度、硬度、熔点、导电性、导热性等都是由其微观结构所决定的(见表1—6)。材料在微观结构层次上可分为晶体、玻璃体和胶体。

表1—6 材料的微观结构形式与主要特征

微观结构			常见材料	主要特征
晶体	原子、离子、分子按一定规律排列	原子晶体(共价键)	金刚石、石英	强度、硬度、熔点高
		离子晶体(离子键)	氯化钠、石膏、石灰岩	强度、硬度、熔点较高,但波动大
		分子晶体(分子键)	石蜡、冰、干冰	强度、硬度、熔点较低,密度小
		金属晶体(金属键)	铁、钢、铜、铝合金	强度、硬度变化大,密度大
非晶体(玻璃体)	原子、离子、分子以共价键、离子键或分子键结合,但为无序排列		玻璃、矿渣、火山灰、粉煤灰	无固定的熔点和几何形状,与同组成的晶体相比,强度、化学稳定性、导热性、导电性较差,各向同性

(1)晶体

物质中的质点(分子、原子、离子等)在空间上按特定的规则呈周期性排列的结构称为晶体(crystal)。晶体结构具有特定的几何外形、固定的熔点、各向异性(导电性、折光性等)等特点。但实际应用的晶体材料,通常是由许多细小的晶粒杂乱排列组成,故晶体材料在宏观上显示为各向同性。晶体受力时具有弹性变形的特点,但又因质点密集程度的差异而存在许多滑移面,在外力超过一定限度时,就会沿着这些滑移面而产生塑性变形。

根据组成晶体的质点及化学键的不同可分为:

①原子晶体。中性原子以共价键结合而形成的晶体。共价键的结合力很强,故其强度、硬度、熔点均高,如金刚石、石墨、碳化硅、石英等。

②离子晶体。正负离子以离子键结合而形成的晶体。离子键的结合力很强,故其强度、硬度、熔点均高,如氯化钠、石灰岩等。

③分子晶体。以分子间的范德华力(即分子键)结合而形成的晶体。分子键结合力较弱,分子晶体具有较大的变形性能,但强度、硬度、熔点较低,如冰、干冰(固态的二氧化碳)、石蜡及一些合成高分子材料等。

④金属晶体。以金属阳离子为晶格,由自由电子与金属阳离子间的金属键结合而形成

的晶体。金属键的结合力最强,因而具有强度高和塑性变形能力大,以及良好的导电及导热性能,如钢材等。

（2）玻璃体

玻璃体(glass)也称非晶体或无定形体(amorphous solid)。它与晶体的区别在于质点呈不规则排列,没有特定的几何外形,没有固定的熔点,但具有较大的硬度。玻璃体的形成,主要是由于熔融物质急剧冷却,达到凝固点时具有很大的黏度,使质点来不及形成晶体就已凝结成了固体。由于玻璃体凝固时没有结晶放热过程,在内部积蓄着大量的内能,因此,玻璃体是一种不稳定的结构,它具有较高的化学活性。如火山灰、粒化高炉矿渣、粉煤灰等都属于玻璃体,在混凝土中掺入这些材料,正是利用了它们的化学活性来改善混凝土的性能。

（3）胶体

物质以粒径为 1～100nm 大小的微粒分散在分散介质(如水或油)中所组成的分散体系称为胶体(colloid)。胶体具有很大的表面能,因而具有很强的吸附力和粘结力。

在胶体结构中,当分散介质比例相对较大时,胶粒之间彼此不相联,此种胶体结构称为溶胶。溶胶具有较好的流动性和塑性。当分散介质比例相对减少(如溶胶的脱水)时,使胶粒彼此相联,形成空间网络结构,成为固态或半固态,此种胶体结构称为凝胶。凝胶具有固体的性质,其流动性和塑性较低。介于溶胶和凝胶之间的胶体结构,称为溶–凝胶。例如,当油分和树脂较多而沥青质较少时的石油沥青胶体为溶胶结构,当油分和树脂较少而沥青质较多时的石油沥青胶体称为凝胶结构。溶胶和凝胶具有互变性,在外力作用下,结合键很容易断裂,使凝胶变成溶胶,黏度降低,重新具有流动性,这种流动称为粘性流动。混凝土的徐变就是在长期荷载作用下由水泥石中的水化硅酸钙凝胶产生的粘性流动所致的。当凝胶完全脱水硬化变成干凝胶体时,它就具有固体的性质,产生强度。硅酸盐水泥的主要水化产物水化硅酸钙凝胶的最终形式多数为干凝胶体。

2. 细观结构（或亚微观结构）

细观结构(submicroscopic structure)是指用光学显微镜所能观察到的材料结构,其尺寸范围在 1～1000μm。对于材料的细观结构,只能针对某种具体材料来进行具体的分类研究。对天然岩石可分为矿物、晶体颗粒、非晶体组织;对钢材可分为铁素体、渗碳体、珠光体;对木材可分为木纤维、导管、髓线、树脂道;对混凝土可分为水泥硬化浆体、骨料及其界面。

3. 宏观结构

宏观结构(macro-structure)是指用肉眼或在 10～100 倍放大镜或显微镜下就可分辨的粗大级组织,其尺寸在 1mm 以上。材料的宏观结构直接影响到材料的体积密度、渗透性、强度等性质。相同组成的材料,如果质地均匀,结构致密,则强度高,反之则强度低。

（1）按孔隙特征分类

①密实结构。材料内无孔隙或少孔隙的材料结构称为密实结构,密实材料的密度和体积密度在数值上极其接近,如钢材、玻璃、塑料等。这类材料具有体积密度大、孔隙率小、强度高、导热性好的特点。

②多孔结构。含有几乎均匀分布的几微米到几毫米的孤立孔或连通孔的材料结构称为多孔结构。如加气混凝土、石膏制品等。这类材料具有体积密度小、孔隙率大、保温隔热好、吸声性能好的特点。

（2）按构造特征分类

①纤维结构。由纤维状物质构成的材料结构。如木材、矿棉、玻璃棉等。材料内部质点排列具有方向性，其平行纤维方向与垂直纤维方向的强度和导热性等性质具有明显的差异。由于含有大量的纤维间空隙，在干燥状态下这类材料具有体积密度小、保温隔热好、吸声性能好的特点。

②层状结构。用机械或粘结等方法把层状结构的材料叠合在一起成为整体的结构。可以由同种材料层压，如胶合板；也可以由异种材料层压，如纸面石膏板、蜂窝夹心板、玻璃钢等。这类结构能提高材料的强度、硬度、保温和装饰等性能。

③纹理结构。天然材料在生长或形成过程中自然造就的纹理，如木材、大理石、花岗岩等；人工材料可人为制作纹理，如人造花岗岩石板、仿木塑料地板等。

④粒状结构。粒状结构材料是指呈松散颗粒状的材料。如砂、卵石、碎石等密实颗粒。又如多孔陶粒、膨胀珍珠岩等轻质多孔颗粒。

⑤堆聚结构。由骨料和胶凝材料胶结成的结构。如水泥混凝土、砂浆、沥青混合料等。

三、材料的构造

材料的构造是指材料的宏观组织状况，是指具有特定性质的材料结构单元相互组合和搭配的情况。材料构造与结构相比，更强调了相同材料或不同材料的组合和搭配关系。如木材的宏观构造，就是指具有相同材料结构单元的木纤维管胞按不同的形态和方式在宏观或微观层次上有规律的相互组合，这种组合决定了木材的各向异性等一系列物理力学性质。又如具有特定构造的蜂窝板（结构单元分别为铝合金面板、铝质六边形蜂窝芯板、铝合金底板），是由不同性质的材料经特定组合而形成的一种复合材料，这种构造赋予蜂窝板良好的隔热保温、隔声吸声、坚固耐久等整体功能和综合性质。

四、举例分析

钢铁的化学成分、基本晶体组织、微观和细观结构、宏观构造等对其强度发展影响的分析（见表1—7）。

表1—7　不同种类钢的抗拉强度

	较纯的铁	低碳钢	高碳钢	合金钢		70号优质碳素钢		
		Q235		Q345	Q690		冷加工	热处理
抗拉强度/MPa	380	500	800	600	900	1080	1770	1860

在常温下，铁原子以体心立方晶格排列，形成 $\alpha-Fe$。碳原子固溶于 $\alpha-Fe$ 形成铁素体，但碳原子在 $\alpha-Fe$ 晶格中的固溶量是极其有限的，为小于或等于 0.02%。通过加入合金元素固溶于铁素体中，可强化铁素体、细化铁素体晶粒。

在912℃以上，铁原子以面心立方晶格排列，形成 $\gamma-Fe$。碳原子固溶于 $\gamma-Fe$ 形成奥氏体，它的溶碳能力较高，最高可达 2.06%，但奥氏体是高温稳定相。合金镍等可以扩展奥氏体相区，如果镍含量足够多，可使钢在室温下也具有奥氏体组织结构。

在常温下，钢的基本组织还有珠光体和渗碳体（Fe_3C）。渗碳体的抗拉强度和塑性很低。珠光体为铁素体和渗碳体的机械混合物,强度较高,塑性和韧性介于铁素体和渗碳体之间。

使钢由低强度到高强度的发展,可见如下:

①较纯的铁(含碳量小于0.02%)。基本组织为铁素体,塑性和韧性好,但强度并不高。

②低碳钢到高碳钢。为了提高强度,增加钢中碳的含量,基本组织为铁素体和珠光体,随着碳含量的增加,铁素体含量减少而珠光体含量增加,钢的强度提高而塑性和韧性降低;当含碳量达到0.8%时基本组织仅为珠光体,至此不能再以增加含碳量方法来提高强度。

③镇静钢。在碳素钢的基础上,加入脱氧剂,使脱氧完全,钢液浇铸后平静地冷却凝固,基本无CO气泡(宏观缺陷)产生,使钢的强度进一步提高。

④优质钢。在碳素钢的基础上尽量降低有害元素磷和硫的含量,使钢的强度进一步提高。因为,硫以硫化铁FeS的形式存在,并存在于晶界上,使晶粒间的结合变弱,产生热脆性。

⑤合金钢。优选并引入少量的合金元素,如锰,固溶于铁素体中使其强化,并细化珠光体,从而使强度提高。

⑥冷加工。在合金钢等的基础上,冷加工并时效后,使钢的强度进一步提高,但塑性和韧性降低。

⑦热处理。在合金钢等的基础上,经淬火和回火的热处理后,会使钢的强度进一步提高,但塑性和韧性降低。

⑧进一步降低有害元素的含量,已有特级优质钢;进一步脱氧,已有特殊镇静钢;优选并引入少量的稀土合金元素会进一步细化晶粒,强化铁素体,会使钢的强度进一步提高。

⑨遵循材料科学的规律,探索和发展能使钢强度进一步提高的措施。

总之,材料由于化学成分、矿物组成、微观和细观结构、宏观构造的不同,各种材料各具特性。随着材料科学和技术的日益发展,对材料成分、组成、结构、构造与材料性质之间关系的进一步探索和掌握,将会更多地研制出性能优良的材料,以适应现代建筑的需要。

例题1—1 一块尺寸标准的砖(240×115×53),干燥质量 $m=2500g$,饱和面干状态质量 $m_b=2900g$;敲碎磨细过筛(0.2mm)烘干后,取样55.48g,测得其排水体积 $V_{排水}=20.55cm^3$。求该砖的密度、体积密度、开口孔隙率、闭口孔隙率、孔隙率、体积吸水率。

解: 密度 $\rho=m/V=55.48/20.55=2.70g/cm^3$,

体积密度 $\rho_0=m/V_0=2500/(24.0\times11.5\times5.3)=1.71g/cm^3$,

孔隙率 $P=1-\rho_0/\rho=1-1.71/2.70=36.7\%$,

质量吸水率 $W_m=(m_b-m)/m=(2900-2500)/2500=16.0\%$,

体积吸水率 $W_V=(m_b-m)/(V_0\rho_水)=W_m\rho_0/\rho_水=16.0\%\times1.71/1.00=27.4\%$,

开口孔隙率 $P_K\approx W_V=27.4\%$,

闭口孔隙率 $P_B=P-P_K=36.7-27.4=9.3\%$。

复习思考题

1—1 当某一材料(如烧结粘土砖)的孔隙率及孔隙特征发生变化时,表1—8内的其他性质将如何变化(用符号填写:↑增大,↓下降,=不变,?不定)?

表1—8

孔隙率 P		密度	体积密度或表观密度	强度	吸水性	吸湿性	抗冻性	抗渗性	导热性	吸声性
$P \uparrow$										
P 一定	$P_K \uparrow$									
	$P_B \uparrow$									

1—2 某岩石的密度为 $2.70g/cm^3$,孔隙率为1.9%;今将该岩石破碎为碎石,测得碎石的堆积密度为 $1450kg/m^3$,空隙率为45.9%。试求此岩石的体积密度和碎石的表观密度。

1—3 某石材在气干、绝干、水饱和条件下测得的抗压强度分别为 74MPa、80MPa、65MPa,求该石材的软化系数,并判断该石材可否用于水下工程。

1—4 称取堆积密度为 $1480kg/m^3$ 的干砂 300g,将此砂装入 500mL 的容量瓶(已有约250mL 水)内,并排尽气泡,静置24h后加水到刻度,称得总重量为850g;将瓶内砂和水倒出,再向瓶内重新注水到刻度,此时称得总重量为666g。再将砂敲碎磨细过筛(0.2mm)烘干后,取样 55.01g,测得其排水体积 $V_{排水}$ 为 $20.55cm^3$。试计算该砂的空隙率。

1—5 今有湿砂(湿润状态)100.0kg,已知其含水率为8.8%,则其干燥质量是多少?

1—6 材料的孔隙和体积形式有哪几种?材料各密度与孔隙之间有什么关系?

1—7 什么是材料的耐水性?用什么表示?在材料选用时有什么要求?

1—8 什么是材料的导热性?用什么表示?如何利用孔隙提高材料的保温性能?

1—9 什么是材料的强度和强度等级?影响材料强度的因素有哪些?

1—10 什么是材料的耐久性?通常用哪些性质来反映?

1—11 材料的宏观结构(构造)对其性质有什么影响?

第二章　天然石材

天然石材源于冷凝的熔融岩浆或再经变质或沉积而成,可作为砌体材料、装饰材材和粗细骨料等,还可作为某些材料(石灰、水泥、灰砂砖等)的生产原料。种类相同而用途不同的天然石材,对其性质的要求不完全相同,本节主要学习天然石材的一般性质。

第一节　岩石的形成与分类

造岩矿物(rock - forming mineral)是具有一定化学成分和一定结构特征的天然固态化合物或单质体,是组成岩石的矿物。岩石由造岩矿物组成,不同的造岩矿物在不同的地质条件下,会形成不同性能的岩石。主要造岩矿物有 30 多种,如石英、长石、云母、角闪石、方解石和黄铁矿等,各种造岩矿物各具有不同的颜色和特征。凡是由单一的矿物组成的岩石叫单矿岩,如石灰岩就是由 95% 以上的方解石组成的单矿岩。凡是由两种或两种以上的矿物组成的岩石叫多矿岩(复矿岩),如主要由长石、石英、云母组成的花岗岩。

天然岩石按形成的原因不同可分为岩浆岩(igneous rock)、沉积岩(sedimentary rock)、变质岩(metamorphic rock)等三大类。

一、岩浆岩

岩浆岩又称火成岩,是由地壳内部熔融岩浆上升过程中在地下或喷出地面后以不同的冷却速度冷凝而成的岩石,它是组成地壳的主要岩石,约占地壳总质量的89%。根据岩浆冷凝情况的不同,岩浆岩又分为以下三种:

①深成岩(abyssal rock),是地壳深处的岩浆在受上部覆盖层压力的作用下,经缓慢冷凝而形成的岩石。它结晶完整、晶粒粗大、结构致密且没有层理,具有抗压强度高、孔隙率小、体积密度大、抗冻性好等特点。常见的深成岩有花岗岩、正长岩、橄榄岩、闪长岩等。

②喷出岩(extrusive rock),是岩浆冲破覆盖层喷出地表时,在压力骤减和迅速冷却的条件下而形成的岩石。由于其大部分岩浆喷出后还来不及完全结晶即凝固,因而常呈隐晶质(细小的结晶,肉眼不能识别,显微镜能分辨)或玻璃质结构。当喷出的岩浆形成较厚的岩层时,其岩石的结构和性质与深成岩相似;当形成较薄的岩层时,由于冷却速度快及减压作用而易形成多孔结构的岩石,其性质近似于火山岩。常见的喷出岩有玄武岩、辉绿岩和安山岩等。

③火山岩(volcanic rock),又称火山碎屑岩,是火山爆发时,岩浆被喷到空中而急速冷却后形成的岩石。呈玻璃质结构。多孔,且体积密度小。常见的火山岩有火山灰、浮石、火山凝灰岩等。

二、沉积岩

沉积岩又称为水成岩。它主要是由露出地表的各种岩石经自然界的风化、搬运、沉积并重新成岩而形成的岩石,主要存在于地表及不太深的地下。沉积岩为层状结构,各层的成分、结构、颜色和层厚均不相同。其特点是结构致密性较差、体积密度较小、孔隙率较大、强度较低、耐久性相对较差,但分布较广,约占地表面积的75%,容易开采和加工,在工程上应用较广。根据沉积岩的生成条件,可分为以下三种:

①机械沉积岩,由自然风化而逐渐破碎的松散岩石及砂等,经风、雨、冰川和沉积等机械力的作用而重新压实或胶结而成的岩石,如砂岩和页岩等。

②化学沉积岩,由溶解于水中的矿物质经聚积、化学反应、重结晶等并沉积而形成的岩石,如石膏、白云石等。

③有机沉积岩,由各种有机体的残骸沉积而成的岩石,如石灰岩和硅藻土等。

三、变质岩

变质岩是由原有岩石经变质而成的岩石。即地壳中原有的各类岩石,在地层的压力或温度作用下,在固体状态下发生再结晶作用,使其矿物成分、结构构造乃至化学成分发生部分或全部改变而形成的新岩石。一般由岩浆岩变质而成的称正变质岩,由沉积岩变质而成的称副变质岩。变质岩的性质决定于变质前的岩石成分和变质过程。沉积岩形成变质岩后,其建筑性能有所提高,如石灰岩和白云岩变质后得到的大理岩,比原来的岩石坚固耐久。而岩浆岩经变质后产生的片状构造,使其性能反而下降,如由花岗岩变质而成的片麻岩,易分层剥落、耐久性差。

第二节　石材的技术性质

一、物理性质

1. 体积密度

天然岩石按体积密度大小可分为轻质石材(体积密度$\leqslant 1800kg/m^3$)和重质石材(体积密度$> 1800kg/m^3$)。重石可用于建筑的基础、贴面、地面、不采暖房屋外墙、桥梁及水工构筑物等;轻石主要用于保温房屋外墙。

体积密度的大小常间接地反映石材的致密程度和孔隙率大小。一般情况下,同种石材的体积密度愈大,则抗压强度愈高、吸水率愈小、耐久性愈好、导热性愈好。

2. 吸水性

石材根据吸水率的大小分为低吸水性岩石(吸水率$< 1.5\%$)、中吸水性岩石(吸水率为$1.5\% \sim 3\%$)和高吸水性岩石(吸水率$> 3\%$)。

天然石材的吸水率一般较小,但由于形成条件、密实程度与胶结情况的不同,石材的吸水率波动也较大,如花岗岩和致密的石灰岩,吸水率通常小于1%。而多孔的石灰岩,吸水率可达15%。石材吸水后强度降低,抗冻性和耐久性也下降。

3. 耐水性

石材的耐水性用软化系数表示。根据软化系数的大小,可将石材分为高耐水性石材(软化系数 > 0.90)、中耐水性石材(软化系数为 0.75 ~ 0.90)和低耐水性石材(软化系数为 0.60 ~ 0.75)。当石材软化系数 < 0.6 时,则不允许用于重要的建筑物中。

当石材含有较多的粘土或易溶物质时,软化系数较小,其耐水性较差。

4. 抗冻性

抗冻性是指石材抵抗冻融破坏的能力,可用在水饱和状态下能经受的冻融循环次数(强度降低值不超过 25%、质量损失不超过 5%,无贯穿裂缝)来表示。抗冻性是衡量石材耐久性的一个重要指标,能经受的冻融次数越多,则抗冻性越好。石材抗冻性与吸水性有着密切的关系,吸水率大的石材其抗冻性差。根据经验,吸水率 < 0.5% 的石材,则认为是抗冻的。

5. 耐热性

石材的耐热性(heat-resistance)与其化学成分及矿物组成有关。石材经高温后,由于热胀冷缩、体积变化而产生内应力或因组成矿物发生分解和晶型转变等导致结构破坏。如含有石膏的石材,在 100℃ 以上时就开始破坏;含有碳酸镁的石材,温度高于 650℃ 会发生破坏;含有碳酸钙的石材,温度达 827℃ 时开始破坏;含有石英矿物的石材,如花岗岩,当温度达到 700℃ 以上时,由于石英受热发生晶型转变而膨胀,强度会迅速下降。

6. 导热性

主要与其致密程度有关,重质石材的导热系数可达 2.9 ~ 3.5W/(m·K),而轻质石材的导热系数则在 0.23 ~ 0.7W/(m·K),具有封闭孔隙的石材,导热系数更低。

二、力学性质

1. 抗压强度

石材的抗压强度,是以边长为 70mm 的立方体试块用标准方法测得的抗压强度的平均值表示。根据抗压强度值的大小,石材共分七个强度等级:MU100、MU80、MU60、MU50、MU40、MU30 和 MU20。抗压试件边长可采用表 2—1 所列各种边长尺寸的立方体,但应对其测定结果乘以相应的换算系数。

表 2—1　石材强度等级的换算系数

立方体边长/mm	200	150	100	70	50
换算系数	1.43	1.28	1.14	1	0.86

2. 冲击韧性

石材的冲击韧性(impact toughness)决定于岩石的矿物组成与构造。含暗色矿物较多的辉长岩、辉绿岩等具有较高的韧性。而石英岩、硅质砂岩的脆性较大。通常,晶体结构的岩石较非晶体结构的岩石具有较高的韧性。

3. 硬度

它取决于石材的构造与造岩矿物的硬度。凡由致密、坚硬矿物组成的石材,其硬度就高。岩石的硬度以莫氏硬度表示。

4. 耐磨性

耐磨性(abrasion resistance)是指石材在使用条件下抵抗摩擦、边缘剪切以及冲击等复杂作用的性质。石材的耐磨性以单位面积磨耗量表示或以磨耗率(试验后磨耗质量与装入试验机圆筒中的石料试样质量之比,如采用洛杉矶磨耗试验)表示。石材的耐磨性与其矿物的硬度、结构、构造特征以及石材的抗压强度和冲击韧性等有关。矿物愈坚硬、构造愈致密以及石材的抗压强度和冲击韧性愈高,石材的耐磨性愈好。

三、工艺性质

石材的工艺性质,主要指其开采和加工过程的难易程度及可能性,包括以下几个方面:

①加工性,主要是指对岩石开采、锯解、切割、凿琢、磨光和抛光等加工工艺的难易程度。凡强度、硬度、韧性较高的石材,不易加工。还有,含有层状或片状构造以及已风化的岩石,质脆而粗糙或颗粒交错结构的岩石,都难以满足加工要求。

②磨光性,是指石材能否磨成平整光滑表面的性质。致密、均匀、细粒的岩石,一般都有良好的磨光性,可以磨成平整光滑的表面。疏松多孔、有鳞片状构造的岩石,磨光性不好。

③抗钻性,是指石材被钻孔时,其难易程度的性质。影响抗钻性的因素很复杂,一般与岩石的强度、硬度等性质有关。当石材的强度越高、硬度越大时,越不易钻孔。

第三节　天然石材的加工类型和应用

一、天然石材的加工类型

天然石材具有以下的优点:蕴藏量丰富、分布广,便于就地取材;石材结构致密,抗压强度高,大部分石材的抗压强度可达到100MPa以上;耐久性好,使用年限一般可达到百年以上;装饰性好,石材具有纹理自然、质感稳重、艺术效果好;耐水性好;耐磨性好。但石材也有自身不易克服的缺点,主要缺点是自重大、质地坚硬、加工困难、开采和运输不方便。

由于天然石材具有上述优点,目前在土木工程中的使用仍然相当普遍。工程上使用的天然石材常加工成形状规则的石块和石板,形状特殊的石制品,以及形状不规则的石块和粗细骨料等。

1. 毛石

毛石(rubble)是在采石场爆破后直接得到的形状不规则的石块。按其表面的平整程度分为乱毛石和平毛石两类。乱毛石是指各个面的形状均不规则的块石;平毛石是指对乱毛石略经加工,形状较整齐,大致有两个平行面,但表面粗糙的块石。工程用毛石,一般要求石块中部厚度不小于150mm,长度为300~400mm,质量为20~30kg,其强度不宜小于10MPa,软化系数不应小于0.75。常用于砌筑基础、勒脚、墙身、堤坝、挡土墙等,也可配制片石混凝土等。

2. 料石

料石(squared stone)(或称条石)是用毛料加工成较为规则的、具有一定规格的六面体石材。按料石表面加工的平整程度可分为以下四种:毛料石(表面不经加工或稍加修整的料石)、粗料石(表面加工成凹凸深度不大于20mm的料石)、半细料石(表面加工成凹凸深度不大于15mm的料石)和细料石(表面加工成凹凸深度不大于10mm的料石)。料石常用致密的砂岩、石灰岩、花岗岩等开采凿制,至少应有一个面的边角整齐,以便相互合缝。料石常用于砌筑墙身、地坪、踏步、拱和纪念碑等;形状复杂的料石制品可用于柱头、柱基、窗台板、栏杆和其他装饰品等。

3. 板材

板材是由花岗岩或大理岩荒料经锯切、研磨、抛光等加工后的石板。可分为普通型板材(即正方形或长方形的板材,代号 N)、异形板材(其他形状的板材,代号 S)。按其表面加工程度分为细面板材(RB)、镜面板材(PL)、粗面板材(RU);按其尺寸、平面度、角度偏差、外观质量等分为优等品(A)、一等品(B)、合格品(C)三个等级。

二、常用石材在土木工程中的应用

1. 花岗岩

①花岗岩的组成和特性

花岗岩(granite)为典型的深成岩,是岩浆岩中分布最广的一种岩石。主要由长石、石英和少量云母等组成,其中长石含量约为 40% ~60%,石英含量约为 20% ~40%。花岗岩的体积密度为 2300 ~2800kg/m³,具有孔隙率较小(0.04% ~2.8%)、吸水率较低(0.1% ~0.7%)、抗压强度较高(120 ~250MPa)、材质坚硬、耐磨性优异等特点,对酸具有高度的抗腐性,对碱类侵蚀也有较强的抗腐性,耐久性很高,一般使用年限达 75 ~200 年,细粒花岗岩的使用年限甚至可达到 500 ~1000 年之久。但花岗岩的耐火性较差,当温度达 700℃以上时,花岗岩中的石英产生晶型转变而使体积膨胀,故发生火灾时,花岗岩会发生严重开裂而破坏。

花岗岩为全晶质结构的岩石,按结晶颗粒的大小,通常分为细粒、中粒和斑粒等几种。颜色一般为灰白、微黄、淡红和蔷薇等色,以深青色花岗岩比较名贵,国际市场上以纯黑、红色及绿色最受欢迎。

②花岗岩的应用

花岗岩是公认的高级建筑结构材料和装饰材料。花岗岩石材常制作成块状石材和板状饰面石材。块状石材可用于大型建筑物的基础、勒脚、柱子、栏杆、踏步等部位,也可用于桥梁、堤坝等工程中,是建造永久性工程、纪念性建筑的良好材料。板状石材,质感坚实,华丽庄重,是室内外均可使用的高级装饰材料。

值得指出的是,花岗岩的化学成分随产地不同而有所区别,某些花岗岩含有放射性元素,对这类花岗岩应避免应用于室内。

2. 大理石

①大理石的组成和特性

大理石(marble)是一种含碳酸盐矿物(以方解石、白云石为主)大于 50%的变质岩。体积密度为 2500 ~2700kg/m³,抗压强度为 50 ~140MPa。但硬度不大,较易进行锯解、雕琢和磨光等加工。吸水率一般不超过 1%,耐久性较好,一般使用年限为 40 ~100 年。装饰性好。但其抗风化性能差,因其主要化学成分是碳酸盐类,易被酸侵蚀。

建筑上所说的大理石是广义的,是指具有装饰功能的,并可磨光、抛光的各种沉积岩和变质岩。大理岩、石英岩、蛇纹岩、石灰岩、砂岩、白云岩等均可加工成大理石。由石英岩或硅质砂岩加工而成的广义大理石,具有强度高、耐磨性能好、抗风化性能好的特点。

②大理石的应用

大理石因通常含多种矿物质而呈多姿多彩的花纹。抛光后的大理石光洁细腻,如脂似玉,色彩绚丽,纹理自然,十分诱人。纯净的大理石为白色,称汉白玉,纯白或纯黑的大理石属名贵品种。加工制得的大理石板材,主要用于建筑物室内饰面,如墙面、地面、柱面、台面、栏杆和踏步等。

值得指出的是,大理石抗风化能力差,易受空气中酸性氧化物(如 SO_2 等)的侵蚀而失去光泽、变色并逐步破损,从而降低装饰性能。因此,大理石一般不宜做室外装修,只有汉白玉和艾叶青等少数几种致密、质纯的品种可用于室外。由石英岩或硅质砂岩加工而成的广义大理石可用于室外。

3. 石灰岩

石灰岩(limestone)俗称"青石",属于沉积岩,主要化学成分为 $CaCO_3$,主要矿物成分为方解石,但常含有白云石、菱镁矿、石英、含铁矿物和粘土矿物等。体积密度为 2000 ~ 2800kg/m³,抗压强度为 20 ~ 160MPa,吸水率为 1% ~ 10%。若岩石中粘土含量不超过 3% ~ 4% 时,也有较好的耐水性和抗冻性。

石灰岩来源广,硬度低,易劈裂,便于开采,具有一定的强度和耐久性,因而广泛用于土木工程中。其块石可作为建筑物的基础、墙身、阶石及路面等,其碎石是常用的混凝土骨料。此外,它还是生产水泥和石灰的主要原料。

4. 砂岩

砂岩(sandstone)属于沉积岩,它是由石英砂或石灰岩等的细小碎屑经沉积并重新胶结而形成的岩石。它的性质决定于胶结物的种类及胶结的致密程度。根据胶结物的不同,砂岩可分为硅质砂岩、钙质砂岩、铁质砂岩、粘土质砂岩。硅质砂岩由氧化硅胶结而成,常呈淡灰色,致密的硅质砂岩性能接近于花岗岩,其主要矿物为石英、云母及粘土矿物等;钙质砂岩由碳酸钙胶结而成,呈白色,钙质砂岩的性质类似于石灰岩;铁质砂岩由氧化铁胶结而成,常呈红色;粘土质砂岩由粘土胶结而成,常呈黄灰色。

各种砂岩因胶结物质和构造的不同,其抗压强度(5 ~ 200MPa)、体积密度(2200 ~ 2700kg/m³)、孔隙率(1.6% ~ 28.3%)、吸水率(0.2% ~ 7.0%)、软化系数(0.44 ~ 0.97)等性质差异很大。土木工程中,砂岩常用于基础、墙体、人行道和踏步等,还可用作混凝土骨料。纯白色砂岩俗称白玉石,可用做雕刻及装饰材料。

5. 石英岩

石英岩(quartzite)主要是由硅质砂岩变质而成的,石英含量大于85%。岩体均匀致密,抗压强度大(250 ~ 400MPa),耐久性好,但硬度大、加工困难。常用作重要建筑物的贴面石,耐磨耐酸的贴面材料,其碎块可用于道路或用作混凝土的骨料。

6. 建筑工程中常用天然石材的主要技术性能

由于用途和使用条件的不同,对石材的性能及其所要求的指标均有所不同。工程中用于基础、桥梁、隧道以及石砌工程的石材,一般要求其抗压强度、抗冻性和耐水性等必须达到一定的指标。常用天然石材的主要技术性能见表2—2。

7. 道路用石材的技术指标

道路工程用石材根据造岩矿物的成分、含量以及组织结构分为四大岩石类:岩浆岩类、石灰岩类、砂岩与片麻岩类、砾岩。再根据石材的饱水抗压强度和磨耗率,各岩石类分为四个等级:1级最坚硬的岩石、2级坚硬的岩石、3级中等强度的岩石、4级较软的岩石。道路用石材的主要技术指标见表2—3。

表 2—2　常用天然石材的主要技术性能及用途

名　称	主要技术性能		主要用途
	项　目	指　标	
花岗岩	体积密度/kg·m^{-3}	2300～2800	基础、桥墩、堤坝、拱石、阶石、海港结构、基座、勒脚、墙身、衬面、人行道、纪念碑及其他装饰石材等
	抗压强度/MPa	120～250	
	吸水率(%)	<1	
	膨胀系数/10^{-6}·℃$^{-1}$	5.6～7.3	
	平均质量磨耗率(%)	2.4～12.2	
	耐用年限/年	75～200	
石灰岩	体积密度/kg·m^{-3}	2000～2800	基础、墙身、阶石、桥墩、路面等,石灰及水泥等的原料
	抗压强度/MPa	20～160	
	吸水率(%)	1～10	
	膨胀系数/10^{-6}·℃$^{-1}$	6.7～6.8	
	平均质量磨耗率(%)	8	
	耐用年限/年	20～100	
砂岩	体积密度/kg·m^{-3}	2200～2700	基础、墙身、衬面、阶石、人行道、纪念碑及其他装饰石材等
	抗压强度/MPa	5～200	
	吸水率(%)	一般不超过10%	
	膨胀系数/10^{-6}·℃$^{-1}$	9.0～11.2	
	平均质量磨耗率(%)	12	
	耐用年限/年	20～200	
大理岩	体积密度/kg·m^{-3}	2500～2700	装饰材料、踏步、地面、墙面、柱面、柜台、栏杆、电器绝缘板等
	抗压强度/MPa	50～140	
	吸水率(%)	一般不超过1%	
	膨胀系数/10^{-6}·℃$^{-1}$	6.5～11.2	
	平均质量磨耗率(%)	12	
	耐用年限/年	40～100	

表 2—3　道路用石材的主要技术指标

岩石类别	岩石品种	技术等级	技术指标	
			饱水极限抗压强度/MPa	磨耗率(%)(洛杉矶法)
岩浆岩类	花岗岩、正长岩、辉长岩、辉绿岩、闪长岩、橄榄岩、玄武岩、安山岩、流纹岩等	1级最坚硬的岩石	>120	<25
		2级坚硬的岩石	100～120	25～30
		3级中等强度的岩石	80～100	30～45
		4级较软的岩石	—	45～60

续表

岩石类别	岩石品种	技术等级	技术指标	
			饱水极限抗压强度/MPa	磨耗率(%)（洛杉矶法）
石灰岩类	石灰岩、白云岩等	1级最坚硬的岩石	>100	<30
		2级坚硬的岩石	80～100	30～35
		3级中等强度的岩石	60～80	35～50
		4级较软的岩石	30～60	50～60
砂岩与片麻岩类	石英岩、砂岩、片麻岩、石英片麻岩等	1级最坚硬的岩石	>100	<30
		2级坚硬的岩石	80～100	30～35
		3级中等强度的岩石	50～80	35～45
		4级较软的岩石	30～50	45～60
砾岩		1级最坚硬的岩石		<20
		2级坚硬的岩石		20～30
		3级中等强度的岩石		30～50
		4级较软的岩石		50～60

三、天然石材的选用原则

土木工程中应根据建筑物的类型、环境条件等慎重选用石材,使其既符合工程要求,又经济合理。一般应从以下几方面选用:

①力学性能。根据石材在建筑物中不同的使用部位和用途,选用满足强度、硬度等力学性能要求的石材,如承重用的石材(基础、墙体、柱等)主要应考虑其强度等级,而对于地面用石材则应要求其具有较高的硬度和耐磨性能。

②耐久性。要根据建筑物的重要性和使用环境,选择耐久性良好的石材。如用于室外的石材要首先考虑其抗风化性能的优劣;处于高温高湿、严寒等特殊环境中的石材应考虑所用石材的耐热、抗冻及耐化学侵蚀等性能。

③装饰性。用于建筑物饰面的石材,选用时必须考虑其色彩、质感及天然纹理与建筑物周围环境的协调性,以取得最佳的装饰效果,充分体现建筑物的艺术美。

④经济性。由于天然石材密度大、开采困难、运输不便、运费高,应综合考虑地方资源,尽可能做到就地取材,以降低成本。难于开采和加工的石材,将使材料成本提高,选材时应加以注意。

⑤环保性。由于天然石材是构成地壳的基本物质,因此可能存在含有放射性的物质。石材中的放射性物质主要是指镭、钍等放射性元素,在衰变中会产生对人体有害的物质。在选用室内装饰用石材时,应注意其放射性指标是否合格。

 **复习思考题**

2—1　按岩石的生成条件,岩石可分为哪几类? 举例说明。

2—2　在建筑中常用的岩浆岩、沉积岩和变质岩有哪几种？主要用途如何？

2—3　石材有哪些主要的技术性质？

2—4　花岗岩和大理岩各有何特性及用途？

2—5　选择天然石材应注意什么？

2—6　岩石的饱水率与吸水率有何不同？

第三章　气硬性胶凝材料

在土木工程材料中,凡在一定条件下,经过一系列物理、化学作用后,能把块状或散粒状材料胶结成整体成为一定强度的材料统称为胶凝材料(binding material)。这里指的块状或散粒材料包括粉状材料(石粉等)、纤维材料(钢纤维、玻璃纤维、聚酯纤维等)、块状材料(砖、砌块等)、散粒材料(砂、石等)、板材(石膏板、水泥板等)等。胶凝材料按其化学成分可分为有机胶凝材料和无机胶凝材料两大类。无机胶凝材料按其硬化时的条件又可分为气硬性胶凝材料(air – hardening binding material)和水硬性胶凝材料(hydraulic binding material)。气硬性胶凝材料只能在空气中硬化,也只能在空气中保持或继续提高其强度,如石灰、石膏、水玻璃等。气硬性胶凝材料宜用于干燥环境中,不宜用于潮湿环境,更不可用于水中。水硬性胶凝材料不仅能在空气中硬化,而且能更好地在水中硬化,保持并继续提高其强度,如各种水泥。水硬性胶凝材料既适用于干燥环境,又适用于潮湿环境或水下工程。

第一节　石　灰

石灰(lime)是一种传统的气硬性胶凝材料,是以石灰石为原料经煅烧而成。由于它来源广泛,工艺简单,成本低廉,使用方便,所以至今仍被广泛地应用于土木工程中。

一、石灰的生产与分类

生产石灰的主要原材料是以含碳酸钙为主的天然岩石,如石灰岩。其中可能会含有少量的碳酸镁及其他粘土等杂质。石灰岩经过高温煅烧后,碳酸钙将分解成为 CaO 和 CO_2,CO_2 以气体逸出,其化学反应式如下:

$$CaCO_3 \xrightarrow{900 \sim 1100℃} CaO + CO_2 \uparrow$$

$$MgCO_3 \xrightarrow{700℃} MgO + CO_2 \uparrow$$

生产所得的 CaO 称为生石灰(lump lime),是一种白色或灰色的块状物质。煅烧温度一般以 1000℃ 为宜。在煅烧过程中,若温度过低或煅烧时间不足,使得 $CaCO_3$ 不能完全分解,将生成"欠火石灰",它的特点是产浆量低,即石灰利用率下降。如果煅烧温度过长或温度过高,将生成颜色较深、块体致密的"过火石灰",它的特点为颜色较深,密度较大,与水反应熟化的速度较慢,往往在石灰固化后才开始水化熟化,从而产生局部体积膨胀,引起鼓包开裂,影响工程质量。

由于原料中常含有碳酸镁($MgCO_3$),煅烧后生成 MgO,根据(JC/T 479—1992《建筑生石灰》)的标准规定,将 MgO 含量≤5% 的称为钙质生石灰;MgO 含量 >5% 的称为镁质生石灰。同等级的钙质生石灰质量优于镁质生石灰。

将煅烧成块状的生石灰经过不同的方法加工,还可得到石灰的另外三种产品:

生石灰粉(ground quick lime):由块状生石灰磨细生成,主要成分为 CaO。

消石灰粉(slaked lime):将生石灰用适量水(60% ~80%)经消化和干燥而成的粉末,主要成分为 $Ca(OH)_2$,也称为熟石灰粉。

石灰膏(lime plaster):将块状生石灰用大量的水(为生石灰体积的 3 ~4 倍)消化,或将消石灰粉和水拌和,所得的一定稠度的膏状物,主要成分为 $Ca(OH)_2$ 和水。

二、石灰的熟化与凝结硬化

1. 石灰的熟化

生石灰 CaO 加水反应生成 $Ca(OH)_2$ 的过程称为熟化。生成物 $Ca(OH)_2$ 称为熟石灰。反应式如下:

$$CaO + H_2O \longrightarrow Ca(OH)_2 + 64.9kJ$$

熟化过程的特点:

①速度快。煅烧良好的 CaO 与水接触时几秒钟内即反应完毕。

②体积膨胀。CaO 与水反应生成 $Ca(OH)_2$ 时,体积增大 1.0 ~2.5 倍。

③放出大量的热。每消解 1kg 生石灰可放热 1160kJ,也即质量 300g 的纯生石灰熟化放热可达 335kJ。

CaO 熟化理论需水量只要 32.1% ,而实际熟化过程中加入过量的水,一方面是考虑熟化时释放热量引起水分蒸发损失,另一方面是确保 CaO 充分熟化。建筑工地上常在化灰池中进行石膏的生产,即将块状生石灰用水冲淋,通过筛网,滤去欠火石灰和杂质,流入化灰池中沉淀而得。石灰膏面层必须蓄水保养,其目的是隔断与空气直接接触,防止干硬固化和碳化固结,以免影响正常使用和效果。

当煅烧温度过高或时间过长时将产生过火石灰,这在石灰煅烧中是十分难免的。由于过火石灰的表面包覆着一层玻璃釉状物,熟化很慢,也就是过火石灰与水的作用慢,对使用非常不利,若在石灰使用并硬化后再继续熟化,则产生的体积膨胀将引起局部鼓泡、隆起和开裂。为消除上述过火石灰的危害,石灰膏使用前应在化灰池中存放 2 周以上,使过火石灰充分熟化,这个过程称为"陈伏"(ageing)。陈伏期间,石灰膏表面有一层水,以隔绝空气,防止与 CO_2 作用产生碳化。但若将生石灰磨细后使用,则不需要"陈伏",这是因为粉磨过程使过火石灰的表面积大大增加,与水熟化反应速度加快,过火石灰几乎可以同步熟化,而且又均匀分散在生石灰粉中,不至于引起过火石灰的种种危害。

2. 石灰的凝结硬化

石灰水化后在空气中逐渐凝结硬化,硬化过程是两个同时进行的物理及化学变化过程,包括结晶过程(crystallization)和碳化过程(carbonization):

(1)结晶过程

石灰浆中的游离水分蒸发或被砌体吸收,使 $Ca(OH)_2$ 以晶体形态析出,石灰浆体逐渐失去塑性,并凝结硬化产生强度的过程。

(2)碳化过程

$Ca(OH)_2$ 与空气中的 CO_2 反应生成 $CaCO_3$ 晶体,析出的水分则逐渐被蒸发,其反应式为:

$$Ca(OH)_2 + CO_2 + nH_2O \longrightarrow CaCO_3 + (n+1)H_2O$$

由于碳化作用在表层生成 $CaCO_3$ 结晶的薄层后，阻碍了 CO_2 的进一步深入，同时也影响水分蒸发，而且空气中 CO_2 的浓度低，所以石灰碳化速度缓慢。

三、石灰的性质、技术要求和应用

1. 石灰的性质

（1）可塑性、保水性好

生石灰熟化后形成的石灰浆，是一种表面吸附水膜的高度分散的 $Ca(OH)_2$ 胶体，能降低颗粒之间的摩擦，因此具有良好的可塑性。利用这一性质，将其掺入水泥浆中，可显著提高砂浆的可塑性和保水性。

（2）熟化放热量大，腐蚀性强

生石灰的熟化过程是放热反应，反应时放出大量的热；熟化产物中的 $Ca(OH)_2$ 成分具有较强的腐蚀性。

（3）凝结硬化慢、强度低

石灰浆在凝结硬化过程中结晶作用和碳化作用都极为缓慢，所以强度低。例如 1:3 配比的石灰砂浆，其 28d 抗压强度只有 $0.2 \sim 0.5MPa$。

（4）硬化时体积收缩大

石灰在硬化过程中，由于大量的游离水分蒸发，使得体积显著地收缩，易出现干缩裂缝，故石灰浆不宜单独使用，一般要掺入一定量的骨料（如砂子等）或纤维材料（如麻刀、纸筋等），以抵抗收缩引起的开裂。

（5）吸湿性强，耐水性差

生石灰在放置过程中会缓慢吸收空气中的水分而自动熟化，再与空气中的 CO_2 作用生成 $CaCO_3$，失去胶结能力，硬化后的石灰，如长期处于潮湿环境或水中，$Ca(OH)_2$ 就会逐渐溶解而导致结构破坏，故耐水性差。

2. 石灰的技术要求

（1）建筑生石灰和建筑生石灰粉

根据 MgO 含量分为钙质石灰和镁质石灰；又根据 CaO 和 MgO 总含量及残渣、CO_2 含量和产浆量分为优等品、一等品和合格品三个等级。生石灰和生石灰粉的技术指标分别见表 3—1、表 3—2。

表 3—1 建筑生石灰的技术指标

项目	钙质生石灰			镁质生石灰		
	优等品	一等品	合格品	优等品	一等品	合格品
CaO + MgO 含量（%） ≥	90	85	80	85	80	75
未消化残渣含量（5mm 圆孔筛余,%） ≤	5	10	15	5	10	15
CO_2（%） ≤	5	7	9	6	8	10
产浆量（L/kg） ≥	2.8	2.3	2.0	2.8	2.3	2.0

（2）建筑消石灰粉

根据 MgO 含量分为钙质（MgO < 4%）、镁质（4% ≤ MgO < 24%）和白云石消石灰粉

（24%≤MgO<30%）三类，并根据 CaO 和 MgO 总含量、体积安定性和细度分为优等品、一等品和合格品，见表3—3。

表3—2　建筑生石灰粉的技术指标

项目	钙质生石灰			镁质生石灰		
	优等品	一等品	合格品	优等品	一等品	合格品
CaO + MgO 含量（%），≥	85	80	75	80	75	70
CO_2（%），≤	7	9	11	8	10	12
细度　0.9mm 筛筛余（%），≤	0.2	0.5	1.5	0.2	0.5	1.5
0.125mm 筛筛余（%），≤	7.0	12.0	18.0	7.0	12.0	18.0

表3—3　建筑消石灰粉的技术指标

项目	钙质消石灰粉			镁质消生石灰粉			白云石消石灰粉		
	优等品	一等品	合格品	优等品	一等品	合格品	优等品	一等品	合格品
CaO + MgO 含量（%）≥	70	65	60	65	60	55	65	60	55
游离水（%）	0.4~2	0.4~2	0.4~2	0.4~2	0.4~2	0.4~2	0.4~2	0.4~2	0.4~2
体积安定性	合格	合格	—	合格	合格	—	合格	合格	—
细度　0.9mm 筛筛余（%）≥	0	0	0.5	0	0	0.5	0	0	0.5
0.125m 筛筛余（%）≥	3	10	15	3	10	15	3	10	15

3. 石灰的应用

（1）制作石灰乳涂料和砂浆

将消石灰粉或熟化好的石灰膏加入大量水调制成稀浆，成为石灰乳，用于要求不高的室内粉刷，目前已很少使用。目前主要采用石灰膏与水泥、砂或直接与砂配制成混合砂浆或石灰砂浆用于砌筑和抹面，为了克服石灰浆收缩性大的缺点，配制时常要加入纸筋等纤维质材料。

（2）拌制石灰土和石灰三合土

消石灰粉和粘土拌合，称为石灰土，若再加入砂和石屑、炉渣等即为三合土。在潮湿环境中，由于 $Ca(OH)_2$ 能和粘土中少量的活性 SiO_2 和 Al_2O_3 反应生成具有水硬性的产物，使粘土的密实度、强度和耐水性得到改善，因此可广泛用于建筑物的基础和道路垫层。

（3）生产硅酸盐制品

以磨细生石灰（或熟石灰粉）和硅质材料（如砂、粉煤灰、火山灰、煤矸石等）为主要原料，加水拌合，经过成型、养护（常压蒸汽养护或高压蒸汽养护）等工序制得的制品，统称为硅酸盐制品，常用的有粉煤灰混凝土、加气混凝土、粉煤灰砖、灰砂砖、硅酸盐砌块等。

4. 石灰的储运注意事项

根据石灰的性质，生石灰在运输和储存时要防止受潮，且储存时间不宜过长。工地上一般将石灰的储存期变为陈伏期，以防碳化。此外，因为储运中的生石灰受潮熟化要放出大量的热量且体积膨胀，会导致易燃、易爆品燃烧和爆炸，所以生石灰不宜与易燃、易爆品一起装运和存放。

第二节 石 膏

石膏是以硫酸钙为主要成分的气硬性胶凝材料。由于石膏胶凝材料及其制品具有许多优良的性质,原料来源丰富,生产能耗较低,因而在建筑工程中得到广泛应用。目前,常用的石膏胶凝材料有建筑石膏(calcined gypsum)、高强石膏(high strength gypsum)等。

一、石膏的生产与分类

生产石膏的主要原料是天然二水石膏(gypsum)($CaSO_4 \cdot 2H_2O$,又称为软石膏或生石膏),它是生产石膏胶凝材料的主要原料。也可采用化工石膏作为原料,其成分是含有 $CaSO_4 \cdot 2H_2O$ 与 $CaSO_4$ 混合物的化工副产品及废渣。将天然二水石膏或化工石膏经加热、煅烧、脱水、磨细可得石膏胶凝材料。随着加热的条件和程度不同,可得到性质不同的石膏产品。

1. 建筑石膏

将天然二水石膏在 107 ~ 170℃ 条件下煅烧脱去部分结晶水而制得 β 型半水石膏($\beta - CaSO_4 \cdot 0.5H_2O$),再经磨细不添加任何外加剂或添加物的白色粉状胶凝材料,称为建筑石膏。

$$CaSO_4 \cdot 2H_2O \xrightarrow{107 ~ 170℃} \beta - CaSO_4 \cdot 0.5H_2O + 1.5H_2O$$

建筑石膏为白色或灰白色粉末,密度为 2.6 ~ 2.75g/cm^3,堆积密度为 800 ~ 1000kg/m^3,多用于建筑抹灰、粉刷、砌筑砂浆及各种石膏制品。

生产建筑石膏的原材料除了天然石膏外,还包括以工业副产石膏生产的建筑石膏,用代号"N"表示;以烟气脱硫石膏为原料制取的建筑石膏,用代号"S"表示;以磷石膏为原料制取的建筑石膏,用代号"P"表示。

2. 高强石膏

将天然二水石膏置于具有 0.13MPa 和 124℃ 的过饱和蒸汽条件下蒸压,或置于某些盐溶液中沸煮,可获得晶粒子较粗、较致密的 α 型半水石膏($\alpha - CaSO_4 \cdot 0.5H_2O$),即高强石膏。α 型半水石膏晶体粗大、调制浆体时用水量小,因此强度较高,主要用于要求较高的抹灰工程、装饰制品和石膏板。

3. 高温煅烧石膏(high temperature – burnt anhydrite)

加热温度超过 800℃ 时,生成的煅烧石膏,在分解出的 CaO 的激发下,重新具有凝结硬化能力,被称为高温煅烧石膏,又称地板石膏。它主要用于砌筑及制造人造大理石的砂浆,还可加入稳定剂、填料等经塑化压制成地板材料。

二、建筑石膏的水化硬化

建筑石膏与水拌合后,最初成为具有可塑性的浆体,很快变稠失去可塑性,并逐渐变成具有一定强度的固体,这一过程可从水化和硬化两方面分别说明:

1. 建筑石膏的水化

建筑石膏加水拌合后,与水相互作用,还原成二水石膏,这个过程称为水化。反应式如下：

$$CaSO_4 \cdot 0.5H_2O + 1.5H_2O \longrightarrow CaSO_4 \cdot 2H_2O$$

建筑石膏加水后首先进行的是溶解，然后产生上述的水化反应，生成二水石膏。由于二水石膏在水中的溶解度（20℃为 2.05g/L）较半水石膏在水中的溶解度（20℃为 8.16g/L）小得多，所以二水石膏不断从过饱和溶液中沉淀而析出胶体微粒。二水石膏析出，破坏了原有半水石膏的平衡浓度，这时半水石膏会进一步溶解来补充溶液浓度。如此不断循环进行半水石膏的溶解和二水石膏的析出，直到半水石膏完全转化为二水石膏为止。这一过程进行得较快，为 7～12min。

2. 建筑石膏的凝结硬化

随着水化的进行，二水石膏胶体微粒的数量不断增多，它比原来的半水石膏颗粒细得多，即总表面积增大，因而可吸附更多的水分；同时因水分的蒸发和部分水分参与水化反应而成为化合水，致使自由水减少。由于上述原因使得浆体变稠而失去可塑性，这就是初凝过程。在浆体变稠的同时，二水石膏胶体微粒逐渐变为晶体，晶体逐渐长大，共生和相互交错，使凝结的浆体逐渐产生强度，表现为终凝。随着干燥，内部自由水排出，晶体之间的摩擦力、粘结力逐渐增大、浆体强度也随之增加，一直发展到最大值，这就是硬化过程，如图 3—1 所示，直至剩余水分完全蒸发后，强度才停止发展。

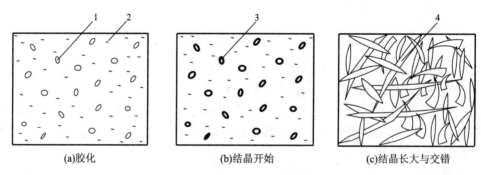

(a)胶化　　　　　　　　(b)结晶开始　　　　　　　(c)结晶长大与交错

图 3—1　建筑石膏凝结硬化示意

1—半水石膏；2—二水石膏胶体微粒；3—二水石膏晶体；4—交错的二水石膏晶体

由图 3—1 可见，石膏浆体的水化、凝结和硬化实际上是一个连续的溶解、水化、胶化和结晶过程，是交叉进行的，其最终硬化完全是靠干燥和结晶作用。

三、建筑石膏的性质、技术要求

1. 建筑石膏的性质

①凝结硬化快。建筑石膏凝结硬化较快，一般初凝仅几分钟，终凝不超过半小时。由于初凝时间短不便施工操作，使用时一般均加入缓凝剂以延长凝结时间。常用的缓凝剂有：经石灰处理的动物胶（掺量 0.1%～0.2%）、亚硫酸酒精废液（掺量 1%）、硼砂、柠檬酸、聚乙烯醇等。

②硬化时体积微膨胀。建筑石膏硬化后，体积略有膨胀（膨胀率为 0.05%～0.15%），这一特性使得石膏制品表面光滑、体形饱满、无收缩裂纹，特别适用于刷面和制作建筑装饰制品。

③硬化后孔隙率大、表观密度小、强度较低。建筑石膏水化的理论用水量为18.6%,但为了满足施工要求的可塑性,实际加水量约为60%~80%,石膏凝结后多余水分蒸发,导致石膏孔隙率高达40%~60%、重量轻、强度低。

④隔热、吸声性能好。由于建筑石膏硬化后水分蒸发形成大量的内部毛细孔,所以导热系数小[一般为0.121~0.205W/(m·K)],具有良好的隔热能力;大量毛细孔隙使声音传导或反射的能力也显著下降,从而具有较强的吸声能力。

⑤调温调湿性能好。由于建筑石膏热容量大,内部大量毛细孔隙对空气中的水蒸气具有较强的吸附能力,所以对室内空气的温度和湿度有一定的调节作用。

⑥防火性能良好。建筑石膏硬化后的主要成分是含有两个结晶水分子的二水石膏,当遇火时,结晶水蒸发,吸收热量并在表面生成具有良好绝热性的"蒸汽幕",能够有效抑制火焰蔓延和温度的升高。

⑦加工性能好。建筑石膏制品可锯、可刨、可钉、可打眼,加工性能好。

⑧耐水性、抗冻性差。建筑石膏硬化后孔隙率高、吸水性、吸湿性强,并且二水石膏微溶于水,长期浸水会使其强度下降,软化系数仅为0.2~0.3,所以耐水性很差。若吸水后再受冻,会因结冰而产生崩裂,故抗冻性也很差。

2. 建筑石膏的技术要求

根据国家标准《建筑石膏》(GB/T 9776—2008)的规定,建筑石膏按2h强度(抗折)分为3.0、2.0、1.6三个等级。

(1)组成

建筑石膏组成中β型半水石膏($\beta-CaSO_4 \cdot 0.5H_2O$)的含量(质量百分数)应不小于60.0%。

(2)物理力学性能

建筑石膏的物理力学性能应符合表3—4的要求。

表3—4　建筑石膏的物理力学性能

等级	细度(0.2mm 方孔筛筛余)(%)	凝结时间/min		2h 强度/MPa	
		初凝	终凝	抗折	抗压
3.0				≥3.0	≥6.0
2.0	≤10	≥3	≤30	≥2.0	≥4.0
1.6				≥1.6	≥3.0

(3)放射性核素限量

工业副产建筑石膏的放射性核素限量应符合GB 6566的要求。

(4)限制成分

工业副产建筑石膏中限制成分氧化钾(K_2O)、氧化钠(Na_2O)、氧化镁(MgO)、五氧化二磷(P_2O_5)和氟(F)的含量由供需双方商定。

3. 建筑石膏的标记

建筑石膏按产品名称、代号、等级及标准编号的顺序标记。

示例:等级为3.0的天然建筑石膏标记如下:建筑石膏 N3.0 GB/T 9776—2008。

四、建筑石膏的应用和储运

1. 建筑石膏的应用

（1）制备石膏砂浆和粉刷石膏

建筑石膏加入水、砂子及缓凝剂配成石膏砂浆，可用于室内抹灰。石膏砂浆具有良好的保温隔热性能，调节室内空气的湿度和良好的隔音与防火性能，但由于不耐水，故不宜在外墙使用。建筑石膏加水和适量外加剂，可调制成涂料，涂刷装修内墙面。

（2）制作石膏板和装饰构件

石膏板具有轻质、保温、吸音、防火以及施工方便等性能，可广泛应用于高层建筑及大跨度建筑的隔墙。目前常用的石膏板主要有纸面石膏板、石膏空心条板、石膏装饰板、纤维石膏板等。建筑石膏配以纤维增强材料、胶粘剂等还可制成石膏角线、线板、角花、灯圈、罗马柱、雕塑等装饰构件。

2. 建筑石膏的储运

建筑石膏在运输和储存时要注意防潮，储存期一般不宜超过 3 个月，否则将使石膏制品的质量下降。

第三节　水玻璃

土木工程中常用的水玻璃（water glass）俗称泡花碱，是一种由碱金属氧化物和二氧化硅结合而成的水溶性硅酸盐材料，其化学通式为 $R_2O \cdot nSiO_2$，常见的有硅酸钠水玻璃 $Na_2O \cdot nSiO_2$ 和硅酸钾水玻璃 $K_2O \cdot nSiO_2$ 等。钾水玻璃在性能上优于钠水玻璃，但其价格较高，故建筑上最常用的是钠水玻璃。

一、水玻璃的生产

将石英砂或石英岩粉加入 Na_2CO_3 或 Na_2SO_4 在玻璃熔炉内熔化，在 $1300 \sim 1400℃$ 温度下熔融而生成硅酸钠，冷却后即得固态水玻璃，其反应式如下：

$$Na_2CO_3 + nSiO_2 \xrightarrow{1300 \sim 1400℃} Na_2O \cdot nSiO_2 + CO_2 \uparrow$$

固态水玻璃在 $0.3 \sim 0.4MPa$ 压力的蒸汽锅内，溶于水成粘稠状的水玻璃溶液。其分子式中的 n 为 SiO_2 与 R_2O 的分子比，称为水玻璃的模数。

水玻璃溶于水，使用时仍可加水稀释，其溶解的难易程度与 n 值的大小有关。n 值越大，水玻璃的黏度越大，越难溶解，但却易分解硬化。土建工程中常用水玻璃的 n 值，一般在 $2.5 \sim 2.8$。

液体水玻璃在空气中会与 CO_2 发生反应，由于干燥和析出无定形硅酸并逐渐硬化，这个反应进行得很慢，为了加速硬化，可加入适量氟硅酸钠，促使硅酸凝胶析出，其化学反应过程为：

$$2\left[Na_2O \cdot nSiO_2\right] + Na_2SiF_6 + mH_2O = 6NaF + (2n+1)SiO_2 \cdot mH_2O$$

氟硅酸钠的适宜掺量为 $12\% \sim 15\%$（占水玻璃质量）。用量太少，硬化速度慢，强度低，且未反应的水玻璃易溶于水，导致耐水性差，用量过多会引起凝结过快，造成施工难。氟硅酸钠有一定的毒性,操作时应注意安全,也可以用磷酸或硫酸等作为水玻璃的促硬剂。

二、水玻璃的性质

水玻璃具有以下特性:

1. 粘结性能良好

水玻璃硬化后的主要成分为硅酸凝胶和固体,比表面积大,因而有良好的粘结性能。对于不同模数的水玻璃,模数越大,粘结力越大;当模数相同时,则浓度越稠,粘结力越大。此外,硬化时析出的硅酸凝胶还可堵塞毛细孔隙,起到防止液体渗漏的作用。

2. 耐热性好、不燃烧

水玻璃硬化后形成的 SiO_2 网状骨架在高温下强度不下降,用它和耐热集料配制的混凝土可耐 1000℃ 的高温而不破坏。

3. 耐酸性好

硬化后水玻璃主要成分是 SiO_2,在强氧化性酸中具有较好的化学稳定性。因此能抵抗大多数无机酸与有机酸的腐蚀。

4. 耐碱性与耐水性差

因 SiO_2 和 $Na_2O \cdot nSiO_2$ 均为酸性物质,溶于碱,故水玻璃不能在碱性环境使用。而硬化产物 NaF、Na_2CO_3 等又均溶于水,因此耐水性差。

三、水玻璃的应用

1. 作灌浆材料用以加固地基

将水玻璃溶液与氯化钙溶液同时或交替灌入地基中,填充地基土颗粒空隙并将其胶结成整体,可提高地基承载能力及地基土的抗渗性。

2. 涂刷或浸渍材料

直接将液体水玻璃涂刷或浸渍在混凝土材料表面能形成 SiO_2 膜层,提高混凝土的抗风化及抗渗能力。但不能对石膏制品表面进行涂刷或浸渍,因为水玻璃与石膏反应生成硫酸钠晶体,会在制品孔隙内部产生体积膨胀,使石膏制品受到破坏。

3. 配制水玻璃矿渣砂浆,用于堵漏

将水玻璃、矿渣粉、砂和氟硅酸钠配合成砂浆,直接压入砖墙裂缝,可以起到粘结和增强作用。

4. 配制耐酸或耐热砂浆或混凝土

以水玻璃为胶凝材料,氟硅酸钠作促硬剂和耐酸粉料及集料按一定比例配制成为耐酸砂浆或耐酸混凝土,用于储酸槽、酸洗槽、耐酸地坪及耐酸器材等。

5. 配制快凝防水剂,掺入水泥浆、砂浆或混凝土中,用于堵漏、抢修

以水玻璃为基料,加入 2 ~ 4 种矾可以配制防水剂,这种防水剂凝结快,一般不超过 1min,将防水剂掺入水泥浆、砂浆和混凝土中,用于堵塞漏洞、缝隙等局部抢修。

第四节　镁质胶凝材料

镁质胶凝材料,是以 MgO 为主要成分的气硬性胶凝材料,如菱苦土(也叫苛性苦土,主

要成分是 MgO)、苛性白云石(主要成分是 MgO 和 $CaCO_3$)等。

一、镁质胶凝材料的生产

镁质胶凝材料,是将菱镁矿或天然白云石经煅烧、磨细而制成。煅烧时的反应式如下:

$$MgCO_3 \xrightarrow{600 \sim 650℃} MgO + CO_2 \uparrow$$

实际生产时,煅烧温度为 $800 \sim 850℃$。

白云石的分解分两步进行,首先是复盐分解,然后是碳酸镁分解:

$$CaMg(CO_3)_2 \xrightarrow{650 \sim 750℃} MgCO_3 + CaCO_3$$

$$MgCO_3 \longrightarrow MgO + CO_2 \uparrow$$

煅烧温度对镁质胶凝材料的质量有重要影响。煅烧温度过低时,$MgCO_3$ 分解不完全,易产生"生烧"而降低胶凝性;温度过高时,MgO 烧结收缩,颗粒变得坚硬,称为过烧,胶凝性很差。

煅烧适当的菱苦土为白色或浅黄色粉末,苛性白云石为白色粉末。密度为 $3.1 \sim 3.4 \mathrm{g/cm^3}$,堆积密度为 $800 \sim 900 \mathrm{kg/m^3}$。煅烧所得菱苦土磨得越细,使用时强度越高;相同细度时,MgO 含量越高,质量越好。

二、菱苦土

1. 菱苦土的水化硬化

菱苦土用水拌和时,生成 $Mg(OH)_2$,疏松、胶凝性差。故通常用 $MgCl_2$、$MgSO_4$、$FeCl_3$ 或 $FeSO_4$ 等盐类的水溶液拌和,以改善其性能。其中,以用 $MgCl_2$ 溶液拌和为最好,浆体硬化较快,其硬化浆体的主要产物为氯氧化镁水化物($x\mathrm{MgO} \cdot y\mathrm{MgCl_2} \cdot z\mathrm{H_2O}$)和氢氧化镁等。强度高(可达 $40 \sim 60 \mathrm{MPa}$),但吸湿性强,耐水性差(水会溶解其中的可溶性盐类)。

2. 菱苦土的应用

菱苦土能与木质材料很好地粘结,而且碱性较弱,不会腐蚀有机纤维,但对铝、铁等金属有腐蚀作用,不能让菱苦土直接接触金属。在建筑上常用来制造木屑地板、木丝板、刨花板等。

菱苦土木屑地面有弹性,能防爆、防火,导热性小,表面光洁,不产生噪音与尘土,宜用于纺织车间等。菱苦土木丝板、刨花板和零件则可用于临时性建筑物的内墙、天花板、楼梯扶手等。目前,主要用作机械设备的包装构件,可节省大量木材。

菱苦土制品只能用于干燥环境中,不适用于受潮、遇水和受酸类侵蚀的地方。

苛性白云石的性质、用途与菱苦土相似,但质量稍差。

菱苦土运输和储存时应避免受潮,也不可久存,以防其吸收空气中水分而成为 $Mg(OH)_2$,再碳化为 $MgCO_3$,失去胶凝能力。

三、氯氧镁水泥

氯氧镁水泥,(简称镁水泥)是用具有一定浓度的氯化镁水溶液与活性氧化镁粉末调配后得到气硬性胶凝材料。镁水泥的基本体系,即 $MgO - MgCl_2 - H_2O$ 三元体系,最终反应产物的形成取决于氧化镁的活性和氧化镁、氯化镁和水之间的配合比。

镁水泥属于气硬性胶凝材料,在干燥空气中强度持续增加的,但是其水化产物在水中的溶解度大,导致镁水泥制品在潮湿环境中使用易返卤、翘曲、变形,因此它的使用范围仅限于非永久性、非承重建筑结构构件内,同时镁水泥具有大理石般的光滑表面,因此它是做装饰材料的极好材料,为了提高镁水泥的抗水性,可以掺入适量磷酸、铁矾等外加剂;镁水泥耐磨性高特别适合生产地面砖及其他高耐磨制品,尤其是磨料、磨具,如抛光砖磨块等;镁水泥建材制品一般均有耐高温的特性,即使复合玻璃纤维,也可耐火 300℃ 以上,因此它被广泛用于生产防火板;镁水泥呈微碱性,对玻璃纤维和木质纤维的腐蚀性很小,因此可用于抗碱性玻璃纤维和植物纤维制品的生产。

复习思考题

3—1 气硬性胶凝材料和水硬性胶凝材料有何区别?

3—2 什么是过火石灰和欠火石灰?它们对石灰的使用有什么影响?如何消除?

3—3 石灰硬化过程中会产生哪几种形式的开裂?试分析其原因。欲避免这些情况发生,应采取什么措施?

3—4 建筑石膏是按什么技术要求来划分等级的?

3—5 建筑石膏及其制品为什么适用于室内,而不适用于室外?

3—6 用于内墙抹灰时,建筑石膏和石灰比较,具有哪些优点?为什么?

3—7 水玻璃的主要化学成分是什么?什么是水玻璃的模数?水玻璃的模数、浓度对其性质有何影响?

3—8 水玻璃的主要性质和用途有哪些?

3—9 菱苦土可用水拌和使用吗?在工程中有何用途?

第四章 水 泥

水泥是一种粉末状、无机水硬性矿物胶凝材料,当它与水混合后可成为可塑性的浆体,经过凝结硬化(物理化学作用)可成为坚硬的石状体,并能将散粒状材料胶结成为整体。

自 1824 年英国人阿斯普丁(Joseph Aspdin)申请了生产硅酸盐水泥(Portland cement)的专利至今,水泥的发展很快。为满足各种土木工程的需要,水泥的品种发展也很快。

按其性能和用途,水泥可分为:①通用硅酸盐水泥,它包括硅酸盐水泥、普通硅酸盐水泥、矿渣硅酸盐水泥等六个品种;②专用水泥,如道路硅酸盐水泥、油井水泥等;③特性水泥,如快硬硅酸盐水泥、抗硫酸盐水泥等。

按其主要水硬性物质,可分为:①硅酸盐系列水泥,包括通用硅酸盐水泥、快硬硅酸盐水泥、白色硅酸盐水泥、抗硫酸盐水泥等;②铝酸盐系列水泥,包括铝酸盐水泥、自应力铝酸盐水泥等;③硫铝酸盐水泥;④氟铝酸盐水泥;⑤铁铝酸盐水泥。

水泥品种虽然很多,但在常用的水泥中,通用硅酸盐水泥是最基本的,它是土木工程中用量最大的材料之一。因此,本章以通用硅酸盐水泥(GB 175—2007)为主要内容,在其基础上对几种其他水泥只作一般性的介绍。

第一节 通用硅酸盐水泥的概述

一、通用硅酸盐水泥的定义、分类和组分

通用硅酸盐水泥(common Portland cement)的定义为以硅酸盐水泥熟料和适量的石膏,及规定的混合材料制成的水硬性胶凝材料。

通用硅酸盐水泥的分类按混合材料的品种和掺量分为硅酸盐水泥、普通硅酸盐水泥、矿渣硅酸盐水泥、火山灰硅酸盐水泥、粉煤灰硅酸盐水泥和复合硅酸盐水泥六个品种。

通用硅酸盐水泥的组分应符合表4—1的规定。例如:①硅酸盐水泥(代号 P·Ⅰ)的组分为100%的硅酸盐水泥熟料 + 石膏;②硅酸盐水泥(代号 P·Ⅱ)的组分为大于等于95%的熟料 + 石膏,及小于等于5%的矿渣或石灰石混合材料;③普通硅酸盐水泥(代号 P·O,ordinary Portland cement)的组分为大于或等于80%且小于95%的熟料 + 石膏,及大于5%且小于或等于20%的规定的混合材料;④复合硅酸盐水泥(代号 P·C,composite Portland cement)的组分为大于或等于50%且小于80%的熟料 + 石膏,及大于20%且小于或等于50%的规定的混合材料。

二、通用硅酸盐水泥的生产

生产硅酸盐水泥熟料的原材料主要是石灰质原料和粘土质原料。石灰质原料(石灰石

和泥灰岩等)主要提供 CaO。粘土质原料(如粘土、黄土等)主要提供 SiO_2 和 Al_2O_3 及少量的 Fe_2O_3。当 Fe_2O_3 不能满足配料要求时,需要校正原料(黄铁矿渣或铁矿石等)来提供。有时也需要硅质校正原料,如砂岩、粉砂岩等补充 SiO_2。由以上几种原材料按适当比例磨细制成生料,然后将生料送入水泥窑中煅烧,在 $CaO - SiO_2 - Al_2O_3 - Fe_2O_3$ 系统中烧至部分熔融(1450℃左右),经过复杂的固相化学反应后得到以硅酸钙为主要成分的熟料。

表 4—1 通用硅酸盐水泥的品种、代号和组分

品 种	简 称	代号	组分(质量分数,%)				
			熟料 + 石膏	粒化高炉矿渣	火山灰质混合材料	粉煤灰	石灰石
硅酸盐水泥		P·Ⅰ	100	—	—	—	—
		P·Ⅱ	≥95	≤5	—	—	—
			≥95	—	—	—	≤5
普通硅酸盐水泥	普通水泥	P·O	≥80 且 < 95	> 5 且 ≤20			—
矿渣硅酸盐水泥	矿渣水泥	P·S·A	≥50 且 < 80	> 20 且 ≤50	—	—	—
		P·S·B	≥30 且 < 50	> 50 且 ≤70	—	—	—
火山灰质硅酸盐水泥	火山灰水泥	P·P	≥60 且 < 80	—	> 20 且 ≤40	—	—
粉煤灰硅酸盐水泥	粉煤灰水泥	P·F	≥60 且 < 80	—	—	> 20 且 ≤40	—
复合硅酸盐水泥	复合水泥	P·C	≥50 且 < 80	> 20 且 ≤50			

将煅烧得到的硅酸盐水泥熟料、适量的石膏及规定的混合材料在磨机中磨成细粉,即生产得到通用硅酸盐水泥成品。

概括地讲,通用硅酸盐水泥的主要生产工艺过程为"两磨"(磨制生料、磨制水泥)、"一烧"(由生料煅烧成熟料)。通用硅酸盐水泥的生产工艺流程如图 4—1 所示。

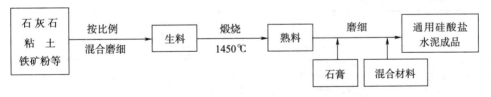

图 4—1 通用硅酸盐水泥的生产工艺流程

三、通用硅酸盐水泥的组成材料

通用硅酸盐水泥的组成材料为硅酸盐水泥熟料、适量的石膏和规定的混合材料。

1. 硅酸盐水泥熟料

由主要含 CaO、SiO_2、Al_2O_3、Fe_2O_3 的原料,按适当比例磨成细粉(生料)烧至部分熔融所得以硅酸钙(3CaO·SiO_2,2CaO·SiO_2)为主要矿物成分的水硬性胶凝物质称为熟料(clinker)。其中硅酸钙矿物不小于 66%,氧化钙和氧化硅的质量比不小于 2.0。

熟料中主要含有如下四种矿物:硅酸三钙、硅酸二钙、铝酸三钙和铁铝酸四钙,此外还含

有游离氧化钙和游离氧化镁等。熟料的化学成分 CaO、SiO_2、Al_2O_3、Fe_2O_3 分别为 62% ~ 67%、19% ~ 24%、4% ~ 7%、2% ~ 5%。熟料的矿物成分及其特性如表4—2所示。

硅酸盐水泥熟料中主要矿物的特性简介如下：

①硅酸三钙（tricalcium silicate，alite）：硅酸三钙是硅酸盐水泥熟料中最主要的矿物组分，其含量通常在50%左右，它对水泥性能有着重要的影响。硅酸三钙遇水，反应速度较快，水化热高，它的水化产物对水泥早期强度和后期强度均起主要作用。

②硅酸二钙（dicalcium silicate，belite）：硅酸二钙在熟料中的含量为15% ~ 37%，也为主要矿物组分，遇水时对水反应速度较慢，水化热较低，它的水化产物对水泥早期强度贡献较小，但对水泥后期强度起重要作用。耐化学侵蚀性良好，干缩较小。

③铝酸三钙：铝酸三钙在熟料中含量通常在15%以下。它是四种矿物组分中遇水反应速度最快、水化热最高的组分。耐化学侵蚀性差，干缩大。因此，为了调节水泥的凝结硬化速度必须掺加石膏，铝酸三钙与石膏形成的水化产物，对水泥早期强度有一定的作用。

④铁铝酸四钙：铁铝酸四钙在熟料中通常含量为10% ~ 18%。遇水反应较快，水化热较高。抗压强度居中，对水泥抗折强度的贡献较大。耐化学侵蚀性优，干缩小。

硅酸盐水泥熟料主要矿物的特性归纳，见表4—2所列。主要矿物在水化过程中，其抗压强度和水化放热随龄期而增长的规律，如图4—2所示。

表4—2　硅酸盐水泥熟料的矿物组成和特性

熟料矿物成分	简称	含量（%）	与水反应速度	水化热	对强度的贡献（早期）	对强度的贡献（后期）	耐化学侵蚀性	干缩
硅酸三钙 $3CaO \cdot SiO_2$	C_3S	36 ~ 60	较快	较大	高	高	中	中
硅酸二钙 $2CaO \cdot SiO_2$	C_2S	15 ~ 37	慢	小	低	高	优	小
铝酸三钙 $3CaO \cdot Al_2O_3$	C_3A	7 ~ 15	快	大	低	低	差	大
铁铝酸四钙 $4CaO \cdot Al_2O_3 \cdot Fe_2O_3$	C_4AF	10 ~ 18	中	中	低	中	良	小

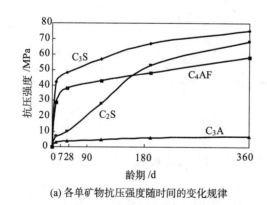

(a) 各单矿物抗压强度随时间的变化规律

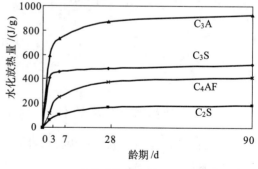

(b) 各单矿物水化放热随时间的变化规律

图4—2　水泥熟料各单矿物的水化和凝结硬化特性

熟料矿物组成对水泥性能起着决定性的作用。改变熟料矿物成分间的比例，水泥性能即发生相应的变化。例如，提高硅酸三钙的含量，可以制得高强水泥；降低铝酸三钙和硅酸三钙的含量,提高硅酸二钙的含量,可制得水化热低的水泥,如大坝用水泥;提高铁铝酸四钙可制得抗折强度较高的道路水泥。

2. 石膏

石膏(gypsum)在通用硅酸盐水泥中主要起调节水泥凝结时间的作用。主要采用天然石膏(主要为二水石膏)或工业副产石膏(以硫酸钙为主要成分的工业副产物)。

3. 活性混合材料

混合材料是为了改善通用硅酸盐水泥性能、调节水泥强度、降低水化热、降低生产成本、增加水泥产量和增加品种而经常采用的组成材料。活性混合材料(active addition)主要有符合标准要求的粒化高炉矿渣及其矿渣粉、粉煤灰、火山灰质混合材料。

4. 非活性混合材料

非活性混合材料(inactive addition)掺入水泥中的主要作用是调节水泥强度、降低水化热、降低生产成本、增加产量。主要有:①活性指标分别低于标准要求的粒化高炉矿渣及其矿渣粉、粉煤灰和火山灰质混合材料;②石灰石和砂岩,其中石灰石中的 Al_2O_3 含量应不大于 2.5%。

四、通用硅酸盐水泥化学指标的技术要求

1. 不溶物

水泥试样先经盐酸溶液处理,过滤;不溶残渣,经氢氧化钠溶液处理,中和,过滤;不溶残渣,再经高温(950±25)℃下(反复)灼烧(30min),直至恒重。得到的灼烧物与试样的质量百分比,即为不溶物的质量百分数。控制不溶物的目的在于限制水泥中既不溶于盐酸溶液又不溶于氢氧化钠溶液的杂质含量。具体指标要求见表4—3。

表4—3　通用硅酸盐水泥化学指标的技术要求

品　种	代号	化学指标(质量分数,%)					
		不溶物	烧失量	三氧化硫	氧化镁	氯离子	碱含量
硅酸盐水泥	P·I	≤0.75	≤3.0	≤3.5	≤5.0ᵃ	≤0.06ᶜ	(≤0.60)若使用活性骨料或用户要求提供低碱水泥时
	P·II	≤1.50	≤3.5				
普通硅酸盐水泥	P·O	—	≤5.0				
矿渣硅酸盐水泥	P·S·A	—	—	≤4.0	≤6.0ᵇ		
	P·S·B	—	—		—		
火山灰质硅酸盐水泥	P·P	—	—	≤3.5	≤6.0ᵇ		
粉煤灰硅酸盐水泥	P·F	—	—				
复合硅酸盐水泥	P·C	—	—				

注:a. 如果水泥压蒸安定性试验合格,则水泥中氧化镁的含量允许放宽至6.0%。

　　b. 如果水泥中氧化镁的含量大于6.0%时,需进行水泥压蒸安定性试验并合格。

　　c. 当有更低要求时,该指标由买卖双方确定。

2. 烧失量

水泥试样经高温炉(950±25)℃,保温15~20min灼烧,冷却,称量。反复灼烧,直至恒重。得到的灼烧物与试样的质量百分比,即为烧失量。控制烧失量的目的在于限制水泥中

水(自由水、结晶水)和二氧化碳(碳酸盐)等的含量。

3. 三氧化硫

水泥中三氧化硫(硫酸盐)的主要来源:①石膏中;②熟料中,原料和煤燃料中的三氧化硫部分保留在熟料中;③混合材料中,如粉煤灰中。水泥中的三氧化硫会积极地参与水泥的水化反应,多数形成膨胀型水化产物钙矾石,量多时会引起水泥体积安定性不良的问题。控制三氧化硫含量的目的在于控制由它引起的体积安定性不良问题。

4. 氧化镁

水泥中氧化镁的主要来源:①熟料中,多数为方镁石(游离氧化镁);②混合材料中,如某些钢渣中,多数为方镁石;③混合材料中,如矿渣中,溶于玻璃相的氧化镁。方镁石水化速度很慢,与水反应体积膨胀,量多时会引起安定性不良的问题。而溶于玻璃相的氧化镁不会引起安定性不良问题。控制氧化镁含量的目的在于控制由方镁石引起的安定性不良问题。

5. 氯离子

水泥中氯离子含量按 Cl^- 计算值表示。当混凝土中可溶性的氯离子浓度达到一定量时,会引起混凝土内部在碱性条件下钢筋的锈蚀,因此对水泥中氯离子含量要加以限制。

6. 碱含量

水泥中碱含量按 $Na_2O + 0.658K_2O$ 计算值表示。当水泥熟料中碱含量适当地高时,有利于原材料的选用,有利于熟料的烧成,有利于早期强度的提高。但若使用活性骨料或用户要求提供低碱水泥时,水泥中的碱含量应不大于 0.60% 或由供需双方商定。控制碱含量的目的在于预防混凝土中碱–骨料反应的发生。

五、通用硅酸盐水泥物理指标的技术要求

1. 细度

细度(fineness)是指水泥颗粒粗细的程度。细度越细,水泥与水起反应的面积越大,水化速度越快并较完全。但细度提高会导致粉磨能耗的增加,导致标准稠度用水量的增加和干缩的增加。因此,需要合理控制水泥细度。

表4—4　通用硅酸盐水泥的物理指标技术要求

品　种	代　号	物理指标技术要求						
		细　　度			凝结时间		安定性	强度
		比表面积	80μm 方孔筛的筛余量	或 45μm 方孔筛的筛余量	初凝时间	终凝时间		
硅酸盐水泥	P·Ⅰ,P·Ⅱ	≥300m²/kg			≥45min	≤390min	沸煮法合格	各强度等级水泥的各龄期强度不得低于各标准规定的数值。
普通水泥	P·O							
矿渣水泥	P·S·A,P·S·B		≤10%	≤30%		≤600min		
火山灰水泥	P·P							
粉煤灰水泥	P·F							
复合水泥	P·C							

注:硅酸盐水泥　≤390min
　　其余　　　　≤600min

水泥细度可用下列方法表示。比表面积法:比表面积(m^2/kg)采用勃氏法测定,此法能间接反映大小颗粒的级配。筛析法:以 $80\mu m$ 或 $45\mu m$ 方孔筛上的筛余百分率表示,此法仅反映通过某筛孔的通过率,不能反映大小颗粒的级配。

现行国标(GB 175—2007)规定,硅酸盐水泥和普通水泥的细度以比表面积表示,其比表面积不小于 $300m^2/kg$;其余水泥(矿渣水泥、火山灰水泥、粉煤灰水泥和复合水泥)的细度以筛余表示,其 $80\mu m$ 方孔筛筛余不大于 10% 或 $45\mu m$ 方孔筛筛余不大于 30%。

2. 水泥标准稠度用水量

为使水泥凝结时间和安定性的测定结果具有可比性,在测定时必须采用标准稠度的水泥净浆。水泥标准稠度的测定采用试杆法,当试杆沉入净浆距底板(6 ± 1)mm 时水泥净浆的稠度为"标准稠度";其拌和用水量为该水泥标准稠度用水量(water requirement of normal consistency),按水泥质量的百分比计。硅酸盐水泥的标准稠度用水量一般为 24% ~30%。

3. 凝结时间

凝结时间(setting time)是指水泥从加水开始到水泥浆失去可塑性所需的时间,又分为初凝时间和终凝时间。初凝时间是从水泥加水到水泥浆开始失去塑性的时间;终凝时间是从水泥加水到水泥浆完全失去塑性并开始产生强度的时间。凝结时间的测定,采用维卡仪。

硅酸盐水泥的初凝时间不小于 45min,终凝时间不大于 390min。

普通硅酸盐水泥、矿渣硅酸盐水泥、火山灰质硅酸盐水泥、粉煤灰硅酸盐水泥、复合硅酸盐水泥的初凝时间均不小于 45min,终凝时间均不大于 600min。

水泥的凝结时间对水泥混凝土的施工有重要的意义。如果凝结过快,混凝土会很快失去流动性,导致无法施工。因此初凝时间不宜过短,以便有足够的时间在初凝之前能完成混凝土各工序的施工操作。但终凝时间又不宜太迟,以便混凝土在浇捣完毕后尽早完成凝结硬化。

4. 体积安定性

水泥浆体在硬化过程中体积变化的均匀性称为水泥体积安定性(soundness)。如果在硬化过程中水泥浆体产生不均匀的体积变化,即安定性不良。使用安定性不良的水泥,会使水泥混凝土产生膨胀性破坏,强度降低,引起严重的工程质量事故。现行国标规定,体积安定性不合格的水泥为不合格品,不得在任何工程中使用。

水泥体积安定性不良的原因是由于熟料中含有过多的游离氧化钙和游离氧化镁,及磨制水泥时加入了过多的石膏等所造成的。

熟料中的游离 CaO 和游离 MgO 均属过烧,水化速度很慢,在已硬化的水泥石中继续与水反应,体积膨胀约 100% ~150%,引起不均匀的体积变化,会降低水泥石的强度。其反应式为:

$$CaO + H_2O \longrightarrow Ca(OH)_2$$

$$MgO + H_2O \longrightarrow Mg(OH)_2$$

若水泥生产时加入的石膏过多,在水泥硬化以后,剩余的石膏还会继续与水化铝酸钙起反应,生成钙矾石,体积膨胀约 150%,同样会引起体积安定性问题。

现行国标规定用沸煮法检验水泥的体积安定性。沸煮法起到加速游离 CaO 水化的作用。但沸煮法不能检验由游离 MgO 引起的安定性不良。这是由于游离 MgO 的水化作用比游离 CaO 更加缓慢,必须采用压蒸方法才能检验出它是否有危害作用。在沸煮温度下,石膏不会与水化铝酸钙起反应生成钙矾石。石膏的危害则需要水泥浆体长期浸在常温水中才能检验。

由于 MgO 和石膏的危害作用不便于快速检验。国家标准规定:水泥出厂时,硅酸盐水泥中 MgO 的含量不得超过 5.0%,如经压蒸安定性检验合格,允许放宽到 6.0%。硅酸盐水泥中 SO_3 的含量不得超过 3.5%。其他水泥详见表 4—3。

5. 强度和强度等级

水泥的强度主要取决于水泥熟料矿物组成及其相对含量、混合材料品种及其相对含量以及水泥的细度,另外还与用水量、试验方法、养护条件、养护时间等有关。

现行国标规定:水泥的强度用胶砂强度检验。将水泥、水和中国 ISO 标准砂按 1:0.50:3.00 的比例,以规定的方法搅拌制成标准试件(尺寸为 40mm×40mm×160mm),在标准条件下在 (20±1)℃的水中养护至 3d 和 28d,测定这两个龄期的抗折强度和抗压强度。根据测定结果,判定水泥的强度等级。

通用硅酸盐水泥各品种、各强度等级和各龄期的强度指标见表 4—5 所示。硅酸盐水泥强度等级分为 42.5、42.5R、52.5、52.5R、62.5、62.5R。普通水泥强度等级分为 42.5、42.5R、52.5、52.5R。矿渣水泥、火山灰水泥、粉煤灰水泥和复合水泥强度等级分为 32.5、32.5R、42.5、42.5R、52.5、52.5R。现行标准将水泥分为普通型和早强型(或称 R 型)两个型号。其中早强型普通水泥的 3d 抗压强度可达 28d 抗压强度的 50% 左右。

表 4—5　通用硅酸盐水泥各品种各强度等级各龄期的强度指标(GB 175—2007)

品　种	强度等级	抗压强度/MPa		抗折强度/MPa	
		3d	28d	3d	28d
硅酸盐水泥 普通水泥	42.5	≥17.0	≥42.5	≥3.5	≥6.5
	42.5R	≥22.0		≥4.0	
	52.5	≥23.0	≥52.5	≥4.0	≥7.0
	52.5R	≥27.0		≥5.0	
硅酸盐水泥	62.5	≥28.0	≥62.5	≥5.0	≥8.0
	62.5R	≥32.0		≥5.5	
矿渣水泥 火山灰水泥 粉煤灰水泥 复合水泥	32.5	≥10.0	≥32.5	≥2.5	≥5.5
	32.5R	≥15.0		≥3.5	
	42.5	≥15.0	≥42.5	≥3.5	≥6.5
	42.5R	≥19.0		≥4.0	
	52.5	≥21.0	≥52.5	≥4.0	≥7.0
	52.5R	≥23.0		≥4.5	

6. 水化热

水泥的水化是放热反应,放出的热量称为水化热。水泥水化的放热过程可以持续很长时间,但大部分热量是在早期放出,放热对混凝土结构影响最大的也是在早期,特别是在最初 3d 或 7d 内。水化热和放热速率与熟料矿物成分、混合材料品种和数量及水泥细度等有关。熟料矿物在不同龄期的水化热可参见图 4—2(b)。混合材料在水泥水化过程中对水化热的贡献相对较小。水泥细度增加几乎不增加总的水化热,但会加快放热速率。因此,硅酸盐水泥的水化热>普通水泥的水化热>复合水泥(或矿渣水泥、粉煤灰水泥、火山灰水泥)的水化热。

水化热适当大,对冬季施工有利。但对大体积混凝土施工不利,易产生冷缩和温度裂缝。对于大体积混凝土,要严格控制水泥或胶凝材料的水化热,有时还应对混凝土及浇筑物采取相应的温控措施,如原材料降温、使用冰水、埋冷却水管和特殊养护等。

六、通用硅酸盐水泥的合格品与不合格品

当检验结果符合化学指标(不溶物、烧失量、三氧化硫、氧化镁、氯离子)(表4—3)和物理指标(凝结时间、安定性、强度)(表4—4和表4—5)的规定时为合格品。其中的任何一项技术要求不符合时为不合格品。

七、通用硅酸盐水泥的主要特性和优先选用

通用硅酸盐水泥的组成材料均为硅酸盐水泥熟料、适量的石膏和规定的混合材料,但由于这六个品种水泥中混合材料品种及其数量的不同,表现出来的性能也有较大的差异。它们的主要特性见表4—6。

表4—6 通用硅酸盐水泥的主要特性

品种	硅酸盐水泥	普通水泥	矿渣水泥	火山灰水泥	粉煤灰水泥	复合水泥
混合材料	≤5%	5%~20%	20%~70%	20%~40%	20%~40%	20%~50%
主要特性	凝结硬化快	◎较快	◎慢	◎慢	◎慢	◎慢
	早期强度高	◎较高	强度早低后高	强度早低后高	强度早低后高	强度早低后高
	水化热大	◎较大	◎较低	◎较低	◎较低	◎较低
	抗冻性好	◎较好	◎较差	◎较差	◎较差	◎较差
	干缩性小	◎较小	◎较大	◎较大	◎较小	◎
	耐腐蚀性差	◎较差	◎较好	◎较好	◎较好	◎较好
	抗水性差	◎较差	◎较好	◎较好	◎较好	◎较好
	耐热性差	◎较差	◎好	◎较好	◎较好	◎
	抗碳化性能好	◎较好	◎较差	◎较差	◎较差	◎较差
			泌水性大	抗渗较好	抗裂较好	

根据通用硅酸盐水泥的主要特性和混凝土工程的特点及所处环境,可优先选用水泥,具体见表4—7。

表4—7 通用硅酸盐水泥的优先选用

混凝土工程特点及所处环境			优先选用	可以选用	不宜选用
普通混凝土	1	一般气候环境	P·O	P·S,P·F,P·P,P·C	
	2	干燥环境	P·O	P·S	P·P,P·F
	3	高湿度或水中	P·S,P·F,P·P,P·C	P·O	
	4	厚大体积混凝土	P·S,P·F,P·P,P·C	P·O	P·Ⅰ,P·Ⅱ
特殊要求混凝土	1	快硬,高强 >C40	P·Ⅰ,P·Ⅱ	P·O	P·S,P·F,P·P,P·C
	2	严寒露天,寒冷水位升降	P·O	P·S	P·P,P·F
	3	严寒水位升降	P·O		P·S,P·F,P·P,P·C
	4	抗渗	P·O,P·P		P·S
	5	耐磨	P·Ⅰ,P·Ⅱ,P·O	P·S	P·P,P·F
	6	侵蚀介质作用	P·S,P·F,P·P,P·C		P·Ⅰ,P·Ⅱ,P·O

需要注意的是：当今预拌混凝土一般均采用42.5级或52.5级普通水泥拌制混凝土,为了达到混凝土的强度、和易性和耐久性等要求,常掺入矿渣微粉和粉煤灰以改善混凝土的性能。也即,掺入矿渣微粉和粉煤灰,已使普通水泥成为复合水泥。例如,基础大体积混凝土可优选复合水泥;也可采用普通水泥再掺入粉煤灰和矿渣微粉掺和料拌制混凝土,这是商品混凝土公司常用的方法。又如,海工混凝土可优选矿渣水泥,而今常用普通水泥再掺入矿渣微粉和少量粉煤灰掺和料拌制海工混凝土,而且性能不比前者(矿渣水泥)差。

第二节　通用硅酸盐水泥的水化与耐腐蚀能力

一、水化的定义

水化(hydration)是指水泥或熟料矿物与水的化学反应。水泥水化遇水即开始;但在常温的水中和在龄期为10~20年的条件下,水泥的水化反应可能还未结束。水化过程包含有凝结与硬化两个过程。

凝结(setting)是指可塑性的(水泥)浆体,失去可塑性的过程。硬化(hardening)是指浆体完全失去可塑性,并具有强度,而且浆体内部水化继续进行,强度继续提高的过程。

水泥的凝结和硬化是一个连续的、复杂的物理化学过程。硬化以后的水泥浆体称为水泥石或水泥硬化浆体(hardened cement paste)。

二、硅酸盐水泥熟料的水化

1. 硅酸三钙的水化

C_3S水化速度快,放热量大,在28d龄期已水化约80%~90%。在常温下,C_3S水化反应可大致用下列方程式表示:

$$2(3CaO \cdot SiO_2) + 6H_2O \longrightarrow 3CaO \cdot 2SiO_2 \cdot 3H_2O + 3Ca(OH)_2$$

水化硅酸钙,其CaO/SiO_2的真实比例和结合水量与水化条件及水化龄期等有关,它几乎不溶于水,以胶体微粒析出,并逐渐凝聚成为凝胶,通常称为C-S-H凝胶($xCaO \cdot SiO_2 \cdot yH_2O$)。该凝胶尺寸在1~100nm范围,具有巨大的表面积,凝胶粒子间存在范德华力和化学结合键,由它构成的网状结构具有很高的强度,所以硅酸盐水泥的强度主要是由C-S-H凝胶提供的。

水化生成的$Ca(OH)_2$,在其浓度达到过饱和时,以六方板状晶体析出。它对强度的贡献相对较弱;但它使水泥石的碱度升到pH12以上,能保护钢筋不生锈,能提高抗碳化能力。

2. 硅酸二钙的水化

C_2S水化速度慢,放热量小,虽然水化产物与硅酸三钙相同,但数量不同。因此硅酸二钙早期强度低,但后期强度高。在28d龄期已水化10%~20%,到365d龄期水化80%~90%。其水化反应方程式为:

$$2(2CaO \cdot SiO_2) + 4H_2O \longrightarrow 3CaO \cdot 2SiO_2 \cdot 3H_2O + Ca(OH)_2$$

3. 铝酸三钙的水化

C_3A水化迅速,放热量很大,生成水化铝酸三钙,在3d内已完成水化,水化反应如下:

$$3CaO \cdot Al_2O_3 + 6H_2O \longrightarrow 3CaO \cdot Al_2O_3 \cdot 6H_2O$$

在液相中氢氧化钙浓度达到饱和时,C_3A 水化生成水化铝酸四钙,水化反应如下:

$$3CaO \cdot Al_2O_3 + Ca(OH)_2 + 12H_2O \longrightarrow 4CaO \cdot Al_2O_3 \cdot 13H_2O$$

在氢氧化钙浓度达到饱和时,C_3A 水化反应迅速,使得水泥浆体加水后迅速凝结,来不及施工。因此,在硅酸盐水泥生产中,通常加入 3% ~5% 的石膏,以调节水泥的凝结时间。

水泥中的石膏迅速溶解,与水化铝酸钙发生反应,生成针状晶体的三硫型水化硫铝酸钙($3CaO \cdot Al_2O_3 \cdot 3CaSO_4 \cdot 31H_2O$,又称钙矾石 ettringite),沉积在 C_3A 颗粒表面,形成了保护膜,延缓了 C_3A 与水的反应,调节了水泥的凝结时间。当石膏耗尽时,C_3A 还会与钙矾石反应生成单硫型水化硫铝酸钙($3CaO \cdot Al_2O_3 \cdot CaSO_4 \cdot 12H_2O$)。

$$3CaO \cdot Al_2O_3 + 3(CaSO_4 \cdot 2H_2O) + 25H_2O \longrightarrow 3CaO \cdot Al_2O_3 \cdot 3CaSO_4 \cdot 31H_2O$$

$$2(3CaO \cdot Al_2O_3) + 3CaO \cdot Al_2O_3 \cdot 3CaSO_4 \cdot 31H_2O + 5H_2O \longrightarrow$$

$$3(3CaO \cdot Al_2O_3 \cdot CaSO_4 \cdot 12H_2O)$$

4. 铁铝酸四钙的水化

C_4AF 与水反应,生成水化铝酸三钙晶体和水化铁酸钙凝胶。在 28d 内基本完成水化。

$$4CaO \cdot Al_2O_3 \cdot Fe_2O_3 + 7H_2O \longrightarrow 3CaO \cdot Al_2O_3 \cdot 6H_2O + CaO \cdot Fe_2O_3 \cdot H_2O$$

在有氢氧化钙或石膏存在时,C_4AF 将进一步水化生成水化铝酸钙和水化铁酸钙的固溶体或水化硫铝酸钙和水化硫铁酸钙的固溶体。

三、硅酸盐水泥、普通水泥的水化

1. 硅酸盐水泥的水化

水泥颗粒与水接触后,水泥熟料中的四种主要矿物和石膏立即或在相当长的时间内均能与水发生水化作用,生成水化产物,并放出一定量的水化热。反应与上述熟料的水化相当。水化反应早期较快,后期缓慢。

硅酸盐水泥与水作用后,生成的主要水化产物是:水化硅酸钙凝胶和水化铁酸钙凝胶,氢氧化钙、水化铝酸钙和水化硫铝酸钙晶体。在完全水化的硅酸盐水泥石中,水化硅酸钙占 60% ~70%,氢氧化钙占 20% ~25%。

由于混合材料掺量少,普通水泥的水化与硅酸盐水泥的水化接近。

2. 硅酸盐水泥的凝结和硬化

水泥浆体由可塑态逐渐失去塑性,进而硬化产生强度,这一凝结硬化过程,可以分为四个阶段,简介如下:

①初始反应期(约 15min 内结束):水泥与水接触后立即发生水化反应。暴露在水泥熟料颗粒表面的 C_3A 率先水化,在石膏存在的条件下,迅速形成钙矾石晶体析出;同时,熟料颗粒表面的 C_3S 水化,放出 $Ca(OH)_2$ 并溶解于溶液中,颗粒表面有 C – S – H 凝胶生成。在此阶段约有 1% 的水泥水化。

②诱导期(一般持续 1~3h):在初始反应期后,水泥颗粒表面覆盖一层以 C – S – H 凝胶为主的渗透膜,使水化反应缓慢进行,这期间生成的水化产物数量不多,水泥颗粒仍然分散,水泥浆体基本保持塑性。在此期间,在 $Ca(OH)_2$ 浓度逐渐达到饱和及过饱和后,$Ca(OH)_2$ 大量结晶析出,促使水泥继续水化,并结束诱导期。此时初凝已到,开始凝结。

③凝结期(一般持续 1~3h):由于渗透压的作用,包裹在水泥颗粒表面的渗透膜破裂,水泥颗粒进一步水化,除继续生成 $Ca(OH)_2$ 及钙矾石外,还生成了大量的 C – S – H 凝胶。

水泥水化产物不断填充了水泥颗粒之间的空隙,随着接触点的增多,形成了由范德华力结合的凝聚结构,使水泥浆体逐渐失去塑性。此时终凝已到,开始硬化。此阶段结束约有15%的水泥水化。

④硬化期:水泥继续水化,水化产物的数量继续增加,C_4AF 和 C_2S 的水化产物也开始形成。水化产物以凝胶和晶体状态进一步填充孔隙,水泥浆体逐渐产生强度,进入硬化期。只要温度、湿度合适,而且无外界腐蚀介质,水泥强度在几年、甚至几十年后还能继续增长。

四、活性混合材料在通用硅酸盐水泥中的水化

1. 活性混合材料

常温下能与氢氧化钙和水发生水化反应,生成水硬性的水化产物,并能够逐渐凝结硬化产生强度的混合材料称为活性混合材料。常用的活性混合材料有火山灰质混合材料、粒化高炉矿渣和粉煤灰等,主要含有非晶态或玻璃态的活性 SiO_2 和活性 Al_2O_3。

①火山灰质混合材料。凡天然或人工的以活性 SiO_2 和活性 Al_2O_3 为主要成分的矿物质原料,磨成细粉,与水拌合后本身并不硬化,但与石灰和水拌和后,能在空气中硬化,而且能在水中继续硬化的物质,称为火山灰质混合材料。天然的有火山灰、凝灰岩、浮石、沸石岩、硅藻土、硅藻石和蛋白石等;人工的有烧页岩、烧粘土、煤渣、煤矸石、硅灰等。它们的特点是疏松多孔、内比表面积大、易吸水,但由于品种多,其活性也有较大的差别。

②粒化高炉矿渣。高炉炼铁时浮在铁水表面的熔融矿渣,经过水淬急冷成粒后即为粒化高炉矿渣。由于形成了介稳的玻璃体,所以矿渣具有潜在活性。其主要化学成分为(38%~46%)CaO、(26%~42%)SiO_2 和(7%~20%)Al_2O_3。

③粉煤灰。由燃煤火力发电厂的烟道气体中收集的粉尘,即为粉煤灰。主要成分为(40%~50%)SiO_2 和(20%~35%)Al_2O_3。粉煤灰属于火山灰质混合材料,呈玻璃态的实心或空心的球状颗粒,表面结构致密,性质与其他火山灰质混合材料有所不同。粉煤灰的颗粒大小与形状对其活性有很大的影响,颗粒越细、密实球状颗粒含量越高和玻璃体含量越高,则粉煤灰的活性越高、标准稠度需水量越低。

2. 活性混合材料在石灰和石膏作用下的水化

磨细的活性混合材料与水拌合后,本身并不硬化或硬化极其缓慢;但在氢氧化钙饱和溶液中,在常温下就会发生显著的水化反应,生成的水化产物是具有水硬性的水化硅酸钙和水化铝酸钙。当液相中有石膏存在时,水化铝酸钙与石膏反应生成水化硫铝酸钙。反应如下:

$$活性\ SiO_2 + xCa(OH)_2 + mH_2O \longrightarrow xCaO \cdot SiO_2 \cdot (x+m)H_2O$$

$$活性\ Al_2O_3 + yCa(OH)_2 + nH_2O \longrightarrow yCaO \cdot Al_2O_3 \cdot (y+n)H_2O$$

$$活性\ Al_2O_3 + Ca(OH)_2 + CaSO_4 \cdot 2H_2O + nH_2O \longrightarrow 3CaO \cdot Al_2O_3 \cdot 3CaSO_4 \cdot 31H_2O$$

由此可见,石灰和石膏的存在使活性混合材料的潜在活性得以发挥。它们起到激发水化、促进凝结硬化的作用,故分别称石灰(或氢氧化钙)和石膏为碱性激发剂和硫酸盐激发剂。

3. 活性混合材料在通用硅酸盐水泥中的水化

通用硅酸盐水泥(或掺活性混合材料的水泥)与水拌合后,首先是水泥中熟料的水化,放出大量的 $Ca(OH)_2$;然后是活性混合材料中的 SiO_2 和 Al_2O_3 受到上述 $Ca(OH)_2$ 和水泥中石膏的激发而进行的水化反应(一般称为二次水化反应),即消耗大量的 $Ca(OH)_2$,生成更

多的水化硅酸钙、水化铝酸钙和水化硫铝酸钙。在水泥硬化前,大多数活性混合材料还没有开始水化。活性混合材料在通用硅酸盐水泥中的水化与上述在石灰和石膏作用下的水化相当。

五、复合水泥、矿渣水泥、粉煤灰水泥和火山灰水泥的水化

由于混合材料掺量多,复合水泥、矿渣水泥、粉煤灰水泥和火山灰水泥的水化分两步进行。首先是水泥中熟料的水化,然后是活性混合材料受到 $Ca(OH)_2$ 和石膏激发后的水化。

与硅酸盐水泥和普通水泥相比,掺活性混合材料多的水泥的水化速度和凝结硬化速度减慢,水化热降低,早期强度降低而后期强度逐渐提高;水化产物中水化硅酸钙、水化铝酸钙和水化硫铝酸钙量较多,氢氧化钙量较少。

六、水泥石的结构

在常温下水泥硬化浆体(水泥石)是一非均质的多相体系,即由水泥水化产物、未水化的水泥颗粒内核与孔隙等组成的多孔(大孔、毛细孔、凝胶孔)多相(固、液、气)体系。它具有一定的机械强度和孔隙率,外貌和性能与石材相似,故又称之为水泥石。

在硬化过程中,随着水泥水化的进行,水泥石中水化产物(主要为水化硅酸钙凝胶)不断增加,并填充于毛细孔内,使毛细孔体积不断减小,水泥石的结构越来越密实,因而使水泥石的强度不断提高。

在水泥石中,水化硅酸钙凝胶对水泥石强度及其他主要性质起支配作用。水泥石具有强度的实质,一般认为范德华力和氢键等的作用力以及具有巨大内表面积并处于纳米级尺寸的水化硅酸钙凝胶的表面效应是产生粘结力的主要原因,也有认为存在化学键力的作用。

七、影响通用水泥水化和凝结硬化的主要因素

①水泥的组成。通用水泥的组成材料为熟料、石膏和混合材料。影响因素主要取决于熟料质量、混合材料品种及其相对含量。一般来说,活性混合材料的加入使得水泥的凝结时间稍微延长,早期强度降低,但后期强度提高。因此不同组成水泥的强度发展是有差异的。

②熟料矿物组成。影响因素主要取决于水泥熟料矿物组成及其相对含量。如 C_3S 占熟料的比例最大,它决定了水泥的基本性能;C_3A 的水化和凝结硬化速率最快,是影响水泥凝结时间的主要因素,加入石膏可调节水泥的凝结时间;当 C_3S 和 C_3A 含量较高时,水泥凝结硬化快、早期强度高、水化放热量大。

③水泥细度。水泥颗粒的粗细会影响到水泥的水化、凝结硬化、强度、干缩和水化放热速率等。因为水化是由颗粒表面开始逐渐深入到内部的。水泥颗粒越细,与水接触的表面积越大,整体水化越快,凝结硬化也快,早期强度较高。但水泥颗粒过细,磨细能耗增加,标准稠度用水量增加,硬化时干缩较大。因此,水泥的细度要控制在一个合理的范围。

④水泥浆的水灰比。拌合水泥浆时,水与水泥的质量比称为水灰比(W/C)。通常硅酸盐水泥完全水化时的水灰比(非蒸发水/水泥)大约 0.23 左右,硅酸盐水泥的标准稠度用水量一般为24% ~30%(即 W/C = 0.24 ~0.30),配制普通混凝土时的水灰比一般在 0.3 ~0.6。因此,不参加水化的"多余"水分会使水泥颗粒间距增大,会延缓水泥浆的凝结时间,并在水泥石中蒸发形成毛细孔。水灰比越大,拌合用水量越多,会导致水泥石中的毛细孔越

多、孔隙率越大、强度越低、收缩越大、抗渗性及耐化学侵蚀性能越差。

⑤养护条件。在一定的时间内保持适宜的环境温度和湿度,促使水泥水化和强度增长的措施,称为养护。养护三要素为温度、湿度和时间。标准养护的温度为(20 ± 1 或 2)℃,相对湿度为≥90%(或95%或水中),时间(龄期)为28d。

提高养护温度,可以促进水泥水化、加速凝结硬化、提高早期强度;但温度太高(超过40℃),将对后期强度产生不利的影响。温度降低时,水化反应减慢。当日平均温度低于5℃时,硬化速度严重降低。当水结冰时,水化停止,结冰还会破坏水泥石的结构。

水是水泥水化的必要条件。在潮湿环境下,水泥浆体能够保持足够的水分进行水化和凝结硬化,使水泥石强度不断增长。环境干燥时,由于水分蒸发,水泥浆体中缺乏水化所需要的水分,会导致水化不能正常进行、强度也不能正常发展,还会导致出现干缩裂缝。

水泥的水化硬化是一个长期和不断进行的过程。随着养护龄期(时间)的增加,水泥的水化程度提高,水化产物不断积累,水泥石结构趋于致密,强度不断增长。硅酸盐水泥强度在 3 ~ 14d 内增长较快,28d 后增长变慢,长期强度还有增长。

⑥储存条件。水泥应该储存在干燥的环境里。水泥的有效期为三个月。即使是在良好的干燥条件下,也不宜储存过久。通常,储存三个月的水泥,强度约下降 10% ~ 20%;储存六个月的水泥,强度下降约 15% ~ 30%;储存一年后,强度下降约 25% ~ 40%。如果水泥受潮,其部分颗粒会因水化而结块,从而失去胶结能力。

⑦外加剂。在水泥中添加少量用以改善其某些性能的物质称为外加剂。其中一些糖类外加剂(如葡萄糖酸钠)能显著延缓水泥的凝结时间,一些无机盐类外加剂(如硫酸钠)能显著加快水泥的凝结硬化并可提高水泥的早期强度。

八、硅酸盐水泥硬化浆体的腐蚀与防止

硅酸盐水泥浆体硬化以后在一般使用条件下,其强度在几年甚至几十年中仍有提高,并且有较好的耐久性。但在某些腐蚀性介质的作用下,强度下降,起层剥落,严重时会引起整个工程结构的破坏。引起硅酸盐水泥硬化浆体(水泥石)腐蚀的原因有很多,下面介绍几种典型的腐蚀。

1. 软水腐蚀(溶出性侵蚀)

硅酸盐水泥属于典型的水硬性胶凝材料,理应有足够的抗水性,对于一般的江河湖水、地下水等所谓的"硬水"确无问题。但当不断受到"软水"(淡水)的作用时,水泥石中的水化产物如氢氧化钙等将按照溶解度的大小依次逐渐被水溶解,产生溶出性侵蚀,最终导致破坏。

软水是指不含或仅含少量钙、镁可溶性盐的水。如蒸馏水、雨水、雪水,以及含重碳酸盐很少的河水和湖水等。水泥石中各主要水化产物稳定存在时所必需的极限 CaO 浓度是:氢氧化钙约为 1.2g CaO/L,水化硅酸钙($CaO/SiO_2 = 1.5 \sim 2$)接近 1.2g CaO/L,水化铝酸钙约为 0.42 ~ 1.08g CaO/L,水化硅酸钙($CaO/SiO_2 = 1$)为 0.031 ~ 0.52g CaO/L,水化铁铝酸四钙为 1.06g CaO/L,三硫型水化硫铝酸钙约为 0.045g CaO/L。

当水泥石长期与软水接触时,在静止的、无压力的、有限的水中,水泥石周围的水很快被溶出的 $Ca(OH)_2$ 所饱和,溶出停止,影响的部位仅限于水泥石的表面,对水泥石性能基本无不良的影响。但在流动水或压力水中,水流不断地将溶出的 $Ca(OH)_2$ 带走,降低周围

$Ca(OH)_2$ 浓度,还会使一些高碱性水化产物(如水化硅酸钙)向低碱性转变或溶解。于是水泥石的结构会相继受到破坏,强度不断降低,孔隙不断扩展,渗漏更加严重,最后可能导致整体破坏。

当环境水的水质较硬时,环境水中的重碳酸盐能与水泥石中的 $Ca(OH)_2$ 起作用,生成几乎不溶于水的 $CaCO_3$。其反应式为:

$$Ca(OH)_2 + Ca(HCO_3)_2 \longrightarrow 2CaCO_3 + 2H_2O$$

生成的碳酸钙积聚在水泥石的表层孔隙内,可阻滞外界水的侵入和内部氢氧化钙的向外扩散,所以硬水不会对水泥石产生腐蚀。

由于含混合材料多的通用水泥(如矿渣水泥和复合水泥等)石中的氢氧化钙含量较少,因此它们的抗水性要比硅酸盐水泥和普通水泥要好。

2. 盐类腐蚀

①硫酸盐腐蚀

在一些湖水、海水、地下水以及某些工业污水中,常含钠、钾、铵等的硫酸盐,它们将使水泥石发生硫酸盐腐蚀。以硫酸钠(如芒硝)为例,它与氢氧化钙反应生成二水石膏,即

$$Na_2SO_4 \cdot 10H_2O + Ca(OH)_2 \longrightarrow CaSO_4 \cdot 2H_2O + 2NaOH + 8H_2O$$

然后二水石膏与水化铝酸钙反应生成三硫型水化硫铝酸钙(钙矾石),即

$$3CaO \cdot Al_2O_3 \cdot 6H_2O + 3(CaSO_4 \cdot 2H_2O) + 19H_2O \longrightarrow$$
$$3CaO \cdot Al_2O_3 \cdot 3CaSO_4 \cdot 31H_2O$$

生成的钙矾石含有大量结晶水,体积膨胀 1.5 倍。由于是在已经硬化的水泥石孔隙中发生上述反应,因此对水泥石的破坏作用很大。钙矾石呈针状晶体,俗称"水泥杆菌"。

因此抗硫酸盐硅酸盐水泥熟料中的 C_3A 含量要求小于 3% 或 5%。

当水中硫酸盐浓度较高时,硫酸钙会在毛细孔中直接结晶形成二水石膏,体积膨胀,会引起水泥石的破坏。

②镁盐的腐蚀

在海水及地下水中,含有大量的镁盐,主要是硫酸镁和氯化镁。它们与水泥石中的氢氧化钙发生如下反应:

$$MgCl_2 + Ca(OH)_2 \longrightarrow CaCl_2 + Mg(OH)_2$$
$$MgSO_4 + Ca(OH)_2 + 2H_2O \longrightarrow CaSO_4 \cdot 2H_2O + Mg(OH)_2$$

生成的氢氧化镁松软而无胶凝能力,氯化钙易溶于水;生成的二水石膏还会引起硫酸盐腐蚀。因此,硫酸镁对水泥石起着镁盐和硫酸盐双重腐蚀的作用。

③盐类循环结晶腐蚀

在海水和某些土壤中含有较多无机盐的条件下,在干湿循环的作用下,将使水泥制品产生盐类循环结晶腐蚀。即渗入水泥制品孔隙中的盐类会不断地溶解和结晶,最终导致破坏。

长期处于海水浪溅区的混凝土结构,在干湿循环条件下受到海盐的循环结晶腐蚀,最易发生破坏。长期处于无机盐含量大的盐碱土壤中的混凝土结构,如电线杆等,最易在地表附近发生破坏,此处是干湿循环下盐类循环结晶腐蚀最严重的部位。

3. 酸类腐蚀

①碳酸腐蚀

在工业污水、地下水中,常溶解有一定量的二氧化碳,它对水泥石的腐蚀作用如下:

首先碳酸与水泥石中的氢氧化钙反应生成碳酸钙，从而使水泥石的碱度降低：

$$Ca(OH)_2 + CO_2 + H_2O \longrightarrow CaCO_3 + 2H_2O$$

然后再与碳酸作用生成碳酸氢钙（这是一个可逆反应）：

$$CaCO_3 + CO_2 + H_2O \Longleftrightarrow Ca(HCO_3)_2$$

生成的碳酸氢钙易溶于水。当水中含有较多的碳酸并超过平衡浓度时，反应向右进行。因此，水泥石中固体的氢氧化钙会不断地转变为易溶的碳酸氢钙而溶失。氢氧化钙浓度的降低还会导致水泥石中其他水泥水化产物的分解，使腐蚀作用进一步加剧。

②一般酸类腐蚀

工业废水、地下水、沼泽水中常含有无机酸和有机酸，工业窑炉的烟气中常含有二氧化硫，遇水后生成亚硫酸。各种酸类对水泥石（pH12以上）有不同程度的腐蚀作用，它们会与水泥石中的氢氧化钙起中和反应，使水泥石的碱度降低，生成的化合物有的易溶于水，有的体积膨胀。从而导致在水泥石中形成孔洞或膨胀压力。腐蚀作用较强的无机酸有盐酸、氢氟酸、硝酸、硫酸，有机酸有醋酸、蚁酸等。

例如，盐酸与水泥石中的氢氧化钙起反应：

$$2HCl + Ca(OH)_2 \longrightarrow CaCl_2 + 2H_2O$$

生成的氯化钙易溶于水。硫酸与水泥石中的氢氧化钙起反应：

$$H_2SO_4 + Ca(OH)_2 \longrightarrow CaSO_4 \cdot 2H_2O$$

生成的二水石膏能直接在水泥石孔隙中结晶产生膨胀压力，还能与水泥石中的水化铝酸钙作用并生成膨胀型的产物三硫型水化硫铝酸钙。

4. 强碱的腐蚀

浓度不高的碱类溶液，一般对水泥石无害。但若长期处于较高浓度（大于10%）的含碱溶液中也能发生缓慢腐蚀，主要是化学腐蚀和结晶腐蚀。

化学腐蚀：如氢氧化钠与水化产物反应，生成胶结力不强、易溶析的产物。

$$3CaO \cdot 2SiO_2 \cdot 3H_2O + 4NaOH \longrightarrow 3Ca(OH)_2 + 2Na_2SiO_3 + 2H_2O$$

$$3CaO \cdot Al_2O_3 \cdot 6H_2O + 2NaOH \longrightarrow 3Ca(OH)_2 + Na_2O \cdot Al_2O_3 + 4H_2O$$

结晶腐蚀：如氢氧化钠溶液渗入水泥石后，与空气中的二氧化碳反应生成含结晶水的碳酸钠，该碳酸钠在毛细孔中结晶并产生体积膨胀，从而使水泥石开裂破坏。

$$2NaOH + CO_2 + 10H_2O \longrightarrow Na_2CO_3 \cdot 10H_2O$$

5. 综合腐蚀

实际工程中水泥石（或混凝土）的腐蚀是一个复杂的物理化学作用过程，腐蚀的作用往往不是单一的，可能是几种类型作用同时存在、相互影响的。另外，较高的温度、较快的水流、干湿循环等因素将加快腐蚀的发展。

6. 引起水泥石腐蚀的根本原因

①水泥石中含有较多的氢氧化钙、水化铝酸钙等不耐腐蚀的水化产物；②水泥石本身不够密实，有很多毛细孔存在，腐蚀性介质容易通过毛细孔深入到水泥石内部，加速腐蚀的进程或引起盐类的循环结晶腐蚀；③有环境腐蚀介质存在。

7. 防止水泥石腐蚀的措施

①合理选择水泥品种。在通用硅酸盐水泥中，硅酸盐水泥的水化产物中氢氧化钙和水化铝酸钙含量都较高，因此耐腐蚀性差。在有腐蚀性介质的环境中应优先考虑采用含混合

材料较多的通用硅酸盐水泥或特种水泥;②提高水泥石的密实程度。水泥石密实度越高,抗渗能力越强,腐蚀介质难于进入。降低水灰比、使用减水剂、改进施工方法等可提高水泥石的密实程度;③表面防护处理。在腐蚀作用较强时,可采用表面涂层或表面加保护层的方法。如采用各种防腐涂料、陶瓷、塑料、沥青等作为防腐层。

九、通用硅酸盐水泥的耐腐蚀能力

抗软水腐蚀、盐类(硫酸盐、镁盐)腐蚀、酸类腐蚀能力的顺序为:矿渣水泥、粉煤灰水泥、火山灰水泥、复合水泥 > 普通水泥 > 硅酸盐水泥。

抗(空气中)碳化能力的顺序为:硅酸盐水泥 > 普通水泥 > 矿渣水泥、火山灰水泥、粉煤灰水泥、复合水泥。

第三节 其他水泥

一、其他硅酸盐系列水泥

如前所述,硅酸盐水泥熟料中主要含有硅酸三钙、硅酸二钙、铝酸三钙和铁铝酸四钙四种矿物。这四种矿物各有其特性,如提高硅酸三钙和铝酸三钙在熟料中的相对含量就能得到早强特性,提高硅酸二钙并降低硅酸三钙和铝酸三钙的相对含量就能降低水泥的水化热,提高铁铝酸四钙并降低铝酸三钙的相对含量就能提高水泥的抗折强度,降低铝酸三钙的相对含量就能得到抗硫酸盐水泥,降低铁铝酸四钙(或着色元素)的相对含量就能提高水泥的白度。不同种类的硅酸盐系列水泥所用水泥熟料中矿物的相对含量,见表4—8。

表4—8 硅酸盐系列水泥所用熟料中矿物的相对含量(%)

熟料矿物	普通水泥	中热水泥	早强水泥	超早强水泥	耐硫酸盐水泥	道路水泥	白水泥
C_3S	52	47	65	68	57		
C_2S	24	25	10	5	23		
C_3A	9	4	8	9	2	≤5	
C_4AF	9	16	9	8	13	≥16	约0

1. 白色硅酸盐水泥和彩色硅酸盐水泥

硅酸盐水泥一般呈灰或灰褐色,这是由于其水泥熟料中的氧化铁和其他着色物质(如氧化锰、氧化钛等)所引起的。硅酸盐水泥熟料中的氧化铁含量为3% ~4%。因此,白色硅酸盐水泥则要严格控制氧化铁的含量,一般应低于水泥质量的0.4%。此外,其他如氧化锰、氧化钛、氧化钴等的含量也要加以控制。

白色硅酸盐水泥(简称白水泥,white Portland cement,代号P·W)的生产与硅酸盐水泥基本相同。由于原料中氧化铁的含量少,使得生成硅酸三钙的温度提高,煅烧的温度要提高到1550℃左右。为了保证白度,煅烧时应采用天然气、煤气或重油作为燃料。粉磨时不能直接用钢板和钢球,而应采用白色花岗岩或高强陶瓷衬板,用烧结瓷球等作为研磨体。

白水泥的细度要求为 0.080mm 方孔筛筛余不得超过 10.0%；凝结时间，初凝不早于 45min，终凝不迟于 10h；体积安定性用沸煮法检验必须合格；水泥中三氧化硫含量不得超过 3.5%。白水泥按照 3d 和 28d 的抗折强度和抗压强度分为 32.5、42.5、52.5 三个强度等级，见表 4—9。白水泥的白度值要求不得低于 87。

白色硅酸盐水泥熟料与适量的石膏和耐碱矿物颜料共同磨细，可制成彩色硅酸盐水泥，简称为彩色水泥（coloured Portland cement）。常用的颜料有氧化铁（红、黄、褐、黑色），二氧化锰（黑、褐色）、氧化铬（绿色）、赭石（褐色）和炭黑（黑色）等。也可将颜料直接与白水泥粉末混合拌匀，配制彩色水泥砂浆和混凝土。后种方法简便易行，颜色可以调节，但有时色彩不匀，有差异。

表 4—9　白色硅酸盐水泥各龄期强度指标和白度要求

强度等级	抗压强度/MPa		抗折强度/MPa		白度
	3d	28d	3d	28d	
32.5	12.0	32.5	3.0	6.0	
42.5	17.0	42.5	3.5	6.5	≥87
52.5	22.0	52.5	4.0	7.0	

2. 中、低热硅酸盐水泥和低热矿渣硅酸盐水泥

硅酸盐水泥水化时放出大量的热，不适合大体积混凝土工程的施工。掺活性混合材料的硅酸盐水泥，水化热减小，但没有明确的定量规定，而且掺入较多的活性混合材料以后，有些性能（如抗冻性、耐磨性）变差。因此要发展特性水泥。国家标准《中热硅酸盐水泥、低热硅酸盐水泥和低热矿渣硅酸盐水泥》（GB 200—2003），对这三种水泥的定义如下：

以适当成分的硅酸盐水泥熟料，加入适量的石膏，磨细制成的具有中等水化热的水硬性胶凝材料，称为中热硅酸盐水泥（简称中热水泥，moderate heat Portland cement），代号为 P·MH。

以适当成分的硅酸盐水泥熟料，加入适量的石膏，磨细制成的具有低水化热的水硬性胶凝材料，称为低热硅酸盐水泥（简称低热水泥，low heat Portland cement），代号为 P·LH。

以适当成分的硅酸盐水泥熟料，加入 20%～60% 粒化高炉矿渣、适量的石膏，磨细制成的具有低水化热的水硬性胶凝材料，称为低热矿渣硅酸盐水泥（简称为低热矿渣水泥，low heat Portland slag cement），代号为 P·SLH。

为了降低水泥的水化热和放热速率，必须降低熟料中 C_3A 和 C_3S 的含量，相应地提高 C_4AF 和 C_2S 的含量。但是，C_3S 也不宜过少，否则水泥强度发展会过慢。因此，应着重减少 C_3A 的含量，相应地提高 C_4AF 的含量。

这三种水泥的氧化镁、三氧化硫、安定性、碱含量要求同普通水泥。细度用比表面积表示，其值应不小于 $250m^2/kg$。凝结时间中初凝不得早于 60min，终凝应不迟于 12h。中热水泥和低热水泥的强度等级为 42.5，低热矿渣水泥强度等级为 32.5。有关各龄期强度和水化热值要求见表 4—10。

表 4—10　中、低热水泥和低热矿渣水泥各龄期强度和水化热值要求

品种	强度等级	抗压强度/MPa			抗折强度/MPa			水化热(不大于)/kJ·kg⁻¹		
		3d	7d	28d	3d	7d	28d	3d	7d	28d
中热水泥	42.5	12.0	22.0	42.5	3.0	4.5	6.5	251	293	—
低热水泥	42.5	—	13.0	42.5	—	3.5	6.5	230	260	(310)
低热矿渣水泥	32.5	—	12.0	32.5	—	3.0	5.5	197	230	—

中热水泥水化热较低,抗冻性与耐磨性较高;低热矿渣水泥水化热更低,早期强度低,抗冻性差;低热水泥性能处于两者之间。中热水泥和低热水泥适用于大体积水工建筑物水位变动区的覆面层及大坝溢流面,以及其他要求低水化热、高抗冻性和耐磨性的工程。低热矿渣水泥适用于大体积建筑物或大坝内部要求更低水化热的部位。此外,它们具有一定的抗硫酸盐侵蚀能力,可用于低硫酸盐侵蚀的工程。

3. 道路硅酸盐水泥

以适当成分的生料烧至部分熔融,所得以硅酸钙为主要成分和较多铁铝酸钙含量的硅酸盐熟料,称为道路硅酸盐水泥熟料。由该熟料及 0～10% 活性混合材料和适量石膏磨细制成的水硬性胶凝材料,称为道路硅酸盐水泥(简称道路水泥,代号 P·R,Portland cement for road)。它是在硅酸盐水泥的基础上,通过合理调整水泥熟料的矿物组成比例,以达到提高水泥抗折强度、抗冲击性能、耐磨性能、抗冻性能和抗疲劳性能等的目的。

国家标准《道路硅酸盐水泥》(GB 13693—2005)有如下要求:

化学成分:①水泥中氧化镁的含量不得超过 5.0%;②水泥中三氧化硫的含量不得超过 3.5%;③水泥中的烧失量不得大于 3.0%;④熟料中游离氧化钙的含量(旋窑生产时)不得大于 1.0%;⑤碱含量,用户提出要求时,由供需双方商定。用户要求提供低碱水泥时,水泥中的碱含量不得大于 0.6%。

矿物组成:①熟料中的铝酸三钙含量不得大于 5.0%;②熟料中铁铝酸四钙的含量不得小于 16.0%。

物理力学性质:①细度,比表面积为 300～450m²/kg;②凝结时间,初凝时间不得早于 1h,终凝时间不得迟于 10h;③安定性,沸煮法必须合格;④干缩性,28d 干缩率应不大于 0.10%;⑤耐磨性,28d 磨耗量应不大于 3.00kg/m²;⑥强度,道路水泥按 3d、28d 抗折强度和抗压强度分为 32.5、42.5、52.5 三个强度等级,道路水泥各龄期强度指标见表 4—11。

道路水泥是一种强度高,特别是抗折强度高、耐磨性好、干缩小、抗冲击性好、抗冻性和抗硫酸性较好的专用水泥。它适用于道路路面、机场跑道道面、城市广场等工程。由于道路水泥具有干缩小、耐磨、抗冲击等特性,可减少水泥混凝土路面的裂缝和磨耗等病害,从而减少维修、延长路面使用年限。

表 4—11　道路水泥各龄期强度指标

强度等级	抗压强度/MPa		抗折强度/MPa	
	3d	28d	3d	28d
32.5	16.0	32.5	3.5	6.5
42.5	21.0	42.5	4.0	7.0
52.5	26.0	52.5	5.0	7.5

4. 抗硫酸盐硅酸盐水泥

国家标准《抗硫酸盐硅酸盐水泥》（GB 748—2005）按抵抗硫酸盐腐蚀的程度分为中抗硫酸盐硅酸盐水泥和高抗硫酸盐硅酸盐水泥两大类。以特定矿物组成的硅酸盐水泥熟料，加入适量石膏，磨细制成的具有抵抗中等浓度硫酸根离子侵蚀的水硬性胶凝材料，称为中抗硫酸盐硅酸盐水泥（简称中抗硫酸盐水泥，moderate sulfate resistance Portland cement，代号 P·MSR）。具有抵抗较高浓度硫酸根离子侵蚀的，称为高抗硫酸盐硅酸盐水泥（简称高抗硫酸盐水泥，high sulfate resistance Portland cement，代号 P·HSR）。

硅酸盐水泥熟料中最易受硫酸盐腐蚀的成分是 C_3A，其次是 C_3S，因此应控制抗硫酸盐水泥的 C_3A 和 C_3S 含量，但 C_3S 含量不能太低，否则会影响水泥强度的发展速度。抗硫酸盐硅酸盐水泥的成分要求、耐蚀程度和强度等级见表 4—12。

抗硫酸盐水泥的氧化镁含量、安定性、凝结时间、碱含量等要求与普通水泥接近。同时规定三氧化硫含量不大于 2.5%，比表面积不小于 $280m^2/kg$，烧失量不大于 3.0%，不溶物不大于 1.50%。

表 4—12　抗硫酸盐水泥的化学成分要求、耐蚀程度和强度等级指标

名称	C_3S	C_3A	耐蚀 SO_4^{2-} 浓度/$mg·L^{-1}$	名称	强度等级	抗压强度/MPa		抗折强度/MPa	
						3d	28d	3d	28d
中抗硫酸盐水泥	≤55.0	≤5.0	≤2 500	中抗、高抗硫酸盐水泥	32.5	10.0	32.5	2.5	6.0
高抗硫酸盐水泥	≤50.0	≤3.0	≤8 000		42.5	15.0	42.5	3.0	6.5

抗硫酸盐水泥的抗蚀能力以抗硫酸盐腐蚀系数 F 来评定，它是指水泥试件在人工配制的硫酸根离子浓度分别为 2500mg/L 和 8000mg/L 的硫酸钠溶液中，浸泡 6 个月后的强度与同时浸泡在饮用水中的试件强度之比。抗硫酸盐水泥的抗硫酸盐腐蚀系数不得小于 0.8。

抗硫酸盐水泥除了具有较强的抗腐蚀能力外，还应具有较高的抗冻性。主要适用于受硫酸盐腐蚀、冻融循环及干湿交替作用的海港、水利、地下、隧涵、道路和桥梁基础等工程。

5. 膨胀硅酸盐水泥和自应力硅酸盐水泥

通用硅酸盐水泥混凝土在空气中硬化时，表现为体积收缩。混凝土成型后，在 7～60d 内的收缩率较大，以后趋向缓慢。收缩使混凝土内部产生细微裂缝，导致其密实度、强度、抗渗性、抗冻性和耐腐蚀性下降。而使用膨胀水泥就能改善或克服上述不足。另外，在钢筋混凝土中，利用混凝土与钢筋的握裹力，使钢筋在水泥硬化并产生膨胀时被拉伸，从而使混凝土内部产生压应力。这种钢筋混凝土内由组成材料（水泥）膨胀而产生的压应力称为自应力。自应力的存在使混凝土的抗裂性提高。

膨胀水泥和自应力水泥都是硬化时具有一定体积膨胀的水泥品种。膨胀水泥膨胀值较小，线性膨胀率在 1% 以下，其自应力值通常为 0.5MPa，主要用于补偿收缩；自应力水泥膨胀值较大，线性膨胀率在 1%～3%，其自应力值通常为大于 2.0MPa，用于生产预应力混凝土。

①自应力硅酸盐水泥

以适当比例的硅酸盐水泥熟料、铝酸盐水泥熟料和石膏磨制而成的膨胀性的水硬性胶凝材料，称为自应力硅酸盐水泥（self-stressing cement）（JC/T 218）。如以 69%～73% 硅酸盐水泥熟料、12%～15% 铝酸盐水泥熟料和 15%～18% 石膏可配制成较高自应力的硅酸盐水泥。

自应力硅酸盐水泥水化时产生膨胀的原因,主要是水泥中铝酸盐和石膏遇水化合,生成钙矾石。由于生成的钙矾石较多,膨胀对水泥石结构有影响,会使强度降低,因此还应控制其后期的膨胀量,膨胀稳定期不得迟于28d。同时,28d 的自由膨胀率不得大于3%。

由于自应力硅酸盐水泥中含有硅酸盐与铝酸盐水泥熟料,凝结时间加快。因此,要求初凝时间不早于30min,终凝时间不迟于390min。水泥比表面积大于340m^2/kg。

②明矾石(硅酸盐)膨胀水泥

凡以硅酸盐水泥熟料为主,天然明矾石、石膏和粒化高炉矿渣(或粉煤灰),按照适当的比例磨细制成的,具有膨胀性能的水硬性胶凝材料称为明矾石膨胀水泥(Alunite expansive cement)。明矾石膨胀水泥是用明矾石代替铝酸盐水泥熟料作为含铝相的硅酸盐水泥型膨胀水泥。调节明矾石和石膏的掺量,可制得不同膨胀性能的水泥。

根据《明矾石膨胀水泥》(JC/T 311—2004),该水泥按照3d、7d 和28d 的抗压强度和抗折强度分为32.5、42.5、52.5 三个等级。水泥的比表面积应不小于400m^2/kg。初凝时间不早于45min,终凝时间不迟于6h。水泥胶砂的限制膨胀率应符合以下要求:3d 应不小于0.015%,28d 应不大于0.10%。三氧化硫含量应不大于8.0%。

③膨胀水泥的应用

膨胀水泥在约束条件下所形成的水泥制品结构致密,所以具有良好的抗渗性和抗冻性。

膨胀水泥可用于配制防水砂浆和防水混凝土,浇灌构件的接缝及管道的接头,堵塞与修补漏洞与裂缝等。自应力水泥主要用于自应力钢筋混凝土结构工程和制造自应力压力管等。

在道路、桥梁工程中,膨胀水泥常用于水泥混凝土路面、机场道面或桥梁修补用混凝土。此外,还可配制防水混凝土、自应力混凝土用于越江隧道或山区隧道以及堵漏和修补工程等。

二、铝酸盐系列水泥

铝酸盐系列水泥主要有铝酸盐水泥和自应力铝酸盐水泥。本章只介绍铝酸盐水泥。

凡以铝酸钙为主的铝酸盐水泥熟料,磨细制成的水硬性胶凝材料称为铝酸盐水泥(aluminate cement),代号CA。它是一类快硬、高强、耐腐蚀、耐热的水泥,又称高铝水泥。外观常为黄色或黄褐色,密度为3.0~3.2g/cm^3。

(1)铝酸盐水泥的组成、水化与硬化

铝酸盐水泥的主要原料是铝矾土和石灰石,其熟料主要矿物成分是铝酸一钙(CaO·Al_2O_3,简写为 CA)、二铝酸一钙(CaO·$2Al_2O_3$,简写为 CA_2)、七铝酸十二钙($12CaO·7Al_2O_3$,简写为 $C_{12}A_7$),此外还有少量的其他铝酸盐和硅酸二钙。

铝酸一钙是铝酸盐水泥的最主要矿物,占40%~50%,具有很高的活性,其特点是凝结正常、硬化迅速,是铝酸盐水泥强度的主要来源。二铝酸一钙占20%~35%,凝结硬化慢,早期强度低,但后期强度较高。

铝酸一钙水化快,其水化反应及产物随温度变化很大。当温度<20℃时,其水化产物为CAH_{10};当温度在20~30℃时,其水化产物为 CAH_{10}、C_2AH_8 和 AH_3;当温度>30℃时,其水化

产物为 C_3AH_6 和 AH_3。

铝酸盐水泥的水化、凝结和硬化机理与硅酸盐水泥基本相同。要注意的是，CAH_{10} 和 C_2AH_8 等水化铝酸钙晶体（六方板状）都是亚稳相，会自发地转化为最终稳定的产物 C_3AH_6，并析出大量游离水，转化随温度提高而加速。C_3AH_6 晶体属等轴晶系，结晶形态为立方体，其（堆积）结构强度远低于 CAH_{10} 和 C_2AH_8。同时水分的析出使内部孔隙增加，结构强度下降。所以，铝酸盐水泥的长期强度会有所下降，一般降低 40% ~50%，在湿热环境下影响更严重，甚至引起结构破坏。一般情况下，限制铝酸盐水泥用于结构工程。

（2）铝酸盐水泥的技术性质

国家标准《铝酸盐水泥》（GB 201—2000）的主要技术要求规定如下：

①化学成分：各类型铝酸盐水泥的化学成分要求见表4—13。

表4—13　铝酸盐水泥的化学成分要求（%）

水泥类型	Al_2O_3	SiO_2	Fe_2O_3	$R_2O(Na_2O + 0.658K_2O)$	S（全硫）*	Cl*
CA – 50	≥50,60 <	≤8.0	≤2.5			
CA – 60	≥60,68 <	≤5.0	≤2.0	≤0.40	≤0.10	≤0.10
CA – 70	≥68,77 <	≤1.0	≤0.7			
CA – 80	≥77	≤0.5	≤0.5			

*当用户需要时，生产厂商应提供结果和测定方法。

②细度：比表面积不小于 $300m^2/kg$ 或 0.045mm 方孔筛筛余不大于20%。

③凝结时间：铝酸盐水泥 CA – 60 的初凝时间不得早于60min，终凝时间不得迟于18h。其余水泥，初凝时间不得早于30min，终凝时间不得迟于6h。

④强度：各类型的铝酸盐水泥各龄期的抗压强度和抗折强度不得低于表4—14中的数值。

表4—14　铝酸盐水泥胶砂强度要求

水泥类型	抗压强度/MPa				抗折强度/MPa			
	6h	1d	3d	28d	6h	1d	3d	28d
CA – 50	20	40	50	—	3.0	5.5	6.5	—
CA – 60	—	20	45	85	—	2.5	5.0	10.0
CA – 70	—	30	40	—	—	5.0	6.0	—
CA – 80	—	25	30	—	—	4.0	5.0	—

（3）铝酸盐水泥的特性和应用

①CA – 50 铝酸盐水泥的特性为快硬早强，早期强度增长快，24h 即可达到极限强度的80% 左右。故宜用于紧急抢修工程和早期强度要求高的工程。水化热大，且集中在早期放出。因此，适合于冬季施工，不适合于最小截面尺寸超过 45cm 的构件及大体积混凝土的施工。另外，常用于配制膨胀水泥、自应力水泥和化学建材的添加剂等。

但 CA – 50 后期强度可能会下降，尤其是在高于 30℃ 的湿热环境下，强度下降更快，甚至会引起结构的破坏。因此，结构工程中使用铝酸盐水泥应慎重。

②CA－60 水泥的熟料一般以 CA 和 CA_2 为主，CA 能够迅速提高早期强度，CA_2 在后期能够保证强度的发展，因此具有较高的早期强度和后期强度。水化热较高，适合于冬季施工和紧急抢修工程以及早期强度要求高的工程。由于含有一定量的 CA_2，有较高的耐火性能，也常用于配制耐火混凝土。同样，不能用于湿热环境下的工程。

③CA－70 和 CA－80 属于低钙铝酸盐水泥，主要成分为 CA_2，具有良好的耐高温性能，可以用来配制耐火混凝土，广泛地用作各种高温炉衬的内衬，特别是用于耐火砖砌筑比较困难的结构炉体。由于游离的 $\alpha-Al_2O_3$ 晶体熔点高（2040℃），因此规范允许在磨制 Al_2O_3 含量大于 68% 的水泥（即 CA－70 和 CA－80 水泥）时可掺入适量的 $\alpha-Al_2O_3$ 粉，以提高水泥的耐火性。

④铝酸盐水泥具有较好的抗硫酸盐侵蚀能力。这是因为其主要成分为低钙铝酸盐，游离的氧化钙（或氢氧化钙）极少，水泥石结构比较致密，故适合于有抗硫酸盐侵蚀要求的工程。

⑤在高温下（1200～1300℃），铝酸盐水泥石中的脱水产物与磨细耐火骨料发生化学反应，逐渐转变成"陶瓷胶结料"，使得耐火混凝土强度提高，甚至超过加热前所具有的水硬性胶结强度。因此，铝酸盐水泥具有一定的耐高温性能，并且随着 Al_2O_3 含量的提高，这种性能越来越突出。

⑥铝酸盐水泥不耐碱，不能用于接触碱溶液的工程。不能与未硬化的通用硅酸盐水泥混凝土接触使用；可以与具有脱模强度的通用硅酸盐水泥混凝土接触使用，但在接茬处不应长期处于潮湿状态。

⑦铝酸盐水泥最适宜的硬化温度为 15℃ 左右，一般施工时环境温度不得超过 25℃，否则会产生水化产物晶型转变，导致强度降低。铝酸盐水泥的水化热集中于早期释放，从硬化开始应立即浇水养护，一般不宜浇筑大体积混凝土。

⑧铝酸盐水泥混凝土后期强度下降较大，应以最低稳定强度设计。以试件脱模后放入 (50 ± 2)℃ 水中为养护条件，最低稳定强度值由龄期为 7d 和 14d 强度值的低者来确定。若采用蒸汽养护加速混凝土的硬化，养护温度不高于 50℃。

例题 4—1 已知一种普通水泥的 3d 抗压和抗折强度均达到 42.5 级的强度指标，现测得 28d 的抗压和抗折破坏荷载分别为：70.0kN、80.0kN、80.0kN、80.0kN、83.0kN、87.0kN 和 3200N、3300N、4000N。试评定该水泥的强度等级（42.5 级普通水泥 28d 抗折强度指标为 6.5MPa）。

解：

例题 4—1 简答计算列表

	抗		压				抗		折
F/kN	70.0	80.0	80.0	80.0	83.0	87.0	F/N	3200	3300	4000
f/MPa	43.8	50.0	50.0	50.0	51.9	54.4	f/MPa	7.5	7.7	9.4
	$f_{6平均}=50.0,43.8$ 超出 $(50.0-43.8)/50.0=12.40\%=12\% >10\%$ $(54.4-50.0)/50.0=8.80\%=9\% <10\%$						$f_{3平均}=8.2,9.4$ 超出 $(9.4-8.2)/8.2=15\% >10\%$ $(8.2-7.5)/8.2=9\% <10\%$		
	$f_{5平均}=51.3$ $(54.4-51.3)/51.3=6.04\%=6\% <10\%$ $(51.3-50.0)/51.3=2.53\%=3\% <10\%$						$f_{2平均}=7.6$		

$$f_C = F_c/A = F_c/(40 \times 40) = 80.0 \times 1000/(40 \times 40) = 50.0\text{MPa},$$

$$f_f = 1.5F_f L/(bh^2) = 1.5F_f \times 100/(40 \times 40^2) = 1.5 \times 4000 \times 100/(40 \times 40^2) = 9.4\text{MPa},$$

由误差分析得：$f_{C5平均抗压强度} = 51.3\text{MPa} > 42.5$，$f_{f2平均抗折强度} = 7.6\text{MPa} > 6.5$。

该水泥强度等级为 42.5 级。

例题 4—2 试述硅酸盐水泥石受腐蚀的种类、受腐蚀的原因和防止腐蚀的措施。

答：

例题 4—2 简答列表

腐蚀种类	软水侵蚀(溶出性侵蚀)，盐类侵蚀(硫酸盐、镁盐等)，酸，强碱和综合腐蚀		
受腐原因	水泥石中含有氢氧化钙、水化铝酸钙	水泥石不够密实	有腐蚀介质存在
防腐措施	合理选择水泥品种	提高水泥石密实度	加保护层

复习思考题

4—1 通用硅酸盐水泥的三大组分材料是什么？通用水泥的主要水化产物是什么？

4—2 硅酸盐水泥熟料的主要矿物是什么？各有什么水化产物和水化硬化特性？

4—3 什么是活性混合材料和非活性混合材料？它们加入通用水泥中各起什么作用？

4—4 通用硅酸盐水泥中加入石膏的作用是什么？膨胀水泥中加入石膏的作用是什么？

4—5 通用水泥有哪些品种，各有什么特点？

4—6 什么是水泥的体积安定性？引起安定性不良的主要原因是什么？如何检验安定性？

4—7 简述硅酸盐水泥凝结硬化的机理。影响水泥凝结硬化的主要因素是什么？

4—8 通用硅酸盐水泥的强度如何测定，其强度等级如何评定？

4—9 实验测得某普通硅酸盐水泥各龄期的胶砂破坏荷载，见表 4—15，请确定该水泥的强度等级。

表 4—15 某普通水泥各龄期的胶砂破坏荷载

	抗压荷载/kN						抗折荷载/N		
3d	43.0	41.0	40.0	45.0	49.0	46.0	1750	1800	1760
28d	75.0	86.0	85.0	84.0	86.0	88.0	3200	3300	3100

4—10 什么样的水泥产品是合格品和不合格品？

4—11 硅酸盐水泥的腐蚀有哪些类型？如何防止水泥石的腐蚀？

4—12 白色硅酸盐水泥与普通硅酸盐水泥在组成(成分)、生产方法上有什么差异？

4—13 如何提高硅酸盐水泥的快硬早强性能？

4—14 道路水泥的组成有何特点？应用性能如何？

4—15 膨胀水泥的膨胀原理是什么？什么是自应力水泥？

4—16 降低水泥水化热的方法有哪些？低热水泥适用于什么工程？

4—17　铝酸盐水泥有何特点? 应用时需要注意哪些问题?

4—18　试分析水泥熟料中铝酸三钙含量对通用硅酸盐水泥硬化浆体性能的影响。

4—19　试分析氢氧化钙含量对通用硅酸盐水泥硬化浆体性能的影响。

4—20　试分析钙矾石(三硫型水化硫铝酸钙)含量对通用硅酸盐水泥硬化浆体性能的影响。

4—21　试分析环境温度对铝酸盐水泥硬化浆体性能的影响。

4—22　下列混凝土工程中宜选用哪种水泥,不宜使用哪种水泥,为什么?

①高强度混凝土工程;②与流动水接触的工程;③采用湿热养护的混凝土制品;④处于干燥环境中的混凝土工程;⑤大体积基础工程,水坝混凝土工程;⑥水下混凝土工程;⑦高温设备或窑炉的基础;⑧严寒地区受冻融的混凝土工程;⑨有抗渗要求的混凝土工程;⑩混凝土地面或道路工程。

第五章 水泥混凝土

第一节 概述

混凝土是由胶凝材料、细骨料（砂）、粗骨料（石）和水按适当的比例配合、拌和制成混合物，经养护一定时间后硬化而成的人造石材，常简写为"砼"。

混凝土的种类很多，其分类方法及种类如下：

①按干表观密度分，可分为重混凝土、普通混凝土和轻混凝土。

重混凝土：干表观密度大于 $2600kg/m^3$，通常采用重骨料（如重晶石）和普通水泥或重水泥（如钡水泥、锶水泥）配制而成，主要用于防辐射工程，又称为防辐射混凝土。

普通混凝土：干表观密度为 $1950\sim2500kg/m^3$，通常在 $2400kg/m^3$ 左右，主要采用硅酸盐系列水泥、水、普通砂、石等配制而成，是目前土木工程中应用最多的混凝土，广泛用于工业与民用建筑、道路与桥梁、港口、大坝、军事等土木工程，主要用作承重结构材料。

轻混凝土：干表观密度小于 $1950kg/m^3$，包括轻骨料混凝土、大孔混凝土和多孔混凝土，根据强度大小可用作承重结构、保温结构和承重兼保温结构。

②按所用胶凝材料分，可分为水泥混凝土、水玻璃混凝土、聚合物混凝土、聚合物水泥混凝土、石膏混凝土和硅酸盐混凝土等。

③按搅拌和施工工艺分，可分为泵送混凝土（预拌混凝土、商品混凝土、自密实混凝土）、喷射混凝土、真空脱水混凝土、堆石混凝土、压力灌浆混凝土（预填骨料混凝土）、造壳混凝土、离心混凝土、挤压混凝土、真空吸水混凝土、热拌混凝土等。

④按特性和用途分，可分为结构混凝土、防水混凝土、防辐射混凝土、耐酸混凝土、装饰混凝土、耐热混凝土、海工混凝土、大体积混凝土、膨胀混凝土、道路混凝土和水下（不分散）混凝土等多种。

⑤按抗压强度（f_{cu}）大小分，可分为低强混凝土（$<30MPa$）、中强混凝土（$30\sim60MPa$）、高强混凝土（$\geqslant60MPa$）和超高强混凝土（$\geqslant100MPa$）。

⑥按每立方米中的水泥用量（C）分，可分为贫混凝土（$\leqslant170kg$）和富混凝土（$\geqslant230kg$）。

与钢材、木材等常用土木工程材料相比，混凝土具有许多优点：

①原材料来源丰富。混凝土中约 70% 的材料为砂石材料，一般可就地取材，造价低廉。

②施工方便。配合比设计合理的混凝土拌合物具有良好的流动性和可塑性，可根据工程需要利用模板浇灌成任何形状及尺寸的构件或结构物，既可现场浇筑成型，也可预制成建筑构配件用于现场装配施工，如桥梁板等。

③性能可根据工程需要进行设计和调整。可根据混凝土的用途来配制不同性能的混凝土，通过调整各组成材料的品种和数量，特别是掺入不同外加剂和掺合料，可获得不同施工

和易性、强度、耐久性或其他特殊性能的混凝土。

④抗压强度较高。混凝土的抗压强度一般在 10 ~ 60MPa,并可根据工程要求配制得到 100MPa 以上的超高强混凝土。

⑤与钢筋有较高的握裹力。混凝土与钢筋的线膨胀系数基本相同,两者复合后能很好地共同工作,不会因温度变化而在钢筋混凝土内部产生拉应力,导致混凝土与钢筋脱离。

⑥耐久性好。原材料选择正确、配合比设计合理、施工养护良好的混凝土硬化后具有优异的抗渗性、抗冻性和抗腐蚀性能,并对钢筋具有保护作用,可保持钢筋混凝土结构长期性能稳定。

⑦耐火性较好。钢筋混凝土结构耐火极限可达 1h 以上,而钢结构耐火极限仅为 15min 左右。

⑧可充分利用工业废渣,如粉煤灰、矿渣等,有利于环保。

然而,混凝土也存在一些缺点:①早期收缩变形大,易产生裂缝;②硬化较慢,生产周期长,在自然条件下养护的混凝土预制构件,一般要养护 7 ~ 14d 后方可投入使用;③呈脆性,其抗拉强度低,一般仅为抗压强度的 1/10 ~ 1/20,且强度越大,脆性越大;④自重大,比强度小,不利于建筑物(构筑物)向高层、大跨度方向发展。

第二节　混凝土的组成材料与技术要求

混凝土主要是由水泥、水、细骨料(砂)和粗骨料(石)组成,目前工程中普遍使用的泵送混凝土通常还掺入适量的化学外加剂和矿物掺合料。

细骨料和粗骨料在混凝土中主要起骨架作用,同时,由于弹性模量较大,还可抑制混凝土早期收缩。水泥、掺合料、化学外加剂和水形成水泥浆包裹在骨料表面并填充骨料间的空隙,在混凝土硬化前起润滑作用,赋予混凝土拌合物流动性,便于施工;硬化后起胶结作用,将粗细骨料胶结成一个整体,使混凝土产生强度,成为坚硬的人造石材。掺加外加剂可调整混凝土拌合物和硬化混凝土性能。掺加矿物掺合料不仅可降低成本,还可改善混凝土性能。

一、水泥

水泥是混凝土中最重要的组分,也是混凝土组成材料中成本最高的材料。配制混凝土时,应正确选择水泥品种和水泥强度等级,以配制出性能满足要求、经济性好的混凝土。

1. 水泥品种的选择

配制混凝土时,应根据工程性能、部位、施工条件和环境状况等合理选择水泥的品种。常用水泥的选择见表4—7。对掺加矿物掺合料的混凝土,一般应选用普通硅酸盐水泥、硅酸盐水泥或道路硅酸盐水泥,而不宜选用掺混合材料数量多的水泥,如矿渣水泥、粉煤灰水泥、复合水泥等。

2. 水泥强度等级的选择

水泥强度等级的选择应与混凝土的设计强度等级相适应。原则上,配制高强度等级的混凝土应选用高强度等级的水泥,反之亦然。若采用高强度等级水泥配制低强度等级的混凝土,则较少的水泥用量即可满足混凝土的强度,但水泥用量过少会严重影响混凝土拌合物的和易性及混凝土的耐久性;用低强度等级水泥配制高强混凝土时,会因水灰比太小及水泥用量过大而影响混凝土拌合物的流动性,并会显著增加混凝土的水化热和混凝土的干缩与徐变,同时混凝土的强度也不易得到保证,经济上也不合理。

水泥强度等级的选择应根据混凝土的强度等级来确定。对 C30 及以下的混凝土,水泥强度等级一般应为混凝土强度等级的 1.5 ~ 2.5 倍;对 C30 ~ C50 的混凝土,水泥强度等级一般应为混凝土强度等级的 1.1 ~ 1.5 倍;对 C60 以上的高强混凝土,水泥强度等级与混凝土强度等级的比值可小于 1.0,但一般不宜低于 0.70。

二、骨料

根据《普通混凝土用砂、石质量及检验方法》(JGJ 52—2006)的规定,公称粒径 <5.00mm 的骨料为细骨料(砂),公称粒径 >5.00mm 的骨料为粗骨料(石)。

细骨料按产源分有天然砂和人工砂两类。天然砂是由天然岩石经自然条件作用而形成,包括河砂、海砂和山砂。河砂因长期经受水流和波浪的冲洗,颗粒较圆,比较洁净,分布较广,条件允许时,应优先采用这种砂。海砂因长期受到海浪冲刷,颗粒圆滑,粒度一般比较整齐,但常含有贝壳及盐类等有害杂质,一般不能直接使用。在配制钢筋混凝土时,海砂中 Cl^- 含量不应大于 0.06%(以全部 Cl^- 换算成 NaCl 占干砂重量的百分率计),超过该值时,应通过淋洗,使 Cl^- 含量降低至 0.06% 以下。对于预应力钢筋混凝土,不宜采用海砂。山砂是从山谷或旧河床中采运而得到,其颗粒多带棱角,表面粗糙,含泥量和有机物等杂质含量较多,使用时应加以限制。人工砂主要指机制砂,是由天然岩石轧碎而成,其颗粒富有棱角,比较洁净,但砂中片状颗粒及细粉含量较大,只有在缺乏天然砂时才采用。也可将天然砂和人工砂混合使用,称为混合砂。

粗骨料有碎石和卵石(又称为砾石)两类。碎石主要由天然岩石破碎、筛分而成,也可将大卵石轧碎、筛分而成。碎石表面粗糙,棱角多,且较洁净,与水泥石粘结比较牢固。卵石由天然岩石经自然条件作用而形成。卵石表面光滑,有机杂质含量较多,与水泥石胶结力较差。一般而言,相同条件下,采用卵石配制的混凝土强度比采用碎石配制的混凝土强度低,采用卵石配制的混凝土流动性比采用碎石配制的混凝土流动性大。

骨料质量的优劣,直接影响到混凝土的质量。根据行业标准《普通混凝土用砂、石质量标准及检验方法》(JGJ 52—2006)规定,混凝土用砂、石骨料的质量要求包括以下几方面:

1. 骨料的粗细程度

在混凝土中,粗骨料的表面由水泥砂浆包裹,细骨料的表面由水泥浆包裹,粗骨料之间的空隙由砂浆来填充,细骨料之间的空隙由水泥浆来填充。为了节约水泥,提高混凝土密实度和强度,应尽可能减少细骨料和粗骨料的总表面积,同时减少细骨料和粗骨料的空隙率。

骨料的粗细程度与其总表面积有直接的关系,骨料越粗,骨料的总表面积较小。

骨料的粗细程度通常用筛分析的方法进行测定。JGJ 52—2006 规定,砂的筛分析法是用公称粒径分别为 5.00mm、2.50mm、1.25mm、630μm、315μm、160μm,筛孔孔径分别为 4.75mm、2.36mm、1.18mm、600μm、300μm 和 150μm 的方孔筛,将 500g 干砂样由粗到细依次过筛,称取留在各筛上砂的筛余量 x_i,然后计算各筛的分计筛余百分数 a_i(各筛上的筛余量占砂样总重的百分数)、累计筛余百分数 A_i(各筛及比该筛粗的所有筛的分计筛余百分数之和)和通过百分数(通过该筛的百分数)。分计筛余、累计筛余和通过百分数的关系见表5—1。

表 5—1　分计筛余、累计筛余和通过百分数的计算

公称粒径	筛孔尺寸	筛余量/g	分计筛余百分数(%)	累计筛余百分数(%)	通过百分数(%)
5.00mm	4.75mm	x_1	$a_1 = x_1/500 \times 100$	$\beta_1 = a_1$	$P_1 = 100 - \beta_1$
2.50mm	2.36mm	x_2	$a_2 = x_2/500 \times 100$	$\beta_2 = \beta_1 + a_2$	$P_2 = 100 - \beta_2$
1.25mm	1.18mm	x_3	$a_3 = x_3/500 \times 100$	$\beta_3 = \beta_2 + a_3$	$P_3 = 100 - \beta_3$
630μm	600μm	x_4	$a_4 = x_4/500 \times 100$	$\beta_4 = \beta_3 + a_4$	$P_4 = 100 - \beta_4$
315μm	300μm	x_5	$a_5 = x_5/500 \times 100$	$\beta_5 = \beta_4 + a_5$	$P_5 = 100 - \beta_5$
160μm	150μm	x_6	$a_6 = x_6/500 \times 100$	$\beta_6 = \beta_5 + a_6$	$P_6 = 100 - \beta_6$

砂的粗细程度用细度模数表示,其计算式如下:

$$\mu_f = \frac{\beta_2 + \beta_3 + \beta_4 + \beta_5 + \beta_6 - 5\beta_1}{100 - \beta_1} \qquad (5—1)$$

细度模数越大,表示砂越粗。$\mu_f = 3.7 \sim 3.1$ 为粗砂,$\mu_f = 3.0 \sim 2.3$ 为中砂,$\mu_f = 2.2 \sim 1.6$ 为细砂,$\mu_f = 1.5 \sim 0.6$ 为特细砂。细砂和特细砂会增加用水量和水泥用量,降低混凝土拌合物的流动性,并增大混凝土的干缩和徐变变形,降低混凝土强度和耐久性,但砂过粗时,由于粗颗粒砂对粗骨料的粘聚力较低,会引起混凝土拌合物产生离析、分层,因此,工程中应优先使用中砂。当使用细砂和特细砂时,应采取一些相应的技术措施。

粗骨料的粗细程度用粗骨料的最大粒径(D_{max})表示。粗骨料最大粒径是指粗骨料公称粒级的上限。当配制混凝土用的粗骨料最大粒径增大时,由于总表面积减少,保证一定厚度润滑层所需的水泥浆数量减少,因而可减少混凝土单位用水量,节约水泥用量,降低混凝土的水化热及混凝土的干缩与徐变,并提高混凝土的强度与耐久性。因此,在条件许可情况下,对中低强度混凝土,应尽量选择最大粒径较大的粗骨料,但一般也不宜超过 37.5mm(混凝土强度较低时可适当放宽),因这时由于减少用水量获得的强度提高,被大粒径骨料造成的界面粘结减弱和内部结构不均匀性所抵消。同时,最大粒径还受到混凝土结构截面尺寸和钢筋净距等的限制。根据《混凝土结构工程施工质量验收规范》(GB 50204—2002)的规定,混凝土粗骨料的最大粒径不得超过截面最小尺寸的 1/4,且不得大于钢筋最小净距的 3/4;对于混凝土实心板,骨料最大粒径不宜超过板厚的 1/3,且不得超过 40mm。对于道路混凝土,混凝土的抗折强度随最大粒径的增加而减小,因而碎石的最大粒径不宜大于 31.5mm、碎卵石的最大粒径不宜大于 26.5mm、卵石的最大粒径不宜大于 19mm。

2. 骨料的颗粒级配

骨料的颗粒级配是指粒径大小不同的骨料之间的搭配情况。粒径相同的骨料堆积在一起时,骨料之间的空隙率较大,如图 5—1(a);用两种粒径的骨料搭配起来时,其堆积空隙率有所减小,如图 5—1(b);用多种粒径的骨料搭配时,空隙率可更小,如图 5—1(c)。由此可见,为减小骨料间的空隙,减少水泥用量,不同粒径大小的骨料颗粒应搭配起来使用。

JGJ 52—2006 规定,砂按公称粒径 630μm 筛孔的累计筛余百分数,分为三个级配区,见表 5—2。砂的实际颗粒级配与表 5—2 中所示累计筛余百分数相比,除 5.00mm 和 630μm 筛号外,允许稍有超出分界线,但总量百分数不应大于 5%。

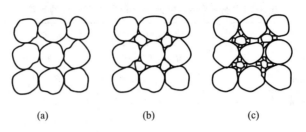

(a)   (b)   (c)

图 5—1   骨料的颗粒级配

表 5—2   砂颗粒级配区（JGJ 52—2006）

砂级配区	累计筛余百分数（%）						
	公称粒级						
	160μm	315μm	630μm	1.25mm	2.50mm	5.00mm	10.0mm
Ⅰ	100～90	95～80	85～71	65～35	35～5	10～0	0
Ⅱ	100～90	92～70	70～41	50～10	25～0	10～0	0
Ⅲ	100～90	85～55	40～16	25～0	15～0	10～0	0

注：除 5.00mm 和 630μm 筛的累计筛余外，其他各筛可略有超出，但总量应小于 5%。

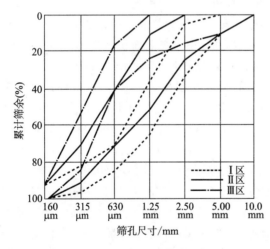

图 5—2   砂的级配区曲线

以累计筛余百分数为纵坐标，以筛孔尺寸为横坐标，根据表 5—2 数据可绘制得到 3 个级配区的筛分曲线范围，如图 5—2。试验时，根据筛分析试验得到的累计筛余百分数，可在图 5—2 中绘制得到试样的筛分曲线，由此可判断试样的级配区。

混凝土用砂应尽量符合表中级配区的要求，若砂的级配满足级配区要求，则砂的堆积空隙率较小，有利于减少单位用水量和水泥用量，提高混凝土性能。若砂自然级配不符合要求，可采用人工级配砂，配制方法是当有粗、细两种砂时，将两种砂按合适的比例掺配在一起。当仅有一种砂时，可在筛分分级后，再按一定比例配制。

配制混凝土时宜优先选用Ⅱ区砂。当采用Ⅰ区砂时，应适当提高砂率，并保持足够的水泥用量，以满足混凝土的和易性。当采用Ⅲ区砂时，宜适当降低砂率；配制泵送混凝土时，宜选用中砂。

粗骨料颗粒级配也通过筛分试验来测定。所用标准筛一套共 12 个，均为方孔筛，孔径依次为 2.36mm、4.75mm、9.50mm、16.0mm、19.0mm、26.5mm、31.5mm、37.5mm、53.0mm、63.0mm、75.0mm、90.0mm，其公称粒径分别为 2.50mm、5.0mm、10.0mm、16.0mm、20.0mm、25.0mm、31.5mm、40.0mm、50.0mm、63.0mm、75.0mm、100.0mm。试样筛分时，按表 5—3 选用部分筛号进行筛分，将试样的累计筛余百分数结果与表 5—3 对照，以判断该试样级配是否合格。

表 5—3　卵石和碎石的颗粒级配（JGJ 52—2006）

级配情况	公称粒级/mm	累计筛余百分数（%）											
		方孔筛筛孔边长尺寸/mm											
		2.36	4.75	9.50	16.0	19.0	26.5	31.5	37.5	53	63	75	90
连续级配	5~10	95~100	80~100	0~15	0	—	—	—	—	—	—	—	—
	5~16	95~100	85~100	30~60	0~10	0	—	—	—	—	—	—	—
	5~20	95~100	90~100	40~80	—	0~10	0	—	—	—	—	—	—
	5~25	95~100	90~100	—	30~70	—	0~5	0	—	—	—	—	—
	5~31.5	95~100	90~100	70~90	—	15~45	—	0~5	0	—	—	—	—
	5~40	—	95~100	70~90	—	30~65	—	—	0~5	0	—	—	—
单粒级	10~20	—	95~100	85~100	—	0~15	0	—	—	—	—	—	—
	16~31.5	—	95~100	—	85~100	—	—	0~10	0	—	—	—	—
	20~40	—	—	95~100	—	80~100	—	—	0~10	0	—	—	—
	31.5~63	—	—	—	95~100	—	—	75~100	45~75	—	0~10	0	—
	40~80	—	—	—	—	95~100	—	—	70~100	—	30~60	0~10	0

　　粗骨料的颗粒级配分为单粒级、连续级配和间断级配三种。单粒级是主要由一个粒级组成，其堆积空隙率最大，一般不宜单独使用，主要用来配制具有所要求级配的连续或间断级配。连续级配（连续粒级）是指颗粒由小到大，每一级粗骨料都占有一定的比例，且相邻两级粒径相差较小（比值小于2）。连续级配的空隙率较小，适合配制各种混凝土，尤其适合配制流动性大的混凝土，在工程中应用较多。间断级配是指粒径不连续，即中间缺少1~2级的颗粒，且相邻两级粒径相差较大（比值为5~6）。间断级配的空隙率最小，有利于节约水泥用量，但由于骨料粒径相差较大，使混凝土拌合物易产生离析、分层，造成施工困难，故仅适合配制流动性小的混凝土，或半干硬性及干硬性混凝土，或富混凝土（即水泥用量多的混凝土），且宜在预制厂使用，不宜在工地现场使用。

　　混凝土粗骨料颗粒级配不符合要求时，可将两种或两种以上级配不同的粗骨料按适当比例混合试配，直至符合要求。

3. 含泥量和泥块含量

　　含泥量是指砂、石中公称粒径小于$80\mu m$的颗粒含量。泥块含量在砂中是指公称粒径大于1.25mm，经水洗、手捏后小于$630\mu m$的颗粒含量，在粗骨料中是指公称粒径大于5.00mm，经水洗、手捏后小于2.50mm的颗粒含量。泥和泥块对混凝土是有害的。泥包裹于骨料表面，隔断水泥石与骨料间的粘结，影响混凝土强度，当含泥量较多时，会降低混凝土强度和耐久性，增加混凝土干缩。泥块在混凝土内成为薄弱部位，也将引起混凝土强度和耐久性下降。天然砂和粗骨料的含泥量和泥块含量应符合表5—4的规定。对于有抗冻、抗渗或其他特殊要求的小于或等于C25的混凝土，所用砂含泥量不应大于3.0%，泥块含量不应大于1.0%；所用碎石或卵石中含泥量不应大于1.0%，泥块含量不应大于0.5%。

表 5—4   天然砂与粗骨料的含泥量与泥块含量 (JGJ 52—2006)

项目		≥C60	C30 ~ C55	≤C25
含泥量 (按质量计,%) ≤	天然砂	2.0	3.0	5.0
	碎石或卵石	0.5	1.0	2.0
泥块含量 (按质量计,%) ≤	天然砂	0.5	1.0	2.0
	碎石或卵石	0.2	0.5	0.7

4. 石粉含量

石粉含量是指人工砂中粒径小于 $75\mu m$,且其矿物组成与化学成分与被加工母岩相同的颗粒含量。石粉含量过大会增大混凝土拌合物需水量,影响混凝土和易性,降低混凝土强度。人工砂的石粉含量应符合表 5—5 的规定。表 5—5 中亚甲蓝 MB 值是用于判定人工砂中粒径小于 $75\mu m$ 的颗粒主要是含泥量还是与被加工母岩化学成分相同的石粉含量的指标。

表 5—5   人工砂的石粉含量和泥块含量 (JGJ 52—2006)

项目		≥C60	C30 ~ C55	≤C25
石粉含量 (按质量计,%) ≤	MB < 1.4(合格)	5.0	7.0	10.0
	MB≥1.4(不合格)	2.0	3.0	5.0

5. 骨料的坚固性

骨料在气候、环境变化或其他物理因素作用下抵抗破坏的能力称为坚固性。

天然砂和粗骨料的坚固性用硫酸钠饱和溶液法测定,即将骨料试样在硫酸钠饱和溶液中浸泡至饱和,然后取出试样烘干,经 5 次循环后,测定因硫酸钠结晶膨胀引起的质量损失。在严寒及寒冷地区室外使用,并处于潮湿或干湿交替状态下的混凝土,以及有抗疲劳、耐磨、抗冲击要求的混凝土,或有腐蚀介质作用,或受冰冻与盐冻作用,或经常处于水位变化区的地下结构混凝土,所用粗、细骨料的坚固性指标质量损失应小于 8% 。其他条件下使用的混凝土,所用细骨料的坚固性指标质量损失应小于 10% ,所用粗骨料的坚固性指标质量损失应小于 12% 。

人工砂的坚固性采用压碎值指标法进行检验。试验时,将人工砂筛分成公称粒径 5.00 ~ 2.50mm、2.50 ~ 1.25mm、1.25mm ~ 630μm、630 ~ 315μm 四个单粒级,按规定方法对每个单粒级人工砂试样施加压力,施压后重新筛分,用该单粒级下限筛的试样通过量除以该粒级试样的总量即为压碎值指标。人工砂的总压碎值指标应小于 30% 。

6. 有害物质

骨料中不应混有草根、树叶、树枝、塑料、煤块和炉渣等杂物。砂中有害物质包括云母、轻物质、有机物、硫化物及硫酸盐、氯盐等,粗骨料中的有害物质主要考虑硫化物及硫酸盐含量。云母是表面光滑的小薄片,会降低混凝土拌合物和易性,也会降低混凝土的强度和耐久性。硫化物及硫酸盐主要由硫铁矿(FeS_2)和石膏($CaSO_4$)等杂物带入。它们与水泥石中固态水化铝酸钙反应生成钙矾石,反应产物的固相体积膨胀 1.5 倍,从而引起混凝土膨胀开裂。有机物主要来自于动植物的腐殖质、腐殖土、泥煤和废机油等,会延缓水泥的水化,降低混凝土的强度,尤其是早期强度。Cl^-易导致钢筋混凝土中的钢筋锈蚀,钢筋锈蚀后体积膨胀和受力面减小,从而引起混凝土开裂。骨料中有害物质含量应符合表5—6的规定。

表5—6 骨料中有害物质含量限值(JGJ 52—2006)

项 目	指标		
	砂		碎石或卵石
云母(按质量计,%) ≤	2.0		/
轻物质(按质量计,%) ≤	1.0		/
氯化物(以氯离子质量计,%) ≤	钢筋混凝土	0.06	/
	预应力钢筋混凝土	0.02	/
硫化物及硫酸盐(按SO_3质量计,%) ≤	1.0		1.0
有机物(比色法)	颜色应不深于标准色,当颜色深于标准色时,应按水泥胶砂强度检验方法或配制成混凝土进行强度对比试验,抗压强度比应≥0.95		

7. 粗骨料的强度

为了保证混凝土的强度,粗骨料必须致密并具有足够的强度。碎石的强度可用母岩抗压强度和碎石压碎值指标表示,卵石的强度只用压碎值指标表示,见表5—7。

母岩抗压强度是将生产粗骨料的母岩切割成边长为50mm的立方体试件,或直径与高均为50mm的圆柱体试件,每组6个试件。对有明显层理的岩石,应制作两组,一组保持层理与受力方向平行;另一组保持层理与受力方向垂直,分别测试。试件浸水48h后,测定其极限抗压强度值。抗压强度一般在混凝土强度等级大于或等于C60时才检验,其他情况如有怀疑或必要时也可进行抗压强度检验。岩石抗压强度应比混凝土强度至少高20%。

表5—7 碎石和卵石的压碎值指标(JGJ 52—2006)

岩石品种	混凝土强度等级	碎石压碎值指标
沉积岩(包括石灰岩、砂岩等)碎石	C60 ~ C40	≤10
	≤C35	≤16
变质岩(包括片麻岩、砂岩等)碎石或深成的火成岩(包括花岗岩、正长岩、闪长岩和橄榄岩等)碎石	C60 ~ C40	≤12
	≤C35	≤20
喷出的火成岩(包括玄武岩和辉绿岩等)碎石	C60 ~ C40	≤13
	≤C35	≤30
卵石	C60 ~ C40	≤12
	≤C35	≤16

骨料在混凝土中呈堆积状态受力,通过测定母岩抗压强度表征粗骨料强度时,骨料是相对面受力。为模拟粗骨料在混凝土中的实际受力状态,通常用压碎值指标来表征粗骨料强度。压碎值指标的测定是将一定质量呈气干状态的 10.0 ~ 20.0mm 粗骨料装入标准筒内,在 3 ~ 5min 内均匀加荷至200kN,卸荷后称取试样总质量 m_0,再用 2.50mm 孔径的筛筛除被压碎

的颗粒，称出筛余试样质量 m_1，则按式（5—2）可计算压碎值指标（Crushing value index）：

$$\delta_a = \frac{m_0 - m_1}{m_0} \times 100\% \qquad (5—2)$$

压碎指标值可间接反映粗骨料的强度大小。压碎值指标值越小，说明粗骨料抵抗受压破碎能力越强，其强度越大。JGJ 52—2006 规定，粗骨料压碎值指标应符合表 5—7 的规定。

8. 粗骨料的颗粒形状

混凝土用粗骨料以接近球状或立方体形的为好，此时粗骨料颗粒之间的空隙率小，混凝土更易密实，有利于提高混凝土强度。然而，粗骨料中通常还含有针、片状颗粒。颗粒长度大于该颗粒所属粒级的平均粒径 2.4 倍者为针状骨料，颗粒厚度小于该颗粒所属粒级的平均粒径的 0.4 倍者为片状骨料。针、片状骨料的比表面积与空隙率较大，且受力时易折断，含量高时会显著增加混凝土的用水量、水泥用量及混凝土的干缩与徐变，降低混凝土拌合物的流动性及混凝土的强度与耐久性。针片状颗粒还影响混凝土的铺摊效果和平整度。对 C60 以上的混凝土，粗骨料中针、片状颗粒的含量须不大于 8%；C30 ~ C55 混凝土，针、片状颗粒的含量应不大于 15%；C25 及以下混凝土，粗骨料中针、片状颗粒的含量应不大于 25%。

国内大部分采石厂使用颚式破碎机加工骨料，虽然生产效率高，价格便宜，但骨料中的针、片状颗粒较多、质量较差，很大程度上制约了配制的混凝土质量。采用锤式、反击式破碎机生产的粒型较好。

9. 碱活性骨料

碱活性骨料是指能在一定条件下与混凝土中的碱（Na^+、K^+）在潮湿环境下缓慢发生反应，导致混凝土膨胀、开裂甚至破坏的骨料。

当对粗、细骨料的碱活性有怀疑时或用于重要工程的粗、细骨料，须按标准进行碱活性检验。经上述检验的粗骨料，当被判定为具有碱-碳酸反应潜在危害时，则不能用作混凝土骨料；当被判定为有潜在碱-硅酸反应危害时，则遵守以下规定方可使用：使用碱含量（$Na_2O + 0.658K_2O$）小于 0.6% 的水泥，或掺入硅灰、粉煤灰等能抑制碱骨料反应的掺合料；当使用含钾、钠离子的混凝土外加剂时，必须进行专门的试验。

三、水

混凝土拌合及养护用水应不影响混凝土的水化、凝结和硬化，无损于混凝土强度发展及耐久性，不加快钢筋锈蚀，不引起预应力钢筋脆断，不污染混凝土表面。根据《混凝土拌合用水标准》（JGJ 63—2006）规定，混凝土用水中的物质含量限值如表 5—8 所示。

表 5—8　混凝土用水中的物质含量限值

项　目	预应力钢筋混凝土	钢筋混凝土	素混凝土
pH　≥	5.0	4.5	4.5
不溶物/mg·L^{-1}　≤	2000	2000	5000
可溶物/mg·L^{-1}　≤	2000	5000	10000
Cl^-/mg·L^{-1}　≤	500	1000	3500
SO_4^{2-}/mg·L^{-1}　≤	600	2000	2700
碱含量/mg·L^{-1}　≤	100	1500	1500

注：采用非碱活性骨料时，可不检验碱含量（$Na_2O + 0.658K_2O$）。

四、混凝土外加剂

混凝土外加剂是指在拌制混凝土过程中掺入的用以改善混凝土性能的物质,其掺量一般不大于水泥重量的5%(膨胀剂除外)。在混凝土中掺入不同种类的混凝土外加剂,虽然其掺量较小,但可显著改善混凝土拌合物的和易性,明显提高混凝土的物理力学性能和耐久性。外加剂的研究和应用促进了混凝土生产和施工工艺以及新型混凝土的发展,外加剂的出现导致了混凝土技术的第三次革命。目前,外加剂在混凝土中的应用非常普遍,成为制备优良性能混凝土的必备条件,被称为混凝土第五组分。

外加剂按主要功能分为四类:

①改善混凝土拌合物流变性能的外加剂,如减水剂、引气剂和泵送剂等。

②调节混凝土凝结时间和硬化性能的外加剂,如缓凝剂、早强剂和速凝剂等。

③改善混凝土耐久性的外加剂,如引气剂、防水剂、防冻剂和阻锈剂等。

④改善混凝土其他性能的外加剂,如加气剂、膨胀剂、着色剂等。

1. 减水剂

减水剂是指在混凝土拌合物流动性基本相同的条件下,能减少拌合用水量的外加剂。在混凝土组成材料种类和用量不变的情况下,往混凝土中掺入减水剂,混凝土拌合物的流动性将显著提高。减水剂是目前工程中应用最广泛的一种外加剂。

减水剂属于一种表面活性剂,其分子由亲水基团和憎水基团两部分组成,如图5—3(a)所示。表面活性剂可溶于水并定向排列于液体表面或两相界面上,可显著降低表面张力或界面张力,能起到湿润、分散、乳化、润滑、起泡等作用,如图5—3(b)所示。根据表面活性剂在水中离解后亲水基团的离子性能,表面活性剂可分为阳离子型、阴离子型、两性离子型和非离子型表面活性剂。目前工程中常用减水剂一般为阴离子型表面活性剂。

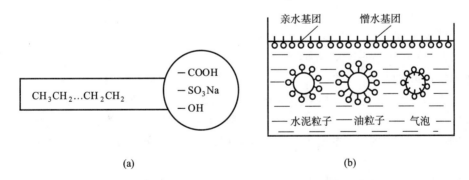

(a)　　　　　　　　　　　(b)

图5—3　表面活性剂的分子结构(a)及其在水中的定向排列(b)

(1)减水剂的作用机理

水泥加水拌合后,由于颗粒之间存在分子间作用力,会形成絮凝结构,如图5—4(a)所示,将一部分拌合用水包裹在絮凝结构内,这部分水未能包裹于水泥颗粒表面,从而使水泥浆体或混凝土拌合物的流动性较差。当水泥中加入减水剂后,减水剂的憎水基团定向吸附于水泥颗粒表面,使水泥颗粒表面带有相同的电荷,产生静电斥力,使水泥颗粒絮凝结构解体,释放出游离水,并在水泥颗粒表面形成一层稳定的溶剂化水膜,这层水膜是很好的润滑剂,有利于水泥颗粒的滑动,从而可提高混凝土拌合物的流动性,如图5—4(c)所示。

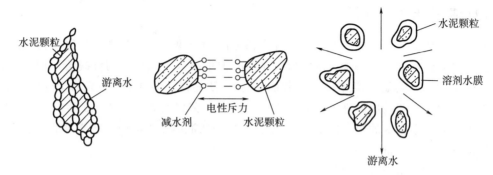

图 5—4　减水剂的作用机理示意图

根据不同使用要求,在混凝土中加入减水剂后,可取得以下技术经济效果:

①在拌合物用水量不变时,混凝土流动性显著增大,混凝土拌合物坍落度可增大 50～150mm。

②保持混凝土拌合物坍落度和水泥用量不变,可减水 5%～30%,混凝土强度可提高 5%～25%,特别是早期强度会显著提高。

③保持混凝土拌合物坍落度和强度不变时,可节约水泥用量 5%～25%。

④改善混凝土其他性能,如缓凝型减水剂可使水泥水化放热速度减慢,减少混凝土拌合物在运输过程中的坍落度损失;引气型减水剂可提高混凝土抗渗性和抗冻性等。

（2）减水剂的种类

减水剂品种繁多,根据减水效果可分为普通减水剂（减水率≥8%）、高效减水剂（减水率≥14%）和高性能减水剂（减水率≥25%）;根据化学成分可分为木质素磺酸盐系（普通减水剂）、萘系、密胺系、氨基磺酸盐系、脂肪族系（高效减水剂）、聚羧酸系（高性能减水剂）等;根据对混凝土凝结时间的影响可分为标准型、早强型和缓凝型;根据是否在混凝土中引入一定量气泡可分为引气型（含气量≥3.0%）和非引气型（含气量＜3.0%）。其质量应满足《混凝土外加剂》（GB 8076—2008）的规定。

①木质素系减水剂

木质素系减水剂,包括木质素磺酸钙、木质素磺酸钠和木质素磺酸镁,分别简称木钙（又称 M 剂）、木钠、木镁,其中木钙是主要品种,由生产纸浆或纤维浆的木质废液经处理而得到的一种棕黄色粉末,主要成分为木质素磺酸钙,含量 60% 以上,属阴离子型表面活性剂。

木钙属缓凝引气型减水剂,多以粉剂供应。掺量一般为 0.2%～0.3%。在混凝土拌合物流动性和水泥用量不变的情况下,可减少用水量约 10%,28d 强度提高 10%～20%,并可使混凝土的抗冻性、抗渗性等耐久性有明显提高;用水量不变时,可提高坍落度 50～100mm;混凝土拌合物流动性和混凝土强度不变时,可节省水泥约 10%;可延缓凝结时间 1～3h;可使混凝土含气量增加 1%～2%;对钢筋无锈蚀作用。

木钙成本低,可用于一般混凝土工程,特别是有缓凝要求的混凝土（如大体积混凝土、夏季施工混凝土、滑模施工混凝土等）;不宜用于低温季节（低于 5℃）施工或蒸汽养护。木钙常与早强剂、高效减水剂等复合使用。

使用木钙时,应严格控制掺量,掺量过多,缓凝严重,甚至几天也不硬化,且含气量增加,强度下降。

生产时如进行改性,可得改性木质素减水剂,减水率可达15%以上,属于高效减水剂。

②萘系减水剂

萘系减水剂是以萘及萘的同系物经磺化与甲醛缩合而成。主要成分为聚烷基芳基磺酸盐等,属阴离子型表面活性剂。萘系减水剂对水泥的分散、减水、早强、增强作用均优于木钙,属高效减水剂。这类减水剂多为非引气型,且对混凝土凝结时间基本无影响。目前,国内品种已达几十种,常用牌号有 FDN、UNF、NF、NNO、MF、建Ⅰ、JN、AF、HN 等。

萘系减水剂适宜掺量为 0.2% ~ 1.2%,常用掺量为 0.5% ~ 0.75%,可减水 12% ~ 25%,明显减小拌合物泌水,但坍落度损失快;1 ~ 3d 强度可提高 50% 左右,28d 强度可提高 20% ~ 40%,抗折、抗拉、后期强度、抗冻性、抗渗性等也有明显改善;可节省水泥 12% ~ 20%,对钢筋无锈蚀作用。若掺引气型萘系减水剂,混凝土含气量可达 3% ~ 6%。

萘系减水剂主要适用于配制高强混凝土、流态混凝土、泵送混凝土、早强混凝土、冬季施工混凝土、蒸汽养护混凝土及防水混凝土等。

部分萘系减水剂常含有高达 5% ~ 25% 的硫酸钠,使用时应予以注意。

③三聚氰胺树脂系减水剂

三聚氰胺树脂系减水剂,又称密胺树脂系减水剂,是将三聚氰胺与甲醛反应生成三羟甲基三聚氰胺,然后用亚硫酸氢钠磺化而成。主要成分为三聚氰胺甲醛树脂磺酸盐,这类减水剂是目前效果最好的减水剂,属非引气型早强高效减水剂。我国生产的产品主要有 SM 剂,是阴离子型表面活性剂。

SM 剂多以液体供应。适宜掺量为 0.5% ~ 2.0%,可减水 20% ~ 27%,明显减小泌水率,但使拌合物黏度增大,坍落度损失快;1d 强度提高 60% ~ 100%,3d 强度可提高 50% ~ 70%,7d 强度提高 30% ~ 70%(可达基准 28d 强度),28d 强度提高 30% ~ 60%;抗折、抗拉、弹性模量、抗冻、抗渗等性能均有显著提高,对钢筋无锈蚀作用。

SM 剂的分散、减水、早强、增强效果比萘系减水剂好,但价格较高,一般仅适用于特殊工程,如高强混凝土、早强混凝土、流态混凝土及耐火混凝土等。

④聚羧酸系减水剂

聚羧酸系减水剂是近年来发展起来的一种高性能减水剂,多以液体供应。适宜掺量为 0.5% ~ 3.0%,可减水 25% ~ 30%,坍落度损失小,掺量不大时无缓凝作用,可显著提高混凝土的强度,不增加混凝土的干缩,特别适合泵送混凝土、高性能混凝土等。其缺点是价格昂贵,掺量过多时引气量较大。目前在高速铁路工程中应用较多。

(3)减水剂的适应性

同一种减水剂用于不同品种水泥或不同生产厂的水泥时,其效果可能相差很大,即减水剂对水泥有一定的适应性。使用减水剂时,应根据所用水泥品种,通过试验确定减水剂品种。

(4)减水剂的掺加方法

减水剂的掺加方法对减水效果影响很大,可分为同掺法和后掺法。一般采用同掺法,即将液体减水剂直接加入水中,与拌合水同时加入(溶液中的水量须从混凝土拌合水中扣除),或将粉状减水剂与水泥、砂、石等同时加入搅拌机进行搅拌,然后再加入水进行搅拌。该方法搅拌程序简单,但在运输过程中混凝土拌合物坍落度损失较大。为减小混凝土拌合物坍落度损失,常与缓凝剂复配使用。后掺法是在搅拌混凝土时,先不加入减水剂,而是在混凝土拌合一段时间后,或在混凝土拌合完后加入(如在运输过程中或在浇注地点),并进行二次搅拌,此时减水剂的效果将有很大改善,但该方法需进行二次搅拌,实际使用时不方便,且混凝土易发生离析和泌水现象,故实际工程很少采用。

2. 早强剂

早强剂是指能加速混凝土早期强度发展的外加剂。早强剂能促进水泥的水化和硬化,提高早期强度,缩短养护周期,提高模板和场地周转率,加快施工速度。常用的早强剂有氯盐类、硫酸盐类、有机胺类以及它们的复合。

①氯盐类早强剂。主要有氯化钙、氯化钠、氯化钾、氯化铝及三氯化铁等,其中氯化钙应用最广。氯化钙的早强机理是 $CaCl_2$ 能与水泥中的 C_3A 作用,生成几乎不溶于水的水化氯铝酸钙($3CaO \cdot Al_2O_3 \cdot 3CaCl_2 \cdot 32H_2O$),还能与 $Ca(OH)_2$ 反应生成溶解度极小的氧氯化钙($CaCl_2 \cdot 3Ca(OH)_2 \cdot 12H_2O$)。水化氯铝酸钙和氧氯化钙固相早期析出,形成骨架,加速水泥浆体结构的形成。同时,水泥浆中 $Ca(OH)_2$ 浓度下降,有利于 C_3S 水化反应的进行,使混凝土早期强度得以提高。氯化钙为白色粉末,适宜掺量为水泥重量的 0.5% ~ 1.0%,能使混凝土 3d 强度提高50% ~100%,7d 强度提高 20% ~40%。同时,能降低混凝土中水的冰点,防止混凝土早期受冻。

②硫酸盐类早强剂。主要有硫酸钠、硫代硫酸钠、硫酸钙、硫酸铝及硫酸钾铝等,应用最多的是硫酸钠。硫酸钠的早强机理是 Na_2SO_4 与水泥水化生成的 $Ca(OH)_2$ 反应生成 $CaSO_4 \cdot 2H_2O$,生成的 $CaSO_4 \cdot 2H_2O$ 高度分散在混凝土中,它与 C_3A 的反应比生产水泥时外掺的石膏与 C_3A 的反应快得多,能迅速生成水化硫铝酸钙针状晶体,形成骨架。同时水化体系中 $Ca(OH)_2$ 浓度下降,也可促进 C_3S 水化,因此,混凝土早期强度得以提高。硫酸钠为白色粉末,适宜掺量为水泥重量的 0.5% ~2.0%,达到混凝土强度的 70% 的时间可缩短一半,对矿渣水泥混凝土效果更好。

③有机胺类早强剂。主要有三乙醇胺、三异丙醇胺等,其中三乙醇胺最为常用。三乙醇胺的早强机理是由于它是一种络合剂,在水泥水化的碱性溶液中,能与 Fe^{3+}、Al^{3+} 等离子形成较稳定的络合离子,这种络合离子与水泥的水化产物作用生成溶解度很小的络合盐并析出,有利于早期骨架的形成,从而使混凝土早期强度提高。三乙醇胺一般不单独使用,常与其他早强剂复合使用,掺量为水泥重量的 0.02% ~0.05%,使混凝土早期强度提高50%左右,28d 强度不变或略有提高,对普通水泥的早强作用大于矿渣水泥。三乙醇胺对水泥有缓凝作用,能使水泥凝结时间延缓 1~3h,故掺量不宜过多,否则易导致混凝土长时间不凝结、不硬化,影响混凝土后期强度。

④复合早强剂。采用二种或二种以上的早强剂复合,可以弥补不足,取长补短。通常用三乙醇胺、硫酸钠、氯化钠、亚硝酸钠和石膏等组成二元、三元或四元复合早强剂。复合早强剂一般可使混凝土 3d 强度提高 70% ~80%,28d 强度可提高 20% 左右。

早强剂可用于蒸汽养护的混凝土及常温、低温和最低温度不低于 −5℃ 环境中施工的有早强要求的混凝土工程。

由于氯离子会引起钢筋锈蚀,因此《混凝土外加剂应用技术规范》(GB 50119—2003)规定,下列结构中严禁采用含有氯盐配制的早强剂及早强减水剂:预应力混凝土结构;相对湿度大于80%环境中使用的结构、处于水位变化部分的结构、露天结构及经常受水淋、受水流冲刷的结构;大体积混凝土;直接接触酸、碱或其他侵蚀性介质的结构;经常处于温度为60℃以上的结构,需经蒸养的钢筋混凝土预制构件;有装饰要求的混凝土,特别是要求色彩一致的或是表面有金属装饰的混凝土;薄壁混凝土结构,中级和重级工作制吊车的梁、屋架、落锤及锻锤混凝土基础等结构;使用冷拉钢筋或冷拔低碳钢丝的结构;骨料具有碱活性的混凝土的结构。

3. 引气剂

引气剂是指在搅拌混凝土过程中能引入大量均匀分布、稳定而封闭微小气泡(直径 $10 \sim 100 \mu m$)的外加剂。主要有松香树脂类、烷基苯磺酸盐类、脂肪醇磺酸盐类、蛋白盐及石油磺酸盐等几种,其中以松香树脂类应用最为广泛,主要品种有松香热聚物和松香皂,掺量一般为水泥用量的0.005%~0.01%。通常以溶液形式掺入。

混凝土中加入引气剂后,对混凝土性能的影响主要有:

①改善混凝土拌合物的和易性。封闭的小气泡在混凝土拌合物中如同滚珠,减少了骨料间的摩擦阻力,增强了润滑作用,可提高混凝土拌合物的流动性,同时微小气泡的存在可阻滞泌水作用并提高保水能力。

②提高混凝土的抗渗性和抗冻性。引入的封闭气泡能有效隔断毛细孔通道,并能减少泌水造成的渗水通道,可提高混凝土的抗渗性。另外,引入的封闭气泡对水结冰产生的膨胀力起缓冲作用,可提高抗冻性。

③强度下降。气泡的存在,使混凝土有效受力面积减少,导致混凝土强度下降。一般混凝土的含气量每增加1%,其抗压强度将降低4%~6%,抗折强度降低2%~3%。因此引气剂的掺量必须适当,其含气量须满足 GB 50119—2003 的规定,见表5—9。

表5—9　掺引气剂及引气减水剂混凝土的含气量限值

粗骨料最大粒径/mm	20	25	40	50	80
混凝土含气量(%)	5.5	5.0	4.5	4.0	3.5

引气剂及引气减水剂可用于抗冻混凝土、防水混凝土、抗硫酸盐混凝土、泌水严重的混凝土、贫混凝土、轻骨料混凝土、人工骨料配制的普通混凝土、高性能混凝土以及有饰面要求的混凝土。不宜用于蒸养混凝土及预应力混凝土,必要时,应经试验确定。

4. 缓凝剂

缓凝剂是指能延缓混凝土凝结时间,而不显著影响混凝土后期强度的外加剂,分为无机和有机两大类。有机缓凝剂包括木质素磺酸盐、羟基羧酸及其盐、糖类及碳水化合物、多元醇及其衍生物等;无机缓凝剂包括硼砂、氯化锌、碳酸锌、硫酸铁(铜、锌、镉等)、磷酸盐及偏磷酸盐等。有机缓凝剂多为表面活性剂,掺入混凝土中,能吸附在水泥颗粒表面,形成同种电荷的亲水膜,使水泥颗粒相互排斥,阻碍水泥水化产物粘连和凝结,起缓凝作用;无机缓凝剂一般是在水泥颗粒表面形成一层难溶的薄膜,对水泥的正常水化起阻碍作用,从而导致缓凝。常用缓凝剂的掺量及缓凝效果如表5—10所示。

缓凝剂、缓凝减水剂及缓凝高效减水剂可用于大体积混凝土、碾压混凝土、炎热气候条件下施工的混凝土、大面积浇筑的混凝土、避免冷缝产生的混凝土、须较长时间停放或长距离运输的混凝土、自流平免振混凝土、滑模施工或拉模施工的混凝土及其他需要延缓凝结时间的混凝土。宜用于最低气温5℃以上施工的混凝土,不宜单独用于有早强要求的混凝土及蒸养混凝土。

表 5—10　常用缓凝剂的掺量及缓凝效果

类别	掺量（占水泥质量，%）	缓凝效果/h
糖类	0.2~0.5（水剂），0.1~0.3（粉剂）	2~4
木质素磺酸盐类	0.2~0.3	2~3
羟基羧酸盐类	0.03~0.1	4~10
无机盐类	0.1~0.2	不稳定

5. 防冻剂

防冻剂指能使混凝土在负温下硬化，并在规定时间内达到足够防冻强度的外加剂。常用防冻剂由多组分复合而成，主要组分的常用物质及其作用如下：

①防冻组分。如氯化钙、氯化钠、亚硝酸钠、硝酸钠、硝酸钾、硝酸钙、碳酸钾、硫代硫酸钠和尿素等，其作用是降低混凝土中液相的冰点，使负温下的混凝土内部仍有液相存在，水泥能继续水化。

②引气组分。如松香热聚物、木钙和木钠等，其作用是在混凝土中引入适量的封闭微小气泡，减轻冰胀应力。

③早强组分。如氯化钠、氯化钙、硫酸钠和硫代硫酸钠等，其作用是提高混凝土早期强度，增强混凝土抵抗冰冻的破坏能力。

④减水组分。如木钙、木钠和萘系减水剂等，其作用是减少混凝土拌合用水量，以减少混凝土内的成冰量，并使冰晶粒度细小且均匀分散，减小对混凝土的膨胀应力。

防冻剂包括强电解质无机盐类、水溶性有机化合物类、有机化合物与无机盐复合类和复合型等四类。目前应用最广泛的是强电解质无机盐类，它又分为氯盐类（以氯盐为防冻组分）、氯盐阻锈类（以氯盐与阻锈组分为防冻组分）和无氯盐类（以亚硝酸钠、硝酸钠等无机盐为防冻组分）三类。

防冻剂主要应用于负温条件下施工的混凝土。GB 50119—2003 规定：含强电解质无机盐类防冻剂，其严禁使用的范围与氯盐类、强电解质无机盐类早强剂的相同；含亚硝酸盐、碳酸盐的防冻剂严禁用于预应力混凝土结构；含有六价铬盐、亚硝酸盐等有害成分的防冻剂，严禁用于饮水工程及与食品相接触的工程；含有硝铵、尿素等产生刺激性气味的防冻剂，严禁用于办公、居住等建筑工程；有机化合物防冻剂、有机化合物与无机盐复合防冻剂、复合防冻剂可用于素混凝土、钢筋混凝土及预应力混凝土工程。

6. 速凝剂

速凝剂是一种可使砂浆或混凝土迅速凝结硬化的化学外加剂。速凝剂与水泥加水拌合后立即反应，使水泥中的石膏丧失缓凝作用，C_3A 迅速水化，从而产生快速凝结。主要用于喷射混凝土和喷射砂浆，亦可用于需要速凝的其他混凝土，如堵漏。常用速凝剂有 711 型和红星 I 型等，适宜掺量一般为 2.5%~4.0%，可在 3~5min 内初凝，10min 内终凝，1h 产生强度，但 28d 强度较不掺时下降 15%~40%，对钢筋无锈蚀作用。

7. 阻锈剂

阻锈剂是指能抑制或减轻混凝土中钢筋或其他预埋金属锈蚀的外加剂。阻锈剂分无机和有机两大类。无机阻锈剂主要为含氧化性离子的盐类，如亚硝酸钠、亚硝酸钙、硫代硫酸钠及铁盐等。工程上主要使用亚硝酸钙,适宜掺量为 1.0% ~ 8.0%。但亚硝酸钙具有较强的毒性,可致癌,有些国家已禁止使用。

有机阻锈剂主要是含各种胺(amines)和醇胺(alkynolamines)及其盐与其他有机和无机物的复合阻锈剂,具有在混凝土孔隙中通过气相和液相扩散到钢筋表面形成吸附膜从而产生阻锈作用的特点,通常称为迁移型阻锈剂(MCI),可直接涂覆于混凝土表面,通过自身的渗透过程到达钢筋表面,在钢筋表面成膜,实现对钢筋的保护。欧洲标准化委员会在 PR ENV1504 - 9 标准中确认使用迁移性阻锈剂是一种有效的腐蚀控制方法。由于迁移型钢筋阻锈剂是通过渗透进入混凝土内部从而对钢筋起保护作用,故广泛用于结构修复领域。

五、混凝土掺合料

混凝土掺合料是指在混凝土搅拌前或在搅拌过程中,与混凝土其他组分一起,直接加入的人造或天然的矿物材料和工业废料粉末,其目的是为了改善混凝土性能、调节混凝土强度等级和节约水泥用量等,掺量一般大于水泥重量的5%。掺合料与水泥混合材在种类上基本相同,主要有粉煤灰、磨细矿渣微粉、硅灰等。

1. 粉煤灰

粉煤灰主要从火力发电厂的烟气中收集而得到。粉煤灰按排放方式不同分为湿排灰和干排灰,按 CaO 的含量高低分为高钙灰(CaO ≥ 10%)和低钙灰(CaO < 10%)。粉煤灰的颗粒形貌主要是玻璃微珠,如图 5—5(a)所示,另还有部分未燃尽的碳粒和未成珠的多孔玻璃体,如图 5—5(b)所示。

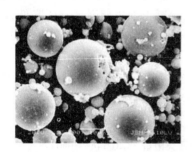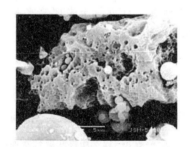

(a) 玻璃微珠　　　　　　　　(b) 多孔玻璃体

图 5—5　粉煤灰颗粒形貌

(1)粉煤灰的质量等级

GB/T 1596—2005 规定,粉煤灰按煤种分为 F 类(由无烟煤或烟煤煅烧收集的粉煤灰)和 C 类(由褐煤或次烟煤煅烧收集的粉煤灰,其氧化钙含量一般大于10%),并按质量要求分为 Ⅰ、Ⅱ、Ⅲ 三个等级,相应的技术要求如表5—11所示。

(2)粉煤灰的三大效应

粉煤灰由于其本身的化学成分、结构和颗粒形状等特征,掺入混凝土中可产生以下三种效应,总称为粉煤灰的“三大效应”。

①形态效应。当粉煤灰的颗粒绝大多数为实心玻璃微珠时,玻璃微珠在混凝土拌合物中起“滚珠轴承”的作用,能减小内摩阻力,使掺有粉煤灰的混凝土拌合物比基准混凝土流动性好,具有减水作用。

表 5—11　用于水泥和混凝土中的粉煤灰技术要求（GB/T 1596—2005）

项　目		技术要求		
		Ⅰ	Ⅱ	Ⅲ
细度（0.045mm 方孔筛筛余，%）≤	F 类粉煤灰 C 类粉煤灰	12.0	25.0	45.0
需水量比（%）≤		95	105	115
烧失量（%）≤		5.0	8.0	15.0
含水量（%）≤		1.0		
三氧化硫含量（%）≤		3.0		
游离氧化钙（%）		F 类粉煤灰≤1.0；C 类粉煤灰≤4.0		
安定性　雷氏夹沸煮后增加距离/mm		C 类粉煤灰≤5.0		

②微集料效应。粉煤灰中的微细颗粒均匀分布在水泥浆内,填充孔隙和毛细孔,可改善混凝土的孔结构,增大混凝土的密实度。

③活性效应。粉煤灰中所含的 SiO_2 和 Al_2O_3 具有化学活性,在水泥水化产生的 $Ca(OH)_2$ 和水泥中所掺石膏的激发下,能水化生成水化硅酸钙、水化铝酸钙和钙矾石等产物,可作为胶凝材料起增强作用。

可见,将粉煤灰掺入混凝土中,可改善混凝土拌合物的和易性、可泵性和可塑性,能降低混凝土的水化热,使混凝土弹性模量提高,提高混凝土抗化学侵蚀性、抗渗、抑制碱—骨料反应等耐久性。粉煤灰取代混凝土中部分水泥后,混凝土的早期强度有所降低,但后期强度可以赶上甚至超过未掺粉煤灰的混凝土。

（3）粉煤灰的掺量及取代方法

掺粉煤灰的混凝土简称为粉煤灰混凝土。粉煤灰的掺量过多时,混凝土的抗碳化性变差,对钢筋的保护力降低,故粉煤灰取代水泥的最大限量（以质量计）须满足表 5—12 的规定。对于密实度很高的混凝土,可放宽此限制。

表 5—12　粉煤灰取代水泥的最大限量（GBJ 146—1990）

混凝土种类	粉煤灰取代水泥最大限量（%）			
	硅酸盐水泥	普通硅酸盐水泥	矿渣硅酸盐水泥	火山灰质硅酸盐水泥
预应力钢筋混凝土	25	15	10	—
钢筋混凝土、C40 及以上混凝土、高抗冻性混凝土、蒸养混凝土	30	25	20	15
C30 及其以下混凝土、泵送混凝土、大体积混凝土、水下混凝土、地下混凝土、压浆混凝土	50	40	30	20
碾压混凝土	65	55	45	35

注：当钢筋保护层小于 5cm 时,粉煤灰取代水泥的最大限量应比表中规定相应减少 5%。

混凝土中掺用粉煤灰可采用以下三种方法：

①等量取代法。用粉煤灰等量（以质量计）取代混凝土中的水泥。当配制的混凝土强度超过设计强度或配制大体积混凝土时,可采用此法。

②超量取代法。用粉煤灰超量取代混凝土中的水泥,即除等量取代部分水泥外,超量部分的粉煤灰用于取代部分细骨料。超量取代的目的是增加混凝土中胶凝材料数量,以补偿由于粉煤灰取代水泥而造成的混凝土强度降低。超量取代法可使粉煤灰混凝土的强度达到不掺粉煤灰的混凝土强度。粉煤灰的超量系数（粉煤灰掺量与取代水泥量的比值）,须满足表5—13 的规定。

表5—13　粉煤灰的超量系数（GBJ 146—1990）

粉煤灰等级	Ⅰ	Ⅱ	Ⅲ
超量系数	1.1～1.4	1.3～1.7	1.5～2.0

③外加法。在水泥用量不变的情况下,掺入一定数量的粉煤灰,主要用于改善混凝土拌合物的和易性。

（4）粉煤灰的应用范围

粉煤灰适合用于普通工业与民用建筑结构用的混凝土,尤其适用于配制高性能混凝土、泵送混凝土、流态混凝土、大体积混凝土、抗渗混凝土、抗硫酸盐与抗软水侵蚀的混凝土、蒸养混凝土、轻集料混凝土、地下与水下工程混凝土等。

2. 磨细矿渣微粉

磨细矿渣微粉是将粒化高炉矿渣经磨细而成的粉状掺合料,主要化学成分为 CaO、SiO_2 和 Al_2O_3,三者的总量占90%以上,另外含有 Fe_2O_3 和 MgO 及少量 SO_3 等。其活性较粉煤灰高,掺量也可比粉煤灰大。磨细矿渣微粉可以等量取代水泥,使混凝土的多项性能得以显著改善,如大幅度提高混凝土强度、提高混凝土耐久性和降低水泥水化热等。目前国内外均已将磨细矿渣微粉大量应用于工程。

按照《用于水泥和混凝土中的粒化高炉矿渣微粉》（GB/T 18046—2008）规定,矿渣微粉根据28d 活性指数分为 S105、S95 和 S75 三个级别,相应的技术要求如表5—14 所示。

表5—14　用于水泥和混凝土中的粒化高炉矿渣粉技术要求

项目		级　别		
		S105	S95	S75
密度/$g \cdot cm^{-3}$	≥		2.8	
比表面积/$m^2 \cdot kg^{-1}$	≥	500	400	300
活性指数（%） ≥	7d	95	75	55
	28d	105	95	75
流动度比（%）	≥		95	
含水量（质量分数,%）	≤		1.0	
三氧化硫（质量分数,%）	≤		4.0	
氯离子（质量分数,%）	≤		0.06	
烧失量（质量分数,%）	≤		3.0	
玻璃体含量（质量分数,%）	≥		85	
放射性			合格	

3. 硅灰

硅灰是在生产硅铁、硅钢或其他硅金属时,高纯度石英和煤在电弧炉中还原所得到的以无定形 SiO_2 为主要成分的球状玻璃体颗粒粉尘。硅灰中无定形 SiO_2 的含量在 90% 以上。

硅灰颗粒极细,平均粒径为 $0.1 \sim 0.2\mu m$,比表面积 $20000 \sim 25000m^2/kg$。密度 $2.2g/cm^3$,堆积密度 $250 \sim 300kg/m^3$。由于硅灰单位重量很轻,包装、运输不很方便,因此,工程中使用的进口硅灰通常是进行了增密处理的硅灰。国产硅灰通常为原状灰。

硅灰活性极高,火山灰活性指标高达 110%,其中的 SiO_2 在水化早期就可与 $Ca(OH)_2$ 发生反应,可配制出 100MPa 以上的高强混凝土。硅灰取代水泥后,其作用与粉煤灰类似,可改善混凝土拌合物的和易性,降低水化热,提高混凝土抗化学侵蚀性、抗冻、抗渗,抑制碱—骨料反应,且效果比粉煤灰好得多。另外,硅灰掺入混凝土中,可使混凝土的早期强度提高,但硅灰需水量比为 134% 左右,若掺量过大,将会使水泥浆变得十分粘稠,因此,在土建工程中,硅灰取代水泥量不宜过高,一般为 5% ~ 15%,且必须同时掺入高效减水剂。

由于硅灰价格很高,甚至高达水泥的 10 倍左右,故常用于对混凝土耐久性等要求特别高的混凝土工程中。

第三节　混凝土拌合物的和易性

一、和易性的概念

由混凝土组成材料拌和而成、尚未硬化的混合料,称为混凝土拌合物,又称新拌混凝土。混凝土拌合物的和易性又称工作性（workability）,是指混凝土拌合物易于施工操作（拌和、运输、浇筑和振捣）,不发生分层、离析、泌水等现象,以获得质量均匀、密实混凝土的性能。和易性不良将导致工程结构出现明显缺陷,影响工程质量,如图 5—6 所示。

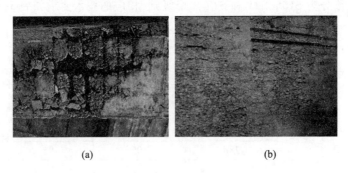

（a）　　　　　　　　　　　　　　（b）

图 5—6　混凝土拌合物和易性不良引起的硬化混凝土(a)蜂窝和(b)表面失水现象

和易性是反映混凝土拌合物易于流动但组分间又不分离的一种性能,是一项综合技术性能,包括流动性、粘聚性和保水性三个方面的含义。

流动性是指混凝土拌合物在自重或机械振动作用下,易于流动、充满模板的性能。一定的流动性可保证混凝土构件或结构的密实性。流动性过小,不利于施工,并难以达到密实成型,易在混凝土内部造成孔隙或孔洞,影响混凝土质量;流动性过大,虽然成型方便,但水泥浆用量大,不经济,且可能会造成混凝土拌合物产生离析和分层,影响混凝土的匀质性。

粘聚性是指混凝土拌合物各组成材料具有一定的粘聚力,在施工过程中保持整体均匀一致的能力。粘聚性差的混凝土拌合物在运输、浇注、成型等过程中,易产生分层、离析现象(图5—7),造成混凝土内部结构不均匀。

保水性是指混凝土拌合物在施工过程中保持水分的能力。保水性好可保证混凝土拌合物在运输、成型和凝结硬化过程中,不发生严重的泌水。泌水会在混凝土内部产生大量的连通毛细孔隙,成为混凝土中的渗水通道。上浮的水会聚集在钢筋和粗骨料的下部,增加了粗骨料和钢筋下部水泥浆的水灰比,形成薄弱层,即界面过渡层,严重时会在粗骨料和钢筋的下部形成水隙或水囊,即孔隙或裂纹,从而严重影响它们与水泥石之间的界面粘结力。上浮到混凝土表面的水,会大大增加表面层混凝土的水灰比,造成混凝土表面疏松,若继续浇注混凝土,则会在混凝土内形成薄弱的夹层(图5—7)。

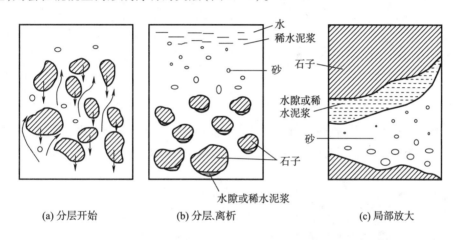

(a) 分层开始　　　　(b) 分层、离析　　　　(c) 局部放大

图5—7　混凝土拌合物的分层离析现象

混凝土拌合物的流动性、粘聚性和保水性,三者相互联系,但又相互矛盾。当流动性较大时,往往混凝土拌合物的粘聚性和保水性较差。因此,混凝土拌合物和易性良好是指三者相互协调,均为良好。

二、和易性的测定方法

混凝土拌合物的和易性内涵较复杂,测定方法也很多,但工程中常用的测定方法是测定混凝土拌合物流动性,辅助肉眼观察混凝土拌合物粘聚性和保水性。流动性测定方法有坍落度法和维勃稠度法。

1. 坍落度法

坍落度法是将混凝土拌合物分三层(每层装料约1/3筒高)通过专用漏斗装入坍落度筒内,如图5—8,每层用专用捣棒插捣25次。装满取出漏斗并将表面刮平后,垂直平稳地向上提起坍落度筒,用尺测量筒高与坍落后混凝土拌合物最高点之间的高度差(mm),即为该混凝土拌合物的坍落度值。坍落度越大,表明混凝土拌合物的流动性越好。

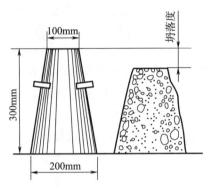

图 5—8　拌合物坍落度测定

测定混凝土拌合物坍落度后，用捣棒在已坍落的拌合物锥体侧面轻轻击打，如果锥体缓慢均匀下沉，表示拌合物粘聚性良好；如果突然倒坍、部分崩裂或粗骨料离析暴露于表面，表明拌合物粘聚性不良。提起坍落度筒后，观察混凝土拌合物锥体周围是否有较多稀浆流淌、骨料是否因失浆而大量裸露，存在上述现象表明拌合物保水性较差，如锥体周围没有或仅有少量水泥浆析出，则表明保水性良好。

坍落度试验适用于骨料最大粒径不大于 40mm 的非干硬性混凝土（坍落度值≥10mm 的混凝土）。根据坍落度大小，将混凝土拌合物分为五级，见表 5—15。

表 5—15　混凝土按坍落度和维勃稠度的分级

级别	名称	坍落度/mm	级别	名称	维勃稠度/s
S1	低塑性混凝土	10～40	V0	超干硬性混凝土	≥31
S2	塑性混凝土	50～90	V1	特干硬性混凝土	30～21
S3	流动性混凝土	100～150	V2	干硬性混凝土	20～11
S4	大流动性混凝土	160～210	V3	半干硬性混凝土	10～6
S5		≥220	V4		5～3

对于大流动性混凝土，除测定坍落度外，通常还需测定混凝土拌合物的坍落扩展度，以表征混凝土拌合物的自流平特性，如图 5—9。坍落扩展度越大，表明流动性越好。

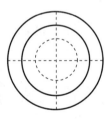

图 5—9　大流动性混凝土拌合物坍落扩展度测定

2. 维勃稠度法

对于干硬性混凝土，通常采用维勃稠度仪（图 5—10）来测定流动性。试验时先将混凝土拌合物按规定方法装入置于圆桶内的坍落度筒内，装满后垂直提起坍落度筒，在拌合物试体顶面放一透明圆盘，开启振动台，同时用秒表计时，到透明圆盘的下表面完全布满水泥浆时所经历的时间即为维勃稠度。维勃稠度值越大，表明拌合物流动性越差。

维勃稠度试验适用于骨料最大粒径不大于 40mm，维勃稠度在 5～30s 的混凝土。根据维勃稠度，将混凝土拌合物分为五级，见表 5—15。

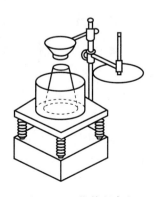

图 5—10　维勃稠度仪

三、流动性(坍落度)的选择

若施工现场不采用泵送法进行施工,则应根据结构构件截面尺寸大小、配筋疏密、施工捣实方法和环境温度来选择混凝土拌合物的坍落度。当构件截面尺寸较小、钢筋较密或采用人工插捣时,应选择较大的坍落度。若构件截面尺寸较大、钢筋较疏或采用机械振捣时,可选用较小的坍落度。若采用泵送法施工,其坍落度应根据泵送高程来进行选择,见表5—16。

一般,当环境温度小于30℃时,可按表5—16选择混凝土拌合物坍落度值;当环境温度超过30℃时,由于水泥水化和水分蒸发速度加快,随时间延长,混凝土拌合物坍落度损失较大,因此,在混凝土配合比设计时,应将混凝土拌合物坍落度提高15~25mm。

表5—16 混凝土浇筑时的坍落度

结 构 种 类		坍落度/mm
基础或地面等的垫层、无配筋的大体积结构(挡土墙、基础等)或配筋稀疏的结构		10~30
板、梁或大型及中型截面的柱子等		35~50
配筋密列的结构(薄壁、斗仓、筒仓、细柱等)		55~70
配筋特密的结构		75~90
泵送混凝土泵送高度/m	<30	100~140
	30~60	140~160
	60~100	160~180
	>100	180~200

注:1. 本表系指采用机械振捣时的坍落度,当采用人工振捣时可适当增大;

2. 对轻骨料混凝土拌合物,坍落度宜较表中数值减少10~20mm。

四、拌合物和易性的影响因素

1. 水泥浆数量和水灰比的影响

混凝土拌合物要产生流动必须克服拌合物内颗粒间的摩擦阻力,主要来自两个方面,一是水泥浆中水泥颗粒间的摩擦阻力,二是骨料颗粒间的摩擦阻力。

水泥浆中水泥颗粒间的摩擦阻力主要取决于水灰比(水与水泥质量之比)。在水泥用量、骨料用量均不变的情况下,水灰比增大即增大水的用量,水泥颗粒表面被水润湿,形成一层水膜,减小了水泥颗粒之间的摩擦阻力,拌合物流动性增大;反之则减小。但水灰比过大,会造成拌合物粘聚性和保水性不良;水灰比过小,会使拌合物流动性过低。

骨料间摩擦阻力的大小主要取决于骨料颗粒表面水泥浆的厚度,即水泥浆数量的多少。在水灰比不变的情况下,单位体积拌合物内,水泥浆数量愈多,拌合物的流动性愈大。但若水泥浆过多,将会出现流浆现象;若水泥浆过少,则骨料之间缺少粘结物质,易使拌合物发生离析和崩坍。

实际上,无论是水泥浆数量的影响还是水灰比的影响,实际上都是用水量的影响。因此,影响混凝土和易性的决定性因素主要是混凝土单位体积用水量的多少。实践证明,在配制混凝土时,当所用粗、细骨料的种类及比例一定时,如果单位体积用水量一定,即使水泥用量略有变动（1m³混凝土水泥用量增减50～100kg），混凝土的流动性也大体保持不变，这一规律称为"恒定用水量法则"。这一法则意味着如果其他条件不变，即使水泥用量有某种程度的变化，对混凝土拌合物的流动性影响也不大。在混凝土配合比设计时，根据恒定用水量法则，可固定单位用水量，变化水灰比，得到既满足拌合物和易性要求，又满足硬化混凝土强度要求的混凝土配合比。

混凝土的用水量可按照施工要求的流动性及骨料的品种与规格，根据经验或通过试验来确定。缺乏经验时，可按行业标准 JGJ 55—2011 推荐的混凝土拌合物单位体积用水量表进行选择，见表5—17。

表5—17　塑性混凝土和干硬性混凝土的单位体积用水量（JGJ 55—2011）　kg·m⁻³

拌合物稠度		卵石最大粒径/mm				碎石最大粒径/mm			
	指标	10	20	31.5	40	16	20	31.5	40
坍落度 mm	10～30	190	170	160	150	200	185	175	165
	35～50	200	180	170	160	210	195	185	175
	55～70	210	190	180	170	220	205	195	185
	75～90	215	195	185	175	230	215	205	195
维勃稠度 s	16～20	175	160	—	145	180	170	—	155
	11～15	180	165	—	150	185	175	—	160
	5～10	185	170	—	155	190	180	—	165

注：1. 本表适用于水灰比为0.4～0.8的混凝土。水灰比小于0.4的混凝土以及采用特殊成型工艺的混凝土应通过试验确定；

2. 本表用水量系采用中砂时的平均取值。采用细砂时，每 m³ 混凝土用水量可增加5～10kg；采用粗砂时，则可减少5～10kg；

3. 对坍落度＞90mm的混凝土，以表中坍落度为75～90mm的用水量为基准，按坍落度每增大20mm用水量增加5kg，计算混凝土用水量；

4. 掺用各种化学外加剂或矿物外加剂时，用水量应相应调整。

2. 砂率的影响

砂率是指混凝土中砂的重量占砂、石总重量的百分比，即

$$\beta_s = \frac{m_s}{m_s + m_g} \times 100\% \tag{5—3}$$

式中　β_s——砂率，%；

m_s、m_g——分别为砂和粗骨料的用量，kg。

砂率对粗、细骨料总的表面积和空隙有很大影响。砂率大，则粗、细骨料总的表面积大，在水泥浆数量一定的前提下，减薄了起到润滑骨料作用的水泥浆层厚度，使混凝土拌合物流动性减小，如图5—11(a)所示。若砂率过小，则混凝土拌合物中砂浆量不足，包裹在粗骨料表面的砂浆层厚度过薄，对粗骨料的润滑程度和粘聚力不够，甚至不能填满粗骨料的空隙，因而也会降低混凝土拌合物的流动性，如图5—11(a)所示，特别是使混凝土拌合物的粘聚性及保水性大大降低，产生分层、离析、流浆及泌水等现象，并对混凝土其他性能产生不利影响。若要保持混凝土拌合物流动性不变，须增加水泥浆数量，即增加水泥用

量及用水量,如图 5—11(b)所示。由此可见,砂率既不能过大,也不能过小,存在一个合理砂率。合理砂率应是细骨料体积填满粗骨料的空隙后略有富余,以起到较好的填充、润滑、保水及粘聚作用。因此,所谓合理砂率,是指在用水量及水泥用量一定的情况下,能使混凝土拌合物获得最好的流动性,且保持粘聚性及保水性良好时的砂率;或在保持混凝土拌合物坍落度基本相同,且能保持粘聚性及保水性良好的情况下,水泥用量最少时的砂率。

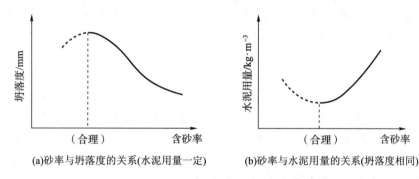

图 5—11　砂率对混凝土拌合物坍落度和水泥用量的影响

　　合理砂率与许多因素有关。粗骨料的粒径较大、级配较好时,因粗骨料总表面积和空隙率均较小,故合理砂率较小;细骨料细度模数较大时,由于细骨料对粗骨料的粘聚力较低,其保水性也较差,故合理砂率较大;碎石的表面粗糙、棱角多,因而合理砂率较大;水灰比较小时,水泥浆较粘稠,混凝土拌合物的粘聚性及保水性易得到保证,故合理砂率较小;混凝土拌合物的流动性较大时,为保证粘聚性及保水性,合理砂率需较大;使用引气剂时,混凝土拌合物粘聚性及保水性易得到保证,故其合理砂率较小。

　　确定或选择合理砂率的原则是,在保证混凝土拌合物粘聚性及保水性前提下,应尽量选用较小砂率,以节约水泥用量,提高混凝土拌合物的流动性。对于混凝土量大的工程,应通过试验确定合理砂率。当混凝土量较小,或缺乏经验及试验条件时,可根据骨料品种(碎石、卵石)、骨料规格(最大粒径与细度模数)及所采用的水灰比,参考表 5—18 进行选择。

表 5—18　混凝土砂率选用表(JGJ 55—2011)　　　　　　　(%)

水灰比	卵石最大粒径/mm			碎石最大粒径/mm		
(W/C)	10	20	40	16	20	40
0.40	26 ~ 32	25 ~ 31	24 ~ 30	30 ~ 35	29 ~ 34	27 ~ 32
0.50	30 ~ 35	29 ~ 34	28 ~ 33	33 ~ 38	32 ~ 37	30 ~ 35
0.60	33 ~ 38	32 ~ 37	31 ~ 36	36 ~ 41	35 ~ 40	33 ~ 38
0.70	36 ~ 41	35 ~ 40	34 ~ 39	39 ~ 44	38 ~ 43	36 ~ 41

注:1. 本表数值系采用天然中砂时的选用砂率,当采用天然细砂或天然粗砂时,可相应地减少或增大砂率;
　　2. 只用一个单粒级粗骨料配制混凝土时,砂率应适当增大;
　　3. 对薄壁构件,砂率应取较大值;
　　4. 本表适用于坍落度为 10 ~ 60mm 的混凝土。坍落度大于 60mm 的混凝土砂率,可经试验确定,也可在表 5—18 的基础上,按坍落度每增大 20mm,砂率增大 1% 的幅度予以调整。坍落度小于 10mm 的混凝土砂率,应通过试验确定;
　　5. 采用人工砂时,砂率应根据试验确定。

3. 组成材料的影响

（1）水泥的影响

水泥品种和细度对混凝土拌合物和易性也有较大影响。其他条件相同情况下，需水量大的水泥比需水量小的水泥配制的混凝土拌合物流动性要小，如粉煤灰水泥或火山灰水泥拌制的混凝土拌合物，其流动性比用普通水泥时小。水泥颗粒越细，总表面积越大，润湿颗粒表面及吸附在颗粒表面的水越多，其他条件相同情况下，拌合物流动性变小。另外，由于矿渣易磨性较差，磨制得到的矿渣水泥中矿渣颗粒较大，因此，采用矿渣水泥拌制的混凝土易发生泌水现象。

（2）骨料的影响

骨料对拌合物和易性的影响主要是骨料总表面积、骨料的空隙率和骨料间摩擦力大小的影响，具体地说是骨料级配、颗粒形状、表面特征及粒径的影响。一般说来，采用级配好的骨料，拌合物流动性较大，粘聚性与保水性较好；采用表面光滑的骨料，如河砂、卵石，拌合物流动性较大；采用的骨料粒径增大，总表面积减小，拌合物流动性增大。从表5—17和表5—18亦可看出骨料对混凝土拌合物和易性的影响规律。

（3）外加剂的影响

与未掺减水剂相比，掺加减水剂的混凝土拌合物流动性明显增大。掺加引气剂也可有效改善混凝土拌合物流动性，并可有效改善粘聚性和保水性。

4. 温度和时间的影响

由于水分蒸发、骨料吸水以及水泥水化产物增多，混凝土拌合物流动性随时间延长而逐渐下降。温度越高，流动性损失越大，一般温度每升高10℃，坍落度下降20～40mm。掺加减水剂时，流动性的损失较大。施工时应考虑到流动性损失这一因素。拌制好的混凝土拌合物一般应在45min内成型完毕。

五、拌合物和易性的改善措施

调整混凝土拌合物的和易性时，一般应先调整粘聚性和保水性，然后调整流动性，且调整流动性时，须保证粘聚性和保水性不受大的损害，并不得损害混凝土的强度和耐久性。

改善混凝土拌合物粘聚性和保水性的措施主要有：

①选用级配良好的粗、细骨料，并选用连续级配；

②适当限制粗骨料的最大粒径，避免选用过粗的细骨料；

③适当增大砂率或掺加粉煤灰等矿物外加剂；

④掺加减水剂和/或引气剂。

改善混凝土拌合物流动性的措施主要有：

①尽可能选用粒径较大的粗、细骨料；

②采用泥、泥块等杂质含量少、级配好的粗、细骨料；

③保证粘聚性和保水性前提下尽量选用较小砂率；

④如果流动性太小，则保持水灰比不变，适当增加水泥用量和用水量；如流动性太大，则保持砂率不变，适当增加砂、石用量；

⑤掺加减水剂或引气剂。

第四节　混凝土的强度

一、混凝土的受压破坏过程

由于收缩、泌水等原因,混凝土在受力前就在水泥石中存在微裂纹和开口或闭口孔隙,在骨料和水泥石界面处也存在界面微裂纹。混凝土受力时,在微裂纹和孔隙处产生应力集中,应力集中处拉应力超过抗拉强度极限时,孔隙处产生新的微裂纹,微裂纹数量不断增多,且随应力增大微裂纹不断扩展,并逐渐汇合连通,最终形成若干条可见的裂缝而使混凝土破坏。

通过显微镜观察混凝土受压破坏过程,混凝土内部的裂缝发展可分为如图5—12所示的四个阶段,每个阶段的裂缝状态示意如图5—13所示。

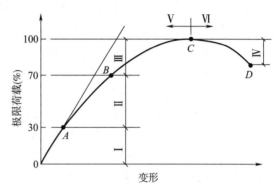

图5—12　混凝土受压变形曲线

Ⅰ—界面裂缝无明显变化；Ⅱ—界面裂缝增长
Ⅲ—出现砂浆裂缝和连续裂缝；Ⅳ—连续裂缝迅速发展
Ⅴ—裂缝缓慢增长；Ⅵ—裂缝迅速增长

① Ⅰ阶段:当荷载到达"比例极限"(约为极限荷载的30%)以前,界面裂缝无明显变化,荷载—变形呈近似直线关系,如图5—12所示的OA段。

② Ⅱ阶段:荷载超过"比例极限"后,界面裂缝的数量、长度及宽度不断增大,界面借摩擦阻力继续承担荷载,但无明显的砂浆裂缝,荷载—变形之间不再是线性关系,如图5—12所示的AB段。

③ Ⅲ阶段:荷载超过"临界荷载"(约为极限荷载的70%~90%)以后,界面裂缝继续发展,砂浆中开始出现裂缝,并将邻近的界面裂缝连接成连续裂缝。此时,变形增大的速度进一步加快,曲线明显弯向变形坐标轴,如图5—12所示的BC段。

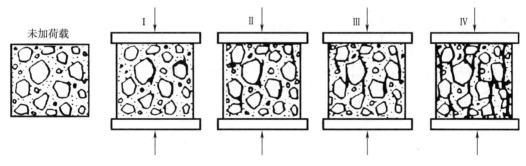

图5—13　混凝土压时不同受力阶段裂缝示意图

④ Ⅳ阶段:荷载超过极限荷载以后,连续裂缝急速发展,混凝土承载能力下降,荷载减小而变形迅速增大,以致完全破坏,曲线逐渐下降而最后破坏,如图5—12所示的CD段。

由此可见,混凝土受压时荷载与变形的关系,是内部微裂缝发展规律的体现。混凝土在外力作用下的变形和破坏过程,是内部裂缝发生与发展的过程,是一个从量变到质变的过程,当混凝土内部微观破坏发展到一定量级时,混凝土整体遭受破坏。

二、混凝土的强度指标

在土木工程结构和施工验收中,混凝土强度通常是最为重视的质量指标之一。常见的强度指标包括立方体抗压强度、轴心抗压强度、抗拉强度和抗折强度等。

1. 混凝土的标准立方体抗压强度($f_{cu,c}$)

《普通混凝土力学性能试验方法》(GB/T 50081—2002)规定,将混凝土制作成边长为150 mm 的立方体标准试件,在标准养护条件[温度为(20 ± 2)℃,相对湿度为95% 以上;或温度为(20 ± 2)℃的不流动的 $Ca(OH)_2$ 饱和溶液中]下,养护至28d 龄期,测得的抗压强度值称为混凝土的标准立方体抗压强度,用$f_{cu,c}$表示。

2. 混凝土的立方体抗压强度标准值与强度等级

按《混凝土质量控制标准》(GB 50164—2011)的规定,混凝土强度等级按其立方体抗压强度标准值划分为 C10、C15、C20、C25、C30、C35、C40、C45、C50、C55、C60、C65、C70、C75、C80、C85、C90、C95 和 C100。其中"C"代表混凝土,是 concrete 的第一个英文字母,C 后面的数字为立方体抗压强度标准值(MPa)。混凝土强度等级是混凝土结构设计时强度计算取值、混凝土施工质量控制和工程验收的依据。

所谓混凝土立方体抗压强度标准值($f_{cu,k}$),是指按照标准方法制作养护的边长为150mm 的某一批立方体试件,在28d 龄期用标准试验方法测得的具有 95% 保证率的抗压强度。在正常生产条件下,影响混凝土强度的因素是随机变化的,对同一种混凝土进行系统的随机抽样,测试结果表明其强度波动规律符合正态分布(图5—14)。图5—15 为典型的正态分布曲线,曲线下方的面积为100%,表示强度从 0 ~ +∞ 的可能性为 100%。所谓95% 保证率,是指强度大于 $f_{cu,k}$ 的可能性为 95%,即正态分布曲线下的阴影面积为95%(图5—15)。

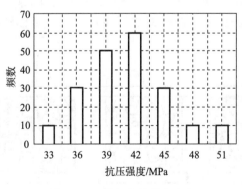

图5—14 混凝土的强度分布

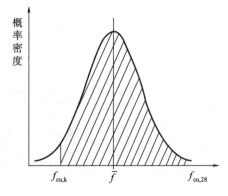

图5—15 正态分布曲线

3. 混凝土的轴心抗压强度(f_{cp})

在实际结构中,钢筋混凝土受压构件多为棱柱体或圆柱体。为使测得的混凝土强度与实际情况接近,在进行钢筋混凝土受压构件(如柱子、桁架的腹杆等)计算时,均采用混凝土轴心抗压强度。GB/T 50081—2002 规定,混凝土轴心抗压强度是指按标准方法制作的,标准尺寸为 150mm×150mm×300mm 的棱柱体试件,在标准养护条件下养护到 28d 龄期,以标准试验方法测得的抗压强度值。

轴心抗压强度比截面面积相同的立方体抗压强度小,当标准立方体抗压强度在 10 ~ 50MPa 范围内时,两者之间的比值近似为 0.7 ~ 0.8。

4. 混凝土的劈裂抗拉强度(f_{st})

混凝土是脆性材料,其抗拉强度很低,抗拉强度与抗压强度之比(拉压比)仅为 1/10 ~ 1/20,且其拉压比随混凝土强度的提高而减小,即混凝土强度越大,脆性越大。在钢筋混凝土结构设计时,通常不考虑混凝土承受拉应力,而仅考虑钢筋承受拉应力,但抗拉强度对提高混凝土抗裂性具有重要意义,是结构设计时确定混凝土抗裂度的重要指标,有时也用它来间接衡量混凝土与钢筋的粘结强度。

混凝土抗拉强度测定可采用 ∞ 字形或棱柱体试件,采用轴向直接拉伸的方法来进行测定,但由于夹具的夹持使混凝土试件局部产生应力集中,局部破坏很难避免,且外力作用线与试件轴心方向不易一致,因此轴向拉伸法较少采用。GB/T 50081—2002 规定采用劈裂抗拉法测定混凝土抗拉强度,即采用边长为 150mm 的立方体试件,如图 5—16 所示进行试验,其劈裂抗拉强度结果 f_{st} 按式(5—4)进行计算:

$$f_{st} = \frac{2F}{\pi A} \tag{5—4}$$

式中　　F——破坏荷载,N;

　　　　A——试件受劈面的面积,mm^2。

劈拉法的原理是在试件两相对表面轴线上,作用均匀分布的压力,可使在此外力作用下的试件竖向平面内,产生均布拉应力,如图 5—16 所示,该拉应力可根据弹性理论计算得出。该方法可克服轴向拉伸法测试混凝土抗拉强度时出现的一些问题,能较好反映试件抗拉强度。

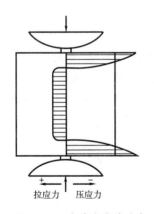

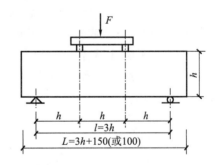

图 5—16　劈裂试验时垂直　　　　　图 5—17　混凝土抗折
　　　受力面的应力分布　　　　　　　　强度测定装置

与混凝土轴心抗拉强度相比,混凝土劈裂抗拉强度较大,实验表明二者比值约为 0.90。

5. 混凝土的抗折强度(f_{tm})

道路、机场和桥梁等工程通常以抗折强度作为主要的强度设计指标。

GB/T 50081—2002 规定,混凝土抗折强度是按标准方法制作标准尺寸为 150mm×150mm×550 mm 的长方体试件,在标准养护条件下养护至 28d 龄期,以标准试验(三分点加荷）方法测得的抗折强度值。按三分点加荷，试件的支座一端为铰支，另一端为滚动支座，如图 5—17。抗折强度计算公式如式（5—5）所示：

$$f_{tm} = \frac{FL}{bh^2} \tag{5—5}$$

式中　f_{tm}——混凝土抗折强度，MPa；

F——破坏荷载，N；

L——支座之间的距离，mm；

b 和 h——试件截面的宽度和高度，mm。

GB/T 50081—2002 规定，当试件尺寸为 100mm × 100mm × 400mm 非标准试件时，应乘以换算系数 0.85；当混凝土强度等级 ≥C60 时，宜采用标准试件；使用非标准试件时，尺寸换算系数应由试验确定。

三、混凝土强度的影响因素

1. 胶凝材料强度（或水泥强度）和水胶比（或水灰比）的影响

胶凝材料（水泥＋矿渣＋粉煤灰＋其他掺合料等）强度（或水泥强度）和水胶比（或水灰比）是影响混凝土强度最主要的因素，也是决定性因素。

水泥是混凝土中胶凝材料的主要组分，胶凝材料是混凝土强度的主要来源。在水胶比不变时，胶凝材料（28d）胶砂强度越高，混凝土中的胶凝材料硬化浆体强度也越高，对骨料的胶结能力也越强，配制得到的混凝土强度也越高，故混凝土强度随胶凝材料（28d）胶砂强度的提高而增加。在胶凝材料（28d）胶砂强度不变时，混凝土强度则主要取决于水胶比（W/B），水胶比越小，硬化浆体强度也越高，对骨料的胶结能力也越强，故混凝土强度随水胶比的降低而增加。

理论上，水泥水化时所需的结合水仅为水泥质量的 23% 左右，但在实际工程中拌制混凝土拌合物时，为获得施工要求的和易性，常需加入较多的水，如普通混凝土的水胶比通常在 0.35～0.70。混凝土硬化后，多余水分残留于混凝土中形成水泡，蒸发后则形成气孔，大大减小了混凝土抵抗荷载的有效截面，并在气孔周围形成应力集中，从而影响混凝土强度。然而，混凝土的水胶比也不能过小，否则混凝土拌合物过于干稠，在一定施工振捣条件下，混凝土不易被振捣密实，易出现较多蜂窝、孔洞，反而易导致混凝土强度下降，如图 5—18 所示。

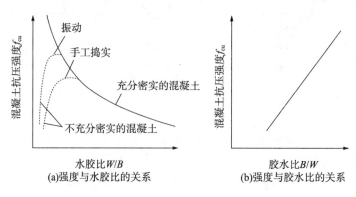

图 5—18　混凝土强度与水胶比及胶水比的关系

就当今预拌混凝土中使用的胶凝材料而言,多数是以通用水泥为主再掺加掺合料等。大量试验结果表明,在原材料一定的情况下,混凝土28d龄期抗压强度($f_{\mathrm{cu,28}}$)与胶凝材料(28d)胶砂强度(f_{b})及胶水比(B/W)之间的关系符合经验公式(5—6),又称鲍罗米公式:

$$f_{\mathrm{cu,28}} = \alpha_{\mathrm{a}} f_{\mathrm{b}} (B/W - \alpha_{\mathrm{b}}) \tag{5—6}$$

式中　$f_{\mathrm{cu,28}}$——混凝土28d抗压强度,MPa;

B/W——混凝土的胶水比(胶凝材料与水的质量之比);

α_{a}、α_{b}——与粗骨料有关的回归系数,可通过历史资料统计计算得到;

f_{b}——胶凝材料28d胶砂抗压强度,MPa,可实测。

若无统计资料时,α_{a}、α_{b}可采用《普通混凝土配合比设计规程》(JGJ 55—2011)提供的数值:采用碎石时$\alpha_{\mathrm{a}}=0.53$,$\alpha_{\mathrm{b}}=0.20$;采用卵石时$\alpha_{\mathrm{a}}=0.49$,$\alpha_{\mathrm{b}}=0.13$。无实验条件时,胶凝材料28d胶砂抗压强度可取$f_{\mathrm{b}}=\gamma_{\mathrm{f}}\gamma_{\mathrm{sl}}f_{\mathrm{ce}}=\gamma_{\mathrm{f}}\gamma_{\mathrm{sl}}\gamma_{\mathrm{c}}f_{\mathrm{ce,g}}$,其中$\gamma_{\mathrm{f}}$和$\gamma_{\mathrm{sl}}$分别为粉煤灰影响系数和粒粒化高炉矿渣粉影响系数,可按表5—19选用;f_{ce}为水泥实测强度,也可取$f_{\mathrm{ce}}=\gamma_{\mathrm{c}}f_{\mathrm{ce,g}}$,其中$\gamma_{\mathrm{c}}$为水泥强度的富余系数,由水泥本身质量和存放时间长短决定,一般可取$\gamma_{\mathrm{c}}=1.00\sim1.16$;$f_{\mathrm{ce,g}}$为水泥强度等级值,如42.5级水泥,$f_{\mathrm{ce,g}}=42.5$MPa,依此类推。

表5—19　粉煤灰影响系数(γ_{f})和粒化高炉矿渣粉影响系数(γ_{sl})

种类　　掺量(%)	粉煤灰影响系数 γ_{f}	粒化高炉矿渣粉影响系数 γ_{sl}	注:
0	1.00	1.00	①采用Ⅰ级、Ⅱ级粉煤灰宜取上限值;
10	0.85~0.95	1.00	②采用S75级粒化高炉矿渣粉宜取下限值,采用S95级粒化高炉矿渣粉宜取上限值,采用S105级粒化高炉矿渣粉可取上限值加0.05;
20	0.75~0.85	0.95~1.00	
30	0.65~0.75	0.90~1.00	
40	0.55~0.65	0.80~0.90	③当超出表中的掺量时,粉煤灰和粒化高炉矿渣粉影响系数应经试验确定。
50	—	0.70~0.85	

以上经验公式,一般仅适用于强度等级在C60以下、采用通用水泥作为主要胶凝材料的塑性混凝土和流动性混凝土,对干硬性混凝土及C60以上高强混凝土不适用。利用强度公式(5—6),可根据所用水泥强度等级或胶凝材料28d胶砂强度、水胶比及骨料品种来估计所配制混凝土28d强度,或根据混凝土28d强度要求和原材料情况来估算所需配制混凝土的水胶比。

2.骨料的影响

普通混凝土中骨料本身强度一般大于胶凝材料硬化浆体(水泥石)强度,对混凝土有增强作用。实验表明,在相同水胶比和坍落度条件下,混凝土强度随胶骨比(胶凝材料与骨料质量之比)减小而提高。然而,骨料含量过多,胶凝材料硬化浆体不足以发挥其胶结作用时,混凝土强度将随胶骨比继续减小而下降。此外,骨料中含泥量、泥块含量和有害杂质含量较多时均会影响骨料与胶凝材料硬化浆体之间的胶结作用,也导致混凝土强度下降。级配不良的骨料堆积空隙率较大,要达到相同和易性所需胶凝材料浆量较多,因此,在相同胶凝材料用量和相同水胶比的条件下,骨料级配不良将导致混凝土强度下降。

表面粗糙的骨料与胶凝材料硬化浆体粘结的界面面积和界面粘结力均较大,因此,在水胶比相同的条件下,采用碎石配制的混凝土强度高于卵石混凝土的强度。试验证明,在水胶比小于 0.4 时,用碎石配制的混凝土比用卵石配制的混凝土强度高 30%~40%,但在水胶比较大时,胶凝材料硬化浆体本身强度逐渐成为影响混凝土强度的主要因素,因此,随水胶比(大于 0.6)增大,两者差异逐渐减小。

3. 施工方法的影响

采用机械搅拌可使混凝土拌合物的质量更加均匀,特别是对水胶比较小的混凝土拌合物。在其他条件相同时,与采用人工搅拌的混凝土相比,采用机械搅拌的混凝土强度可提高约 10%。采用机械振动成型时,机械振动作用可暂时破坏胶凝材料浆体的凝聚结构,降低胶凝材料浆体的粘度,从而提高混凝土拌合物的流动性,有利于获得致密结构,这对水胶比小的混凝土或流动性小的混凝土尤为显著。

此外,计量的准确性、搅拌时的投料次序与搅拌制度、混凝土拌合物的运输与浇灌方式等对混凝土的强度也有一定的影响。

4. 养护温度及湿度的影响

养护温度高,水泥的水化速度快,早期强度高,但 28d 及 28d 以后的强度与水泥的品种有关(图 5—19)。普通硅酸盐水泥混凝土与硅酸盐水泥混凝土在高温养护后,再转入常温养护至 28d,其强度较一直在常温或标准养护温度下养护至 28d 的强度反而低 10%~15%;而矿渣硅酸盐水泥及其他掺活性混合材料多的硅酸盐水泥混凝土,或掺活性矿物掺合料的混凝土经高温养护后,28d 强度可提高 10%~40%。

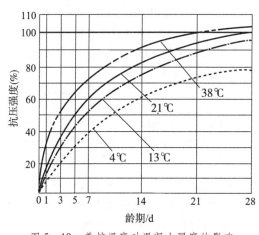

图 5—19 养护温度对混凝土强度的影响

当温度低于 0℃时,水泥水化停止后,混凝土强度停止发展,同时还会受到冻胀破坏作用,严重影响混凝土的早期和后期强度。受冻越早,冻胀破坏作用越大,强度损失越大。因此,应特别防止混凝土早期受冻。GBJ 50164 规定,混凝土在达到具有抗冻能力的临界强度后,方可撤除保温措施,对硅酸盐水泥或普通硅酸盐水泥配制的混凝土,临界强度应大于设计强度等级的 30%,对矿渣硅酸盐水泥配制的混凝土,临界强度应大于设计强度等级的 40%,且在任何条件下受冻前的强度不得低于 5MPa。当平均气温连续 5d 低于 5℃时,应按冬期施工的规定进行(GB 50204—2002)。

环境湿度对水泥水化的影响也很大。环境湿度越高,混凝土的水化程度越高,混凝土的强度越高,故水下混凝土和地下混凝土的强度随使用年限延长而得以持续增长。若环境湿度低,则由于水分大量蒸发,使混凝土不能正常水化,严重影响混凝土的强度。受干燥作用的时间越早,造成的干缩开裂越严重(因早期混凝土的强度较低),结构越疏松,混凝土的强度损失越大,如图 5—20 所示。

为保证混凝土强度正常发展和防止失水过快引起的收缩裂缝,混凝土浇筑完毕后,应及时覆盖和浇水养护。气候炎热和空气干燥时,若不及时进行养护,混凝土中水分会蒸发过快,出现脱水现象,混凝土表面出现片状、粉状剥落和干缩裂纹等现象,混凝土强度明显下降。

目前工程中常见的混凝土养护方法有以下几种:

(1)标准养护

将混凝土放在(20±2)℃,相对湿度为95%以上的标准养护室或(20±2)℃不流动Ca(OH)₂饱和溶液中进行的养护。测定混凝土标准立方体抗压强度并用以确定混凝土强度等级时,一般采用标准养护。

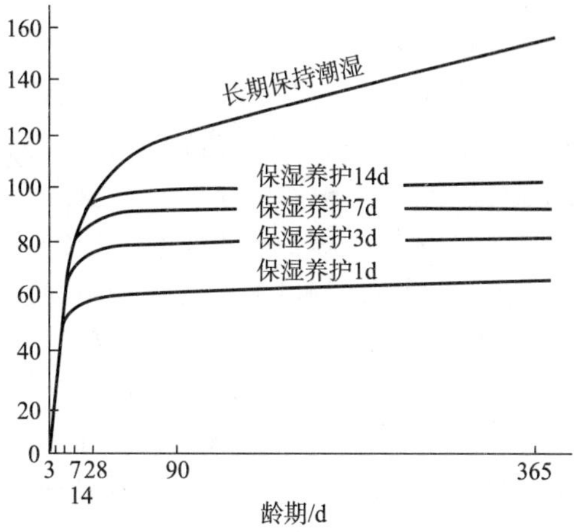

(2)自然养护

图5—20　混凝土强度与保湿养护时间的关系

混凝土在自然条件下于一定时间内使混凝土保持湿润状态的养护,包括洒水养护和喷涂薄膜养护两种。

洒水养护是指直接或在用草帘覆盖的已凝结和硬化混凝土表面经常洒水使其保持湿润。养护时间取决于混凝土的特性和水泥品种,非干硬性混凝土浇筑完毕12h以内应加以覆盖并保湿养护,干硬性混凝土应于浇筑完毕后立即进行养护。使用硅酸盐水泥、普通水泥和矿渣水泥时,浇水养护时间不应少于7d;使用火山灰水泥和粉煤灰水泥或混凝土掺有缓凝型外加剂或有抗渗要求时,不得少于14d;道路路面水泥混凝土宜为14~21d;使用铝酸盐水泥时,不得少于3d。洒水次数以能保证混凝土表面湿润为宜,混凝土养护用水应与拌制用水相同。

喷涂薄膜养生液适用于不易洒水的高耸构筑物和大面积混凝土结构的养护,是将过氯乙烯树脂溶液用喷枪喷涂在混凝土表面,溶液挥发后在混凝土表面形成一层塑料薄膜,将混凝土与空气隔绝,阻止其中水分的蒸发以保证水泥水化的一种养护方法。有的薄膜在养护完成后要求能自行老化脱落,否则,不宜用于以后要做粉刷的混凝土表面。在夏季薄膜成型后要防晒,否则易产生裂纹。

(3)蒸汽养护

蒸汽养护是将混凝土在常压蒸汽中进行养护的一种养护方法,目的是加快水泥水化,提高混凝土早期强度,以提前拆模,提高模板和场地周转率,提高生产效率,降低成本。蒸汽养护主要适用于生产混凝土预制构件,如预应力混凝土桥梁板、钢筋混凝土管片、预应力管桩等,并主要适合于早期强度发展较慢的水泥,如矿渣水泥、粉煤灰水泥等掺大量混合材的水泥,不适合于硅酸盐水泥、普通水泥等早期强度发展较快的水泥。研究表明,采用硅酸盐水泥和普通水泥配制的混凝土,其养护温度不宜超过80℃,否则其后期强度反而比自然养护的混凝土强度低10%以上,这是由于水泥颗粒反应过快,在水泥颗粒表面过早形成的大量水化产物,来不及形成致密的水化产物层,导致混凝土致密度下降,其后期强度反而有所下降。

(4)蒸压养护

蒸压养护是将混凝土在175℃及8个大气压的压蒸釜中进行养护的一种养护方法,其目的是进一步提高混凝土中非晶态成分的反应速度,并促使晶态SiO₂与水泥的水化产物氢氧化钙发生水化反应,形成有利于提高混凝土强度的水化产物。蒸压养护主要用于生产硅酸盐制品,如加气混凝土、蒸养粉煤灰砖和蒸压灰砂砖等。

（5）同条件养护

同条件养护是将用于检查混凝土实体强度的试件,置于混凝土实体旁,试件与混凝土实体在同一温度和湿度条件下进行的养护。同条件养护的试件强度能真实反映混凝土构件的实际强度。

自然养护、蒸汽养护等各种条件下测得的抗压强度,主要用以检验和控制实际工程中混凝土的质量,但不能用以确定混凝土的强度等级。

5. 龄期的影响

在正常养护条件下,混凝土强度随龄期的增长而增大,14d 以内强度发展较快,28d 后趋于平缓（图 5—20）。一般混凝土以 28d 龄期的强度作为质量评定依据。对于掺粉煤灰的混凝土,因强度发展较慢,有时也以其他龄期的强度作为质量评定依据。GBJ 146—90 规定,粉煤灰混凝土设计强度等级的龄期,对地上工程宜为 28d,对地面工程（路面等）宜为 28d 或 60d,对地下工程宜为 60d 或 90d,对大体积混凝土工程宜为 90d 或 180d。

在混凝土施工过程中,经常需根据早期强度预测混凝土后期强度。研究表明,用中等强度等级普通硅酸盐水泥（非早强型）配制的混凝土,在标准养护条件下,其强度与龄期（$n \geqslant 3d$）的对数大体上成正比关系式（5—7）:

$$\frac{f_{cu,28}}{f_{cu,n}} = \frac{\lg 28}{\lg n} \tag{5—7}$$

式中　$f_{cu,n}$——龄期为 n d 时混凝土的抗压强度。

采用上式可根据混凝土早期强度估计混凝土后期强度。由于影响混凝土强度的因素很多,该结果只能作参考。

6. 试验条件的影响

测定混凝土试件强度时,试件尺寸、形状、表面状况等对测试结果均有较大影响。通常,试件尺寸较大、表面涂润滑剂、表面凹凸不平时,实验测得的强度结果偏小。这是由于混凝土试件内部不可避免地存在一些微裂缝和孔隙,在外力作用下易产生应力集中现象,大尺寸试件存在的缺陷数量较多,产生的应力集中现象较严重,因而测定的强度值偏低。

对混凝土进行抗压强度测试时,在表面不光滑的混凝土表面与压力试验机压板之间还存在一种"环箍效应"。当混凝土试件在压力试验机上受压时,沿荷载方向发生纵向变形的同时,在垂直于荷载方向也产生横向变形。然而,由于压力机上、下压板（钢板）的弹性模量比混凝土大 5~15 倍,而泊松比则不大于混凝土的两倍,因此,在压力作用下,钢压板的横向变形小于混凝土的横向变形。当试件表面未涂刷润滑剂时,上、下压板与试件接触面之间产生摩擦阻力,对混凝土试件的横向膨胀起约束限制作用,通常称这种效应为"环箍效应",其作用范围为上下对称的截椎体,如图 5—21（a）所示。这种"环箍效应"使混凝土在受到压力作用时,在其作用范围内微裂纹不易扩展,导致强度测定结果偏高。最终受压试件破坏时,其上下部分各呈一个较完整的棱锥体,如图 5—21（b）所示。混凝土立方体试件尺寸较大时,"环箍效应"的影响相对较小,因而测得的抗压强度偏低。如果在压板和试件接触面之间涂上润滑剂,则"环箍效应"大大减小,试件出现直裂破坏,如图 5—21（c）所示,其强度测定结果也偏小。

混凝土承压面表面凹凸不平时,由于凹下的表面降低了混凝土实际承压面积,其测定结果偏低;凸起的表面则易在压力作用下发生局部破坏,且同样降低了混凝土实际承压面积,导致混凝土表面更易发生破坏,测定结果更小。因此,在进行混凝土强度测定时,表面凹凸不平的成型面不宜作为承压面。

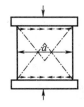  

(a)"环箍效应"及作用范围　　(b)有"环箍效应"时破坏后残存的棱锥体　　(c)无"环箍效应"时直裂破坏

图5—21　混凝土受压时的"环箍效应"及其破坏情况

此外,加荷速度对混凝土强度测定结果也有明显影响,加荷速度越大,强度测定结果越大。原因是由于混凝土受压破坏过程是在外力作用下内部裂纹的扩展过程,当混凝土加荷速度较大,裂纹扩展速度低于加荷速度时,混凝土表现为不易破坏,强度测定结果偏大。

由于混凝土各种强度的测定结果均与试件尺寸、表面状况、加荷速度、环境(或试件)的湿度和温度等因素有关,因此,在进行混凝土强度测定时,应按 GB/T 50081—2002 等规定的条件和方法进行检测,以保证检测结果的可比性。

四、提高混凝土强度的措施

(1)采用高强度等级水泥或快硬早强型水泥

采用高强度等级水泥可提高混凝土 28d 龄期的强度;采用快硬早强水泥可提高混凝土的早期强度。

(2)采用干硬性混凝土或较小的水灰比

干硬性混凝土的用水量小,即水灰比小,因而硬化后混凝土的密实度高,故可显著提高混凝土的强度。但干硬性混凝土在成型时需要较大、较强的振动设备,适合在预制厂使用,在现浇混凝土工程中一般无法使用。

(3)采用粒径适宜、级配好、杂质含量低的骨料

级配好,泥、泥块等有害杂质少以及针、片状颗粒含量较少的粗、细骨料,有利于降低水灰比,可提高混凝土的强度。对中低强度的混凝土,应采用最大粒径较大的粗骨料;对高强混凝土,则应采用最大粒径较小的粗骨料。同时应采用较粗的细骨料。

(4)采用机械搅拌和机械振动成型

采用机械搅拌和机械振动成型可进一步降低水灰比,并能保证混凝土密实成型。在低水灰比情况下,效果尤为显著。

(5)加强养护

混凝土在成型后,应及时进行养护以保证水泥能正常水化与凝结硬化。对自然养护的混凝土应保证一定的温度与湿度,同时应特别注意混凝土的早期养护,即在养护初期必须保证有较高的湿度,并应防止混凝土早期受冻。采用湿热处理,可提高混凝土的早期强度,可根据水泥品种对高温养护的适应性和对早期强度的不同要求,选择适宜的高温养护温度。

(6)掺加混凝土化学外加剂

掺加减水剂,特别是高效减水剂,可大幅度降低用水量和水灰比,使混凝土的 28d 强度

显著提高,高效减水剂还能提高混凝土的早期强度。掺加高效减水剂是配制高强混凝土的主要措施之一。掺加早强剂可显著提高混凝土的早期强度。

(7)掺加混凝土矿物掺合料

掺加细度大的活性矿物掺合料,如硅灰、矿渣粉、磨细粉煤灰、沸石粉等可提高混凝土的强度,特别是硅灰可大幅度提高混凝土的强度。

第五节　混凝土的变形性能

混凝土在水化、硬化和服役过程中,由于受到物理、化学和力学等因素作用,常发生各种变形,由物理、化学因素引起的变形称为非荷载作用下的变形,包括塑性收缩、化学收缩、碳化收缩、干湿变形及温度变形等;由荷载作用引起的变形称为在荷载作用下的变形,包括在短期荷载作用下的变形和长期荷载作用下的变形。这些变形是导致混凝土产生裂纹的主要原因之一,并进一步影响混凝土的强度和耐久性。

一、在非荷载作用下的变形

1. 塑性收缩

在浇筑以后到终凝前混凝土尚属于一定的塑性状态时,由于沉降动力、失水、毛细管收缩压力、早期化学收缩以及自收缩等引起的混凝土体积收缩,称为塑性收缩。在绝湿条件下,这一收缩(也称凝缩)会达到约 $100\mu m/m$。解决或消除凝缩的措施是在初凝前对混凝土进行再次振捣和抹压。在未硬化前的凝缩会引起开裂,如不消除它,会在此基础上助长干缩裂缝和温度裂缝等的发生和发展。

由于混凝土在终凝前几乎没有强度或强度很小,刚刚终凝时强度也很小,因此,混凝土表面失水过快,混凝土强度将无法抵抗这种塑性收缩,很容易在混凝土表面产生龟裂。塑性收缩裂缝一般在干热或大风天气出现,裂缝多呈中间宽、两端细且长短不一,互不连贯状态。较短的裂缝一般长 $10\sim30cm$,较长的裂缝可达 $2\sim3m$,宽 $0.2\sim2mm$。影响混凝土塑性收缩开裂的主要因素有水胶比、混凝土的凝结时间、环境温度、风速、相对湿度等。主要预防措施:①选用干缩值较小,早期强度较高的硅酸盐或普通硅酸盐水泥;②严格控制水胶比,掺加高效减水剂来增加混凝土的坍落度和和易性,减少水泥及水的用量;③浇筑混凝土之前,将基层和模板浇水均匀湿透;④及时覆盖塑料薄膜或者潮湿的草垫、麻片等,保持混凝土终凝前表面湿润,或者在混凝土表面喷洒养护剂等进行养护;⑤在高温和大风天气要设置遮阳和挡风设施,及时养护。

2. 化学收缩

混凝土在硬化过程中,由于水泥水化产物体积小于反应物(水泥与水)的体积,导致混凝土在硬化时产生的收缩,称为化学收缩。混凝土的化学收缩是不可恢复的,收缩量随混凝土硬化龄期的延长而增加,一般在 40d 内逐渐趋于稳定。普通混凝土化学收缩值很小,一般对混凝土结构无破坏作用,但水泥用量较多时,化学收缩也可能导致在混凝土内部形成微裂纹。需指出的是,虽然系统体积减小,但水泥水化产物体积大于反应物水泥的体积,即随反应的进行,固相体积增加,混凝土密实度提高。

3. 干湿变形

混凝土随环境湿度变化,会产生干燥收缩和吸湿膨胀,称为干湿变形。

混凝土在水中硬化时,由于凝胶体中胶体粒子表面吸附水膜增厚,胶体粒子间距离增大,引起混凝土产生均匀的微小膨胀,即湿胀。湿胀对混凝土无害。

混凝土在空气中硬化时,由于环境湿度较小,混凝土首先失去自由水,自由水失去不引起收缩;继续干燥时,毛细管水蒸发,在毛细孔中形成负压产生收缩,该收缩在重新吸附水分后会有所恢复;再继续干燥则引起凝胶体吸附水失去而导致凝胶颗粒之间发生紧缩,这部分收缩是不可恢复的。因此,混凝土的干缩变形在重新吸水后大部分可以恢复,但有 30% ~ 50% 不能完全恢复,如图 5—22 所示。混凝土干缩变形对混凝土危害较大。一般条件下,混凝土极限收缩可达

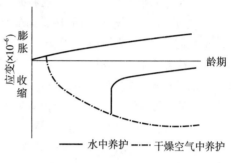

图 5—22　混凝土的干湿变形

$(3 \sim 5) \times 10^{-4} mm/mm$,结构设计中混凝土干缩率取值为$(1.5 \sim 2.0) \times 10^{-4} mm/mm$,即每米混凝土收缩 $0.15 \sim 0.20 mm$。干缩可使混凝土表面产生较大拉应力而引起开裂,使混凝土抗渗性、抗冻性和抗侵蚀性等下降。

混凝土中水泥石失去水分是引起干缩的主要原因,骨料则发挥抑制收缩的作用,因此影响混凝土干缩变形的因素主要有:

(1)水泥用量、细度、品种。水泥用量越多,水泥石含量越多,干燥收缩越大;水泥的细度越大,混凝土的用水量越多,干燥收缩越大;高强度等级水泥的细度往往较大,故使用高强度等级水泥的混凝土干燥收缩较大;使用火山灰质硅酸盐水泥时,混凝土的干燥收缩较大;而使用粉煤灰硅酸盐水泥时,混凝土的干燥收缩较小。

(2)水灰比。水灰比越大,混凝土内的毛细孔隙数量越多,混凝土的干燥收缩越大。一般用水量每增加 1%,混凝土的干缩率增加 2% ~ 3%。

(3)骨料的规格与质量。骨料的粒径越大、级配越好、含泥量及泥块含量越少,水与水泥用量越少,混凝土干燥收缩越小。

(4)养护条件。养护湿度高,养护时间长,则有利于推迟混凝土干燥收缩的产生与发展,可避免混凝土在早期产生较多的干缩裂纹,但对混凝土的最终干缩率无显著影响。采用湿热养护可降低混凝土的干缩率。

4. 碳化收缩

混凝土的碳化是指混凝土内水泥石中的 $Ca(OH)_2$ 与空气中的 CO_2 在湿度适宜条件下发生化学反应,生成 $CaCO_3$ 和 H_2O 的过程,也称为中性化。

混凝土碳化也会引起收缩,其原因可能是由于在干燥收缩引起的压应力下,因 $Ca(OH)_2$ 晶体应力释放和在无应力空间 $CaCO_3$ 沉淀所引起。碳化收缩会在混凝土表面产生拉应力,导致混凝土表面产生微细裂纹。观察碳化混凝土的切割面,可以发现细裂纹深度与碳化层深度相近,但碳化收缩与干燥收缩总是相伴发生,很难准确划分开来。

5. 温度变形

混凝土同其他材料一样,也会随温度变化而产生热胀冷缩变形。混凝土的温度膨胀系

数为$(0.6\sim1.3)\times10^{-5}/℃$，一般取$1.0\times10^{-5}/℃$，即温度每改变$1℃$，$1m$混凝土将产生$0.01mm$膨胀或收缩变形。

混凝土是热的不良导体，因此在大体积混凝土（截面最小尺寸大于$1m^2$的混凝土，如大坝、桥墩和大型设备基础等）硬化初期，由于内部水泥水化热而积聚较多热量，造成混凝土内外层温差很大（可达$50\sim80℃$），这将使内部混凝土体积产生较大热膨胀，而外部混凝土与大气接触，温度相对较低，内部热量向外传导将导致混凝土表面产生收缩。内部膨胀与外部收缩相互制约，在外表混凝土中产生很大拉应力，严重时将使混凝土表面产生裂缝，影响大体积混凝土耐久性。另外，一般在$2\sim3$天内，浇筑的大体积混凝土内外层温差会达到最大值。在以后的降温过程中，内部混凝土会产生冷缩，由于受到限制，将会产生冷缩裂缝。故在施工过程中要控制这个内外层温差$\leqslant25℃$。因此，大体积混凝土施工时，须采取一些措施来减小混凝土内外层温差，以防止混凝土温度裂缝，目前常用的方法有以下几种：

①采用低热水泥（如粉煤灰水泥等），掺加减水剂和掺合料，尽量减少水泥用量，以减少水泥水化热。

②在混凝土拌合物中掺入缓凝剂，降低水泥水化速度，使水泥水化热不至于在早期过分集中放出。

③预先冷却原材料，以抵消部分水化热。

④在混凝土中预埋冷却水管，冷却水流经预埋管道后，将混凝土内部水化热带出。

⑤在结构安全许可条件下，将大体积混凝土化整为零施工，减轻约束和扩大散热面积。

⑥表面绝热，调节混凝土表面温度下降速率。

对于纵长和大面积混凝土工程（如混凝土路面、广场、地面和屋面等），由于环境温度上升或下降引起的体积膨胀或收缩会导致混凝土表面膨起或开裂，因此，纵长混凝土路面等常每隔一段距离设置一道伸缩缝或留设后浇带，大面积混凝土则设置分仓缝，以防止混凝土表面膨起或开裂。

二、荷载作用下的变形

1. 短期荷载作用下的变形

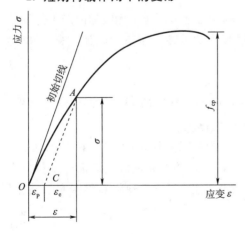

图5—23　混凝土在压力作用下的$\sigma-\varepsilon$曲线

混凝土的弹塑性变形

混凝土是一种非均质材料，属于弹塑性体，在外力作用下，既产生弹性变形，又产生塑性变形，即混凝土应力与应变的关系不是直线而是曲线，如图5—23所示。应力越高，混凝土的塑性变形越大，应力与应变曲线的弯曲程度越大，即应力与应变的比值越小。混凝土的塑性变形是内部微裂纹产生、增多、扩展与汇合等的结果。

混凝土的应力与应变的比值随应力的增大而降低，即弹性模量随应力增大而下降。实验结果表明，混凝土以$1/3$的轴心抗压强度为荷载值，即$f_a=f_{cp}/3$，经3次以上循环加荷、卸荷的重复作用后,应力与应变关系基本上成为直线关系。因此为测定方便、准确以及所测弹性模量具有实用性,GBJ 81—2002 规定,采用 150mm×150mm×300mm 的棱柱试件,用 1/3 轴心抗压强度值作为荷载控制值,循环 3 次加荷、卸荷后,测得的应力与应变的比值,即为混凝土的弹性模量,如图 5—24 所示。严格讲由此测得的模量为割线 A'C' 的弹性模量,故又称割线弹性模量。

混凝土的弹性模量与混凝土的强度、骨料的弹性模量、骨料用量和早期养护温度等因素有关。混凝土强度越高、骨料弹性模量越大、骨料用量越多、早期养护温度较低,混凝土的弹性模量越大。C10 ~ C60 的混凝土其弹性模量约为 $(1.75 \sim 4.90) \times 10^4 MPa$。

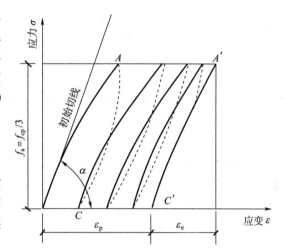

图 5—24　低应力水平下反复加卸荷载时的 $\sigma - \varepsilon$ 曲线

2. 长期荷载作用下的变形

混凝土在长期荷载作用下会发生徐变。所谓徐变是指混凝土在长期恒载作用下,随时间延长,沿作用力方向而缓慢发展的变形。

混凝土的徐变在加荷早期增长较快,然后逐渐减慢,2 ~ 3 年后才趋于稳定。徐变变形可达瞬时变形的 2 ~ 4 倍。普通混凝土的最终徐变为 $(3 \sim 15) \times 10^{-4}$。当混凝土卸载后,一部分变形瞬时恢复,一部分要过一段时间才能恢复,称为徐变恢复,剩余的变形是不可恢复的,称做残余变形,如图 5—25 所示。

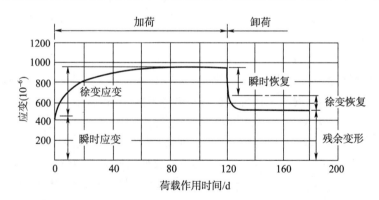

图 5—25　混凝土的应变与持荷时间的关系

混凝土产生徐变的原因,一般认为是由于在长期荷载作用下,水泥石中的凝胶体产生粘性流动,向毛细孔中迁移,或者凝胶体中的吸附水或结晶水向内部毛细孔迁移渗透所致,因此,影响混凝土徐变的主要因素是水泥用量多少和水灰比大小。水泥用量越多,混凝土中凝胶体含量越大;水灰比越大,混凝土中的毛细孔越多,这两个方面均会使混凝土的徐变增大。此外,加载龄期和荷载大小对混凝土徐变也有明显影响,加荷龄期越短,所加荷载越大,混凝土徐变越大。

混凝土的徐变对混凝土及钢筋混凝土结构物的影响有有利的一面,也有不利的一面。徐变有利于削弱由温度、干缩等引起的约束变形，防止裂缝的产生，但在预应力钢筋混凝土结构中，徐变将产生应力松弛，引起预应力损失。

第六节　混凝土的耐久性

一般认为，混凝土是经久耐用的。然而，所谓耐久性良好通常是指在干燥环境下，由于缺乏水作为介质，混凝土材料及钢筋混凝土结构均具有优异的耐久性。然而，由于早期对钢筋混凝土结构耐久性的忽视，国内外沿海及海工钢筋混凝土结构、桥梁结构、大坝工程结构等的耐久性问题引起的损失巨大。据调查，美国目前每年由钢筋混凝土结构各种腐蚀引起的损失在2500亿美元以上，瑞士每年仅用于桥面检测及维护的费用就高达8000万瑞士法郎，我国每年由于混凝土腐蚀造成的损失也高达1800亿元以上。因此，钢筋混凝土结构耐久性问题不容忽视。

钢筋混凝土结构的耐久性主要取决于混凝土材料本身的耐久性及其对钢筋的保护作用。本节所谓混凝土的耐久性不仅是指混凝土本身能抵抗环境介质的长期作用，保持其正常使用性能和外观完整性的能力，还包括混凝土对钢筋保护作用的持久性。常见的耐久性问题主要包括混凝土的抗渗性、抗化学侵蚀性、抗冻性、抗碳化、碱－骨料反应等。

一、混凝土的抗渗性

混凝土的抗渗性是抵抗液体、气体或离子在压力、化学势或者电场作用下，在混凝土中渗透、扩散或迁移的能力，其中渗透是指液体在压力作用下的运动；扩散是指气体或液体中的粒子在化学势作用下的运动；迁移则指带电粒子在电场力作用下的运动。外界环境中的侵蚀性介质只有通过渗透才能进入混凝土内部产生破坏作用，因此，混凝土的抗渗性是决定混凝土耐久性最主要的因素。

液体、气体或离子在压力、化学势或者电场作用下在混凝土中产生渗透的主要原因，是混凝土内部存在连通孔隙。这些孔道来源于水泥浆中多余水分蒸发留下的毛细孔道、混凝土浇筑过程中泌水产生的通道、混凝土拌合物振捣不密实形成的孔洞、混凝土收缩产生拉应力形成的裂缝等。

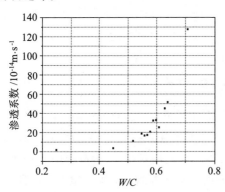

图5—26　水泥石的渗透系数与水灰比的关系

可见，提高混凝土抗渗性的关键是提高混凝土密实度或改变混凝土孔隙特征。前者主要与水灰比有关。实验表明，水灰比大于0.60时，混凝土的渗透系数急剧增加（图5—26），即抗渗性急剧下降，因此，配制有抗渗要求的混凝土时，水灰比须小于0.60。提高混凝土抗渗性的主要措施有：①降低水灰比，以减少泌水和毛细孔；②掺引气型外加剂，将开口孔转变成闭口孔，割断渗水通道；③减小骨料最大粒径，骨料干净、级配良好；④加强振捣，充分养护等。

目前混凝土抗渗性测试方法有很多，根据试验所用的渗透介质可以分为水渗透法、氯离子渗透法和气体渗透法。

混凝土的抗水渗透性用抗渗等级来表示。《普通混凝土长期性能和耐久性能试验方法》（GBJ 50082—2009）规定,测定混凝土抗渗强度等级时,采用顶面直径为175mm、底面直径为185mm、高度为150mm 的圆台体标准试件,在规定试验条件下,以 6 个试件中 4 个试件未出现渗水时的最大水压力来表示混凝土的抗渗强度等级。试验时从 0.1MPa 开始加水压,每次增加水压 0.1MPa,每级水压加压 8h,至 6 个试件中有 3 个试件端面渗水时为止。混凝土抗渗强度等级按式（5—8）计算:

$$P = 10H - 1 \tag{5—8}$$

式中　P——混凝土的抗渗强度等级;

　　　H——6 个试件中 3 个试件表面渗水时的水压力,MPa。

《混凝土耐久性检验评定标准》（JGJ 193—2009）规定,混凝土抗渗等级分为 P4、P6、P8、P10、P12 和 >P12 六级,分别表示混凝土能抵抗 0.4MPa、0.6MPa、0.8MPa、1.0MPa、1.2MPa 和 >1.2MPa 的水压不渗漏。在受压力液体作用的工程,如地下建筑、水池、水塔、压力水管、水坝、油罐等钢筋混凝土结构工程,要求混凝土须具有一定的抗水渗透性。

GBJ 50082—2009 规定,混凝土抗氯离子渗透性能的测定方法可采用电通量法,其测试装置如图 5—27 所示。测试前先将混凝土试件养护至测试龄期,取出并切成厚为 50mm、直径为 100mm 的圆柱体试件,并在真空条件下进行真空饱水处理。然后将试件固定在分别盛有浓度为 3.0% NaCl 溶液和 0.3mol/L NaOH 溶液的两个溶液池之间,在 60V 的外加电场下,每隔 30min 记录一次电流,持续 6h。最后由电流-

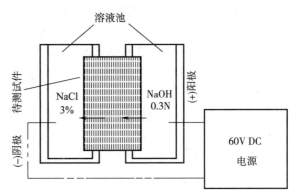

图 5—27　混凝土抗氯离子渗透测定示意图

时间函数曲线计算出通过试件的总通电量,用以定性评价混凝土的抗氯离子扩散能力。表 5—20 为混凝土抗氯离子渗透性能的等级划分以及对应的典型混凝土类型。由于电通量法试验时间短,在实验室内具有可重复性,成为当前国际上最有影响的混凝土渗透性试验标准,普遍被北美、欧洲和东南亚所采用。在氯离子环境下的钢筋混凝土结构要求混凝土必须具有一定的抗氯离子渗透性能。

混凝土的透气性则通过给试样施加稳定的气压,记录在此压力下通过试样的气体流量,再计算渗透系数,以此来表征混凝土的渗透性能。该方法测试精度较高,但测试程序复杂。

表 5—20　混凝土抗氯离子渗透性能的等级划分以及对应的混凝土类型

等级	6h 电通量 Q/C	氯离子渗透性	混凝土类型
Q—Ⅰ	>4000	高	高水灰比（>0.6）,PCC
Q—Ⅱ	2000 ~ 4000	中	一般水灰比（0.4 ~ 0.5）,PCC
Q—Ⅲ	1000 ~ 2000	低	低水灰比（<0.4）,PCC
Q—Ⅳ	500 ~ 1000	很低	聚合物水泥混凝土,硅灰混凝土
Q—Ⅴ	<500	忽略	聚合物浸渍混凝土,聚合物混凝土

二、混凝土的抗化学侵蚀性能

混凝土所处的环境含有侵蚀介质时,混凝土必须具有抗化学侵蚀性能要求。混凝土的抗化学侵蚀性能主要取决于水泥的品种与混凝土的密实度。关于水泥品种的选择参见本章相关内容。提高密实度的措施与提高混凝土抗渗性及抗冻性的措施相同。特殊情况下,混凝土的抗侵蚀性也与所用骨料的性质有关,如环境中含酸性物质时,应采用酸性骨料,如石英岩、花岗岩、安山岩等;环境中含强碱性物质时,应采用碱性骨料,如石灰岩、白云岩等。

三、混凝土的抗冻性

混凝土的抗冻性是指混凝土在水饱和状态下,经受多次冻融循环作用,强度不严重下降,外观能保持完整的性能。

水结冰时体积膨胀约9%,如果混凝土毛细孔充水程度超过某一临界值(91.7%),则结冰产生很大的压力。此压力的大小取决于毛细孔的充水程度、冻结速度及尚未结冰的水向周围能容纳水的孔隙流动的阻力(包括凝胶体的渗透性及水通路的长短)。除了水的冻结膨胀引起的压力之外,当毛细孔水结冰时,凝胶孔水处于过冷的状态,过冷水的蒸气压比同温度下冰的蒸气压高,将发生凝胶水向毛细孔中冰的界面迁移渗透,并产生渗透压力。因此,混凝土受冻融破坏的原因是其内部的孔隙和毛细孔中的水结冰产生体积膨胀和过冷水迁移产生张应力所致。当两种张应力超过混凝土的抗拉强度时,混凝土产生微细裂缝。在反复冻融作用下,混凝土内部的微细裂缝逐渐增多和扩大,导致混凝土强度降低甚至破坏。

对于道路工程还存在盐冻破坏问题。为防止冰雪冻滑影响行驶和引发交通事故,常常在冰雪路面撒除冰盐($NaCl$、$CaCl_2$等),因盐能降低水的冰点,可达到自动融化冰雪的目的。然而,除冰盐会使混凝土的饱水程度、膨胀压力、渗透压力提高,加大冰冻的破坏力;且在干燥时盐会在孔中结晶,产生结晶压力。两方面共同作用,使混凝土路面剥蚀。因此,盐冻的破坏力更大。盐冻破坏已成为北美、北欧等国家混凝土路桥破坏的最主要原因之一。

混凝土的抗冻性与混凝土的密实度、孔隙充水程度、孔隙特征、孔隙间距、冰冻速度及反复冻融的次数等有关。对于寒冷地区经常与水接触的结构物,如水位变化区的海工、水工混凝土结构物、水池、发电站冷却塔及与水接触的道路、建筑物勒脚等,以及寒冷环境的建筑物,如冷库等,要求混凝土必须有一定的抗冻性。

提高混凝土抗冻性的主要措施有:①降低水灰比,加强振捣,提高混凝土的密实度;②掺引气型外加剂,将开口孔转变成闭口孔,使水不易进入孔隙内部,同时细小闭孔可减缓冰胀压力;③保持骨料干净和级配良好;④充分养护。

按 GBJ 50082—2009 和 JEJ 193—2009 的规定,混凝土抗冻性能的测定有两种方法,一是快冻法,采用标准养护28d龄期的100mm×100mm×400mm棱柱体试件,在水饱和后,于试件中心温度在 −18～+5℃ 情况下进行冻融循环,以混凝土快速冻融循环后,相对动弹性模量不小于60%、质量损失率不超过5%时的最大冻融循环次数表示,分为F50、F100、F150、F200、F250、F300、F350、F400和>F400九个抗冻等级。二是慢冻法,采用标准养护28d龄期的立方体试件,在水饱和后,于 −18～+20℃ 情况下进行冻融循环,以混凝土慢速冻融循环后,抗压强度下降率不超过25%、质量损失率不超过5%时,混凝土所能承受的最大冻融循环次数来表示,分为 D50、D100、D150、D200 和 > D200 五个抗冻标号。

对于混凝土桥面、路面抗盐冻破坏性能,GBJ 50082—2009 规定采用单面冻融法(或称盐冻法)进行测定。采用 150mm × 150mm × 150mm 立方体试模,中间垂直插入一片聚四氟乙烯片,或两边各插入一片聚四氟乙烯片,成型混凝土试件,标准养护 7d 后将成型面切去,切割加工成 150mm × 110mm × 70mm 试件,以接触聚四氟乙烯片的 150mm × 110mm 面作为测试面,浸入深度为(15 ± 2)mm 的含 3% NaCl 的盐溶液中,在 - 20 ~ + 20℃情况下进行冻融循环,以混凝土试件单位表面面积剥落物总质量不大于 1500g/m² 或试件超声波相对冻弹性模量不小于 80% 时的最大冻融循环次数来表示。

四、混凝土的碳化(中性化)

混凝土的碳化是指混凝土内水泥石中的 $Ca(OH)_2$ 与空气中的 CO_2,在一定湿度条件下发生化学反应,生成 $CaCO_3$ 和 H_2O 的过程。

混凝土的碳化对钢筋混凝土结构而言弊多利少,其主要的不利影响是碳化过程使混凝土碱度下降,混凝土中钢筋表面的碱性保护膜被破坏而导致钢筋锈蚀速度加快,钢筋锈蚀后体积产生膨胀,引起混凝土产生顺筋开裂现象。碳化引起的体积收缩则可能导致混凝土表面产生微细裂纹,使混凝土抗拉强度降低。然而,碳化时生成的碳酸钙填充在水泥石的孔隙中,使混凝土密实度和抗压强度有所提高,对防止有害杂质的侵入有一定的缓冲作用,这是混凝土碳化的有利方面。

影响混凝土碳化速度的因素主要有:

①水灰比。水灰比越小,混凝土越密实,二氧化碳和水不易渗入,碳化速度慢。

②水泥品种。普通水泥、硅酸盐水泥水化产物碱度高,其抗碳化能力优于矿渣水泥、火山灰质水泥和粉煤灰水泥,且随混合材掺量增多,混凝土碳化速度加快。

③外加剂。混凝土中掺入减水剂、引气剂或引气型减水剂时,由于可降低水灰比或引入封闭小气泡,可使混凝土碳化速度明显减慢。

④环境湿度。环境相对湿度为 50% ~75% 时,混凝土碳化速度最快,此时既有一定量水分存在,空气中的 CO_2 也可渗透进入混凝土内部发生碳化反应。当相对湿度小于 25% 或达 100% 时,碳化停止,这是由于环境水分太少时碳化不能发生,而混凝土孔隙中充满水时,二氧化碳不能渗入扩散所致。

⑤环境中二氧化碳的浓度。二氧化碳浓度越大,混凝土碳化作用越快。

由此可见,通过掺加减水剂,尽量减小水灰比,或掺加引气剂,使开口气孔转变为闭口气孔,并加强振捣和养护等措施提高混凝土密实度,是提高混凝土抗碳化能力的根本措施。

混凝土碳化深度的检测通常采用酚酞酒精溶液法,检测时在混凝土表面凿洞,立即滴上浓度为 1% 的酚酞酒精溶液,已碳化部位呈无色,未碳化部位呈粉红色,根据颜色变化即可测量碳化深度。

五、混凝土的碱 - 骨料反应

碱 - 骨料反应是指混凝土中的碱与具有碱活性的骨料之间发生反应,反应产物吸水膨胀或反应导致骨料膨胀,造成混凝土开裂破坏的现象。根据骨料中活性成分的不同,碱 - 骨料反应分为三种类型:碱 - 硅酸反应(alkali-silica reaction,简称 ASR)、碱-碳酸盐反应(alkalicarbonate reaction,简称 ACR)和碱－硅酸盐反应(alkali-silicate reaction)。

碱－硅酸反应是分布最广、研究最多的碱－骨料反应,该反应是指混凝土内的碱与骨料中的活性 SiO_2 反应,在骨料与水泥石粘结界面生成碱－硅酸凝胶,并从周围介质中吸收水分而膨胀,导致混凝土开裂破坏的现象。其化学反应如式(5—9):

$$2ROH + nSiO_2 + mH_2O \longrightarrow R_2O \cdot nSiO_2 \cdot mH_2O \tag{5—9}$$

式中 R——代表 Na 或 K。

碱－骨料反应必须同时具备以下三个条件:

①混凝土中含有过量的碱($Na_2O + K_2O$)。混凝土中的碱主要来自于水泥,外加剂、掺合料、拌合水等组分也可能带入部分碱。水泥中的碱($Na_2O + 0.658K_2O$)大于 0.6% 的水泥称为高碱水泥,我国许多水泥碱含量在 1% 左右,如果加上其他组分引入的碱,混凝土中的碱含量较高。《混凝土碱含量限制标准》(CECS53:93)根据工程环境条件,提出了防止碱－硅酸反应的碱含量限值,见表 5—21。

表 5—21 防止 ASR 破坏的混凝土含碱量限值

环境条件	混凝土最高碱含量/kg · m^{-3}		
	一般工程	主要工程	特殊工程
干燥环境	不限制	不限制	3.0
潮湿环境	3.5	3.0	2.1
含碱环境	3.0	用非活性骨料	

②碱活性骨料占骨料总量的比例大于 1%。碱活性骨料包括含活性 SiO_2 的骨料(引起 ASR)、粘土质白云石质石灰石(引起 ACR)和层状硅酸盐骨料(引起碱－硅酸盐反应)。含活性 SiO_2 的碱活性骨料分布最广,目前已被确定的有安山石、蛋白石、玉髓、鳞石英、方石英等。美国、日本、英国等发达国家已建立了区域性碱活性骨料分布图,我国已开始绘制这种图,第一个分布图是京津塘地区碱活性骨料分布图。

③潮湿环境。只有在空气相对湿度大于 80%,或直接与水接触的环境,AAR 破坏才会发生。

碱－骨料反应速度很慢,引起的破坏往往经过若干年后才会出现。然而,一旦出现,则破坏性很大,难以进行加固处理,故应加强防范,特别是对于大型水利、港口、海工和桥梁工程等。可采取以下措施来预防:

a. 尽量采用非活性骨料。

b. 当确认为碱活性骨料又非用不可时,则严格控制混凝土中碱含量,如采用碱含量小于 0.6% 的水泥,降低水泥用量,选用含碱量低的外加剂等。

c. 掺加混凝土掺合料,如粉煤灰、硅灰和矿渣等。这是由于混凝土掺合料反应活性远大于碱活性骨料中活性组分的反应活性,在水泥水化硬化过程中能吸收溶液中的钠离子和钾离子,在早期即形成水化产物均匀分布于混凝土中,而不致集中于骨料颗粒周围,从而减轻或消除由于碱－骨料反应引起的膨胀破坏。

d. 掺加引气剂或引气减水剂,可在混凝土内部骨料－水泥石界面形成分散的封闭气泡,当发生碱－骨料反应时,形成的胶体可渗入或被挤入这些气泡内,降低膨胀破坏应力。

e. 尽量减小水灰比,提高混凝土密实度,防止外界水分渗入参与碱－骨料反应和引起反应产物吸水膨胀破坏。

六、提高混凝土耐久性的措施

尽管引起混凝土抗冻性、抗渗性、抗侵蚀性能、抗碳化性能等耐久性下降的因素或破坏介质不同,但却均与生产混凝土时所用水泥品种、原材料质量以及混凝土的孔隙率,特别是开口孔隙率等有关,因而采取以下措施可有效提高混凝土的耐久性:

①选择适宜的水泥品种和水泥强度等级。也可根据使用环境条件,掺加适量的活性矿物掺合料。

②采用较小的水灰比,并限制最大水灰比和最小水泥用量,以保证混凝土的孔隙率较小。结构混凝土应满足表5—22的要求。

表5—22　结构混凝土材料的耐久性基本要求(设计使用年限为50年)

(《混凝土结构设计规范 GB 50010—2010》)

环境等级	条件	最大水胶比	最低强度等级	最大氯离子含量(%)	最大碱含量(kg/m³)
一	室内干燥环境;无侵蚀性静水浸没环境	0.60	C20	0.30	不限制
二 a	室内潮湿环境;非严寒和非寒冷地区的露天环境;非严寒和非寒冷地区与无侵蚀性的水或土壤直接接触的环境;严寒和寒冷地区的冰冻线以下与无侵蚀性的水或土壤直接接触的环境	0.55	C25	0.20	3.0
二 b	干湿交替环境;水位频繁变动环境;严寒和寒冷地区的露天环境;严寒和寒冷地区冰冻线以上与无侵蚀性的水或封直接接触的环境	0.50 (0.55)	C30(C25)	0.15	
三 a	严寒和寒冷地区冬季水位变动区环境;受除冰盐影响环境;海风环境	0.45 (0.50)	C35(C30)	0.15	
三 b	盐渍土环境;受除冰盐作用环境;海岸环境	0.40	C40	0.10	
四	海水环境				
五	受人为或自然的侵蚀性物质影响的环境				

③采用杂质少、级配好、粒径较大或适中的粗骨料,并采用坚固性好的粗、细骨料。

④掺加减水剂和引气剂。减水剂和引气剂可显著提高混凝土的耐久性。因此,长期处于潮湿、严寒、腐蚀环境中的混凝土,必须掺用减水剂、引气剂或引气减水剂等。引气剂的掺入量应根据混凝土的含气量要求经试验确定。

⑤加强养护,特别是早期养护。

⑥采用机械搅拌和机械振动成型。

⑦必要时,可适当增大砂率,以减小泌水、离析、分层。

第七节　混凝土的质量控制与评定

一、混凝土的质量波动

在混凝土生产过程中，由于受到许多因素的影响，其质量不可避免地存在波动。引起混凝土质量波动的因素主要有原材料质量的波动、组成材料的计量误差、搅拌时间、振捣条件与时间、养护条件等的波动与变化以及试验条件等的变化。

为减小混凝土质量的波动程度，即将其控制在小范围内波动，应采取以下措施：

①严格控制各组成材料的质量

各组成材料的质量均须满足相应的技术规定与要求，且各组成材料的质量与规格应满足工程设计与施工等的要求。

②严格计量

各组成材料的计量误差须满足《混凝土质量控制标准》（GB 50164—2011）的规定，即拌合用水和化学外加剂的误差不得超过1%，胶凝材料的误差不得超过2%，粗细骨料的误差不得超过3%，且不得随意改变配合比。并应随时测定砂、石骨料的含水率，以保证混凝土配合比的准确性。

③加强施工过程的管理

采用正确的搅拌与振捣方式，并严格控制搅拌与振捣时间。按规定的方式运输与浇注混凝土。加强对混凝土的养护，严格控制养护温度与湿度。

④绘制混凝土质量管理图

对混凝土的强度，可通过绘制质量管理图来掌握混凝土质量的波动情况。利用质量管理图分析混凝土质量波动的原因，并采取相应的对策，达到控制混凝土质量的目的。

二、混凝土强度的波动规律——正态分布

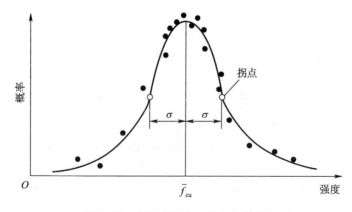

图5—28　混凝土强度的正态分布曲线

在正常生产条件下，影响混凝土强度的因素是随机变化的，对同一种混凝土进行系统的随机抽样，结果表明混凝土强度的波动规律符合正态分布，如图5—28所示。混凝土强度正态分布曲线有以下特点。

①曲线呈钟型，两边对称。对称轴为平均强度，曲线的最高峰出现在该处，表明混凝土强度接近其平均强度值处出现的次数最多，离对称轴越远，强度测定值出现的概率越来越小，最后趋近于零。

②曲线和横坐标之间所包围的面积为概率的总和，等于100%。对称轴两边出现的概率相等，各为50%。

③在对称轴两边的曲线上各有一个拐点。两拐点间的曲线向上凸弯，拐点以外的曲线

向下凹弯,并以横坐标为渐近线。

三、强度波动的统计计算

(1)强度平均值 $\bar{f}$

混凝土强度的平均值 $\bar{f}$ 按式(5—10)计算:

$$\bar{f} = \frac{1}{n} \sum_{i=1}^{n} f_i \tag{5—10}$$

式中　n——混凝土强度试件的组数;

　　　f_i——第 i 组混凝土试件的强度值,MPa。

强度平均值只能反应混凝土总体强度水平,即强度数值集中的位置,而不能说明强度波动的大小。

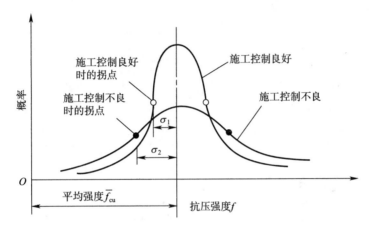

图 5—29　混凝土强度离散性不同的正态分布曲线

(2)强度标准差 σ

混凝土强度标准差 σ 按式(5—11)计算:

$$\sigma = \sqrt{\frac{\sum_{i=1}^{n} (f_i - \bar{f})^2}{n}} = \sqrt{\frac{\sum_{i=1}^{n} f_i^2 - n\bar{f}^2}{n}} \tag{5—11}$$

标准差的几何意义是正态分布曲线上拐点至对称轴的垂直距离,如图 5—28 所示。图 5—29 是强度平均值相同而标准差不同的两条正态分布曲线。由图可以看出,σ 值越小者曲线高而窄,说明混凝土质量控制较稳定,生产管理水平较高。而 σ 值大者曲线矮而宽,表明强度值离散性大,施工质量控制差。因此,σ 值是评定混凝土质量均匀性的一种指标。但是,并不是 σ 值越小越好,σ 值过小,则意味着不经济。工程上由于影响混凝土质量的因素多,σ 值一般不会过小。

(3)变异系数 C_v

由于混凝土强度的标准差随强度等级的提高而增大,故也可采用变异系数作为评定混凝土质量均匀性的指标。变异系数 C_v 按式(5—12)计算:

$$C_v = \frac{\sigma}{\bar{f}} \tag{5—12}$$

C_v 值越小,表明混凝土质量越稳定;C_v 值大,则表示混凝土质量稳定性差。

(4)强度保证率 P

混凝土强度保证率 $P(\%)$ 是指混凝土强度整体分布中,大于设计强度等级值 $f_{cu,k}$ 的概率,即图 5—15 中阴影的面积。低于强度等级的概率,即不合格率,为图 5—15 中阴影以外的面积。

计算强度保证率 P 时,首先计算出概率度系数 t(又称保证率系数),计算式如式(5—13):

$$t = \frac{f_{cu,k} - \bar{f}}{\sigma} \text{或} t = \frac{f_{cu,k} - \bar{f}}{C_v \bar{f}} \tag{5—13}$$

混凝土强度保证率 $P(\%)$,由式(5—14)计算:

$$P = \frac{1}{\sqrt{2\pi}} \int_t^{+\infty} e^{-\frac{t^2}{2}} dt \tag{5—14}$$

实际应用中,当已知概率度系数 t 值时,可从数理统计书中查得保证率 P。部分概率度系数 t 值对应的保证率 P 见表 5—23。

表 5—23　不同 t 值的保证率 P

t	0.00	-0.50	-0.80	-0.84	-1.00	-1.04	-1.20	-1.28	-1.40	-1.50	-1.60
$P(\%)$	50.0	69.2	78.8	80.0	84.1	85.1	88.5	90.0	91.9	93.3	94.5
t	-1.645	-1.70	-1.75	-1.81	-1.88	-1.96	-2.00	-2.05	-2.33	-2.50	-3.00
$P(\%)$	95.0	95.5	96.0	96.5	97.0	97.5	97.7	98.0	99.0	99.4	99.87

四、混凝土强度合格评定

根据 GBJ 50107—2009 的规定,混凝土强度应分批进行检验评定,一个验收批的混凝土强度应由强度等级相同、配合比与生产工艺基本相同的混凝土组成。

混凝土强度等级的评定方法可分为统计方法和非统计方法,见表 5—24。

表 5—24　混凝土强度质量合格评定方法

合格评定方法	合格判定条件	备　注
统计方法(一) (σ 已知) 适用范围:商品混凝土搅拌站和混凝土预制品构件厂,其原材料和生产条件连续稳定,强度变异水平基本一致	$m_{f_{cu}} \geq f_{cu,k} + 0.7\sigma_0$ $f_{cu,min} \geq f_{cu,k} - 0.7\sigma_0$ 且 $\begin{cases} f_{cu,min} \geq 0.85 f_{cu,k} & \text{当 } f_{cu,k} \leq 20\text{MPa 时} \\ f_{cu,min} \geq 0.90 f_{cu,k} & \text{当 } f_{cu,k} > 20\text{MPa 时} \end{cases}$ 式中: $m_{f_{cu}}$——同批三组试件抗压强度平均值/MPa; $f_{cu,min}$——同批三组试件抗压强度的最小值/MPa; $f_{cu,k}$——混凝土强度等级; σ_0——验收批的混凝土强度标准差/MPa,应依据前一个检验期同类混凝土数据确定	验收批混凝土强度标准差按下式确定: $\sigma_0 = \sqrt{\dfrac{\sum\limits_{i=1}^{n} f_{cu,i}^2 - n m_{f_{cu}}^2}{n-1}}$ 式中: $f_{cu,i}$——试件的立方体抗压强度代表值(MPa); n——前一检验期内的样本容量。 注:在确定混凝土强度标准差时,其检验期不应小于 60d,也不宜超过 90d,且在该期间内样本容量不应小于 45 批

合格评定方法	合格判定条件	备　注
统计方法（二） （σ 未知） 适用范围：工程现场，通常混凝土原材料与生产条件无法保持连续稳定，试件组数在 10 组以上	$\begin{cases} m_{fcu} - \lambda_1 S_{fcu} \geq f_{cu,k} \\ f_{cu,min} \geq \lambda_2 f_{cu,k} \end{cases}$ 式中： 　m_{fcu}——n 组混凝土试件抗压强度平均值/MPa； 　$f_{cu,min}$——n 组混凝土试件抗压强度最小值/MPa； 　λ_1、λ_2——合格判断系数，按右表取用； 　S_{fcu}——n 组混凝土试件强度标准差/MPa，不应小于 2.5MPa	一个验收批混凝土试件组数 $n \geq 10$，其强度标准差按下式计算： $$S_{fcu} = \sqrt{\frac{1}{n-1} \sum_{i=1}^{n} (f_{cu,i} - m_{fcu})^2}$$ 式中：$f_{cu,i}$——第 i 组混凝土试件强度。 混凝土强度合格判定系数表 <table><tr><td>试件组数</td><td>10～14</td><td>15～19</td><td>≥20</td></tr><tr><td>λ_1</td><td>1.15</td><td>1.05</td><td>0.95</td></tr><tr><td>λ_2</td><td>0.90</td><td colspan="2">0.85</td></tr></table>
非统计方法 适用范围：工程现场，试件组数少于 10 组	$\begin{cases} m_{fcu} \geq \lambda_3 f_{cu,k} \\ f_{cu,min} \geq \lambda_4 f_{cu,k} \end{cases}$	一个验收批的试件组数 $n < 10$ 组 <table><tr><td>混凝土强度程度</td><td>＜C60</td><td>≥C60</td></tr><tr><td>λ_3</td><td>1.15</td><td>1.10</td></tr><tr><td>λ_4</td><td colspan="2">0.95</td></tr></table>

第八节　混凝土的配合比设计

混凝土的配合比设计，实质上就是确定胶凝材料（水泥＋掺合料等）、外加剂、水、细骨料和粗骨料等基本组成材料用量之间的比例关系。通常采用的方法是计算－试配法，即通过计算、试配、和易性调整和强度校核等得到混凝土配合比，一般以 $1m^3$ 混凝土中各组成材料的质量表示，如胶凝材料 400（水泥 260＋粉煤灰 60＋矿渣 80）kg、水 180kg、细骨料 720kg、粗骨料 1080kg、减水剂（固体）2.4kg；或以胶凝材料总量为基准，各组成材料间的比例来表示，如胶凝材料（水泥＋矿渣＋粉煤灰）：水：砂：石：减水剂＝1（0.65＋0.15＋0.20）：0.45：1.80：2.70：0.006。

一、混凝土配合比设计的基本要求

设计的混凝土应满足以下四方面的基本要求：
①满足混凝土施工所要求的和易性；
②达到混凝土结构设计要求的混凝土强度等级；
③满足与工程所处环境条件相适应的耐久性；
④符合经济原则，在满足上述技术要求的前提下节约水泥，降低成本。

二、混凝土配合比设计前的资料准备

在混凝土配合比设计前，应预先掌握下列基本资料：
①工程设计要求的混凝土强度等级、工程所处的环境条件与工程设计所要求的耐久性；混凝土结构构件的断面尺寸和配筋情况；混凝土的施工方法与施工管理水平。

②原材料的性能指标,包括水泥及其他胶凝材料的品种、强度等级和密度等参数;粗、细骨料的种类、粗细程度或最大粒径、级配、表观密度和含水率等;外加剂的品种、性能和适宜掺量等。

三、混凝土配合比设计中的三个基本参数

混凝土配合比设计主要确定胶凝材料、水、细骨料和粗骨料等四种基本组成材料之间的比例关系,即:

①水与胶凝材料之间的比例关系,用水胶比(W/B)表示,通常根据混凝土设计强度等级要求和混凝土耐久性要求综合确定,其确定原则是在满足混凝土强度和耐久性的基础上,尽可能选用较大的水胶比;

②胶凝材料浆体与骨料之间的比例关系,常用单位用水量(m_w)来反映,一般根据混凝土拌合物的流动性要求来确定,其确定原则是在满足混凝土拌合物流动性要求的基础上,尽可能选用较小的用水量;

③细骨料和粗骨料之间的比例关系,常用砂率(β_s 或 Sp)表示,一般根据混凝土拌合物的粘聚性和保水性要求来确定,其确定原则在满足混凝土拌合物粘聚性和保水性基础上,尽可能选用较小的砂率。

水胶比、单位用水量和砂率是混凝土配合比设计的三个重要参数,其确定原则是在满足混凝土拌合物性能和硬化混凝土性能的基础上,尽可能节约胶凝材料或水泥,降低成本。

四、混凝土配合比设计步骤

1. 计算初步配合比

(1)计算混凝土配制强度 $f_{cu,0}$

为保证混凝土的强度保证率达到95%,混凝土的配制强度 $f_{cu,0}$ 必须大于设计要求的强度等级值。根据式(5—13),令 $f_{cu,0} = \bar{f}$,代入概率度 t 计算式,可得:

$$t = \frac{f_{cu,k} - f_{cu,0}}{\sigma} \tag{5—15}$$

由此可得,混凝土配制强度 $f_{cu,0}$ 为:

$$f_{cu,0} = f_{cu,k} - t\sigma \tag{5—16}$$

查表5—23,当强度保证率 $P = 95\%$ 时,对应的概率度 $t = -1.645$,故:

$$f_{cu,0} = f_{cu,k} + 1.645\sigma \tag{5—17}$$

式中 σ 可由混凝土生产单位的历史统计资料,根据式(5—11)进行计算,但当强度等级 $\leq$ C30 时,σ 不应小于 3.0MPa;当强度等级 $>$ C30 且 $<$ C60 时,σ 不应小于 4.0MPa。无统计资料和经验时,可参考表5—25取值。

表5—25 混凝土的 σ 取值表

混凝土强度等级	$\leq$ C20	C25 ~ C45	C50 ~ C55
标准差 σ/MPa	4.0	5.0	6.0

（2）计算初步水胶比$(W/B)_0$

首先要确定所有原材料及其品质。要已知所用粗骨料的种类；要已知水泥胶砂强度，或水泥的强度富余系数；要已知胶凝材料28d胶砂强度，或粉煤灰和矿渣等掺合料的掺量，进而得到粉煤灰和矿渣等的影响系数。

当混凝土强度等级小于C60时，混凝土水胶比可按式（5—18）计算：

$$(W/B)_{计} = \frac{\alpha_a f_b}{f_{cu,0} + \alpha_a \alpha_b f_b} \tag{5—18}$$

f_b为胶凝材料（28d）胶砂抗压强度实测值。当没有这个实测强度时，取$f_b = \gamma_f \gamma_{sl} f_{ce} = \gamma_f \gamma_{sl} \gamma_c f_{ce,g}$。

同时，根据表5—22，不同环境条件下的混凝土水胶比不宜大于满足耐久性要求的水胶比最高限值$(W/B)_{max}$。取两者中的较小值，即可初步确定混凝土水胶比为

$$(W/B)_0 = \min\left[(W/B)_{计}, (W/B)_{max}\right] \tag{5—19}$$

式中$y = \min(x_1, x_2, \cdots)$为最小值函数。

（3）选取每立方米混凝土的用水量(m_{w0})

当混凝土坍落度要求低于90mm时，混凝土单位用水量(m_{w0})可直接根据粗骨料的品种、粒径及施工要求的混凝土拌合物坍落度或维勃稠度，按表5—17选取。

对于坍落度要求大于90mm的混凝土拌合物，一般通过掺加外加剂（如减水剂）来满足混凝土拌合物的和易性要求。此时，混凝土单位用水量(m_{w0})的确定按以下步骤进行：

①根据粗骨料的品种和粒径，以表5—17中坍落度75～90（宜取中值80）mm的用水量(m_{w00})为基础，按坍落度每增大20mm用水量增加5kg的规则，计算出未掺外加剂时的（大）流动性混凝土[(high)flowing concrete]的单位用水量(m'_{w0})；

②根据外加剂在合理掺量条件下的减水率确定掺加外加剂时混凝土的单位用水量：

$$m_{w0} = m'_{w0}(1 - \beta) \tag{5—20}$$

式中　　m_{w0}——计算配合比每立方米（掺外加剂）混凝土的用水量，kg/m^3；

m'_{w0}——未掺外加剂时（推定的）满足实际坍落度要求的每立方米混凝土用水量，kg/m^3；

β——外加剂的减水率，%，应经混凝土试验确定。

对于坍落度要求小于90mm的塑性混凝土，也可掺加适量外加剂（如减水剂），以减少胶凝材料用量。此时，混凝土单位用水量(m_{w0})按以下步骤确定：

①根据粗骨料的品种、粒径及施工要求的混凝土拌合物坍落度，按表5—17选取塑性混凝土（plastic concrete）的单位用水量m'_{w0}；

②根据外加剂在合理掺量条件下的减水率确定掺加外加剂时混凝土的单位用水量(m_{w0})（见式（5—20））。

（4）计算每立方米混凝土中的胶凝材料用量(m_{b0})

根据已初步确定的水胶比和单位用水量，按下式可计算得到每立方米混凝土中胶凝材料用量$(m_{b0,计})$：

$$m_{b0,计} = \frac{m_{w0}}{(W/B)_0} \tag{5—21}$$

同时，根据表5—26，要求满足普通混凝土的最小胶凝材料用量$m_{b,min}$。取这两者中的较大

值,作为混凝土的单位胶凝材料用量。即

$$m_{b0} = \max(m_{b0,计}, m_{b,min}) \tag{5—22}$$

式中　m_{b0}——计算配合比每立方米混凝土的胶凝材料用量,kg/m^3。

表 5—26　普通混凝土的最小胶凝材料用量

最大水胶比	最小胶凝材料用量/(kg/m^3)			
	素混凝土	钢筋混凝土	预应力混凝土	
0.60	250	280	300	不含 C15 及以下的混凝土。
0.55	280	300	300	
0.50	320			
≤0.45	330			

根据胶凝材料中矿物掺合料的掺量,计算水泥和矿物掺合料用量:

$$m_{c0} = m_{b0} \times (1 - \beta_f - \beta_{sl});$$
$$m_{f0} = m_{b0} \times \beta_f; \tag{5—23}$$
$$m_{sl0} = m_{b0} \times \beta_{sl}。$$

式中　m_{c0}——计算配合比每立方米混凝土的水泥用量,kg/m^3;

　　　m_{f0}——计算配合比每立方米混凝土的粉煤灰用量,kg/m^3;

　　　m_{sl0}——计算配合比每立方米混凝土的矿渣用量,kg/m^3;

　　　β_f——粉煤灰掺合料的掺量,%;

　　　β_{sl}——矿渣掺合料的掺量,%。

（5）计算外加剂（如减水剂）掺量（m_{a0}）

外加剂掺量按混凝土中胶凝材料用量的百分数进行计算:

$$m_{a0} = m_{b0} \times \beta_a \tag{5—24}$$

式中　m_{a0}——计算配合比每立方米混凝土的外加剂用量,kg/m_3;

　　　β_a——外加剂的掺量百分数,%,应经混凝土试验确定。

（6）选取合理的砂率

工程量较大或工程质量要求较高时,应根据混凝土拌合物的和易性要求,通过试验来选择合理砂率。当无试验资料时,可根据骨料品种、规格和水胶比,参考表 5—18 选取。当计算得到的水胶比与表中所列水胶比不同时,按线性插入法进行选取。当计算得到的水胶比低于表中所列水胶比时,按表中最低水胶比所对应的合理砂率范围取值,或应经混凝土试验确定。

对于坍落度要求大于 55～70（宜取中值 60）mm 的混凝土拌合物,可经试验确定,也可在表 5—18 的基础上,按坍落度每增大 20mm,砂率增大 1% 的幅度予以调整。

（7）计算粗骨料用量（m_{g0}）和细骨料用量（m_{s0}）

粗、细骨料的用量可用体积法或质量法计算得到。

①体积法

假定混凝土各组成材料的体积(指各材料排开水的体积,其中胶凝材料与水以密度计算体积,砂、石以表观密度计算体积)与拌合物所含少量空气的体积之和等于混凝土拌合物的体积,由此可得下述方程组:

$$\begin{cases} \dfrac{m_{c0}}{\rho_c} + \dfrac{m_{f0}}{\rho_f} + \dfrac{m_{sl0}}{\rho_{sl}} + \cdots\cdots + \dfrac{m_{w0}}{\rho_w} + \dfrac{m_{s0}}{\rho_s'} + \dfrac{m_{g0}}{\rho_g'} + 0.01\alpha = 1 \\ \beta_s = \dfrac{m_{s0}}{m_{s0} + m_{g0}} \times 100\% \end{cases} \tag{5—25}$$

式中　m_{c0}、m_{f0}、m_{sl0}、m_{w0}、m_{s0}、m_{g0}——分别为在计算配合比中每立方米混凝土的水泥、粉煤灰、矿渣、水、细骨科和粗骨料等用量,kg/m^3;

　　　　ρ_c——水泥密度,(kg/m^3),通常水泥的密度在 $2900 \sim 3150kg/m^3$ 范围内,一般可取 $3100kg/m^3$;

　　　　ρ_f——粉煤灰的密度,kg/m^3;

　　　　ρ_{sl}——矿渣的密度,kg/m^3;

　　　　ρ_w——水的密度,kg/m^3,可取 $1000kg/m^3$;

　　　　ρ_s'——细骨料的表现密度,kg/m^3;

　　　　ρ_g'——粗骨料的表现密度,kg/m^3;

　　　　α——混凝土的含气量百分数,在不使用引气型化学外加剂时,α 可取为 1。

在胶凝材料中掺加的矿物掺合料和膨胀剂等均按内掺法计算,其他外加剂一般按外掺法计算。掺加除膨胀剂以外的外加剂时,一般外加剂掺量均较小,故外加剂体积或质量可不计算在内。

解上述方程组,即可计算得到粗骨料用量(m_{g0})和细骨料用量(m_{s0})。

②质量法

当混凝土所用原材料性能相对稳定时,即使各组成材料用量有所波动,混凝土拌合物的(湿)表观密度(或称体积密度)ρ_{0c} 也基本不变,接近于一恒定数值。当混凝土强度等级较低时,可取较低值;强度等级较高时,可取较高值。质量法即假定每立方米混凝土中各组成材料的质量之和等于每立方米混凝土拌合物的质量(即表现密度),由此可得下述方程组:

$$\begin{cases} m_{c0} + m_{f0} + m_{sl0} + \cdots\cdots + m_{w0} + m_{s0} + m_{g0} = \rho_{0c} \\ \beta_s = \dfrac{m_{s0}}{m_{g0} + m_{s0}} \times 100\% \end{cases} \tag{5—26}$$

式中　ρ_{0c}——假定的混凝土拌合物表观密度(或称体积密度),kg/m^3,可在 $2350 \sim 2450kg/m^3$ 选取。

解上述方程组,即可计算得到粗骨料用量(m_{g0})和细骨料用量(m_{s0})。

通过以上步骤,可求得计算配合比中水泥、粉煤灰、矿渣、水、细骨料、粗骨料和外加剂的用量,即得到混凝土的初步计算配合比。以上混凝土配合比计算公式中,骨料均以干燥状态骨料为基准。

2. 混凝土拌合物和易性调整与基准配合比确定

上述初步配合比是根据一些经验公式或表格通过计算得到的,或是直接选取的,不一定符合实际情况,故须进行试配检验与和易性调整,直到混凝土拌合物的和易性符合要求为止,然后提出供检验强度用的基准配合比。

一般试拌 20~25L 或以上混凝土拌合物。试拌时,若流动性大于设计要求,可保持砂率不变,适当增加砂、石用量;若流动性小于设计要求,可保持水胶比不变,适当增加胶凝材料用量和用水量,其数量一般为 5%~10%;若粘聚性或保水性不合格,应适当增加砂用量。和易性合格后,测定混凝土拌合物的表观密度 $\rho_{0c,实}$,并计算出各组成材料的拌合用量:水泥 $m_{c0,拌}$、粉煤灰 $m_{f0,拌}$、矿渣 $m_{sl0,拌}$、水 $m_{w0,拌}$、细骨料 $m_{s0,拌}$、粗骨料 $m_{g0,拌}$,则拌合物的材料总用量 $Q_总$ 为:

$$Q_总 = m_{c0,拌} + m_{f0,拌} + m_{sl0,拌} + \cdots\cdots + m_{w0,拌} + m_{s0,拌} + m_{g0,拌} \tag{5—27}$$

由此可计算出满足和易性要求时的配合比,即混凝土的基准配合比:

$$\begin{cases} m_{c0,基} = \dfrac{m_{c0,拌}}{Q_总} \times \rho_{0c,实} \quad m_{f0,基} = \dfrac{m_{f0,拌}}{Q_总} \times \rho_{0c,实} \quad \cdots\cdots \quad m_{w0,基} = \dfrac{m_{w0,拌}}{Q_总} \times \rho_{0c,实} \\[2mm] m_{s0,基} = \dfrac{m_{s0,拌}}{Q_总} \times \rho_{0c,实} \quad m_{g0,基} = \dfrac{m_{g0,拌}}{Q_总} \times \rho_{0c,实} \end{cases} \tag{5—28}$$

需要说明的是即使混凝土拌合物的和易性不需调整,也必须用实测的表观密度 $\rho_{0c,实}$ 按上式校正配合比。

3. 混凝土强度检验与实验室配合比确定

经过和易性调整后得到的基准配合比,这个初步确定的水胶比不一定能够满足混凝土的强度要求,因此,应检验混凝土的强度。混凝土强度检验时应采用不少于三组的配合比,其中一组为基准配合比,另两组的水胶比分别比基准配合比减小或增加 0.05,而用水量、砂用量、石用量与基准配合比相同。必要时,也可适当调整砂率,在基准配合比基础上分别增减 1%。

三组配合比分别拌合,拌合物性能还应符合设计和施工要求,然后再成型强度试块,经标准养护 28d 后,测定抗压强度。由三组配合比的胶水比和抗压强度,可绘制出混凝土胶水比与抗压强度的关系图(图 5—30)。

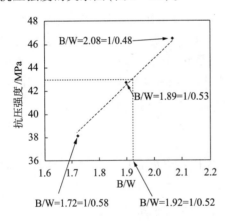

图 5—30 混凝土的胶水比 B/W 与抗压强度 f 的关系

由图 5—30 可得满足配制强度 $f_{cu,0}$ 要求的胶水比 B/W。若满足强度要求的混凝土胶水比与基准配合比的胶水比相同,则基准配合比即可升级为实验室配合比。

若满足强度要求的混凝土胶水比与基准配合比的胶水比不同,则实验室配合比的用水量、砂用量、石用量与基准配合比相同(可略作调整),胶凝材料用量由用水量乘以满足强度要求的混凝土胶水比计算得到。或再次采用质量法或体积法计算得到混凝土的实验配合比。

根据计算得到的实验室配合比重新拌合混凝土,并测得混凝土拌合物的表观密度实测值 $\rho_{0c,实}$,再根据 $\rho_{0c,实}$ 和计算表观密度 $\rho_{0c,计}$,计算得到混凝土配合比校正系数 δ:

$$\delta = \frac{\rho_{0c,实}}{\rho_{0c,计}} = \frac{\rho_{0c,实}}{m_{c1} + m_{f1} + m_{sl1} + \cdots\cdots + m_{w1} + m_{s1} + m_{g1}} \tag{5—29}$$

当混凝土拌合物表观密度实测值($\rho_{0c,实}$)与计算值($\rho_{0c,计}$)之差的绝对值不超过计算值的 2% 时,可不进行校正;若二者之差超过计算值的 2% 时,应将配合比中各种材料用量均乘以校正系数 δ,即为确定的混凝土实验室配合比。

4. 施工配合比换算

工程中实际使用的粗、细骨料通常均含有一定数量的水分,为保证混凝土配合比的准确性,应根据实测的细骨料含水率 $a\%$ 和粗骨料含水率 $b\%$,将实验室配合比换算为施工配合比,即:

$$m'_c = m_c \quad m'_f = m_f \quad m'_{sl} = m'_{sl} \quad \cdots\cdots$$
$$m'_w = m_w - m_s \times a\% - m_g \times b\%$$
$$m'_s = m_s + m_s \times a\%$$
$$m'_g = m_g + m_g \times b\%$$

$$(5-30)$$

工程现场或混凝土搅拌站应根据骨料含水率的变化,随时做相应调整。

五、普通混凝土配合比设计实例

例题 5-1:现浇配筋密列的混凝土筒仓板,受风雨影响(环境等级二 a),板截面最小尺寸为 250mm,钢筋净距最小尺寸为 45mm,设计强度等级为 C35。采用 42.5 级普通水泥(强度富余系数为 1.13),其密度为 3.10g/cm³;砂为中砂,表观密度为 2.60g/cm³;石为碎石,表观密度为 2.70g/cm³。假设该混凝土的体积密度为 2370kg/m³,强度标准差为 5.0MPa。求初步计算配合比、基准配合比和实验室配合比。

解:

(1)确定混凝土的初步计算配合比

计算并查表 5-3 和表 5-16 得:碎石级配为 5~31.5mm(最大粒径同时小于 1/4 × 250 = 62.5mm,3/4 × 45 = 33.8mm),坍落度为 55~70mm。

①确定配制强度

$$f_{cu,0} = f_{cu,k} + 1.645\sigma = 35 + 1.645 \times 5.0 = 43.2\text{MPa}$$

②确定水胶比

$W/B = \alpha_a f_b/(f_{cu,0} + \alpha_a \alpha_b f_b) = \alpha_a \gamma_f \gamma_{sl} \gamma_c f_{ce,g}/(f_{cu,0} + \alpha_a \alpha_b \gamma_f \gamma_{sl} \gamma_c f_{ce,g})$
$= 0.53 \times 1.00 \times 1.00 \times 1.13 \times 42.5/(43.2 + 0.53 \times 0.20 \times 1.00 \times 1.00 \times 1.13 \times 42.5)$
$= 0.53$

按耐久性要求(表 5-22)$W/B \leqslant 0.55$,所以可取水胶比为 0.53。

③确定用水量 m_{w0}

查表 5-17 得用水量可选用 $m_{w0} = 195\text{kg/m}^3$。

④确定胶凝材料(本题只有水泥一种)用量

$$m_{b0} = m_{w0}/(W/B) = m_{c0} = 195/0.53 = 368\text{kg/m}^3$$

由表 5-26 查得,按配合比设计规程要求的最小胶凝材料用量为 300~320kg/m³。所以,取胶凝材料用量为上述两者的较大值 $m_{b0} = 368\text{kg/m}^3$。

⑤确定砂率(β_s)

查表 5-18,在 $W/B = 0.53$ 和碎石最大粒径为 31.5mm 时,可取 $\beta_s = 34\%$。

水胶比	粗骨料最大粒径/mm		
	20	31.5	40
0.50	32～37,34.5	33.5	30～35,32.5
0.53		34.4	
0.60	35～40,37.5	36.5	33～38,35.5

$\beta_s = 33.5 + (36.5 - 33.5) \times 3/10 = 34.4\% = 34\%$

⑥确定 $1m^3$ 混凝土中砂、石用量（m_{s0}、m_{g0}）

采用假定体积密度或质量法，得：

$368 + 195 + m_{s0} + m_{g0} = 2370$，

$m_{s0}/(m_{s0} + m_{g0}) \times 100\% = 34\%$，

解得 $m_{s0} = 614kg$；$m_{g0} = 1193kg$。

得混凝土计算配合比为：$m_{b0} = m_{c0}$，

$m_{c0} : m_{w0} : m_{s0} : m_{g0} = 368 : 195 : 614 : 1193 = 1 : 0.53 : 1.67 : 3.24$。

又⑥确定 $1m^3$ 混凝土中砂、石用量（m_{s0}、m_{g0}）

采用体积法，得：

$368/3100 + 195/1000 + m_{s0}/2600 + m_{g0}/2700 + 0.01 \times 1 = 1$，

$m_{s0}/(m_{s0} + m_{g0}) \times 100\% = 34\%$，

解得 $m_{s0} = 613kg$；$m_{g0} = 1190kg$。

得混凝土计算配合比为：$m_{b0} = m_{c0}$，

$m_{c0} : m_{w0} : m_{s0} : m_{g0} = 368 : 195 : 613 : 1190 = 1 : 0.53 : 1.67 : 3.23$。

（2）确定混凝土的试（基准）配合比——经试拌应能满足设计和施工要求,并做抗压强度试件。

试拌 1	W/B	β_s/%	每方组成材料用量/(kg/m³)				ρ_0/(kg/m³)	坍落度/mm
			m_{c0}	m_{w0}	m_{s0}	m_{g0}		
1000L	0.53	34	368	195	614	1193	2370 假设	
拌 20L			7.36	3.90	12.28	23.86		45 坍落度小
增 5%水泥浆			0.37	0.20	/	/		65 和易性好
拌料总量			7.73	4.10	12.28	23.86	2360 实测	
基准配合比 1	0.53	34	380	202	604	1174	2360	

$\rho_{实} = (m_1 - m_0)/V_0 = 7.95/0.150^3 = 2360kg/m^3$，宜为三个测定值的平均值。或借用混凝土抗压强度的数据处理方法。

$m_{c基} = m_{c拌}\rho_{实}/(m_{c拌} + m_{w拌} + m_{s拌} + m_{g拌}) = 7.73 \times 2360/(7.73 + 4.10 + 12.28 + 23.86) = 380$

（2-1）在试拌（基准）配合比基础上,拌制水胶比增加 0.05 的混凝土,用水量应与试拌配合比相同,砂率可增加 1% 。——经试拌应能满足设计和施工要求,并做抗压强度试件。

试拌 2	W/B	β_s%	每方组成材料用量/(kg/m³)				ρ_0/(kg/m³)	坍落度/mm	
			m_{c0}	m_{w0}	m_{s0}	m_{g0}			
1000L	0.58	35	348	202	634	1176	2360 假设		
拌 20L			6.96	4.04	12.68	23.52		65	和易性好
不需要调整									
拌料总量			6.96	4.04	12.68	23.52	2360 实测		
基准配合比 2	0.58	35	348	202	634	1176	2360		

（2－2）在试拌（基准）配合比基础上，拌制水胶比减小0.05的混凝土，用水量应与试拌配合比相同，砂率可减小1%。——经试拌应能满足设计和施工要求，并做抗压强度试件。

试拌 3	W/B	β_s%	每方组成材料用量/(kg/m³)				ρ_0/(kg/m³)	坍落度/mm	
			m_{c0}	m_{w0}	m_{s0}	m_{g0}			
1000L	0.48	33	421	202	580	1177	2380 假设		
拌 20L			8.42	4.04	11.60	23.54		45	坍落度小
增3%水泥浆			0.25	0.12				60	和易性好
拌料总量			8.67	4.16	11.60	23.54	2370 实测		
基准配合比 3	0.48	33	428	206	573	1163	2370		

（3）经试拌满足设计和施工要求的混凝土配合比及其28d抗压强度

配合比	W/B	β_s%	每方组成材料用量/(kg/m³)				ρ_0/(kg/m³)	坍落度/mm	抗压强度/MPa
			m_c	m_w	m_s	m_g			
基准配合比 2	0.58	35	348	202	634	1176	2360	65	37.8
基准配合比 1	0.53	34	380	202	604	1174	2360	65	42.5
基准配合比 3	0.48	33	428	206	573	1163	2370	60	46.8

（4）实验室配合比（满足和易性、强度、耐久性和经济性等要求）的确定

配合比	W/B	β_s%	每方组成材料用量/(kg/m³)				ρ_0/(kg/m³)	坍落度/mm
			m_c	m_w	m_s	m_g		
实验室配合比	0.52	34	388	202	604	1174	2368 计算，2370 实测	65
			1	0.52	1.56	3.03		

由作图（图5－30）法得到水胶比为0.52。水、砂和碎石用量取水胶比0.53的这一组，因为它与水胶比0.52的最接近。再经试拌后坍落度为65mm，实测体积密度为2370kg/m³

$\delta = \rho_实/\rho_计 = 2370/2368 = 1.0008 < 1.02$，一般不需要校正。

上述配合比，即为实验室配合比。

（5）施工配合比

假定施工现场砂的含水率为 5.0%，石的含水率为 0.5%，则施工配合比为

$m_b' = m_b = m_c = 388$

$m_s' = m_s(1 + a\%) = 604 \times (1 + 5.0\%) = 634$

$m_g' = m_g(1 + b\%) = 1174 \times (1 + 0.5\%) = 1180$

$m_w' = m_w - m_s a\% - m_g b\% = 202 - 604 \times 5.0\% - 1174 \times 0.5\% = 166$

例题 5-2：现浇配筋密列的混凝土筒仓板，受雨雪影响（环境等级二 a），板截面最小尺寸为 250mm，钢筋净距最小尺寸为 45mm，设计强度等级为 C35，抗渗等级为 P8。采用 42.5 级普通水泥（强度富余系数为 1.13），其密度为 $3.10g/cm^3$；粉煤灰为 F 类 II 级，其密度为 $2.20g/cm^3$；矿渣粉为 S95，其密度为 $2.80g/cm^3$；砂为中砂（细度模数为 2.6），表观密度为 $2.60g/cm^3$；石为碎石，表观密度为 $2.70g/cm^3$。假设该混凝土的表观密度为 $2350kg/m^3$，强度标准差为 5.0MPa。求初步计算配合比（掺 II 级粉煤灰 15%，掺 S95 级矿渣 20%，它们的影响系数分别为 0.85 和 0.97）。

解：计算并查表 5—3 和 5—16 得：碎石级配为 5～31.5mm，坍落度为 55～70mm。

①确定配制强度

$$f_{cu,0} = f_{cu,k} + 1.645\sigma = 35 + 1.645 \times 5.0 = 43.2MPa$$

②确定水胶比

$W/B = a_a f_b / (f_{cu,0} + a_a a_b f_b) = a_a \gamma_f \gamma_{s1} \gamma_c f_{ce,g} / (f_{cu,0} + a_a a_b \gamma_f \gamma_{s1} \gamma_c f_{ce,g})$

$= 0.53 \times 0.85 \times 0.97 \times 1.13 \times 42.5 / (43.2 + 0.53 \times 0.20 \times 0.85 \times 0.97 \times 1.13 \times 42.5)$

$= 0.44$

按耐久性要求（表 5—22）$W/B \leq 0.55$，所以可取水胶比为 0.44。

③确定用水量（m_{w0}）

查表 5—17 得，混凝土的用水量可选用 $m_{w0} = 195kg/m^3$。

④确定胶材用量

$m_{b0} = m_{w0}/(W/B) = 195/0.44 = 443kg/m^3$

由表 5—26 查得，按配合比设计规程要求的最小胶凝材料用量为 $330kg/m^3$。所以，取胶凝材料用量为上述两者的较大值 $m_{b0} = 443kg/m^3$。

⑤确定各胶材用量

$m_{f0} = \beta_f m_{b0} = 15\% \times 443 = 66$

$m_{s10} = \beta_{s1} m_{b0} = 20\% \times 443 = 89$

$m_{c0} = m_{b0} - m_{f0} - m_{s10} = 443 - 66 - 89 = 288$

⑥确定砂率

在 $W/B = 0.44$ 和碎石最大粒径为 31.5mm 时，还要满足抗渗等级的要求，故砂率 $\beta_s = 35\% \sim 45\% = 39\%$。

⑦确定 $1m^3$ 混凝土的砂、石材料用量

采用假定表观密度法或质量法，得：

$m_{c0} + m_{f0} + m_{s10} + m_{w0} + m_{s0} + m_{g0} = \rho_{0c}$

$288 + 66 + 89 + 195 + m_{s0} + m_{g0} = 2350$

$m_{s0}/(m_{s0} + m_{g0}) \times 100\% = 39\%$

解得 $m_{s0} = 668\text{kg}; m_{g0} = 1044\text{kg}$。

按质量法计算得到的混凝土计算配合比为：

$$m_{c0} : m_{f0} : m_{s10} : m_{w0} : m_{s0} : m_{g0} = 288 : 66 : 89 : 195 : 668 : 1044$$

或 $m_{b0}(m_{c0} + m_{f0} + m_{s10}) : m_{w0} : m_{s0} : m_{g0} = 443(288 + 66 + 89) : 195 : 668 : 1044 = 1(0.65 + 0.15 + 0.20) : 0.44 : 1.51 : 2.36$

注：在此计算配合比的基础上，进行试拌和调整，可得到满足和易性要求的基准配合比。再在基准配合比的基础上，增加$(W/B + 0.05)$和$(W/B - 0.05)$二组混凝土，最后得到三组混凝土强度，在此基础上得到满足强度、和易性、耐久性和经济性的实验室配合比。

例题 5 - 3：现浇配筋密列的混凝土筒仓板，受雨雪影响（环境等级二 a），板截面最小尺寸为 250mm，钢筋净距最小尺寸为 45mm，设计强度等级为 C35。采用 42.5 级普通水泥（强度富余系数为 1.13），其密度为 3.10g/cm³；粉煤灰为 F 类 Ⅱ 级，其密度为 2.20g/cm³；矿渣粉为 S95，其密度为 2.80g/cm³；砂为中砂（细度模数为 2.6），表观密度为 2.60g/cm³；石为碎石，表观密度为 2.70g/cm³。设该混凝土的表观密度为 2350kg/m³，强度标准差为 5.0MPa。要求泵送，施工要求坍落度 180mm；掺 15% 粉煤灰，掺 20% 矿渣，它们的影响系数分别为 0.85 和 0.97；掺 2.0% 泵送剂（减水率为 17%、含固率为 30%）。求初步计算配合比、基准配合比和实验室配合比。

解：（1）确定混凝土的初步计算配合比

计算并查表 5—3 和表 5—16 得：碎石级配为 5～31.5mm，设计出厂坍落度为 $180 + 20 = 200\text{mm}$。

①确定配制强度

$$f_{cu,0} = f_{cu,k} + 1.645\sigma = 35 + 1.645 \times 5.0 = 43.2\text{MPa}$$

②确定水胶比

$$W/B = \alpha_a f_b / (f_{cu,0} + \alpha_a \alpha_b f_b) = \alpha_a \gamma_f \gamma_{s1} \gamma_c f_{ce,g} / (f_{cu,0} + \alpha_a \alpha_b \gamma_f \gamma_{s1} \gamma_c f_{ce,g})$$
$$= 0.53 \times 0.85 \times 0.97 \times 1.13 \times 42.5 / (43.2 + 0.53 \times 0.20 \times 0.85 \times 0.97 \times 1.13 \times 42.5)$$
$$= 0.44$$

按耐久性要求（表 5—22）$W/B \leq 0.55$，所以可取水胶比为 0.44。

③确定用水量（m_{w0}）。查表 5—17 得，1m³ 混凝土的用水量可选用

$$m_{w0}' = 205 + (200 - 80) \times 5/20 = 235\text{kg/m}^3$$
$$m_{w0} = m_{w0}'(1 - \beta) = 235 \times (1 - 0.17) = 195\text{kg/m}^3$$

④确定材用量。

$$m_{b0} = m_{w0} / (W/B) = 195/0.44 = 443\text{kg/m}^3$$

由表 5—26 得，按配合比设计规程要求的最小胶凝材料用量为 330kg/m³。所以，取胶凝材料用量为上述两者的较大值 $m_{b0} = 443\text{kg/m}^3$。

⑤确定泵送剂和各胶材用量。

$$m_{a0} = \beta_a m_{b0} = 2.0\% \times 443 = 8.86 = 8.86 \times 30\%（固体）+ 8.86 \times 70\%（液体）= 2.66 + 6.20\text{kg/m}^3,$$
$$m_{f0} = \beta_f m_{b0} = 15\% \times 443 = 66\text{kg/m}^3,$$
$$m_{s10} = \beta_{s1} m_{b0} = 20\% \times 443 = 89\text{kg/m}^3,$$
$$m_{c0} = m_{b0} - m_{f0} - m_{s10} = 443 - 66 - 89 = 288\text{kg/m}^3.$$

⑥确定砂率

查表5—18,在 $W/B = 0.44$ 和碎石最大粒径为 $31.5mm$ 时,可得砂率 $\beta_s = 32\%$ 。

在坍落度 $200mm$ 时, $\beta_s = 32 + (200 - 60) \times 1/20 = 39\%$ 。

水胶比	粗骨料最大粒径/mm		
	20	31.5	40
0.40	29 ~ 34,31.5	30.5	27 ~ 32,29.5
0.44		$\beta_s = 30.5 + (33.5 - 30.5) \times 4/10 = 31.7 = 32$	
0.50	32 ~ 37,34.5	33.5	30 ~ 35,32.5

⑦确定 $1m^3$ 混凝土的砂、石材料用量

采用假定表观密度或质量法,得:

$$m_{c0} + m_{f0} + m_{s10} + m_{w0} + m_{s0} + m_{g0} = \rho_{cp}$$

$$288 + 66 + 89 + 195 + m_{s0} + m_{g0} = 2350$$

$$m_{s0}/(m_{s0} + m_{g0}) \times 100\% = 39\%$$

解得 $m_{s0} = 668kg/m^3$; $m_{g0} = 1044kg/m^3$ 。

按质量法计算得到的混凝土计算配合比为:

$$m_{b0}(m_{c0} + m_{f0} + m_{s10}):m_{w0}:m_{s0}:m_{g0}:m_{a0}$$

$= 443(288 + 66 + 89):195:668:1044:2.66(按固体计) = 1(0.65 + 0.15 + 0.20):0.44:$
$1.51:22.36:0.0060$

$= 443(288 + 66 + 89):188.8:668:1044:8.86(按液体计) = 1(0.65 + 0.15 + 0.20):0.43:$
$1.51:2.36:0.020$

(2)确定混凝土的试拌(基准)配合比——经试拌应能满足设计和施工要求,并做抗压强度试件。

试拌1	W/B	β_s%	每方组成材料用量/(kg/m³)							ρ_0/(kg/m³)	坍落度/mm
			m_{c0}	m_{f0}	m_{s10}	m_{w0}	m_{s0}	m_{g0}	m_{a0}		
	0.44	39	443			195	668	1044	2.66		
1000L	0.44	39	288	66	89	188.8	668	1044	8.86	2350	
拌20L			5.76	1.32	1.78	3.78	13.36	20.88	0.177		165
增10%泵送剂									0.018		205
拌料总量			5.76	1.32	1.78	3.78	13.36	20.88	0.195		
基准配合比1	0.44	39	288	66	89	188.8	668	1044	9.75	2350	
调整为	0.44	39	288	66	89	188.2	668	1044	9.75	2350	

注:由于泵送剂增加了 $0.6kg$ 。为了维持用水量为 $195kg/m^3$,故作上述调整。

(2-1)在试拌(基准)配合比基础上,拌制水胶比增加 0.05 的混凝土,用水量应与试拌配合比相同,砂率可增加 1% 。——经试拌应能满足设计和施工要求,并做抗压强度试件。

试拌 2	W/B	β_s%	每方组成材料用量/(kg/m³)							ρ_0/(kg/m³)	坍落度/mm
			m_{c0}	m_{f0}	m_{sl0}	m_{w0}	m_{s0}	m_{g0}	m_{a0}		
	0.49	40	398			195	703	1054	2.39		
1000L	0.49	40	259	60	80	189.4	703	1054	7.96	2350	
拌 20L			5.18	1.20	1.60	3.79	14.06	21.08	0.159		195
不需要调整											
拌料总量			5.18	1.20	1.60	3.79	14.06	21.08	0.159		
基准配合比 2	0.49	40	259	60	80	189.4	703	1054	7.96	2350	

（2-2）在试拌配合比基础上,拌制水胶比减小 0.05 的混凝土,用水量应与试拌配合比相同,砂率可减小 1%。——经试拌应能满足设计和施工要求,并做抗压强度试件。

试拌 3	W/B	β_s%	每方组成材料用量/(kg/m³)							ρ_0/(kg/m³)	坍落度/mm
			m_{c0}	m_{f0}	m_{sl0}	m_{w0}	m_{s0}	m_{g0}	m_{a0}		
	0.39	38	500			195	629	1026	3.00	2350	
1000L	0.39	38	325	75	100	188.0	629	1026	10.00	2350	
拌 20L			6.50	1.50	2.00	3.76	12.58	20.52	0.200		170
增 10% 泵送剂									0.020		200
拌料总量			6.50	1.50	2.00	3.76	12.58	20.52	0.220		
基准配合比 3	0.39	38	326	75	100	188.8	632	1030	11.04	2360	
调整为	0.39	38	325	75	100	187.3	633	1032	11.00	2360	

注:由于泵送剂增加 10%,体积密度由 2350 提高到 2360,水量增加了 1.5kg。为了维持用水量为 195kg/m³,故作上述调整。

（3）经试拌满足设计和施工要求的混凝土配合比及其 28d 抗压强度

配合比	W/B	β_s%	每方组成材料用量/(kg/m³)							ρ_0/(kg/m³)	坍落度/mm	抗压强度/MPa
			m_c	m_f	m_{sl}	m_w	m_s	m_g	m_a			
基准配合比 2	0.49	40	259	60	80	189.4	703	1054	7.96	2350	195	39.8
基准配合比 1	0.44	39	288	66	89	188.2	668	1044	9.75	2350	205	44.5
基准配合比 3	0.39	38	325	75	100	187.3	633	1032	11.00	2360	200	48.8

（4）实验室配合比(满足和易性、强度、耐久性和经济性等要求)的确定

配合比	W/B	$\beta_s\%$	每方组成材料用量/（kg/m³）							ρ_0/（kg/m³）	坍落度/mm
			m_c	m_f	m_{sl}	m_w	m_s	m_g	m_a		
实验室配合比	0.45	39	433			195	668	1044	2.86	2340 计算	200
			281	65	87	188.3	668	1044	9.53	2350 实测	

由作图（图与例题 5-1 相当）法得到，水胶比为 0.45。水（195）、砂和碎石用量取水胶比 0.44 的这一组，因为它与水胶比 0.45 的最接近。再经试拌后坍落度为 200mm，实测体积密度为 2350kg/m³。

$\delta = \rho_{实}/\rho_{计} = 2350/2340 = 1.004 < 1.02$，一般不需要校正。

上述配合比，即为实验室配合比：

$m_b(m_c + m_f + m_{sl}):m_w:m_s:m_g:m_a$

$= 433(281 + 65 + 87):195:668:1044:2.86（按固体计）= 1(0.65 + 0.15 + 0.20):0.45:1.54:2.41:0.0066$

$= 433(281 + 65 + 87):188.3:668:1044:9.53（按液体计）= 1(0.65 + 0.15 + 0.20):0.43:1.54:2.41:0.022$

第九节 其他混凝土

一、预拌混凝土

预拌混凝土，是指由水泥、骨料、水以及根据需要掺入的外加剂和掺合料等组分按一定比例，在集中搅拌站（厂）经计量、拌制后出售，并采用运输车在规定时间内运至使用地点的混凝土拌合物。

国家标准《预拌混凝土》（GB/T 14902—2012）将预拌混凝土分为常规品（A）和特制品（B）两类。特制品包括的混凝土种类有高强、自密实、纤维、轻骨料和重混凝土。常规品系指特制品以外的普通混凝土。

常规品标记示例：采用通用硅酸盐水泥、河砂（也可是人工砂或海砂）、石、矿物掺合料、外加剂和水配制的普通混凝土，强度等级为 C50，坍落度为 180mm，抗冻等级为 F200，抗氯离子渗透性能电通量 Q_s 为 1000C，其标记为：

A - C50 - 180(S4) - F200 Q - Ⅲ(1000) - GB/T 14902

特制品标记示例：采用通用硅酸盐水泥、砂（也可是陶砂）、陶粒、矿物掺合料、外加剂、合成纤维和水配制的轻骨料混凝土，强度等级为 LC40，坍落度为 210mm，抗渗等级为 P8，抗冻等级为 F100，其标记为：

B - LF - LC40 - 210(S4) - P8F100 - GB/T 14902

预拌混凝土生产将分散的小生产方式的混凝土生产变成集中的专业化混凝土生产系统，以商品形式向用户供应混凝土，给混凝土工程施工带来一些根本性的变革，其优越性是显而易见的，归结起来有以下几点：①提高设备利用率，降低生产能耗；②减少污染，改善施工现场面貌，同时，节约原材料用量；③有利于质量控制。预拌混凝土强度的变异系数，一般为 0.07～0.15，远低于现场搅拌混凝土强度的变异系数（0.27～0.32）；④有利于新技术的推广，如散装水泥、外加剂、矿物掺合料等。

预拌混凝土一般均采用泵送法进行施工。采用泵送法施工时,可一次连续完成垂直、水平运输和浇筑过程,因而生产效率高,节约劳动力,特别适用于工地狭窄和有障碍物的施工现场,以及大体积混凝土结构物、高层建筑和桥梁等。

配制泵送混凝土时,除必须满足混凝土设计强度和耐久性的要求外,尚应使混凝土满足可泵性要求,这是与普通混凝土的主要不同之处。所谓混凝土的可泵性,是指混凝土拌合物在泵压作用下,能在输送管道中连续稳定的通过而不产生离析的性能。

泵送混凝土必须有足够的稠度、适中的浆体,并在泵送压力作用下能始终保持住这种状态。为保证良好的可泵性,泵送混凝土对原材料的要求较严,对混凝土配合比要求较高。

泵送混凝土所用粗骨料最大粒径与输送管径之比,当泵送高度在 50m 以下时,对碎石不宜大于 1:3,对卵石不宜大于 1:2.5;泵送高度在 50～100m 时,宜为 1:3～1:4;泵送高度在 100m 以上时,宜为 1:4～1:5。粗骨料应采用连续级配,且针、片状颗粒含量不宜大于 10%。细骨料宜采用中砂,其通过 0.315mm 筛孔的颗粒含量不应小于 15%。

泵送混凝土通常均掺用泵送剂或减水剂,并且掺用粉煤灰或其他活性掺合料。配合比设计时,水灰比不宜大于 0.60,水泥用量不宜小于 $300kg/m^3$,砂率宜为 38%～45%,掺用引气型外加剂时,其混凝土含气量不宜大于 4%。

泵送混凝土最佳的坍落度范围为 100～180mm。混凝土坍落度太小,泵送阻力增大,易造成管道阻塞。随着泵送高度的增加,应适当增加混凝土坍落度。但混凝土坍落度较大(如超过 220mm),混凝土拌合物容易产生泌水或离析,对可泵性反而不利。根据泵送的垂直高度不同,泵送混凝土入泵坍落度可按表 5—16 选用。

二、高强混凝土

高强混凝土是相对于当前混凝土技术的一般水平而言的。不同的国家,对高强混凝土的定义不同。美国混凝土学会将设计强度等于或高于 41MPa(试件尺寸为 $\Phi150mm \times 300mm$)的混凝土称为高强混凝土,与我国 C50 混凝土相当。中国土木工程学会高强与高性能混凝土委员会编制的《高强混凝土结构设计与施工指南》(CECS104:99)将达到或超过 C50 的混凝土称为高强混凝土。目前,所谓高强混凝土一般是指强度等级为 C60 及以上的混凝土。

混凝土高强化的主要技术途径有:胶凝材料本身高强化,选择合适的骨料,强化界面过渡区。这些技术途径可通过采取合理选择原材料、合理选择混凝土配合比设计参数及合理的施工工艺等措施来实现。

水泥应选用硅酸盐水泥或普通硅酸盐水泥,强度等级不宜低于 42.5 级。配制高强混凝土的水泥用量较多,70～80MPa 混凝土中普通水泥用量在 450～550 kg/m^3,但水泥用量也不宜过多,过多的水泥用量会引起水化热、收缩和徐变增大等突出问题,且成本也大幅提高。通过掺加高效减水剂和矿物掺合料可减少水泥用量。宜选用非引气、坍落度损失小的高效减水剂。采用高效减水剂是实现混凝土低水灰比,且又能满足良好施工和易性要求最有效的措施。在混凝土中掺入硅灰、磨细矿渣微粉或优质粉煤灰等矿物掺合料,既可减少水泥用量,强化水泥石与骨料界面,又可减少孔隙和细化孔径,是配制 C70 及以上等级高强混凝土的有效措施。

细骨料宜采用偏粗的中砂,细度模数宜大于 2.6,含泥量不应超过 2%,泥块含量不应大于 1%。C70 以上等级的混凝土含泥量不应超过 1.0%，不允许有泥块存在。粗骨料的性能对高强混凝土的强度及弹性模量起制约作用，应选用强度较高的硬质骨料，且颗粒级配良好，针状、片状颗粒含量不宜超过 5%，含泥量不应超过 1%。粗骨料的最大粒径需随混凝土配制强度的提高而减小，一般不宜超过 25mm。

高强混凝土配合比设计的计算方法和步骤与普通混凝土相同，但混凝土强度公式——鲍罗米公式对高强混凝土不再适用。目前尚无统一的计算公式，一般按经验确定水灰比。通常配制高强混凝土所用水胶比（水与胶凝材料的质量比）宜控制在 0.38 以下，试配时选用的水胶比间距宜为 0.02~0.03。水泥用量不宜超过 550kg/m³，胶凝材料总量不宜超过 600kg/m³。矿物掺合料的品种和掺量及其对混凝土性能的影响，应通过试验确定。宜选择较低砂率。虽然砂率在一定范围内对混凝土强度影响不大，但对混凝土拌合物和易性及硬化混凝土弹性模量有较大影响，配合比设计中的合理砂率值可通过试验确定。通过试验确定高强混凝土配合比后，尚应对该配合比进行 6~10 次重复试验进行验证。

高强混凝土具有抗压强度高、抗变形能力强、徐变小、密度大、孔隙率低等特性，目前在高层建筑、大跨度桥梁以及某些特种结构中已得到广泛应用。

三、高性能混凝土

高性能混凝土是一种新型高技术混凝土，是在大幅度提高普通混凝土性能的基础上采用现代混凝土技术制作的混凝土，其基本特征是按耐久性进行设计——保证拌合物易于浇筑和密实成型，不发生或尽量减少由温度和收缩产生的裂缝，硬化后有足够的强度，内部孔隙结构合理，具有低渗透性和高抗化学侵蚀性等特点。

混凝土高性能化的主要技术手段是采用高效减水剂和超细矿物掺和料。高效减水剂能降低混凝土的水灰比，增大坍落度，赋予混凝土良好的密实度和流动性，同时可通过适当手段控制其坍落度损失。超细矿物掺合料则能填充水泥颗粒之间的空隙，参与胶凝材料的水化反应，提高混凝土的密实度，并改善其界面结构。在不同使用环境条件下，采用不同的超细粉可以使混凝土的抗渗性和耐久性得到提高。根据环境条件而采用不同品种和数量的超细粉以及采用低水灰比是提高混凝土耐久性的两个重要保证。矿物质超细粉的掺入也有助于提高混凝土的流动性，降低用水量，从而降低水灰比，使强度和耐久性进一步提高。

目前国内外大型工程均采用高性能混凝土，如美国西雅图双联广场采用 C135 的高强高性能混凝土（1988 年），日本明石海峡大桥采用 C40 高性能混凝土（1988 年）。1995~1997年，上海金茂大厦（总高 420.5m），采用了 C40、C50、C60 高性能混凝土，采用泵送施工，并创下一次泵送到 382.5m 高度的世界纪录。上海东方明珠电视塔、深圳地王大厦、首都机场航站楼、台湾东帝士大厦、杭州湾跨海大桥等工程中均成功应用了高性能混凝土。

四、自密实高性能混凝土

自密实高性能混凝土（self-compacted high performance concrete）是 20 世纪 80 年代后半期，由日本东京大学教授村甫开发成功的一种高技术混凝土。自密实混凝土的拌合物除高流动性外，还必须具有良好的抗材料分离性（抗离析性）、间隙通过性（通过较密钢筋间隙和狭窄通道的能力）和抗堵塞性（填充能力）。一般用拌合物的坍落扩展度，即坍落后拌合物铺展的直径,作为高流动性混凝土流变性能的量度,见图5—9。自密实混凝土的坍落扩展度一般为500~700mm。超过700mm时,拌合物易产生离析;不到500mm时,则可能发生充填障碍。

由于自密实混凝土拌合物具有很好的施工性能,能保证混凝土在不利的浇筑条件下密实成型;因水胶比很低,混凝土密实度高,故其抗碳化能力强;因掺加大量矿物掺合料,可大幅降低混凝土的水化温升,具有很好的抗化学侵蚀和抗碱骨料反应的能力,可大幅提高混凝土的耐久性,因此,自密实混凝土属于高性能混凝土。

自密实混凝土的强度可有很宽的范围,可从C25到C60以上。我国目前大量使用的是C30~C40。为了保证及时拆模,成型后在标准条件下24h抗压强度应≥5MPa。在施工计划允许、着重长期强度、使用低热水泥等情况下,可放宽上述要求。

由于粗骨料用量较少,自密实混凝土比使用同一品种骨料的普通混凝土弹性模量稍低,干燥收缩较大,易产生有害裂缝。掺用粉煤灰和少量膨胀剂有利于减小收缩。掺用合成纤维不仅可减小收缩,也可提高抗裂性能。

目前,国内外均已有自密实混凝土的应用实例,如美国西雅图65层的双联广场钢管混凝土柱,28d抗压强度115MPa。混凝土从底层逐层泵送,无振捣。在我国,北京、深圳、济南等城市也开始使用自密实混凝土,从1995年开始,浇筑量已超过4万立方米。主要用于地下暗挖、密筋、形状复杂等无法浇筑或浇筑困难的部位、解决扰民问题、缩短工期等。

五、防水混凝土

防水混凝土是通过各种方法提高混凝土抗渗性能,以达到防水目的(抗渗等级等于或大于P6级)的一种混凝土,属于刚性防水的一种。

普通混凝土渗水的主要原因是其内部存在着许多贯通孔隙,为此,可以采用改善骨料级配、降低水灰比、适当增加砂率和水泥用量、掺用外加剂以及采用特种水泥等方法来提高混凝土内部的密实性或堵塞混凝土内部的毛细管通道,使混凝土具有较高的抗渗性能。

防水混凝土按其配制方法不同,可分为普通防水混凝土、外加剂防水混凝土和采用特种水泥的防水混凝土。

1. 普通防水混凝土

普通防水混凝土是以调整配合比的方法来提高自身密实性和抗渗性的一种混凝土。它是通过采用较小的水灰比,以减少毛细孔的数量和孔径;适当提高胶凝材料用量(不少于320kg/m³)、砂率(35%~40%)和灰砂比(1:2~1:2.5),在粗骨料周围形成品质良好的和足够数量的砂浆包裹层,使粗骨料彼此隔离,以隔断沿粗骨料与砂浆界面的互相连通的渗水孔网;采用较小的骨料粒径(不大于40mm),以减小沉降孔隙;保证搅拌、浇筑、振捣和养护的施工质量,以防止和减少施工孔隙,达到防水目的。

普通防水混凝土的配制工艺简单,成本低廉,质量可靠,抗渗压力一般可达0.6~2.5MPa,已广泛应用于地上、地下防水工程。

2. 外加剂防水混凝土

这种方法除掺加适当品种和数量的外加剂外,对原材料没有特殊要求,也不需要增加水泥用量,比较经济,效果良好,因而使用很广泛。常用的外加剂防水混凝土主要有以下几种。

(1)引气剂防水混凝土

引气剂是一种具有憎水作用的表面活性物质,可显著降低混凝土拌和用水的表面张力,通过搅拌,在混凝土拌合物中产生大量稳定、微小、均匀、密闭的气泡。这些气泡在拌合物中,可起类似滚珠的作用,从而改善拌合物的和易性,使混凝土更易于密实。同时这些气泡在混凝土中,填充了混凝土中的空隙,阻断了混凝土中毛细管通道,使外界水分不易渗入混凝土内部。而且引气剂分子在毛细管壁上,会形成一层憎水性薄膜,削弱了毛细管的引水作用,可提高混凝土的抗渗能力。

引气剂的掺量要严格控制,应保证混凝土既能满足抗渗性要求,同时又能满足强度要求。通常以控制混凝土的含气量在 3% ~6% 为佳。

搅拌是生成气泡的必要条件,搅拌时间对混凝土含气量有明显影响。搅拌时间过短,不能形成均匀、分散的微小气泡;搅拌时间过长,则气泡壁越来越薄,易使微小气泡破坏而产生大气泡。搅拌时间过短或过长,都会降低抗渗性,一般搅拌时间以 2 ~3min 为宜。

（2）密实剂防水混凝土

密实剂防水混凝土是在混凝土拌合物中加入一定数量的密实剂(氯化铁、氢氧化铁和氢氧化铝的溶液)拌制而成的。氯化铁与混凝土中的氢氧化钙反应会生成氢氧化铁胶体,堵塞于混凝土的孔隙中,从而提高混凝土的密实性。氢氧化铝或氢氧化铁溶液是不溶于水的胶状物质,能沉淀于毛细孔中,使毛细孔的孔径变小,或阻塞毛细孔,从而提高混凝土的密实度和抗渗性。密实剂防水混凝土不但大量用于水池、水塔、地下室以及一些水下工程。而且也广泛用于地下防水工程的砂浆抹面和大面积的修补堵漏。密实剂防水混凝土还可代替金属制作煤气管和油罐等。

3. 特种水泥防水混凝土

采用膨胀水泥、收缩补偿水泥、硫铝酸盐水泥等特种水泥来配制防水混凝土,其原理是依靠早期形成的大量钙矾石、氢氧化钙等晶体和大量凝胶,填充孔隙空间,形成致密结构,并改善混凝土的收缩变形性能,从而提高混凝土的抗裂和抗渗性能。

由于特种水泥生产量小,价格高,目前直接采用特种水泥配制防水混凝土的方法尚不普遍。施工现场常采用普通水泥加膨胀剂(如 UEA)的方法来制备防水混凝土。掺膨胀剂的混凝土需适当延长搅拌时间,并加强混凝土 14d 内的湿养护。

防水(抗渗)混凝土的配合比设计应按《普通混凝土配合比设计规程》(JGJ 55—2000)中防水混凝土的配合比设计规定进行。

六、轻混凝土

表观密度不大于 $1950kg/m^3$ 的混凝土称为轻混凝土。轻混凝土按其所用材料及配制方法的不同可分为轻骨料混凝土、大孔混凝土和多孔混凝土三类。由于轻混凝土具有表观密度低、自身质量较轻、保温隔热、隔声及抗震性能良好等优越性。因此,在高层建筑和大跨度结构等工程中正在得到日益广泛的应用。

1. 轻骨料混凝土

轻骨料混凝土是用轻粗骨料、轻细骨料(或普通细骨料)、水泥、水、外加剂和掺合料配制而成的混凝土,其表观密度不大于 $1950kg/m^3$。全部粗细骨料均采用轻骨料的混凝土称为全轻混凝土;粗骨料为轻骨料,而细骨料部分或全部采用普通砂者称为砂轻混凝土。

轻骨料混凝土按其用途分为保温轻骨料混凝土、结构保温轻骨料混凝土和结构轻骨料混凝土三类(表5—27)。常以所用轻骨料的种类命名,如浮石混凝土、粉煤灰陶粒混凝土、黏土陶粒混凝土、页岩陶粒混凝土、膨胀珍珠岩混凝土等。

轻骨料混凝土按其表观密度分为$800 \sim 1900 \mathrm{kg/m^3}$共12个密度等级。其强度等级与普通混凝土的强度等级相应,按立方体抗压强度标准值划分为CL5.0、CL7.5、CL10、CL15、CL20、CL25、CL30、CL35、CL40、CL45、CL50。

轻骨料混凝土受力后,由于轻骨料与水泥石的界面粘结十分牢固,水泥石填充于轻骨料表面孔隙中且紧密地包裹在骨料周围,使得轻骨料在混凝土中处于三向受力状态。坚强的水泥石外壳约束了骨料粒子的横向变形,故轻骨料混凝土的强度随水泥石的强度和水泥用量的增加而提高,其最高强度可以超过轻骨料本身强度的好几倍。当水泥用量和水泥石强度一定时,轻骨料混凝土的强度又随骨料本身强度的增高而提高。如果用轻砂代替普通砂时,混凝土强度将显著下降。

表5—27　轻骨料混凝土按用途分类

类别名称	混凝土强度等级的合理范围	混凝土密度等级的合理范围	用途
保温轻骨料混凝土	CL5.0	800	用于保温的围护结构或热工构筑物
结构保温轻骨料混凝土	CL5.0 ~ CL15	800 ~ 1400	用于既承重又保温的围护结构
结构轻骨料混凝土	CL15 ~ CL50	1400 ~ 1900	用于承重构件或构筑物

轻骨料混凝土的拉压比,与普通混凝土比较接近。轴心抗压强度(f_c)与立方体抗压强度(f_cu)比值比普通混凝土高。在结构设计时,考虑到轻骨料混凝土本身的匀质性较差,为保证使用可靠,仍按$f_\mathrm{c} = 0.76 f_\mathrm{cu}$取值。

轻骨料混凝土的弹性模量一般比同等级普通混凝土低30% ~ 50%。弹性模量随着抗压强度的提高而增大,当强度等级大于CL30时,轻骨料混凝土的弹性模量仅比普通混凝土低25% ~ 30%。轻骨料混凝土弹性模量低,也并不完全是一个不利因素。如弹性模量低,极限应变较大,有利于控制结构因温差应力引起的裂缝发展,同时有利于改善建筑物的抗震性能或抵抗动荷载的作用。

与普通混凝土相比,轻骨料混凝土的收缩和徐变较大。在干燥空气中,结构轻骨料混凝土最终收缩值为$0.4 \sim 1.0 \mathrm{mm/m}$,为同强度普通混凝土最终收缩值的1 ~ 1.5倍。轻骨料混凝土的徐变比普通混凝土约大30% ~ 60%,热膨胀系数比普通混凝土低20%左右。

轻骨料混凝土具有良好的保温隔热性能。当其表观密度为$1000 \sim 1800 \mathrm{kg/m^3}$时,导热系数为$0.28 \sim 0.87 \mathrm{W/(m \cdot K)}$,其比热容为$0.75 \sim 0.84 \mathrm{kJ/(kg \cdot K)}$。此外,轻骨料混凝土还具有较好的抗冻性和抗渗性,同时抗震、耐热、耐火等性能也比普通混凝土好。

由于轻骨料混凝土具有以上特点,因此适用于高层和多层建筑、大跨度结构、地基不良的结构、抗震结构和漂浮结构等。

轻骨料混凝土配合比设计的原理和方法与普通混凝土类似。所不同的是,对配合比设计的要求,除强度、和易性、经济和耐久性外,还应考虑表观密度的要求。同时,骨料的强度和用量对轻骨料混凝土强度影响很大,故在轻骨料混凝土配合比设计中,必须考虑骨料性质这个重要影响因素。目前尚无像普通混凝土那样的强度计算公式,故对于轻骨料混凝土的配合比设计,大多参考有关经验数据和图表来确定,然后再经试配与调整,找出最优配合比。

由于轻骨料具有较大的吸水性能,加在混凝土拌合物中的水,有一部分会被轻骨料吸收,余下的部分供水泥水化以及起润滑作用。因此,将总用水量中被骨料吸走的部分称为"附加水量",而余下的部分水则称为"净用水量"。附加水量按轻骨料 1h 吸水率计算。净用水量应根据施工条件确定。

轻骨料混凝土施工方法基本上与普通混凝土相同,但需注意几个特殊问题:

①轻骨料吸水率大,故在拌合前应对骨料进行预湿处理。若采用干燥骨料时则需考虑骨料的附加水量,并随时测定骨料的实际含水率以调整加水量。

②外加剂最好在有效拌合水中兑匀。先加附加水使骨料吸水,然后再加入含有外加剂的有效拌合水,以免外加剂被吸入骨料中失去作用。

③为防止轻骨料上浮,最好选择强制式搅拌机及加压振动。

2. 多孔混凝土

多孔混凝土是指内部均匀分布着大量微小封闭的气泡而无骨料或无粗骨料的轻质混凝土。由于其孔隙率极高,达 52%～85%,故质量轻,表观密度一般在 300～1200kg/m³,导热系数低,通常为 0.08～0.29W/(m·K),因此,多孔混凝土是一种轻质多孔材料,兼有结构、保温、隔热等功能,同时容易切割且可钉性好。多孔混凝土可制作屋面板、内外墙板、砌块和保温制品,广泛用于工业与民用建筑和保温工程。

根据成孔方式的不同(化学反应加气法和泡沫剂机械混合法),多孔混凝土可分为加气混凝土和泡沫混凝土两大类。

(1)加气混凝土

加气混凝土是由含钙材料(如水泥、石灰)和含硅材料(如石英砂、粉煤灰、尾矿粉、粒化高炉矿渣、页岩等)加水和适量的加气剂、稳泡剂后,经混合搅拌、浇筑和压蒸养护(811kPa 或 1520kPa)而成。

加气剂多采用磨细铝粉。铝粉与氢氧化钙反应放出氢气而形成气泡,其反应式为:

$$2Al + 3Ca(OH)_2 + 6H_2O \Longrightarrow 3CaO \cdot Al_2O_3 \cdot 6H_2O + 3H_2 \uparrow$$

除铝粉外,还可采用双氧水、碳化钙等作为加气剂。

(2)泡沫混凝土

泡沫混凝土是以机械方法将泡沫剂水溶液所制备成的泡沫,加至由含硅材料(砂、粉煤灰)、含钙材料(石灰、水泥)、水及附加剂所组成的料浆中,经混合搅拌、浇筑、养护而成的轻质多孔材料。

常用泡沫剂有松香胶泡沫剂和水解牲血泡沫剂。松香胶泡沫剂系用烧碱加水溶入松香粉生成松香皂,再加入少量骨胶或皮胶溶液熬制而成。使用时,用温水稀释,用力搅拌即可形成稳定的泡沫。水解牲血泡沫剂是用尚未凝结的动物血加苛性钠、硫酸亚铁和氯化铵等制成。

泡沫混凝土的生产成本虽然较低,但其抗裂性比加气混凝土低 50%～90%,加之料浆稳定性不够好,初凝硬化时间又较长,故其生产与应用的发展不如加气混凝土快。

3. 大孔混凝土

大孔混凝土是由粒径相近的粗骨料、水泥和水配制而成的一种轻混凝土,又称无砂混凝土。为了提高大孔混凝土的强度,有时也加入少量细骨料(砂),称为少砂混凝土。

大孔混凝土按所用骨料分为普通大孔混凝土和轻骨料大孔混凝土两类。普通大孔混凝土用天然碎石、卵石制成,表观密度在 1500~1950kg/m³,抗压强度可在 3.5~20MPa 变化。主要用于承重和保温结构。轻骨料大孔混凝土用陶粒、浮石等轻骨料制成,表观密度在 800~1500kg/m³,抗压强度可在 1.5~7.5MPa,主要用于自承重的保温结构。

大孔混凝土具有导热系数小、保温性好、吸湿性较小、透水性好等特点。因此,大孔混凝土可用于现浇墙板,用于制作小型空心砌块和各种板材,也可制成滤水管、滤水板以及透水地坪等,广泛用于市政工程。

七、道路混凝土

道路路面或机场路面所用的水泥混凝土,一般称为道路混凝土。道路混凝土必须具备下列性质:①抗折强度高;②表面致密,有良好的耐磨性;③有良好的耐久性;④在温度和湿度的影响下体积变化不大;⑤表面易于整修。

道路混凝土在原材料、技术性质的规律及质量控制等方面与普通混凝土基本一致,但由于受力特点及使用环境不同,在组成材料选用、配合比设计、施工等方面与普通混凝土又不尽相同。

配制道路混凝土所用水泥应优先选用道路硅酸盐水泥,也可使用普通硅酸盐和硅酸盐水泥。水泥强度等级不宜低于 32.5,水泥用量应不少于 300kg/m³。必须选用具有较高抗压强度和耐磨性好的粗骨料,最大粒径不宜大于 40mm,随道路路面板的设计厚度而定。细骨料宜选用级配良好的中、粗砂,砂的质量要求应符合 C30 以上普通混凝土用砂要求。配合比设计主要以抗折强度(抗弯拉强度)为设计指标,设计方法及步骤应遵循相应技术规程要求。

除抗折强度要求外,为保证路面混凝土的耐久性、耐磨性、抗冻性等要求,路面混凝土抗压强度不应低于 30MPa。道路混凝土抗折强度与抗压强度的比值,一般为 1:5.5~1:7.0。

八、喷射混凝土

喷射混凝土是用压缩空气喷射施工的混凝土,是将预先配好的水泥、砂、粗骨料和速凝剂装入喷射机,借助高压气流使物料通过喷头时与水混合,以很高的速度喷射至施工面。这种混凝土一般不用模板,能与施工面紧密地粘结在一起,形成完整而稳定的衬砌层,具有施工简便、强度增长快、密实性好、适应性强的特点。

喷射混凝土要求所用的水泥凝结硬化快,早期强度高,故宜选用硅酸盐水泥或普通硅酸盐水泥。所用粗骨料最大粒径应不大于 25mm 或 20mm,其中粒径大于 15mm 的粗骨料应控制在 20% 以内,细骨料以中砂或粗砂为宜。为保证喷射混凝土迅速凝结,并获得较高的早期强度,降低回弹率,需掺用速凝剂。常用的速凝剂有红星Ⅰ型速凝剂和 711 型速凝剂。

喷射混凝土的强度和密实度均较高,抗压强度为 25~40MPa,抗拉强度为 2~2.5MPa,与岩石的粘结力为 1~1.5MPa,抗渗标号在 P8 以上。喷射混凝土常用于隧道衬砌施工,还广泛用于基坑支护和矿井支护工程以及混凝土结构物的修补。

九、水下混凝土

水下混凝土是指在地面拌制而在水下环境(淡水、海水、泥浆水)中灌筑和硬化的混凝土。由于在水环境中灌筑混凝土会受到环境水的浸渍、扰动和稀释的影响,施工时需采用特殊的施工方法,混凝土拌合物的和易性也有较高要求,即要求具有良好的流动性,粘聚性和保水性要好,泌水性要小。坍落度以 150～180mm 为宜,且应具有良好的保持流动性的能力。宜选用颗粒较细、泌水率小、收缩性小的水泥,如普通水泥等。水泥强度等级不宜低于32.5 级,水泥用量应在 370kg/m³ 以上。为防止骨料离析,粗骨料不宜过大,最大粒径应结合输送混凝土导管口径及钢筋净距选用,一般不宜大于 40mm。砂率应较大,约为 40%～47%,且砂中应含有一定数量细颗粒,必要时可以掺入一定量粉煤灰,以提高拌合物的粘聚性。近来采用高分子材料作为水下不分散剂掺至混凝土中,取得了良好的技术效果。

十、纤维增强混凝土

纤维增强混凝土是以混凝土为基材,外掺纤维材料配制而成。通过适当搅拌把短纤维均匀分散在拌合物中,可提高混凝土抗拉强度、抗弯强度、冲击韧性等力学性能,从而降低其脆性,是一种新型的多相复合材料。

纤维按其变形性能,可分为高弹性模量纤维(如钢纤维、碳纤维等)和低弹性模量纤维(如聚丙烯纤维、尼龙纤维等)两类。纤维增强混凝土因所用纤维不同,其性能也不一样。采用高弹性模量纤维时,由于纤维约束开裂能力大,故可全面提高混凝土的抗拉、抗弯、抗冲击强度和韧性。如用钢纤维制成的混凝土,必须是钢纤维被拔出才有可能发生破坏,因此其韧性显著增大。采用弹性模量低的合成纤维时,对混凝土强度的影响较小,但可显著改善韧性和抗冲击性。

对于纤维增强混凝土,纤维的体积含量、纤维的几何形状以及纤维的分布情况,对其性能有着重要影响。以短钢纤维为例:为了兼顾构件性能要求及便于搅拌和保证混凝土拌合物的均匀性,通常的掺量在 0.5%～2%(体积比)范围内,考虑到经济性,尤以 1.0%～1.5% 范围内较多,长径比以 40～100 为宜,尽可能选用直径细、形状非圆形的变截面钢纤维,其效果最佳。纤维混凝土目前已应用于飞机跑道、隧道衬砌、路面及桥面、水工建筑、铁路轨枕、压力管道等领域中。随着纤维混凝土的深入研究,纤维混凝土在建筑工程中必将得到广泛的应用。

十一、聚合物混凝土

聚合物混凝土是一种有机、无机材料复合的新型混凝土。按其组成和制作工艺可分为聚合物水泥混凝土、聚合物浸渍混凝土和聚合物胶结混凝土等三种。

1. 聚合物水泥混凝土(PCC)

聚合物水泥混凝土是在普通水泥混凝土基础上,掺入聚合物乳液制备而成。在硬化过程中,聚合物与水泥之间不发生化学作用,而是在水泥水化形成水泥石的同时,聚合物在混凝土内脱水固化形成薄膜,填充水泥水化产物和骨料之间的孔隙,从而改善硬化水泥浆与骨料及各水泥颗粒之间的粘结力。目前常用聚合物有橡胶胶乳、各种树脂胶和水溶性聚合物等。通常聚合物的掺用量约为水泥质量的 5%～30%。聚合物水泥混凝土的特点是:抗拉、抗折强度高,抗冻性、耐蚀性和耐磨性高。主要用于路面、机场跑道及防水层等。

2. 聚合物浸渍混凝土(PIC)

聚合物浸渍混凝土是将已硬化的普通混凝土放在有机单体里浸渍,然后用加热或辐射的方法使混凝土孔隙内的单体产生聚合作用,使混凝土和聚合物结合成一体的新型混凝土。按浸渍方法不同,可分为完全浸渍和部分浸渍。所用浸渍液有各种聚合物单体和液态树脂,如甲基丙烯酸甲酯(MMA)、苯乙烯(S)、丙烯腈(AN)等。目前使用较广泛的是 MMA 和 S。

为了保证聚合物浸渍混凝土的质量,应控制浸渍前的干燥情况、真空程度、浸渍压力及浸渍时间。干燥的目的是为浸渍液体让出空间,同时也可避免凝固后水分所引起的不良影响。浸渍前施加真空可加快浸渍液的渗透速度及浸渍深度。控制浸渍时间则有利于提高浸渍效果,而在高压下浸渍则能增加总的浸渍率。

由于聚合物填充了混凝土的内部孔隙和微裂缝,形成连续的空间网络,并与硬化水泥混凝土结构相互穿插,因此聚合物浸渍混凝土具有极密实结构,具有高强、耐蚀、抗渗、耐磨等优良物理力学性能。主要用于路面、桥面、输送管道、隧道支撑系统及水下结构等。

3. 聚合物胶结混凝土(PC)

聚合物胶结混凝土是一种完全不用水泥,而以合成树脂作胶结材料所制成的混凝土,又称为树脂混凝土。用树脂作粘剂,不但粘结剂本身的强度比较高,且与骨料之间的粘结力也显著提高,故树脂混凝土的破坏,不像水泥混凝土那样发生于粘结剂与骨料的界面处,而主要是由于骨料本身破坏所致。在很多情况下,树脂混凝土的强度取决于骨料强度。

树脂混凝土具有很多优点,例如可在很大范围内调节硬化时间;硬化后强度高,特别是早强效果显著,通常 1d 龄期的抗压强度达 50~100MPa,抗拉强度达 10MPa 以上;抗渗性高,几乎不透水;耐磨性、抗冲击性及耐蚀性高;掺入彩色填料后可具有很好的装饰性。其不足之处是硬化初期收缩大,可达 0.2%~0.4%;徐变亦较大;易燃;在高温下热稳定性差,当温度为 100℃时,其强度仅为常温下的 1/5~1/3。目前树脂混凝土成本还比较高,只能用于特殊要求的工程。

十二、防辐射混凝土

用来防护 γ 射线和中子辐射作用、既经济又有效、使用重骨料和水泥配制的混凝土,称为防辐射混凝土(重混凝土)。

配制防辐射混凝土所用的胶凝材料以采用胶凝性能好、水化热低、水化结合水量高的水泥为宜,一般可采用硅酸盐水泥,最好采用高铝水泥或其他特种水泥(如钡水泥)。重质骨料可以抵抗 γ 射线,而较轻的含氢骨料则可以减弱中子射线的强度。常用的重骨料有:重晶石 $BaSO_4$(表观密度为 4000~4500kg/m³),赤铁矿 Fe_2O_3、磁铁矿 $Fe_3O_4 \cdot H_2O$(表观密度为 4500kg/m³ 或更大),金属碎块如圆钢、扁钢、角铁等碎料或铸铁块。为了提高防御中子射线的性能,可以在其中掺入附加剂或者增加氢化合物的成分(即含水物质),或者用以增加包含原子量较轻元素的成分,例如硼酸、硼盐及锂盐等。

复习思考题

5—1 普通混凝土的主要组成材料有哪些? 在混凝土中的主要作用是什么?

5—2 什么叫骨料的级配? 骨料级配良好的标准是什么?

5—3 骨料粒径大小和级配好坏对混凝土有什么样的技术经济意义?

5—4　某干砂(500g)筛析结果如下表所示,试求其细度模数和粗细程度。

公称尺寸/mm	10	5	2.5	1.25	0.63	0.315	0.16	0.08
筛余量/g	0	25	75	125	150	50	50	25
分计筛余(%)								
累计筛余(%)								

5—5　什么是混凝土拌合物的和易性?它包括哪些方面的意义?

5—6　影响混凝土拌合物和易性的因素有哪些?

5—7　如何调整混凝土拌合物和易性?调整和易性时为什么要保持水灰比不变?

5—8　什么叫砂率和合理砂率?采用合理砂率配制混凝土有什么意义?

5—9　影响混凝土强度的因素有哪些?

5—10　混凝土从拌制到使用可能会产生哪些变形?引起这些变形的原因是什么?

5—11　什么叫混凝土的标准养护、自然养护、蒸汽养护和蒸压养护?

5—12　混凝土减水剂的减水机理是什么?常用的减水剂有哪些?

5—13　常见混凝土耐久性问题有哪些?如何提高混凝土的耐久性?

5—14　今有按 C20 配合比浇注的混凝土 10 组,其强度分别为 18.5MPa、20.0MPa、20.5MPa、21.0MPa、21.5MPa、22.0MPa、22.5MPa、23.0MPa、23.5MPa、24.0MPa。试对该混凝土强度进行检验评定(合格评定)。

5—15　某混凝土预制构件厂,生产钢筋混凝土梁需用设计强度等级为 C30 的混凝土,现场拟用原材料情况如下:水泥:42.5 级普通硅酸盐水泥(强度富余系数 1.07),密度为 3.10g/cm^3;级配合格的中砂,表观密度为 2.63g/cm^3,含水率为 3%;公称粒级为 5~20mm 的碎石,级配合格,表观密度为 2.70g/cm^3,含水率为 1%。已知混凝土要求的坍落度为 35~50mm。试计算:

(1)混凝土的初步配合比;

(2)假定按初步配合比进行试拌调整后,混凝土拌合物和易性已能满足要求,且强度校核后计算得到的水灰比能够满足混凝土强度设计要求,试计算混凝土施工配合比;

(3)计算每拌 2 包水泥时混凝土各材料的用量(1 包水泥重 50kg);

(4)如在上述混凝土中掺入 0.5% 的高效减水剂,减水 10%,减水泥 5%,求此时每 m^3 混凝土中各材料的用量。

5—16　某实验室试拌混凝土,经调整后各材料用量为:普通水泥(42.5 级,强度富余系数 1.06)4.5kg,水 2.7kg,砂 9.9kg,碎石 18.9kg,又测得拌合物的表观密度为 2380kg/m^3,试计算:

(1)每立方米混凝土中各材料的用量;

(2)当施工现场细骨料含水率为 3.5%,粗骨料含水率为 1% 时,求施工配合比;

(3)如果把实验室配合比未经换算成施工配合比就直接用于现场施工,则现场混凝土的实际配合比是怎样的?对混凝土的强度将产生多大的影响?

5—17　一组尺寸为 100mm×100mm×100mm 的混凝土试块,标准养护 9d 龄期,作抗压强度试验,其破坏荷载为 355kN、405kN、505kN。试求该混凝土 28d 龄期的抗压强度。

第六章 砂 浆

砂浆是由胶凝材料、细骨料和水(以及根据需要加入的外加剂)按适当比例配制而成的建筑工程材料。主要用于砌筑、抹面、修补、装饰等工程。砂浆与混凝土的区别在于不含粗骨料。

砂浆有许多品种,按所用的胶结材料分类有水泥砂浆、石灰砂浆、水泥石灰混合砂浆、石膏砂浆、沥青砂浆、聚合物砂浆等。按用途的不同可分为普通砂浆(砌筑砂浆、抹面砂浆)和特种砂浆(防水砂浆、装饰砂浆、保温隔热砂浆、耐腐蚀砂浆、吸声砂浆、薄层砂浆等)。按砂浆的生产工艺不同,可分为预拌砂浆、干混砂浆(又称为干拌砂浆或干粉砂浆)、工地现场搅拌砂浆;其中预拌砂浆和干混砂浆又称为商品砂浆。

第一节 砂浆的组成材料

一、胶凝材料

建筑砂浆所用的胶凝材料包括水硬性和气硬性胶凝材料,水硬性胶凝材料包括通用硅酸盐水泥、铝酸盐水泥、白色或彩色水泥、硫铝酸盐水泥和铁铝酸盐水泥等,气硬性胶凝材料包括石灰、石膏、水玻璃、聚合物乳液和聚合物乳胶粉等。其中最常用的是水泥(砌筑水泥、通用硅酸盐水泥)和石灰,配制特殊用途的砂浆时,常采用有机胶结剂作为胶凝材料。

应根据使用环境、部位、用途等合理选择选用胶凝材料。在潮湿环境或水中使用的砂浆则必须选用水硬性胶凝材料;在干燥环境中使用的砂浆既可选用气硬性胶凝材料(如石灰、石膏),也可选用水硬性胶凝材料(如水泥)。

为合理利用资源、节约材料,在配制砂浆时要尽量选用砌筑水泥或低强度等级水泥。砌筑水泥是由活性混合材料或具有水硬性的工业废料为主要原料,加入少量硅酸盐水泥熟料和石膏,经磨细制成的水硬性胶凝材料,分为 12.5、17.5、22.5 三个标号(GB/T 3183—2003)。

水泥砂浆采用其他水泥时,其强度等级不宜大于 32.5 级;在水泥石灰混合砂浆中石灰膏等掺合料降低砂浆强度幅度较大,因而所选用的水泥强度等级应该略高,但不宜大于42.5 级。

二、细骨料(砂)

建筑砂浆用砂应符合混凝土用砂的技术要求。采用中砂拌制砂浆,既可以满足和易性要求,又能节约水泥,因此优先选用中砂。一般情况下砂浆铺设层较薄,应对砂的最大粒径加以限制。用于砌筑砖砌体的砂浆,砂的最大粒径不应大于 2.5mm;用于毛石砌体的砂浆,宜选用粗砂,其最大粒径应小于砂浆层厚度的 1/5 ~ 1/4;用于抹面和勾缝的砂浆,砂应选用细砂。

如果砂的含泥量过大，不但增加砂浆的水泥用量，还导致砂浆的收缩值增大、耐水性降低，耐久性降低。一般人工砂、山砂及特细砂中的含泥量较大，在其资源较多的地区，为合理的利用资源，降低工程成本，在经试验能满足砂浆技术要求后方可使用。

三、掺合料

掺合料是指为改善砂浆和易性、降低水泥用量而加入的无机材料，包括石灰膏、粘土膏、电石膏、石粉、矿渣粉、粉煤灰、膨润土、凹凸棒土等。

1. 石灰膏、粘土膏和电石膏

石灰膏、粘土膏和电石膏必须达到所需的细度，才能起到塑化作用。石灰膏应防止干燥、冻结和污染。如果石灰膏已经脱水硬化，不但起不到塑化作用，也会影响砂浆强度，应严禁使用。未充分熟化的消石灰粉，颗粒太粗，起不到改善和易性的作用，也不得直接用于砌筑砂浆中。粘土中有机物含量过高会降低砂浆质量。电石膏应加热检验，升温至70℃并保持20min，没有乙炔气味后方可使用。

2. 石粉

石粉又称为粉料，有石灰石粉、天然沸石粉、滑石粉、石英石粉、辉绿岩粉、石墨粉、重晶石粉。

石灰石磨细后作为水泥的混合材或砂浆的掺和料，石灰石粉中的 $CaCO_3$ 质量分数应大于75%，Al_2O_3 质量分数应小于2%。石灰石粉来源广，价格低廉，运输方便，具有明显的节能、增产、降低成本的效果。可以在一定程度上促进水泥的水化反应，并起到微集料作用。

天然沸石粉（简称沸石粉）可以改善砂浆拌合物的均匀性、和易性，节约水泥用量，又能提高硬化砂浆的强度。用于砂浆的沸石粉品质指标应符合天然沸石粉在混凝土中应用技术规程（JGJ/T 112—97）的规定。

其他石粉可以用来制备特种用途砂浆，如用石英石粉、滑石粉、辉绿岩粉制备耐腐蚀砂浆，用重晶石粉制备防辐射砂浆。

3. 活性矿物掺料

常用的矿物掺料是矿渣和粉煤灰，它们是具有一定水化活性的玻璃态结构工业废渣。矿渣粉是以粒化高炉矿渣、粒化高炉磷渣、高炉冶炼锰铁的副产品锰铁矿渣、化铁炉排出的化铁炉渣、用电炉还原法冶炼铬铁的铬铁渣等磨细制成具备相应活性指数的矿物粉体（简称矿渣粉）。矿渣粉应当符合用于水泥中的粒化高炉矿渣（GB/T 203—2008）规定的用于水泥和混凝土中的矿渣粉的要求。

使用粉煤灰代替部分水泥和砂，可改善拌合物的和易性。粉煤灰的品质指标应符合国家标准（GB 1596—2005）用于水泥和混凝土中的粉煤灰的要求。

4. 膨润土、凹凸棒土

膨润土（又称蒙脱土）主要成分为层状铝硅酸盐，在砂浆中合理使用时，能增加砂浆拌合物的稳定性，同时提高砂浆的流动性、可泵性。凹凸棒土是凹凸棒石加工而来，凹凸棒石是一种层链状结构的含水富镁铝硅酸盐粘土矿物。加入凹凸棒土的砂浆黏度增加，保水性能提高，触变性能变好。

四、水

砂浆用水对水质的要求，与混凝土的要求相同。

五、外加剂

在拌制砂浆时掺入适量外加剂,可以提高和改善砂浆的某些性能。外加剂的加入要根据砂浆的用途和使用条件选用,并且必须具有法定检测出具的合格报告方可使用。常用的外加剂包括减水剂、引气剂、凝结调节剂。根据功能和用途,还可以选用其他外加剂,如消泡剂、憎水剂、膨胀剂、触变剂、阻锈剂,以及降低泛碱的外加剂等。

第二节 砌筑砂浆的技术性能

将砖、石和砌块等粘结成为砌体的砂浆,称为砌筑砂浆。砌筑砂浆在砌筑工程中起粘结砌体材料和传递应力的作用。砌筑砂浆除应有良好的和易性外,硬化后还应有一定强度、粘结力和耐久性。

一、砂浆拌合物的性质

1. 和易性

砂浆的和易性是指砂浆拌合物能便于施工操作,并能保证硬化后砂浆的质量均匀以及砂浆与底面材料间的质量要求的性能,包括流动性和保水性两个方面。

(1)流动性(稠度)

砂浆的流动性是指砂浆拌合物在自重或外力作用下产生流动的性能,又称稠度,采用砂浆稠度仪测定(JGJ 70—2009),以圆锥体沉入砂浆内的深度(即稠度值 mm)表示。圆锥体沉入深度越大,砂浆的流动性就越大。砂浆稠度的大小与胶凝材料种类及用量、掺合料种类与用量、用水量、砂的形状与粗细及级配、外加剂种类与掺量、以及搅拌时间等有关。流动性过大,砂浆易分层和泌水;流动性过小,则不便于施工操作,灰缝不易填充,所以新拌砂浆应具有适宜的稠度。

砌筑砂浆稠度选择可参考表6—1选用。砂浆稠度大小的选择与砌体材料的种类、施工条件及气候条件等有关。对于吸水率大的砌体材料或高温或干燥的天气,所用砂浆稠度要大些;对于密实不吸水的砌体材料或湿冷天气,砂浆稠度则可小些。

表6—1 砌筑砂浆的施工稠度

砌体种类	施工稠度/mm
烧结普通砖砌体、粉煤灰砖砌体	70 ~ 90
混凝土砖砌体、普通混凝土小型空心砌块砌体、灰砂砖砌体	50 ~ 70
烧结多孔砖砌体、烧结空气砖砌体、轻集料混凝土小型空心砌块砌体、蒸压加气混凝土砌块砌体	60 ~ 80
石砌体	30 ~ 50

(2)保水性(保水率)

保水性是指砂浆拌合物保持水分及整体均匀一致的能力。砂浆在运输、静置或使用过程中,如果水分从砂浆中离析,则不能保证水泥正常水化,降低硬化砂浆的性能。保水性良好的砂浆在与块材或基层接触时能保持住大部分水分,提高与块材或基层的粘结性能。现行规范规定砂浆的保水性用保水率来衡量。常用砂浆的保水率要求见表6—2。

砂浆保水率是指在规定被吸水的情况下砂浆的拌合水的保持率。也即用规定流动度范围的新拌砂浆，按规定的方法进行吸水处理，测量吸水2min时15片规定的滤纸从砂浆中吸取的水分，保水率就等于在吸水处理后砂浆中保留的水的质量除以砂浆原始用水量的质量，用百分数来表示。

实践表明，材料组成中有足够数量的胶凝材料，可保证砂浆的保水性。还可以采用在水泥砂浆中掺入粉煤灰、矿渣、石灰膏、保水增稠材料、细砂和引气剂等措施来提高保水性。

（3）保水性（分层度）

砂浆的保水性也可用分层度（以mm计）表示。分层度的测定方法是在砂浆拌合物测定其稠度后，再装入分层度测定仪中，静置30min后取底部1/3砂浆再测其稠度，两次稠度之差值即为分层度。砂浆的保水性与胶凝材料种类及用量、掺合料种类及用量、砂的级配、用水量和外加剂等因素有关。

砂浆的分层度一般应在10~20mm，如果分层度过大（如大于30mm），砂浆容易泌水、分层或水分流失过快，不便于施工。分层度过小（如小于10mm）时，砂浆过于干稠，不易操作，影响施工质量。

2. 体积密度（或表观密度）

砌筑砂浆拌合物的体积密度宜符合表6—2的规定。控制砂浆拌合物的体积密度值，目的在于控制砌筑砂浆中轻物质的加入和含气量的增加。

表6—2 砌筑砂浆拌合物的保水率、表观密度和砂浆的材料用量

砂浆种类		保水率（%）	表现密度/（kg/m³）	材料用量/（kg/m³）
水泥砂浆	≥	80	1900	200
水泥混合砂浆	≥	84	1800	350
预拌砂浆	≥	88	1800	200

注：1. 水泥砂浆中的材料用量是指水泥用量；
2. 水泥混合砂浆中的材料用量是指水泥和石灰膏、电石膏的材料总量；
3. 预拌砂浆中的材料用量是指胶凝材料用量，包括水泥和替代水泥的粉煤灰等活性矿物掺合料。

3. 砂浆的材料用量

砌筑砂浆中的水泥和石灰膏、电石膏等材料的用量可按表6—2选用。控制砂浆的材料用量，目的在于保证砂浆拌合物的和易性以及强度。

4. 凝结时间

砂浆的凝结时间是指在规定条件下，自加水拌合起，直至砂浆凝结时间测定仪的惯入阻力为0.5MPa时所需的时间。在（20±2）℃的试验条件下，将制备好的砂浆（砂浆稠度为100±10mm）装入砂浆容器中，抹平，从成型后2h开始测定砂浆的贯入阻力（贯入试针压入砂浆内部25mm时所受的阻力），直到贯入阻力达到0.7MPa为止。并根据记录时间和相应的贯入阻力值绘图，从而得到砂浆的凝结时间。砂浆的凝结时间决定着砂浆拌合物允许运输及停放的时间以及工程施工的速度。对于水泥砂浆，一般不宜超过8h；对于混合砂浆，不宜超过10h。影响砂浆凝结时间的因素主要有胶凝材料种类及用量、用水量和气候条件等，

必要时可加入调凝剂进行调节。

二、硬化砂浆的性质

1. 强度与强度等级

砂浆强度是指在标准养护条件下,用标准试验方法测得以边长为 70.7mm 的立方体试件在 28d 龄期的抗压强度值(MPa)。标准养护条件为温度(20±3)℃,对于水泥砂浆要求相对湿度大于 90%,对于混合砂浆要求相对湿度为 60%~80%。

根据砂浆强度,水泥砂浆及预拌砂浆的强度等级可分为 M5、M7.5、M10、M15、M20、M25、M30 七个等级;水泥混合砂浆的强度等级可分为 M5、M7.5、M10、M15 四个等级。对于重要的砌体和粘结性要求较高的工程,砂浆的强度等级宜高于 M10。

影响砂浆强度的因素很多。组成材料、配合比和施工工艺等都可影响砂浆的强度,砌体材料的吸水率也会对砂浆强度产生影响。在实际工程中,对于具体的组成材料,大多根据经验和通过试配,经试验确定砂浆的配合比。

当砂浆用于不吸水(或吸水率很小的)材料底面(如密实石材)时,砂浆强度与其组成材料之间的关系与混凝土相似,主要取决于水泥(或胶凝材料)强度和水灰(胶)比。计算公式如下:

$$f_{m,28} = \alpha f_b \left(\frac{B}{W} - \beta \right) \tag{6—1}$$

式中　$f_{m,28}$——砂浆 28d 抗压强度,MPa;

　　　f_b——胶凝材料的实测强度,确定方法与混凝土中相同,MPa;

　　　B/W——胶水比(胶凝材料与水的质量比);

　　　α、β——经验系数。根据试验资料统计确定。

当砂浆用于吸水材料的底面(如砖或其它多孔材料)时,材料具有较高的吸水率,砂浆中的部分水分会被吸走。但是由于砂浆具有一定的保水性,即使砂浆用水量不同,经基底吸水后保留在砂浆中的水分却大致相同。此时砌筑砂浆的强度主要取决于水泥的强度及水泥用量,而与拌合水量无关。强度计算公式如下:

$$f_{m,0} = \frac{\alpha \cdot f_{ce} \cdot Q_c}{1000} + \beta \tag{6—2}$$

式中　Q_c——砂浆中的水泥用量,kg/m³;

　　　$f_{m,0}$——砂浆的 28d 配制抗压强度,MPa;

　　　f_{ce}——水泥的 28d 实测抗压强度,MPa;

　　　α、β——砂浆的特征系数,$\alpha = 3.03$,$\beta = -15.09$。

2. 粘结性

砂浆硬化后要将基材粘结起来,要求砂浆具有足够的粘结力。例如,砖、石和砌块等材料是靠砂浆粘结成一个坚固整体(砌体)并传递荷载的。砂浆的粘结力是影响砌体抗剪强度、耐久性和稳定性、乃至建筑物抗震能力和抗裂性的基本因素之一。

砂浆的抗压强度越高,与基材的粘结强度也越高。此外,影响砂浆粘结强度的因素还有基层材料的表面状态、清洁程度、湿润状况、施工养护以及胶凝材料种类等。掺加聚合物可提高砂浆的粘结性。

对砌体而言,砂浆的粘结性较砂浆的抗压强度更为重要。但由于抗压强度相对容易测定,通常将砂浆抗压强度作为必检项目和配合比设计的依据。

3. 变形性(收缩性)

硬化砂浆体在承受荷载或在物理化学作用下而产生体积缩小的现象称为收缩性。例如,由于水分散失和湿度下降而引起的干缩、由于内部热量的散失和温度下降而引起的冷缩、由于水泥水化而引起的减缩和由于砂颗粒沉降而引起的沉缩等。

如果变形过大或不均匀,将会降低建筑物的质量。对于砌体来说,则容易使砌体的整体性下降,产生沉陷或裂缝。对于抹面砂浆,变形过大也会使面层产生裂纹或剥离等质量问题。因此硬化砂浆要具有较好的体积稳定性。影响砂浆硬化体变形性的因素很多,主要包括胶凝材料的种类及用量、用水量、细骨料的种类与级配及质量、以及外部环境条件等。

4. 耐久性

砂浆应具备良好的耐久性。砂浆与基底材料间具有的良好粘结力和较小收缩变形都会提高砂浆的耐久性。

有抗冻性要求的砌体工程,砌筑砂浆应进行冻融试验。砌筑砂浆的抗冻性应符合表6—3的规定,且当设计对抗冻性有明确要求时,尚应符合设计规定。

表6—3　砌筑砂浆的抗冻性

使用条件	夏热冬暖地区	夏热冬冷地区	寒冷地区	严寒地区
抗冻指标	F15	F25	F35	F50
要求	质量损失率≤5%,强度损失率≤25%			

第三节　砌筑砂浆的配合比

一、砌筑砂浆的配合比设计步骤

依据《砌筑砂浆配合比设计规程》(JGJ/T 98—2010),砌筑砂浆应满足施工和易性要求、强度要求、耐久性要求和降低成本要求。砌筑砂浆要根据工程类别和砌体部位等设计要求来选择砂浆的强度等级,再按要求的强度等级确定其配合比。

砂浆的强度等级一般按如下原则选取:一般的砖混多层住宅采用 M5 ～ M10 砂浆;办公楼、教学楼及多层商店常采用 M5 ～ M10 砂浆;平房宿舍和商店常采用 M5 砂浆;食堂、仓库、锅炉房、变电站、地下室及工业厂房常采用 M5 砂浆;检查井、雨水井和化粪池等可用 M5 砂浆;特别重要的砌体,可采用 M15 ～ M20 砂浆。高层混凝土空心砌块建筑,应采用 M20 及以上强度等级的砂浆。

确定砂浆配合比时,水泥混合砂浆可按下面介绍的方法进行计算,水泥砂浆配合比根据经验选用,再经试配和调整后确定其配合比。

1. 现场水泥混合(水泥＋石灰膏)砂浆配合比计算

(1)砂浆试配强度的确定 $f_{m,0}$:

砂浆的试配强度:

$$f_{m,0} = kf_2 \tag{6—3}$$

式中 $f_{m,0}$——砂浆的试配强度,MPa,精确至 0.1MPa;

f_2——砂浆强度等级值,MPa,精确至 0.1MPa;

k——系数,按表 6—4 取值。

当有统计资料时,砂浆强度标准差 σ 可按下式计算:

$$\sigma = \sqrt{\frac{\sum\limits_{i=1}^{n} f_{m,i}^2 - n\mu_{fm}^2}{n-1}} \tag{6—4}$$

式中 $f_{m,i}$——统计周期内同一品种砂浆第 i 组试件的强度,MPa;

μ_{fm}——统计周期内同一品种砂浆 n 组试件强度的平均值,MPa;

n——统计周期内同一品种砂浆试件的总组数,$n \geqslant 25$。

当无统计资料时,砂浆强度标准差 σ 可按表 6—4 取用。

表 6—4　砂浆强度标准差 σ 及系数 k

施工水平	强度标准差 σ/MPa($\leqslant$)							系数 k
	M5	M7.5	M10	M15	M20	M25	M30	
优良	1.00	1.50	2.00	3.00	4.00	5.00	6.00	1.15
一般	1.25	1.88	2.50	3.75	5.00	6.25	7.50	1.20
较差	1.50	2.25	3.00	4.50	6.00	7.50	9.00	1.25

(2)计算每立方米砂浆中的水泥用量 Q_C:

对于用于吸水底面的砂浆,水泥的强度和用量是影响砂浆强度的主要因素,每立方米砂浆中的水泥用量按下式计算:

$$Q_C = \frac{1000(f_{m,0} - \beta)}{\alpha \cdot f_{ce}} \tag{6—5}$$

在无法取得水泥的实测强度值时,可按下式计算:

$$f_{ce} = \gamma_c \cdot f_{ce,k} \tag{6—6}$$

式中 $f_{ce,k}$——水泥强度等级值,MPa;

γ_c——水泥强度等级值的富余系数。无统计资料时,γ_c 可取 1.0。

(3)计算每立方米砂浆中的石灰膏用量 Q_D;

当每立方米砂浆中水泥与石灰膏总量不小于 350kg 时,基本上可满足砂浆的和易性要求。因而,石灰膏用量应按下式计算:

$$Q_D = Q_a - Q_C \tag{6—7}$$

式中 Q_D——每立方米砂浆的石灰膏用量,kg/m³,精确至 1kg/m³,石灰膏使用时的稠度宜为(120±5)mm;

Q_C——每立方米砂浆的水泥用量,kg/m³,精确至 1kg/m³;

Q_a——每立方米砂浆中水泥和石灰膏总量,kg/m³,精确至 1kg/m³,可为 350kg/m³。

当石灰膏稠度不同时,其换算系数可按表 6—5 进行换算。

表 6—5 石灰膏不同调度时的换算系数

表 6—5 石灰膏不同调度时的换算系数

石灰膏的稠度/mm	120	110	100	90	80	70	60	50	40	30
换算系数	1.00	0.99	0.97	0.95	0.93	0.92	0.90	0.88	0.87	0.86

（4）确定每立方米砂浆中的砂用量 Q_s：

砂浆中的水、水泥和掺合料等是用来填充细骨料空隙的。每立方米砂浆中的砂用量，以干燥状态（含水率小于 0.5%）砂的堆积密度值作为计算值，即：

$$Q_s = \rho'_s \qquad (6—8)$$

式中 ρ'_s——砂的堆积密度，kg/m^3。

在干燥状态下砂的堆积体积变化不大；当砂含水率为 5% ~ 7% 时，其堆积体积最大可膨胀 30% 左右；当砂含水处于饱和状态时，其堆积体积比干燥状态要减少 10% 左右。工程上在用湿砂配制砂浆时，应予以调整。

（5）每立方米砂浆中的用水量 Q_w：

对于用于砌筑吸水底面的砂浆，砂浆中用水量多少，对其强度影响不大，只要满足施工所需稠度即可。每立方米砂浆中的用水量，根据砂浆稠度等要求可选用 210 ~ 310kg/m^3。

混合砂浆用水量选取时应注意：混合砂浆中的用水量，不包括石灰膏中的水，一般小于水泥砂浆的用水量；当采用细砂或粗砂时，用水量分别取上限或下限；稠度小于 70mm 时，用水量可小于下限；施工现场气候炎热或干燥季节，可酌情增加用水量。

2. 现场水泥砂浆配合比选用

水泥砂浆如按水泥混合砂浆那样计算水泥用量，则水泥用量普遍偏少。因此，水泥砂浆材料用量可按表 6—6 选用，每立方米砂浆用水量范围仅供参考，不必加以限制，仍以达到稠度要求为根据。

表 6—6 水泥砂浆配合比（水泥用量 ≥ 200kg/m^3）

强度等级	每立方米水泥砂浆的原材料用量/kg			备注：
	水泥	砂	用水量	
M5	200 ~ 230			M15 及 M15 以下强度等级水泥砂浆，水泥强度等级为 32.5 级；M15 以上强度等级水泥砂浆，水泥强度等级为 42.5 级。
M7.5	230 ~ 260			
M10	260 ~ 290	砂的堆积密度值（1350 ~ 1550kg/m^3）	270 ~ 330	当采用细砂或粗砂时，用水量分别取上限或下限。稠度小于 70mm 时，用水量可小于下限；施工现场气候炎热或干燥季节，可酌量增加水量；试配强度的确定与水泥混合砂浆相同。
M15	290 ~ 330			
M20	340 ~ 400			
M25	360 ~ 410			
M30	430 ~ 480			

3. 现场水泥粉煤灰砂浆配合比选用

水泥粉煤灰砂浆的材料用量可按表 6—7 选用。

表6—7 水泥粉煤灰砂浆配合比

强度等级	每立方米水泥粉煤灰砂浆的原材料用量/kg				备注：
	水泥和粉煤灰总量	粉煤灰	砂	用水量	水泥强度等级为32.5级。当采用细砂或粗砂时，用水量分别取上限或下限。稠度小于70mm时，用水量可小于下限；施工现场气候炎热或干燥季节，可酌量增加水量；施工用配合比必须经过试配。
M5	210～240	粉煤灰掺量可占胶凝材料总量的15%～25%	砂的堆积密度值	270～330	
M7.5	240～270				
M10	270～300				
M15	300～330				

4. 预拌砌筑砂浆的试配要求

预拌砌筑砂浆应满足下列规定：①在确定湿拌砂浆稠度时应考虑砂浆在运输和储存过程中的稠度损失；②湿拌砂浆应根据凝结时间要求确定外加剂掺量；③干混砂浆应明确拌制时的加水量范围；④预拌砂浆的性能以及搅拌、运输和储存等应符合现行行业标准《预拌砂浆》JG/T 230—2007 的规定。

预拌砌筑砂浆的试配应满足下列规定：①预拌砂浆生产前应进行试配，试配强度应按本节计算确定试配时稠度取 70～80mm；②预拌砂浆中可掺入保水增稠材料和外加剂等，掺量应经试配后确定。干混砌筑砂浆系列配合比可参见表6—8。

表6—8 某干混砂浆厂的干混砌筑砂浆系列配合比(示例,仅供参考)

砌筑砂浆	每吨干混砂浆中各材料用量/kg				湿拌砂浆表观密度/(kg/m³)	稠度/mm
	水泥	粉煤灰	稠化粉	砂		
M15	251	150	37	1241	1970	75
M10	204	125	42	1269	1970	75
M7.5	177	113	42	1293	1970	75
M5	158	100	42	1329	1980	75

42.5普通水泥，Ⅱ级粉煤灰。

5. 砌筑砂浆配合比试配、调整与确定

砌筑砂浆试配时应考虑工程实际要求，应符合稠度、保水率、强度和耐久性等的要求。

(1)砂浆基准配合比

按计算或查表所得配合比进行试拌时，应按现行行业标准《建筑砂浆基本性能试验方法标准》JGJ/T 70 测定砌筑砂浆拌合物的稠度和保水率。当稠度和保水率不能满足要求时，应调整材料用量，直到符合要求为止，然后确定为试配时的砂浆基准配合比。

因此，基准配合比可定义为在计算配合比的基础上，经试拌、调整，满足稠度和保水率要求的配合比。

(2)砂浆试配配合比

试配时至少应采用三个不同的配合比，其中一个配合比应为基准配合比，其余两个配合比的水泥用量应按基准配合比分别增加及减少10%。

砂浆试配时稠度应满足施工要求，并应按现行行业标准《建筑砂浆基本性能试验方法标准》JGJ/T 70分别测定不同配合比砂浆的表观密度及强度；并应选定符合试配强度及和易性要求、水泥用量最低的配合比作为砂浆的试配配合比。

因此，试配配合比可定义为在基准配合比的基础上，经增减水泥用量、试拌和调整，满足和易性、强度、（耐久性）和低成本要求的配合比。

（3）砂浆试配配合比尚应按下列步骤进行校正

①应根据确定的砂浆配合比材料用量，按下式计算砂浆的理论表观密度值：

$$\rho_t = Q_C + Q_D + Q_S + Q_W \qquad (6\text{—}9)$$

式中：ρ_t——砂浆的理论表观密度值，kg/m^3，应精确至$10kg/m^3$。

②应按下式计算砂浆配合比校正系数 δ：

$$\delta = \rho_c / \rho_t \qquad (6\text{—}10)$$

式中：ρ_c——砂浆的实测表观密度值，kg/m^3，应精确至$10kg/m^3$。

③当砂浆的实测表观密度值与理论表观密度值之差的绝对值不超过理论值的2%时，可将得到的试配配合比确定为砂浆设计配合比；当超过2%时，应将试配配合比中每项材料用量均乘以校正系数（δ）后，确定为砂浆设计配合比。

（4）预拌砂浆生产前应进行试配、调整与确定，并应符合现行行业标准《预拌砂浆》JG/T 230的规定。

二、砌筑砂浆的配合比设计实例

某工程需要砌筑烧结普通粘土砖用水泥混合砂浆，要求砂浆的强度等级为M7.5，现有32.5和42.5复合硅酸盐水泥（强度富余系数1.08）可供选用。已知所用中砂的含水率为2.0%、干燥堆积密度为$1500kg/m^3$，石灰膏的稠度为100mm，施工水平一般。试求砂浆的计算配合比。

解：已知施工水平一般，则系数 $k = 1.20$。

选32.5级水泥。如果选42.5级水泥，则水泥用量较少。

$f_{m,0} = kf_2 = 1.20 \times 7.5 = 9.0MPa$

$Q_C = 1000(f_{m,0} - \beta)/(\alpha f_{ce}) = 1000 \times (9.0 + 15.09)/(3.03 \times 32.5 \times 1.08) = 227kg/m^3$

$Q_D = Q_A - Q_C = 350 - 227 = 123kg/m^3 \qquad Q_{D(100)} = 123 \times 0.97 = 119kg/m^3$

$Q_S = \rho_0' = 1500kg/m^3 \qquad\qquad Q_{S(2\%)} = 1500 \times (1 + 2.0\%) = 1530kg/m^3$，

$Q_W = 210 \sim 310 = 280kg/m^3$

则计算配合比为　水泥：石灰膏：砂：水 $= 227:119:1530:280 = 1:0.52:6.74:1.23$

第四节　抹面砂浆与特种砂浆

一、抹面砂浆

凡是涂抹在土木工程结构或构件表面的砂浆，统称为抹面砂浆。抹面砂浆兼有保护基层和增加美观作用。根据其功能不同，抹面砂浆一般可分为普通抹面砂浆和特殊用途砂浆（具有防水、耐酸、绝热、吸声及装饰等用途的砂浆）。常用的普通抹面砂浆有水泥砂浆、石灰砂浆、水泥石灰混合砂浆、麻刀石灰砂浆（简称麻刀灰）、纸筋石灰砂浆（纸筋灰）

等。与砌筑砂浆相比,抹面砂浆具有以下特点:抹面层不承受荷载;抹面层与基底层要有足够的粘结强度,使其在施工中或长期自重和环境作用下不脱落、不开裂;抹面层多为薄层,并分层涂抹;面层要求平整、光洁、细致、美观;多用于干燥环境,大面积暴露在空气中。

1. 普通抹面砂浆

普通抹灰砂浆在建筑物和墙体表面起保护作用,它直接抵抗风、霜、雨、雪等自然环境对建筑物的侵蚀,可提高建筑物的耐久性,同时可使建筑物达到表面平整、光洁和美观的效果。

抹灰砂浆应有良好的和易性及较高的粘结力,以便与基面牢固地粘合。抹灰砂浆常有两层或三层做法。底层砂浆应有良好的保水性,水分才能不致被底面材吸走过多而影响砂浆的流动性,使砂浆与底面很好的粘结。中层主要是为了找平,有时可省去不做。面层主要为了平整美观。

用于砖墙的底层抹灰,多为石灰砂浆;有防水、防潮要求时应采用水泥砂浆。用于混凝土基层的底层抹灰,多为水泥混合砂浆。中层抹灰多用水泥混合砂浆或石灰砂浆。面层抹灰多用水泥混合砂浆、麻刀灰或纸筋灰。水泥砂浆不得涂抹在石灰砂浆层上。

墙裙、踢脚板、地面、雨篷、窗台、以及水井、水池等处部位,容易碰撞或者经常接触水,应采用水泥砂浆。在硅酸盐砌块墙面上做砂浆抹面或粘贴饰面材料时,应在砂浆层内夹一层事先固定好的钢丝网,以免脱落。

表6—9列出了普通抹灰砂浆的配合比,可参照选用。

表6—9　普通抹灰砂浆参考配合比

材　　料	体积配合比	材　　料	体积配合比
水泥砂	1:2 ~ 1:3	石灰石膏砂	1:0.4:2 ~ 1:2:4
石灰砂	1:2 ~ 1:4	石灰粘土砂	1:1:4 ~ 1:1:8
水泥石灰砂	1:1:6 ~ 1:2:9	石灰膏麻刀	100:1.3 ~ 100:2.5(质量比)

2. 防水砂浆

制作防水层(又叫刚性防水层)的所采用的砂浆叫做防水砂浆。砂浆防水层仅用于不受震动和具有一定刚度的混凝土工程或砖砌体工程,对于变形较大或可能发生不均匀沉陷的建筑物,都不宜采用刚性防水层。

防水砂浆可以采用普通水泥砂浆。也可以在水泥砂浆中加入防水剂、掺合料来提高砂浆的抗渗能力,或采用聚合物水泥砂浆防水。防水剂有氯化物金属盐类、金属皂类、硅酸钠、无机铝酸盐等。当使用钢筋时,应采用不含氯化物的的防水剂。

聚合物防水剂有天然橡胶胶乳、合成橡胶胶乳(氯丁橡胶、丁苯橡胶、丁腈橡胶、聚丁二烯橡胶等)、热塑性树脂乳液(聚丙烯酸酯、聚醋酸乙烯酯等)、热固性树脂乳液(环氧树脂、不饱和聚酯树脂等)、水溶性聚合物(聚乙烯醇、甲基纤维素、聚丙烯酸钙等)、有机硅。

为提高水泥砂浆层的防水能力,用于混凝土或砌体结构基层上的水泥砂浆防水层,应采用多层抹压的施工工艺。普通水泥砂浆防水层是采用不同配合比的水泥浆和水泥砂浆,通过分层抹压构成防水层。此方法在防水要求较低的工程中使用较为适宜,其配合比设计应参考表6—10选用。

表6—10 普通水泥砂浆防水层的配合比

名称	配合比(质量比)		水灰比	适用范围
	水泥	砂		
水泥浆	1	—	0.55 ~ 0.60	水泥砂浆防水层的第一层
水泥浆	1	—	0.37 ~ 0.40	水泥砂浆防水层的第三、五层
水泥砂浆	1	1.5 ~ 2.0	0.40 ~ 0.50	水泥砂浆防水层的第二、四层

3. 装饰砂浆

装饰砂浆涂抹在建筑物内外墙表面，起到美观装饰、改善功能、保护建筑物的作用。装饰砂浆的底层和中层抹灰与普通抹灰砂浆基本相同，不同的是装饰砂浆的面层，要选用具有一定颜色的胶凝材料和骨料以及采用某种特殊的操作工艺，使表面呈现出各种不同的色彩、线条与花纹等装饰效果。

可采用普通水泥、矿渣水泥、火山灰水泥和白水泥、彩色水泥作为装饰砂浆的胶凝材料。水泥中掺加彩色颜料时要尽量耐碱矿物颜料。骨料常采用色彩鲜艳的大理石、花岗石细石渣或玻璃、陶瓷碎片等。

外墙面的装饰砂浆有如下的常用做法：

①水刷石　用颗粒细小的石渣所拌成的砂浆做面层，在水泥初始凝固时，喷水冲刷表面，使其石渣半露而不脱落。水刷石多用于建筑物的外墙装饰，具有一定的质感，经久耐用。

②拉毛　先用水泥砂浆做底层，再用水泥石灰砂浆做面层，在砂浆尚未凝结时，用刀将表面拍拉成凹凸不平的形状。

③水磨石　用普通水泥、白色水泥或彩色水泥拌合各种色彩的大理石渣做面层。硬化后用机械磨平抛光表面。水磨石多用于地面装饰，可事先设计图案和色彩，抛光后更具艺术效果。除可用做地面之外，还可预制做成楼梯踏步、窗台板、柱面、台度、踢脚板和地面板等多种建筑构件。室内外的底面、墙面、台面、柱面等，也可用水磨石进行装饰。

④干粘石　在水泥砂浆面层的整个表面上，粘结粒径5mm以下的彩色石渣、小石子、彩色玻璃粒。要求石渣粘结牢固不脱落。干粘石的装饰效果与水刷石相同，而且避免了湿作业，施工效率高，也节约材料。

⑤斩假石　又称为剁假石。制做情况与水刷石基本相同。它是在水泥浆硬化后，用斧刃将表面剁毛并露出石渣。斩假石表面具有粗面花岗岩的效果。

⑥假面砖　将普通砂浆用木条在水平方向压出砖缝印痕，用钢片在竖直方向压出砖印，再涂刷涂料。亦可在平面上画出清水砖墙图案。

装饰砂浆还可采取喷涂、弹涂、辊压等新工艺方法，可做成多种多样的装饰面层，操作方便，施工效率可大大提高。

二、其他特种砂浆

1. 绝热砂浆

绝热砂浆采用水泥、石灰、石膏等胶凝材料与轻质多孔骨料(常用膨胀珍珠岩、膨胀蛭石或陶砂等)，加适量水按比例配制而成。绝热砂浆具有质轻和良好的保温和隔热性能，导热系数约为 0.07 ~ 0.10W/(m·K)，绝热砂浆的干体积密度可在 600kg/m³ 以下，可用于屋面绝热层、绝热墙壁以及供热管道绝热层等处。

2. 吸声砂浆

由轻质多孔骨料制成的砂浆,除了具有保温隔热性能外,还同时具有吸声性能。常用水泥、石膏、砂、锯末(其体积比为1:1:3:5)等配成吸声砂浆,或在石灰、石膏砂浆中掺入玻璃纤维、矿物棉等松软纤维材料。吸声砂浆用于室内墙壁和顶棚的吸声。

3. 耐酸砂浆

以水玻璃与氟硅酸钠为胶结材料,掺入石英岩、花岗岩、铸石等耐酸粉料和细骨料拌制并硬化而成耐酸砂浆。水玻璃硬化后具有很好的耐酸性能,多用作耐酸底面、耐酸容器的内壁防护层或衬砌材料。某些酸雨比较严重的地区,重要建筑物的外墙装修时也可考虑使用耐酸砂浆。

4. 防射线砂浆

在水泥中掺入重晶石粉、重晶石砂可配制有防 X 射线和 γ 射线能力的砂浆。其配合比约为水泥重晶石粉重晶石砂 = 1:0.25:(4～5)。如在水泥浆中掺加硼砂、硼酸等可配制有抗中子辐射能力的砂浆。此类防射线砂浆应用于射线防护工程,也可阻止地基中土壤或岩石里的氡(具有放射性的惰性气体)向室内扩散。

5. 膨胀砂浆

在水泥砂浆中掺入膨胀剂,或使用膨胀水泥可配制膨胀砂浆。膨胀砂浆的膨胀特性,可以补偿其硬化后的收缩,防止干缩开裂。膨胀砂浆可在修补工程中及大板装配工程中填充裂缝,达到密实粘结的目的。

6. 自流平砂浆

自流平砂浆是指在自重作用下能流平的砂浆。自流平砂浆施工方便,地坪和地面常用自流平砂浆。良好的自流平砂浆施工后平整光洁、强度高、耐磨性好、不开裂。其制备的关键技术包括,采用外加剂,严格控制砂的级配和颗粒形态,选择具有合适级配的水泥或其他胶凝材料。

其他的砂浆还包括界面砂浆、地坪砂浆、无收缩灌浆料、修补砂浆、瓷砖粘结剂等。

第五节 预拌砂浆

一、预拌砂浆的分类及其特点

预拌砂浆是在工厂里按合理配比拌合而成的,可以产品形式进行交易,也称为商品砂浆。按照产品状态和生产工艺特点,预拌砂浆划分为预拌湿砂浆和预拌干砂浆。其中前者可称为湿拌砂、湿砂浆,后者也可称为干砂浆、干拌砂浆、干混砂浆、干粉砂浆等。

预拌砂浆的优越性是品种多;备料快、施工快;保水性好、和易性好、耐久性好;省工、省料。采用商品砂浆可做到文明施工。①原料占用场地少。现场拌制砂浆时其原材料占用较多的场地,特别是在大城市里,这个问题更加突出,商品砂浆可大幅度地减小材料堆放场地;②有利于环境保护。现场拌制砂浆,粉尘量大,污染环境;而用商品砂浆可减少粉尘飞扬,从而减少环境污染。如同混凝土进行预拌化生产一样,砂浆的商品化是建筑业发展一定水平的必然结果。

二、预拌湿砂浆

1. 预拌湿砂浆的材料组成

预拌砂浆是由水泥、砂、保水增稠材料、粉煤灰或其他矿物掺合料和外加剂、水等按一定比例在集中搅拌站（厂）经计量、拌制后，用搅拌运输车运至使用地点，放入密封容器储存，并在规定时间内需使用完毕的砂浆拌合物。预拌湿砂浆的生产过程类似预拌商品混凝土。

普通砂浆，如用于砌筑工程的砌筑砂浆、用于抹灰工程的抹灰砂浆、用于建筑地面及屋面的面层或找平层的砂浆，因其用量大，常以预拌湿砂浆的形式出现。

2. 预拌湿砂浆的性能要求

施工规范对预拌商品砌筑砂浆性能的要求与现拌砂浆不同。预拌砌筑砂浆的使用性能见表6—11。

表6—11　预拌湿砂浆与现拌砂浆的性能要求

	预拌砌筑砂浆	现拌砌筑砂浆
分层度/mm	25	30
凝结时间/h	8,12,24	一般无要求
稠度损失	稠度损失在规定的时间内应不大于交货时实测稠度的35%	一般无要求
使用材料	使用非石灰和非引气的保水增稠材料	可以使用石灰膏、粘土膏、电石膏和微沫剂

3. 预拌湿砂浆的配制要求

商品混凝土公司多数使用高等级水泥，超出目前规范对砂浆原材料的使用要求。在允许的情况下，可以掺加尽可能多的粉煤灰等矿物材料。胶凝材料的用量不仅与砂浆强度相关，而且增加胶凝材料的用量，可以增加砂浆的保水性。

选择缓凝外加剂适宜的掺量，调整凝结时间，满足施工要求，考虑到施工中可操作性，试配砂浆的凝结时间应大于设计凝结时间2～3h。

在符合规范要求的前提下，选择与配制强度相对应的灰砂比。通常在商品混凝土搅拌站使用高等级水泥，砂浆强度富余系数较大，故试配强度比设计强度提高5～10MPa是正常的。

提高灰砂比可以减少分层度，添加稠化剂进一步减少分层度，稠化剂还明显改善砂浆和易性。为防止砂浆稠度随时间损失，根据天气状况，试配稠度可比设计值增加10～15mm。

三、预拌干砂浆

1. 预拌干砂浆的材料组成

预拌干砂浆是由专业生产厂家生产，经干燥筛分处理的细集料与无机胶结料、保水增稠材料、矿物掺合料和添加剂按一定比例混合而成的一种颗粒状混合物，它既可由专用罐车运输至工地加水拌和使用，也可用包装形式运到工地拆包加水拌和使用。

预拌干砂浆均含有胶凝材料、骨料和外加剂。胶凝材料包括无机胶凝材料如水泥、石灰、石膏等,有机胶凝材料如再分散乳胶粉和水溶性聚乙烯醇等。骨料包括砂和惰性粉末,但后者也归于矿物外加剂中,属于矿物外加剂的还有矿渣粉、粉煤灰、硅灰等等。有些砂浆还含有纤维和颜料。

同任何材料一样,干混砂浆的性能取决于其组成材料。预拌干砂浆的无机胶凝材料和有机胶凝材料主要起胶结作用。骨料主要起骨架作用(有时利用其装饰效果),矿物外加剂主要改善砂浆工作性,两者对体积稳定性均有重要作用。化学外加剂主要是改善新拌砂浆的物理性能,但他们对砂浆硬化后的性能也有重要作用。化学外加剂常是一些粉末状的高分子聚合物,包括保水剂、增塑剂、引气剂、消泡剂、调凝剂、憎水剂等。从化学成分来讲,有纤维素醚、淀粉醚、脂肪酸金属盐、甲酸钙、柠檬酸盐、羧酸聚醚等。

2. 预拌干砂浆的分类与用途

预拌干砂浆可分为砌筑砂浆、抹灰砂浆、修补砂浆、灌浆材料和粘结砂浆等五大类。每大类包括若干品种。具有一系列特殊功能的砂浆,如墙地砖粘结剂、界面处理剂、填缝胶粉、饰面砂浆、防水砂浆、自流平地坪砂浆、混凝土修补砂浆、密封砂浆等,常以预拌干砂浆的形式出现。

预拌干砂浆的用途不同,其性能技术指标要求也各不相同。预拌干砂浆新拌后的物理性能不但影响长期性能,而且对施工非常重要,因此应用场合而异。如抹灰砂浆和砌筑砂浆对保水性的要求明显不同。后者的保水性应比前者低。但即使同样是砌筑砂浆,也应视不同的砌筑对象而赋予不同的保水性,砌筑吸水系数高的材料一般要使用保水性好的砌筑砂浆,反之亦然。总体来说,在使用过程中,预拌干砂浆的性能主要涉及其物理性能和力学性能等方面,包括施工性、保水性、吸水性、强度(尤其高温和冻融循环作用条件下的粘结抗拉强度)、韧性、耐久性能(抗碳化、抗冻融循环、抗各种盐和酸的侵蚀性能等)等。

复习思考题

6—1 建筑砂浆有哪些主要技术性能要求,为什么?

6—2 抹面砂浆的种类及其各自性能特点。

6—3 预拌砂浆的种类及其各自性能特点。

6—4 配制砂浆的胶凝材料与配制混凝土的胶凝材料有何不同?

6—5 某工程砌筑烧结普通粘土砖用水泥石灰砂浆,要求砂浆的强度等级为 M5,现有 32.5、42.5 矿渣硅酸盐水泥可供选用。已知所用中砂的含水率为 1%、干燥堆积密度为 1500kg/m³,试计算砂浆的配合比。施工水平一般,系数 $k = 1.20$。

第七章 聚合物材料

第一节 聚合物材料的基本知识

聚合物材料又称高分子材料。聚合物分子是由多个重复化学单元相连接而成的大分子。例如聚乙烯的分子就是由无数个亚甲基相连而成：

$$—CH_2—CH_2—CH_2—CH_2—CH_2—CH_2—CH_2—CH_2$$

其化学单元重复出现形同锁链，所以聚合物的分子又常被称为分子链。这种材料的相对分子质量特别高，所以又称为高分子材料。根据不同的用途，相对分子质量可以从几千到几百万甚至上千万。据此，聚合物材料可以定义为由重复单元构成的高相对分子质量物质，也可称为高聚物。聚合物在受热后有软化或熔融现象，软化时在外力作用下有流动倾向，常温下是固态、半固态，有时也可以是液态，也称为树脂。

与无机材料相比，聚合物材料具有密度小、比强度高、力学性能好、耐水、耐湿、耐腐蚀性好、易加工、使用方便等优良的性能，已成为建设工程中不可缺少的一类建筑材料，它的产品如塑料、橡胶、胶粘剂、涂料以及由它们复合的材料等，在工程中已得到广泛地应用。

一、聚合物材料的分子链几何形状与性质

聚合物按其链节在空间排列的几何形状，可分为线型、支链型和体型聚合物，见图7—1。

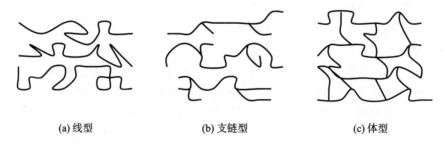

(a) 线型   (b) 支链型   (c) 体型

图7—1 聚合物材料的分子链的几何形状

1. 线型聚合物

线型高聚物的分子分链节排列成线状，大多数呈卷曲线状，见图7—1(a)，大分子间以分子间力结合，因此作用力微弱，分子间容易相对滑动，因此线型结构的聚合物材料可反复加热软化、冷却硬化，这种性质称为热塑性。线型高聚物具有良好的弹性、塑性、柔韧性，但是强度低、硬度小、耐热性和耐腐性较差，且可溶可熔。

2. 支链型聚合物

支链型聚合物的分子在主链上带有比主链短的支链,见图7—1(b)。其中分子排列较松,分子间作用力较弱,因而密度、熔点和强度低于线型高聚物。

3. 体型聚合物

体型聚合物的分子是线型或支链型高聚物分子以化学链交联形成,呈空间网状结构,见图7—1(c)。由于化学链结合力强,且交联成一个巨型分子,因此体型结构的聚合物仅在第一次加热时软化,固化后再加热时不会软化,这种性质称为热固性。热固性高聚物具有较高的强度与弹性模量,但塑性小、较硬脆,耐热性、耐腐蚀性较好,不溶不熔。

二、聚合物材料的聚合过程

聚合物的大分子是由许多相同、简单的结构单元通过共价键重复连接而成,由单体制备高分子化合物的基本方法有加聚反应和缩聚反应。

1. 加聚反应

加聚反应是由相同或不同的低分子化合物,相互加合成聚合物而不析出低分子副产物的反应,其生成物称为加聚物。加聚物有两种类型,即均聚物和共聚物。均聚物是由一种单体加聚而成,常见的均聚物还有聚乙烯、聚丙烯等。共聚物是由两种或两种以上单体加聚而成。

2. 缩聚反应

缩聚反应是由许多相同或不同的低分子化合物相互缩合成聚合物并析出低分子副产物的反应,其生成物称缩聚物。常见的缩聚物有酚醛树脂、环氧树脂、有机硅等。

三、聚合物材料的分类

1. 按来源分类

(1)天然聚合物

指自然界天然存在的聚合物,例如天然无机聚合物(石棉、云母等)和天然有机聚合物(淀粉、纤维、蛋白质、天然橡胶等)。

(2)人工合成聚合物

人工合成聚合物数量最多,包括合成树脂、合成橡胶和合成纤维等。它们都是从石油、煤、矿石等中提炼出来的小分子单体经聚合反应制备出来的。

2. 按聚合物的热行为分类

(1)热塑性聚合物

具有线型或支链型结构的有机高分子化合物,它包含全部聚合树脂和部分缩合树脂,具有可反复受热软化(或熔化)和冷却硬化的性质。在软化状态下能进行加工,在冷却至软化点以下能保持模具形状。

(2)热固性聚合物

在受热或在固化剂的作用下,能发生交联而变成不熔不溶状态。加工时受热软化,产生化学反应,相邻的分子互相交联而逐渐硬化成型,再受热则不能软化,也不能改变其形状,只能塑制一次。分子结构为体型,包括大部分缩合树脂。

3. 按聚合物的性能与用途分类

根据聚合物材料的性能和用途,可将其分成塑料、橡胶、纤维、胶粘剂、涂料、功能高分子等不同类别。但这种分类方法也不够严密,因为同一种聚合物通过不同的配方和加工成型法,可以同时成为塑料、橡胶或纤维等。

第二节　塑料

一、塑料的组成和性质

1. 塑料的组成

塑料是以合成树脂为主要原料,加入添加剂,在一定的温度和压力条件下,塑制而成的具有一定塑性的材料。

（1）合成树脂

树脂在多组分塑料中占 30% ~ 70%,单组分的塑料中含有树脂几乎达 100%。树脂在塑料中主要起胶结作用,把填充料等其他组分胶结成一个整体。塑料的主要成分是合成树脂,因而塑料的性质主要由树脂决定。

（2）添加剂

为满足各种实际应用,改善塑料的性能,还要加入必要的添加剂。

①稳定剂:可抑制塑料在加工和使用过程中,因光和热等的作用引起的性质变化,延长其使用寿命。常用的如抗氧剂（酚类化合物等）、光屏蔽剂（炭黑等）、紫外线吸收剂（2 - 羟基二苯甲酮、水杨酸苯酯等）、热稳定剂（硬脂酸铝、三盐基亚磷酸铅等）。

②增塑剂:提高塑料在加工时的可塑性和制品的柔韧性、弹性等。增塑剂通常是具有低蒸气压、不易挥发的相对分子质量较低的固体或液体有机化合物。主要为酯类和酮类。常用的有邻苯二甲酸二丁酯、邻苯二甲酸二辛酯、磷酸二辛酯、磷酸二甲苯酯、己二酸酯、二苯甲酮等。

③着色剂:使塑料制品具有特定的色彩和光泽。着色剂按其在着色介质中的溶解性分为染料和颜料。染料皆为有机化合物,可溶于被着色的树脂中;颜料一般为无机化合物,不溶于被着色介质。颜料不仅对塑料具有着色性,同时兼有填料和稳定剂的作用。

④固化剂:又称硬化剂或熟化剂,是使某些合成树脂的线型结构交联成体型结构,从而使树脂具有热固性。不同品种的树脂应采用不同品种的固化剂。酚醛树脂常用六亚甲基四胺;环氧树脂常用胺类、酚酐类和高分子类;聚酯树脂常用过氧化物等。

⑤润滑剂:用以防止塑料在加工过程中粘附于模具和设备上,以便于脱模,使制品的表面光洁。常用的有硬脂酸及其盐等。

塑料添加剂除上述几种外,还有发泡剂、抗静电剂、阻燃剂等。

（3）填料

填料可改善塑料的强度、刚性、抗冲击韧性和耐热性。填料在塑料组成材料中占40% ~ 70%,常用的填料有木粉、滑石粉、硅藻土、石灰石粉、铝粉、炭黑、云母、二硫化钼、石棉、玻璃纤维等。其中纤维填料可提高塑料的结构强度;石棉填料可改善塑料的耐热性;云母填料能增强塑料的电绝缘性;石墨、二硫化钼填料可改善塑料的磨擦和耐磨性能等。由于填料都比合成树脂便宜,故填料的加入能降低塑料的成本。

2. 塑料的物理性质

(1)密度小、质量轻

塑料的密度在 $1.0 \sim 2.08 \mathrm{g/cm^3}$,是钢铁的 $1/8 \sim 1/4$,约为混凝土的 $1/2 \sim 1/3$ 。有填料的塑料的相对密度也只有铝的 $1/2$ 。

(2)加工和成型的工艺性能良好

塑料的加工成型方法很多,加工方法简单。热塑性的塑料在很短的时间内即可成型出制品。比金属加工成零件的车、铣、刨、钻、磨等工序简单得多。塑料也容易采用机加工,大多数塑料便于焊接。

(3)孔隙率与吸水率小

塑料的孔隙率可以在生产制造时加以控制,以满足不同的要求。有机玻璃、塑料薄膜可以做到基本无孔,而泡沫塑料的孔隙率可高达 $95\% \sim 98\%$ 。塑料属于憎水材料,不论是密实塑料还是泡沫塑料,其吸水率一般小于 1% 。但是,塑料的内部孔隙尺寸较大时且为开口孔时,吸水率较大。

(4)电绝缘性优良

大多数塑料有优良的电绝缘性,在高频电压下,可以作为电容器的介电材料和绝缘材料,可以应用于电视、雷达等装置中。

(5)摩擦系数小、润滑性能好

塑料制成的机械传动部件,机械动力的损耗小,有的甚至可以不加润滑剂,或用水润滑即可。这是金属材料所无法相比的。

(6)热性能不好、耐热性差

大多数塑料的耐热性差,一般只可在 $100℃$ 以下使用,有的使用温度不能超过 $60℃$,少数可以在 $200℃$ 左右的条件下使用。高于这些温度,塑料即软化、变形、甚至丧失使用性能。

3. 塑料的力学性质

(1)强度较低

塑料的强度一般较低,但是塑料可以做成强度很高的复合材料,如玻璃纤维增强塑料的抗拉强度为 $200 \sim 300 \mathrm{MPa}$ 。塑料的比强度比传统材料(如金属、石材、混凝土等)高出 $5 \sim 15$ 倍,是轻质高强材料。

(2)容易变形

塑料的弹性模量较低,约为钢材的 $1/10$;塑料在受力时变形大,因而徐变较大。金属材料在较高温度下,才有显著的徐变现象;而塑料即使在室温下,经过长时间受力,也会缓慢变形并随温度升高,徐变加剧。热塑性塑料的徐变较为严重。添加填料,或使用金属、玻璃纤维、碳纤维等增强材料的塑料,可使所受外力分布到较大的面积上,徐变会减轻。

4. 塑料的化学性质

(1)耐腐蚀性好

塑料在水、水蒸气、酸、碱、盐、汽油等化学介质中,性质比较稳定。在某些强腐蚀性介质中,有的塑料的耐蚀性甚至超过某些贵金属。因此,许多设备是由塑料制造的。例如"塑料王"——聚四氟乙烯,在很宽的温度范围内,可抵抗许多强腐蚀性的化学介质,甚至是王水。

(2)老化

塑料制品在使用中,由于大气中氧气、臭氧、光、热等以及各类机械力的作用,又有树脂内部微量杂质的存在,塑料的性能变坏,甚至丧失使用价值,即为老化。如果在塑料中加入一些稳定剂,或者在塑料的表面喷涂稳定剂阻隔或减轻光和热的作用,可以减缓塑料的老化速度,延长使用寿命。

（3）可燃性与毒性

塑料属于可燃材料,而且燃烧时放出有毒气体,因此火灾时对人的生命威胁很大。房屋建筑工程用工程塑料应该为阻燃塑料。纯的聚合物对生物是无毒的,但是在加工过程中剩余的单体或低分子量物质有毒,如增塑剂、固化剂等。虽然液体聚合物有毒,但完全固化后则无毒。

二、常用建筑塑料制品

1. 塑料门窗

塑料门窗分有全塑门窗及复合塑料门窗,前者多采用改性聚氯乙烯树脂制造。塑料门窗具有隔热、隔音、气密性好、耐腐蚀、维护费用较低等优点,但其线膨胀系数较高,硬度较低,不耐磨。复合塑料门窗常用的种类为塑钢门窗,它是在塑料门窗框内部嵌入金属型材制成。塑料门窗主要有以下性能。

抗风压性能:关闭着的外门窗在风压作用下,不发生损坏和功能障碍的能力。

水密性:关闭着的外门窗在风雨同时作用下,阻止雨水渗漏的能力。

气密性能:关闭着的外门窗阻止空气渗透的能力。

单位缝长空气渗透量:外门窗在标准状态下,单位时间通过单位缝长的空气量,单位为 $m^3/(m \cdot h)$。

保温性能:在门或窗户两侧存在空气温差条件下,门或窗户阻抗从高温一侧向低温一侧传热的能力。门或窗户保温性能用其传热系数或传热阻表示。

传热系数 K_0:在稳定传热条件下,门或窗户两侧空气温差为 1K（热力学温度）,单位时间内,通过单位面积的传热量,以 $W/(m^2 \cdot K)$ 计。

塑料门窗与塑钢门窗的区别。塑钢门窗是用塑钢型材制作的门窗,塑钢型材是塑料与型钢混合型材制作而成的,塑料门窗是采用 U – PVC 塑料型材制作而成的门窗。

2. 塑料地板

塑料地板是以树脂为主要原料,经过加工生产的地面装饰材料,具有价格低廉、花色品种多、选择余地大、装饰效果好、质轻耐磨、尺寸稳定、耐潮湿、阻燃的特点,特别是其铺装方法简单、容易,家庭成员自己就能动手铺装,再加上其易于清洗、护理,更换也非常简捷,是家庭中低档装修中的一种重要的地面装饰材料。塑料地板的种类很多,按使用的原料可分为聚氯乙烯树脂、氯醋共聚树脂、聚乙烯与聚丙烯树脂等。一般是按产品的外形来划分,可分为块状塑料地板和卷材塑料地板（日常生活中称为地板革）。卷材塑料地板按其结构又可分为带基材、带弹性基材及无基材结构,家庭装修中主要使用前两种。块状塑料地板又有插接式、直边式等多种款式。

3. 塑料墙纸

塑料墙纸是以一定材料为基材,在其表面进行涂塑后再经过印花、压花或发泡处理等多种工艺而制成的一种墙面装饰材料。塑料墙纸可分为印花墙纸、压花墙纸、发泡墙纸、特种墙纸、塑料墙布等五大类,每一类有几个品种,每一品种又有几十及几百种花色。随着工艺技术的改进,新品种层出不穷,如布底胶面,胶面上再压花或印花的墙纸,以及表面静电植绒的墙纸等。

4. 塑料管材

塑料管材因具有水流损失小、节能、节材、保护生态、竣工便捷等优点,目前广泛应用于建筑给排水、城镇给排水以及燃气管等领域,成为新世纪城建管网的主要管道材料。有硬质聚氯乙烯管、氯化聚氯乙烯管、聚乙烯管、交联聚乙烯管、三型聚丙烯管、聚丁烯管、工程塑料管、玻璃钢夹砂管、铝塑料复合管、钢塑复合管等。

随着塑料管材应用领域的不断扩大,塑料管材的品种也在不断增加,除了聚氯乙稀管材、聚乙烯管材外,又出现了增 PVC 芯层发泡管材、双壁波纹管材、铝塑复合管材、塑钢复合管材、聚乙烯硅心管等。

5. 泡沫塑料与蜂窝制品

泡沫塑料也叫多孔塑料,是以树脂为主要原料制成的内部具有无数微孔的塑料。质轻、绝热、吸音、防震、耐腐蚀。有软质和硬质之分。广泛用作绝热、隔音、包装材料及制车船壳体等。

泡沫塑料分闭孔型和开孔型两类。闭孔型中的气孔互相隔离,有漂浮性;开孔型中的气孔互相连通,无漂浮性。可用聚苯乙烯、聚氯乙烯、聚氨基甲酸酯等树脂制成。可作绝热和隔音材料,用途很广。泡沫塑料是由大量气体微孔分散于固体塑料中而形成,具有质轻、隔热、吸音、减震等特性,且介电性能优于基体树脂,用途很广。结构泡沫塑料,以芯层发泡、皮层不发泡为特征,外硬内韧,比强度(以单位质量计的强度)高,耗料省,日益广泛地代替木材用于建筑和家具工业中。

蜂窝板是由两块较薄的面板,牢固地粘结在一层较厚的蜂窝状芯材两面而制成的板材,亦称蜂窝夹层结构。蜂窝状芯材是用浸渍过合成树脂(酚醛、聚酯等)的牛皮纸、玻璃布和铝片等,经加工粘合成六角形空腹(蜂窝状)的整块芯材。其孔径尺寸较大,为 5～200mm。塑料蜂窝板抗折强度高、导热系数低、抗震性能好。如在孔中填充泡沫塑料,则绝热性能更好。塑料蜂窝板主要用作为绝热材料和隔声材料。

第三节　胶粘剂

一、胶粘剂的组成材料

胶粘剂是土木工程中不可缺少的重要配套材料,又称粘合剂或粘接剂,是一种能将两种材料紧密地结合在一起的物质。胶粘剂一般是以聚合物为基本组分的多组分体系,根据其功能和用途的不同,可加入多种外加剂。

1. 粘料

粘料或称基料,它使胶粘剂具有粘附特性,对胶粘剂的粘结性能起着决定性的作用。粘料通常为合成橡胶或合成树脂。热固性树脂组成的胶粘剂用于胶接结构受力部位,热塑性树脂或橡胶组成的胶粘剂用于非受力部位和变形较大的部位。

2. 固化剂

固化剂它能使线型分子形成网状或体型结构,从而使胶粘剂固化,又称硬化剂。使用固化剂时应按粘料的特性及对固化后胶膜性能(如硬度、韧性和耐热等)的要求来选择。

3. 填料

填料可以增加胶粘剂的弹性模量,降低线膨胀系数,减少固化收缩率,增加电导率、黏度、抗冲击性;提高使用温度、耐磨性、胶结强度;改善胶粘剂耐水和耐老化性等。但同时增加胶粘剂的密度,增大黏度,容易造成气孔等缺陷。

4. 增韧剂

增韧剂可提高冲击韧性,改善胶粘剂的流动性、耐寒性与耐振性,但会降低弹性模量、抗徐变性、耐热性。增韧剂有两类,一类为活性增韧剂,它参与固化反应。另一类为非活性增韧剂,它不参与固化反应。

5. 偶联剂

偶联剂的分子含有两部分性质不同的基团,一部分基团经水解后能与无机物的表面很好地亲和,另一部分基团能与有机树脂结合,而使两种不同性质的材料"偶联"起来。偶联剂掺入胶粘剂中,或用其处理被粘物表面,都能提高胶接强度和改善其水稳定性。常用的偶联剂是硅烷偶联剂。

6. 稀释剂

稀释剂用来改善工艺性(降低黏度)和延长使用期。稀释剂有活性与非活性之分,前者参加固化反应,并成为交联结构中的一部分,既可降低胶粘剂的黏度,又克服了因溶剂挥发不彻底而使胶结性能下降的缺点,但一般对人体有害。后者不参加固化反应,只起稀释作用。

二、胶粘剂的胶粘机理和特点

1. 胶粘机理

胶结过程可分为两个阶段:第一阶段,液态胶粘剂向被粘物表面扩散、润湿被粘物表面并渗入表面微孔中,使被粘物表面间的点接触变为与胶粘剂之间的面接触。施加压力和提高温度,有利于此过程的进行;第二阶段,胶粘剂本身经物理或化学的变化由液体变为固体,使胶接作用固定下来。

胶结机理是对胶结强度的形成及其本质的理论解释。根据不同实验条件和不同角度的提出的理论主要有:吸附理论、化学键理论、扩散理论、静电理论、机械理论等。各种理论仅仅反映了粘结现象本质的一个侧面。胶粘剂与被粘物之间的牢固粘结是以上理论的综合结果。胶粘剂不同,被粘物的不同,粘结物的表面处理或粘结接头的制作工艺不同,上述诸因素对于粘结力的贡献大小也不同。

2. 胶粘剂的特点

胶粘剂可用于防水工程、新旧混凝土接缝、室内外装饰工程、结构补强工程。胶粘剂的品种繁多,在性能上具有下列特点。

(1)胶接不同类型的材料

胶粘剂能胶接同类的和不同类的、软的和硬的、脆性的和韧性的、有机的和无机的各种材料,特别是异性材料、异型材料的连接更有优势,例如薄片材料和蜂窝结构,用其他方法连接非常困难,但是用胶粘剂却能很容易解决。

(2)减轻结构的重量

用胶粘剂可以得到挠度小、质量轻、强度大、装配简单的结构。例如一架重型轰炸机使用粘结代替铆接,飞机的重量可减小30%。

（3）密封性良好

使用胶粘剂胶接的材料构件之间具有优异的气密性和水密性。

（4）应力分布均匀

例如粘结的多层板结构能有效避免裂纹的迅速扩展。

（5）使用胶粘剂工艺简单、生产效率高,可以降低成本

胶粘剂的不足之处包括,胶接前对被粘结的物体表面要求很严,有的粘结过程需要加温或加压固化;热塑性树脂胶粘剂受力时有蠕变倾向;热固性树脂胶粘剂的抗剥离能力较低;某些胶粘剂易燃、有毒、产生室内污染;有的在冷、热、干、湿、生化、日光等作用下容易老化。

三、常用胶粘剂

1. 热固性树脂胶粘剂

（1）环氧树脂胶粘剂

凡是含有两个或两个以上环氧基团的高分子化合物统称为环氧树脂。环氧树脂胶粘剂是以环氧树脂为主要成分,添加适量固化剂、增韧剂、填料、稀释剂等配制而成。环氧树脂未固化时是线型热塑性树脂,由于结构中含有羟基、环氧基等极性的活性基,故它可与多种类型的固化剂反应生成网状体型结构高聚物,对金属、木材、玻璃、硬塑料和混凝土都有很高的粘附力,故有"万能胶"之称。固化时无副产物析出,所以体积收缩率低;固化后的树脂耐化学性好、电气性能优良、加工操作工艺简单,所以得到广泛的应用。

（2）α-氰基丙烯酸酯胶

α-氰基丙烯酸酯胶是单组分常温快速固化胶,又称瞬干胶。其主要成分是α-氰基丙烯酸酯。目前,国内生产的502胶就是由α-氰基丙烯酸酯和少量稳定剂——对苯二酚、二氧化硫、增塑剂邻苯二甲酸二辛酯等配制而成的。502胶可用于胶结多种材料,如金属、塑料、木材、橡胶、玻璃、陶瓷等,并具有较好的粘结强度。其合成工艺复杂,价格较高,耐热性差,使用温度低于70℃时,脆性较大;也不宜用在有较大或强烈振动的部位;它还不耐水、酸、碱和某些溶剂。

（3）聚甲基丙烯酸酯胶

聚甲基丙烯酸酯胶粘剂是将聚甲基丙烯酸酯（有机玻璃）溶于二氯乙烯、甲酸等有机溶剂中制得的,溶剂不同,黏度也不同。它用于粘结塑料,特别是有机玻璃。但是这种胶的耐温度性低,其使用的温度范围在50～60℃。

2. 热塑性树脂胶粘剂

（1）聚醋酸乙烯乳液胶粘剂

它是由醋酸乙烯单体聚合而成的一种水溶性乳白色粘稠液体（简称白乳胶）,是土木工程中用量较大的一种非结构型胶粘剂。可用于胶接各种纤维结构材料,如木材、纤维制品、纸制品等多孔性材料;也可用于胶结水泥混凝土、皮革等其他材料。由于聚醋酸乙烯乳液胶粘剂可溶于水且具有热塑性,当遇水或温度升高时,其内聚力会明显下降而使粘结力减小,使其在潮湿环境中容易开胶,表现出耐水性、抗蠕变能力和耐热性较差。因此,它既不适用于潮湿环境的工程,也不适合于高湿环境和高温环境（通常用于5～40℃的环境）。胶粘剂

涂刷后，胶层中残留的水分在负温下会产生较大的内应力而使胶层破坏。

（2）聚乙烯醇缩醛胶粘剂

它是由聚乙烯醇和甲醛为主要原料，在酸催化剂环境中缩聚而成的聚合物，由其配制而成的胶粘剂常称为107胶。聚乙烯醇缩醛胶粘剂在水中的溶解度很高，其成本低，施工方便；它用于粘贴塑料壁纸、墙布、瓷砖等，通常具有较好的粘结强度和较好的抗老化能力。在水泥砂浆中掺入少量的107胶后，砂浆的粘结性、抗冻性、抗渗性、耐磨性和强度都能得到提高，并减少砂浆的收缩。通过改变其配比与生产工艺，可制成挥发性甲醛较少的108胶，以减少其对环境的污染。

3. 合成橡胶胶粘剂

（1）氯丁橡胶胶粘剂

它是目前橡胶胶粘剂中广泛应用的溶液型胶，由氯丁橡胶、氧化镁、防老剂、抗氧剂及填料等混炼后溶于溶剂而成。这种胶粘剂对水、油、弱酸、弱碱、脂肪烃和醇类都有良好的抵抗性，可在 $-50 \sim +80℃$ 下工作，具有较高的初粘力和内聚强度；但有徐变性，易老化。多用于结构粘结或不同材料的粘接。掺入油溶性酚醛树脂，配成氯丁醛胶可提高性能。它可在室温下固化，用于粘结包括钢、铝、铜、陶瓷、水泥制品、塑料和硬质纤维板等多种金属和非金属材料。工程上常用于水泥砂浆墙面或地面上粘贴塑料或橡胶制品。

（2）丁腈橡胶

丁腈橡胶是丁二烯和丙烯腈的共聚产物。丁腈橡胶胶粘剂主要用于橡胶制品，以及橡胶与金属、织物、木材的粘结。它的突出优点是耐油性能好、抗剥离强度高、高弹性，特别适于柔软的或热膨胀系数相差悬殊的材料之间的粘结，如粘合聚氯乙烯板材、聚氯乙烯泡沫塑料等。为获得更大的强度和弹性，也可将丁腈橡胶与其他树脂混合。

四、胶粘剂选用原则

任何一种胶粘剂都有其局限性，应根据胶接对象、使用及工艺条件等正确选择，同时还应考虑价格与供应情况。选择时要考虑以下因素：

1. 被胶接材料

不同的材料，如金属、塑料、橡胶等，由于其本身分子结构，极性大小不同，在很大程度上会影响胶接强度。

2. 受力条件

受力构件的胶接应选用强度高、韧性好的胶粘剂。若用于工艺定位而受力不大时，则可选用通用型胶粘剂。

3. 工作环境温度

冷热交变是胶粘剂最苛刻的使用条件之一，特别是当被胶接材料性能差别很大时，对胶接性能的影响更显著，为了消除不同材料在冷热交变时由于线膨胀系数不同产生的内应力，应选用韧性较好的胶粘剂。橡胶型胶粘剂只能在 $-60 \sim 80℃$ 下工作；以双酚A环氧树脂为粘料的胶粘剂工作温度在 $-50 \sim 180℃$。

胶粘剂今后将向着减少污染、节约能源、提高技术经济效益方向发展。主要发展无毒无溶剂胶，包括水性胶和热熔胶及反应型胶；选用低毒溶剂和高固含量；压敏胶也向乳液型和热熔型方面发展。

第四节 建筑涂料

一、建筑涂料的组成

涂料是指涂布在物体表面而形成具有保护和装饰作用膜层的材料。涂料为多组分体系,其组分大体可分为三部分:即主要、次要和辅助成膜物质。

1. 主要成膜物质

主要成膜物质是涂膜的基础物质,它决定着涂料的基本性能。如以油为主要成膜物质的涂料称为油性涂料,以树脂为主要成膜物质的涂料称为树脂涂料,以油和树脂为主要成膜物质的涂料称为油基涂料。

2. 次要成膜物质

次要成膜物质有体质颜料和着色颜料,它们不能单独构成涂膜,但对涂膜性能有一定影响。油和颜料制成的涂料称磁漆,不加颜料的涂料称为清漆。

3. 辅助成膜物质

辅助成膜物质主要包括固化剂、溶剂、增塑剂、催干剂等其他功能性组分。

普通涂料的组分与原料见表7—1。

表7—1 涂料的组分与原料

组 分	主 要 原 料
主要成膜物质	油料:干油性(桐油及亚麻油等);半干性油(大豆油、菜籽油等);不干性油(花生油、棉籽油、蓖麻油等树脂);天然树脂(生胶、生漆等);改性及合成树脂(沥青、橡胶、酚醛树脂、环氧树脂等)
次要成膜物质	着色颜料:无机和有机着色颜料; 体质颜料:碱土金属、硅酸盐、镁、铝化合物等
辅助成膜物质	溶剂:溶剂、助溶剂及稀释剂等; 助剂:催干剂、增塑剂、固化剂及功能组分

二、建筑涂料的分类

根据使用部位,分为外墙涂料、内墙涂料、地面涂料;根据功能可分为防水、防火、防潮、防结露、防锈、防腐涂料,高弹性涂料,道路标识涂料,多彩涂料,杀虫涂料,光选择吸收涂料,耐低温涂料,耐沸水涂料等;从化学组成分有无机高分子涂料和有机高分子涂料,常用的有机高分子涂料有以下三类:

1. 溶剂型涂料

它是以合成树脂为主要成膜物质,加入适量的有机溶剂作为稀释剂,再加入颜料、填料等辅助材料制成的涂料。常用的成膜物有聚乙烯醇缩丁醛、环氧树脂、氯乙烯共聚树脂、聚氨酯、氯化橡胶、丁烯酸类等。

它在涂刷后依靠其中溶剂的挥发而使成膜物质相互连接,从而形成连续状薄膜。它常用于室内、外各种建筑物的表面或地面覆涂。溶剂型涂料生成的涂膜细而坚韧,有一定的耐水性,使用这种涂料的施工温度常可低到零度。它主要缺点是有机溶剂较贵,易燃,且挥发后对人体健康有害。

2. 水溶性涂料

水溶性涂料是以溶于水的树脂为主要成膜物质,并掺入一定的颜料、填料等配制而成的涂料。它在涂刷后依靠水分的蒸发而逐渐形成连续薄膜。常用的有聚乙烯醇水玻璃涂料、聚乙烯醇缩甲醛涂料,主要用于不易接触水的室内墙面及顶棚等部位装饰。

3. 乳液型涂料

乳液型涂料是以合成树脂微粒分散于含有乳化剂的水中构成的乳液,再加入颜料及助剂而形成的混合液。这类涂料涂刷后,随着水分的蒸发,成膜物质微粒互相靠近,逐渐形成连续状薄膜而粘结覆盖于结构物表面。常用的乳液型涂料有很多,如聚醋酸乙烯乳液、丙烯酸乳液等。它们兼有溶剂型和水溶性涂料的主要特征,采用不同的成分可适用于各种建筑的内、外饰面涂饰。

使用水溶性涂料和乳胶型涂料成本低,不易燃,无毒无怪味,也有一定透气性,涂布时不要求基层材料很干,施工7天后的水泥砂浆层上即可涂布。但这种涂料用于潮湿地区易发霉,需加防霉剂,施工时温度不能太低,低于10℃时不易成膜。

三、常用建筑涂料

1. 内墙涂料

主要功能是装饰及保护室内墙面。内墙涂料要求色彩丰富、细腻、调和,有一定耐水、耐久性,较好的透气性等。其类型大致可分为刷浆材料、油漆、溶剂型涂料、乳胶漆及水溶性涂料等。

(1)聚醋酸乙烯乳液涂料

聚醋酸乙烯乳液涂料又称聚醋酸乙烯乳液漆,是以聚醋酸乙烯乳液为基料的乳液型内墙涂料。该涂料无毒、不燃、涂膜细腻、平滑、色彩鲜艳、装饰效果良好、价格适中,并且施工方便。但耐水性及耐候性较差。适合于住宅、一般公用建筑的内墙面、顶棚装饰。

(2)醋酸乙烯－丙烯酸酯有光乳液涂料

醋酸乙烯－丙烯酸酯有光乳液涂料也是一种乳胶漆,简称乙－丙有光乳液涂料。该涂料是以乙－丙共聚乳液为基料的乳液型内墙涂料,其耐水性、耐候性、耐碱性优于聚醋酸乙烯乳液涂料,并且有光泽,是一种中高档的内墙装饰涂料。乙－丙有光乳液涂料主要用于住宅、办公室、会议室等的内墙面、顶棚装饰。

(3)多彩涂料

多彩内墙涂料是以合成树脂及颜料等为分散相,以含有乳化剂和稳定剂的水为分散介质的乳液型涂料,按其介质特性又分为水中油型和油中水型。其中以水中油型的贮存稳定性最好,通常所用的多彩涂料均为水中油型。多彩涂料又分为磁漆相和水相两部分。磁漆相由硝化棉、马来酸树脂及颜料组成。水相由甲基纤维素和水组成。将不同颜色的磁漆相分散在水相中,互相掺混而不互溶,外观呈现不同颜色的粒滴。该涂料喷涂到墙面上后,能形成具有两种以上色泽的多彩涂层,即经一次喷涂可获得多色彩的涂膜。

多彩涂料具有良好的耐水性、耐油性、耐化学药品性、耐刷洗性,并具有较好的透气性。多彩涂料对基层的适应性强,可在各种建筑材料上使用,主要应用于住宅、办公室、会议室、商店等的内墙面、顶棚等的装饰。

2. 外墙涂料

外墙涂料的主要功能是对建筑物起装饰和保护作用。由于在室外应用,所以外墙涂料除具有良好的装饰性能外,还要有较好的耐水、耐污染、耐气候等性能。

目前国内建筑外墙涂料的类型有如下四类:一是石灰浆、聚合物水泥类涂料;二是乳液型的薄质、厚质涂料;三是溶剂型涂料;四是无机钙、硅质涂料。常用外墙涂料见表7—2。

表7—2 常用外墙涂料的性能与应用范围

名　　称	主 要 性 能	应 用 范 围
过氯乙烯外墙涂料	色彩丰富、干燥快、涂膜平滑、柔韧而富有弹性、不透水,能适应建筑物因温度变化而引起的伸缩变形,耐腐蚀性、耐水性及耐候性良好	适用于抹灰墙面、石膏板、纤维板、水泥混凝土及砖墙饰面
氯化橡胶外墙涂料	耐水、耐碱、耐酸及耐候性好,涂料的维修重涂性好。对水泥混凝土和钢铁表面有较好的附着力	适用于水泥混凝土外墙及抹灰墙面
聚氨酯系外墙涂料	涂膜柔软,弹性变形能力强,与基层粘结牢固,可以随基层变形而延伸,耐候性优良,表面光洁,呈瓷釉状,耐污性好,价格较贵	适用于水泥混凝土外墙,金属、木材等表面
丙烯酸酯外墙涂料	装饰效果好,施工方便,耐碱性好,耐候性优良,特别耐久,使用寿命可达10年以上,0℃以下的严寒季节也能干燥成膜	适用于各种外墙饰面
丙烯酸酯乳胶漆	涂膜主要性能较丙烯酸酯外墙涂料更好,但成本较高	适用于各种外墙饰面
JH80－2无机外墙涂料	涂膜细腻、致密、坚硬,颜色均匀明快,装饰效果好,耐水、耐酸、碱、耐老化、耐擦洗,对基层附着力强	适用于水泥砂浆墙面、水泥石棉板、砖墙石膏板等多种基层饰面
坚固丽外墙涂料	装饰性能优良。耐水性、耐碱性、耐候性均好,耐沾污性强,施工性能优异,耐洗刷性可达1万次以上。可在稍潮湿的基层上施工	适用于高层、多层住宅、工业厂房及其他各类建筑物外墙面装饰

3. 地面涂料

地面涂料由于应用部位在地面,因此对涂装的涂料有着不同的要求。其要求主要有应具有耐水、耐磨、抗冲击和洗刷,并且与地面粘结性好,施工方便。常用的地面涂料可按地面材质的不同分为木地板涂料,塑料地板涂料和水泥砂浆地面涂料三大类。

(1)聚氨酯厚质弹性地面涂料

它是以聚氨酯为基料的双组分溶剂性涂料。其整体性好,色彩多样,装饰性好,并具有良好的耐油性、耐水性、耐酸碱性及优良的耐磨性,此外还有一定的弹性,脚感舒适。聚氨酯厚质弹性地面涂料的缺点是价格较贵,且原材料有毒,施工时应采取防护措施。该涂料主要适用于水泥砂浆或水泥混凝土地面,如高级住宅、会议室、手术室、实验室、放映厅的地面装饰,以及地下室、卫生间等的防水装饰或工业厂房的耐磨、耐油、耐腐蚀地面装饰。

(2)环氧树脂厚质地面涂料

环氧树脂厚质地面涂料是以环氧树脂为基料的双组分常温固化溶剂型涂料。环氧树脂厚质地面涂料与水泥混凝土等基层材料的粘结性能优良,涂膜坚韧、耐磨,具有良好的耐化学腐蚀、耐油、耐水等性能,以及优良的耐老化和耐候性,装饰性良好。环氧树脂厚质地面涂料主要用于高级住宅、手术室、实验室、公用建筑、工业厂房车间等的地面装饰。

（3）聚醋酸乙烯水泥地面涂料

这是一种新颖的水性地面涂料,由聚醋酸乙烯乳液、普通硅酸盐水泥及颜料配制而成的一种地面涂料。该涂料质地细腻,对人体无毒害,施工性能良好,早期强度高,可用于新旧水泥地面的装饰,与水泥地面基层粘结牢固。涂层具有优良的耐磨性、抗冲击性、色彩美观大方,表面有弹性,外观类似塑料地板。聚醋酸乙烯水泥地面涂料,原材料来源广泛,价格便宜,涂料配制工艺简单。该涂料适用于民用住宅室内地面装饰,亦可代替塑料地板或水磨石地坪,用于某些实验室、仪器装配车间等地面装饰。

 复习思考题

7—1　什么是聚合物材料,其分子链形状与性质有何关系?

7—2　塑料的组成材料如何影响其性能?

7—3　塑料材料与钢材和水泥混凝土材料性能的主要区别?

7—4　胶粘剂的组成材料如何影响其性能?

7—5　涂料的组成材料如何影响其性能?

第八章　沥青材料和防水材料

沥青材料是极复杂的高分子碳氢化合物及其非金属衍生物组成的有机混合物,在常温下呈褐色至黑色的固体、半固体或液体,能溶解于有机溶剂,具有良好的粘结性、塑性、憎水性、绝缘性,对酸、碱、盐等侵蚀性物质具有良好的稳定性。在建筑工程中作为胶结材料大量用于道路工程,还作为防水防潮材料、防腐材料用于防水工程和防腐蚀工程。

第一节　沥青

沥青按其在自然界中获得的方式可分为地沥青和焦油沥青两大类。

地沥青包括天然沥青和石油沥青。天然沥青由沥青湖或含有沥青的砂岩、砂等提炼而成;石油沥青是石油经加工提炼轻质油品后的残渣经再加工得到的产品。石油沥青按其生产方法分为改性沥青、乳化沥青等。

焦油沥青包括煤沥青和页岩沥青。煤、泥炭等有机物经干馏得到焦油,经再加工而得到的沥青称为煤沥青。页岩沥青是经油页岩炼油工业的副产品。在土木建筑工程中常用的是石油沥青和煤沥青。

一、石油沥青

1. 石油沥青的组分

石油沥青的主要化学组成元素为碳、氢,此外还含有少量的非金属元素硫、氮、氧等。其中碳的含量为83%～87%,氢为11%～14%。沥青的组成非常复杂,沥青化学元素的含量与沥青性能之间尚不能建立起直接的相关关系。利用沥青在不同溶剂中的选择性溶解及在不同吸附剂上的选择性吸附,将沥青按分子大小、极性或分子构型分离成若干个化学成分和物理性质相似且与其技术性能相关的部分,这些部分称为沥青的组分。沥青中各组分的相对含量和性质与沥青的粘滞性、感温性、粘附性等技术性质有直接的联系。

对于沥青化学组分的分析,常采用三组分和四组分两种分析方法。三组分分析是将石油沥青分离为:油分、树脂和地沥青质三个组分。我国产的石油在油分中常含有蜡,故在分析时还应将油、蜡分离。四组分分析是将沥青分离为沥青质、饱和分、环烷芳香分、极性芳香分。

（1）地沥青质

地沥青质是深褐色至黑色、极性很强的无定形物质,相对分子质量1000～100 000,颗粒粒径5～30nm,在沥青中的含量一般为5%～25%。其相对含量对沥青的流变特性影响较大,当地沥青质含量增加时,沥青稠度提高、软化点上升,对高温的稳定性好但塑性降低。

（2）树脂

树脂是棕色固体或半固体、极性很强的粘稠状物质,具有很好的粘附力。相对分子质量

1000～50 000,颗粒粒径 1～5nm,其在沥青中含量为 15%～30%。树脂赋予沥青可塑性、流动性和粘结性,对沥青的延性、粘结力有很大的影响。

（3）油分

油分包括芳香分和饱和分。芳香分是沥青胶体结构中分散介质的主要部分,在沥青中占 20%～50%,为深棕色的粘稠液体,平均相对分子质量 300～2000。饱和分是非极性稠状油类,其成分包括蜡质及非蜡质饱和物,平均相对分子质量类似于芳香分,在沥青中占 5%～20%。

油分在沥青中起着润滑和柔软作用,含量越多,沥青的软化点越低,针入度越大,稠度越低。

（4）蜡

蜡在高温时融化,降低沥青黏度,对温度的敏感性增大;低温时易结晶析出,减少沥青分子间的结合力,使沥青低温延展性降低。优质沥青的组分大致比例为:饱和分 13%～31%,芳香分 32%～60%,胶质 19%～39%,沥青质 6%～15%,蜡含量小于 3%。

2. 石油沥青的结构

在沥青中,油分与树脂互溶,树脂则浸润地沥青质。沥青是以地沥青质为核心,周围吸附部分树脂和油分,构成胶团,无数胶团分散在油分中形成胶体结构。在沥青胶体结构中,各组分,极性逐步递变,没有明显的分界线。当各组分的化学组成和相对含量相匹配时,才能形成稳定的胶体。根据沥青中各组分的相对含量不同,可以形成不同结构类型的胶体,见图 8—1 所示。

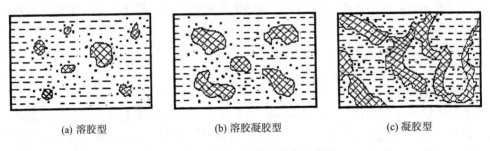

| (a) 溶胶型 | (b) 溶胶凝胶型 | (c) 凝胶型 |

图 8—1　石油沥青胶体结构示意图

（1）溶胶型结构

当地沥青质含量较小而油分和胶质含量较多时,沥青质形成的胶团数量较少,胶团间相距较远,相互吸引力小,胶团之间的运动相对自由,这种沥青称为溶胶型沥青。其具有较好的自愈合性和低温变形能力,高温下易流淌,温度稳定性差。

（2）凝胶型结构

当沥青中沥青质含量高而油分和胶质含量较少时,形成的胶团数量多,胶团浓度相对增加,相互之间靠拢形成不规则的网络结构,胶团间相互作用力增强,移动比较困难,这种胶体结构的沥青称为凝胶型沥青。这类沥青的弹性和粘结性较高,高温稳定性好;但塑性较差,低温变形能力较差。

（3）溶胶凝胶型结构

沥青中的地沥青质含量适当并有较多的树脂作为保护膜层时,形成的胶团数量较多,胶团间有一定的吸引力,形成介于溶胶与凝胶结构之间的胶体结构。溶胶－凝胶结构的沥青在高温时具有较好的稳定性,低温时具有较好的变形能力。

3. 石油沥青的技术性能

(1)粘滞性

粘滞性反映的是外力作用下沥青材料的粒子间产生相对位移时抵抗变形的能力,反映了沥青软硬、稀稠的程度,它是划分沥青材料牌号的主要技术指标。

①粘滞度

对于液体石油沥青,粘滞性用粘滞度(也称标准黏度)指标表示,它表征的是液体沥青在流动时的内部阻力。粘滞度是在规定温度(通常为 20℃、25℃、30℃ 或 60℃),规定直径(为 3mm、5mm 或 10mm)的孔流出 $50cm^3$ 沥青所需要的时间秒数。常用符号 $C_{T,d}$ 表示,其中 C 为黏度(s),T 为试验温度(℃),d 为流孔直径(mm)。在相同试验条件下,流出时间越长表示沥青黏度越大。粘滞度测定示意图见图 8—2。

②针入度

对于半固体或者固体石油沥青则用针入度指标,它反映的是石油沥青抵抗剪切变形的能力。针入度方法是以在规定温度条件下、规定质量的标准试针经过规定的时间贯入沥青试样的深度(以 1/10mm 为单位计)表示沥青的稠度。记作 $P_{T,m,t}$,其中 P 表示针入度,T 为试验温度(℃),m 为试针质量(g),t 为贯入时间(s)。在常用的试验条件下的针入度为: $P_{25℃,100g,5s}$。针入度测定示意图如图 8—3 所示。

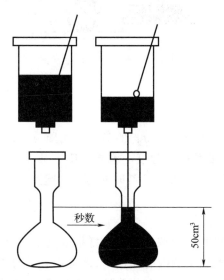

图 8—2　粘滞度测定示意图

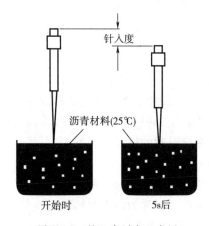

图 8—3　针入度测定示意图

针入度反映的是沥青的稠度,针入度值越小表示沥青稠度越大;反之,表示沥青稠度越小。一般说来,稠度越大,沥青的黏度越大。

(2)塑性(延度)

沥青材料的塑性是指其在外力作用下产生变形而不断裂的性质,除去外力后仍保持变形后的形状不变的性质,它是石油沥青的主要性能之一。

在外力拉伸作用下沥青所能承受的塑性变形的总能力,通常用延度表示。延度采用延度仪测试,是指将沥青试样制作成标准的"∞"型试件,在规定温度和规定拉伸速度条件下水平拉伸断裂时的长度(cm)。延度测定示意图见图8—4。延度反映沥青的柔韧性,延度越大,沥青的柔韧性越好,沥青的抗裂性越好。一般地,沥青中油分和地沥青质适量,树脂含量越多,延度越好,塑性越大。温度升高,沥青塑性也随着增大。

（3）温度敏感性

沥青材料的粘滞性、塑性等随温度的变化的性能称为沥青材料的温度敏感性,简称感温性,沥青的感温性对其施工和使用都有重要的影响。对于沥青感温性的评价,主要有以下方法：

①软化点

采用环球法测定沥青的软化点。将沥青试样注入内径19.8mm的铜环中,环上置质量3.5g钢球,在规定起始温度、按规定升温速度加热条件下加热,直至沥青试样逐渐软化并在钢球荷重作用下产生25.4mm垂度(即接触下底板),此时的温度(℃)即为软化点。沥青的软化点如果太低,夏季温度高时易融化发软;如果太高,则质地太硬,不易施工,冬天易脆裂。软化点测定示意图见图8—5。

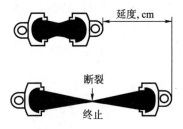

图8—4 延度测定示意图

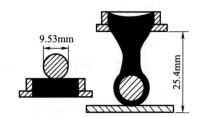

图8—5 软化点测定示意图

针入度、延度、软化点通称为石油沥青的三大技术指标。

②脆性(脆点)

在低温下受瞬时荷载时沥青材料常表现为脆性破坏。沥青的脆性采用脆点表示,用脆点仪测定,即在规定降温速度和弯曲条件下产生断裂时的温度。脆点实质上是反映沥青由粘弹性体转变为弹脆性体的温度,即沥青达到临界硬度发生开裂时的温度。脆点温度越低,则沥青在低温时的抗裂性越好。

（4）大气稳定性

石油沥青在热、阳光、氧气和潮湿等大气因素的长期综合作用下抵抗老化的性能,称为大气稳定性。也称为沥青材料的耐久性。在大气因素的综合作用下,沥青中各组分会发生不断递变,低分子化合物将逐步转变成高分子物质,即油分和树脂逐渐减少,而地沥青质逐渐增多。石油沥青随着时间的进展,沥青的流动性和塑性降低,针入度变小,延度降低,软化点和脆点升高,粘附性变差,低温易脆裂。这个过程称为石油沥青的"老化"。

大气稳定性是以沥青试样在加热蒸发前后的"蒸发损失百分率"和"蒸发后针入度比"来评定。蒸发损失百分率越小,蒸发后针入度比越大,则表示沥青大气稳定性越好,亦即"老化"越慢。

（5）安全性

沥青材料在施工过程中常需要加热,当加热至一定的温度时,沥青中挥发性的油分蒸汽与周围的空气形成一定浓度的油气混合体,遇火则易发生闪火;若继续加热,油气混合物浓度增加,遇火极易燃烧,引发安全事故。沥青材料的闪火和燃烧的温度(燃烧5s以上)分别称为闪点和燃点,一般燃点比闪点约高10℃。沥青的加热温度不允许超过闪点,更不能达到燃点。例如建筑石油沥青闪点约230℃,在熬制时一般温度应控制在185~200℃,为安全起见,加热时还应与火焰隔离。

(6)含蜡量

沥青中的蜡在高温时融化使沥青黏度降低,对温度的敏感性增大;低温时易结晶析出,减少沥青分子间的结合力,降低低温延展性。蜡含量的测定是以蒸馏法馏出油分后,在规定的溶剂及低温下结晶析出蜡含量,以质量%表示。

4. 石油沥青的技术标准与选用

(1)石油沥青的技术标准

石油沥青分道路石油沥青、建筑石油沥青、防水防潮石油沥青、普通石油沥青等四种(表8—1)。

表8—1 石油沥青的技术标准

质量指标	建筑石油沥青 (GB 494—2010)			防水防潮石油沥青 (SH 0002—90)				普通石油沥青 (SY 1665—77) (1988年确认)		
	40	30	10	3号	4号	5号	6号	75	65	55
针入度(25℃,100g,5s) (1/10mm)	36~50	26~35	10~25	25~45	20~40	20~40	30~50	75	65	55
针入度指数PI,不小于	—	—	—	3	4	5	6	—	—	—
延度(25℃,5cm/min),不小于/cm	3.5	2.5	1.5	—	—	—	—	2	1.5	1
软化点(环球法),不小于/℃	60	75	95	85	90	100	95	60	80	100
溶解度(三氯乙烯、三氯甲烷或苯),不小于(%)	99.0			98	98	95	92	98		
蒸发损失(163℃,5h),不大于(%)	1			1	1	1	1	—	—	—
蒸发后25℃针入度比,不小于(%)	65									
闪点(开口),不低于/℃	260			250	270	270	270	230	230	230
脆点,不高于/℃	—			-5	-10	-15	-20	—	—	—

建筑石油沥青、普通石油沥青和道路石油沥青都是按针入度指标来划分牌号的。在同一品种石油沥青材料中,牌号越小,沥青越硬;牌号越大,沥青越软,同时随着牌号增加,沥青的粘性减小(针入度增加),塑性增加(延度增大),而温度敏感性增大(软化点降低)。

防水防潮石油沥青按针入度指数来划分牌号,除了保证针入度、软化点、溶解度、蒸发损失、闪点等指标外，特别增加了保证低温变形性能的脆点指标。随牌号增大，其针入度指数增大，温度敏感性减小，脆点降低，应用温度范围愈宽。这种沥青的针入度均与30号建筑石油沥青相近，但软化点却比30号沥青高15～30℃，因而质量优于建筑石油沥青。

（2）石油沥青的选用

①建筑石油沥青

建筑石油沥青粘性较大，耐热性较好，但塑性较小，用作制造油毡、油纸、防水涂料和沥青胶。它们绝大部分用于屋面及地下防水、沟槽防水、防腐蚀及管道防腐等工程。

对于屋面防水工程，应注意防止过分软化。据高温季节测试，沥青屋面达到的表面温度比当地最高气温高25～30℃，为避免夏季流淌，屋面用沥青材料的软化点应比当地气温下屋面可能达到的最高温度高20℃以上。例如某地区沥青屋面温度可达65℃，选用的沥青软化点应在85℃以上。但软化点也不宜选择过高，否则冬季低温易发生硬脆甚至开裂。

②防水防潮石油沥青

防水防潮石油沥青的温度稳定性较好，特别适于做油毡的涂覆材料及建筑屋面和地下防水的粘结材料。其中3号沥青温度敏感性一般，质地较软，用于一般温度下的室内及地下结构部分的防水。4号沥青温度敏感性较小，用于一般地区可行走的缓坡屋面防水。5号沥青温度敏感性小，用于一般地区暴露屋顶或气温较高地区的屋面防水。6号沥青温度敏感性最小，并且质地较软，除一般地区外，主要用于寒冷地区的屋面及其他防水防潮工程。

③普通石油沥青

其含蜡较多，一般含量大于5%，有的高达20%（称多蜡石油沥青），因而温度敏感性大，故在工程中不宜单独使用，只能与其他种类石油沥青掺配使用。

二、煤沥青（焦油沥青）

1. 煤沥青的来源与组分

各种天然有机物（如煤、木材、泥炭或页岩等）在隔绝空气的情况下，经焦化、干馏得到的粘性液体，通称"焦油"。焦油再经进一步加工而得到粘稠液体以致半固体的产品称为"焦油沥青"。通常加工焦油沥青的原料为煤，故称"煤焦油沥青"，简称"煤沥青"。

采用不同溶剂对煤沥青组分的选择性溶解，将煤沥青分为化学性能相近、与技术性能相关的组分，即油分、树脂、游离碳。游离碳又称为自由碳，是高分子有机化合物的固态碳质微粒，不溶于苯等有机溶剂，加热不熔，高温分解。煤沥青中游离碳含量增加可提高黏度和温度稳定度。

2. 煤沥青的性能与用途

煤沥青在室温下为黑色脆性块状物，有光泽；臭味，熔融时易燃烧，并有毒。属二级易燃固体。与石油沥青相比，温度稳定性较低，与矿质集料的粘附性较好，气候稳定性较差，以及含对人体有害成分较多、臭味较重。但是其抗腐蚀性能好，故适用于配制防腐涂料、胶粘剂、防水涂料，油膏以及制作油毡、木材的防腐处理等，在建筑工程上主要用于地下防水层或做防腐蚀材料。

各种煤沥青按其稠度可分为：软煤沥青和硬煤沥青两类。软煤沥青是煤焦油在进一步加工时，仅馏出其中部分轻油和中油而得到的粘稠液体或半固体产品。硬煤沥青是煤焦油在分馏时馏出轻油、中油、重油以致蒽油等大部分油品而得到的脆硬的固体产品。硬煤沥青不能直接用于筑路,硬煤沥青可用蒽油回配为软煤沥青。

三、改性沥青

现代工程对沥青的高温抗变形性、低温抗裂性、抗老化、粘附性等使用性能和耐久性能提出了更高的要求,单纯的石油沥青已难以同时满足这些技术性能的要求。通过在石油沥青中加入天然或人工的有机或无机材料,熔融、分散在沥青中得到的具有良好综合技术性能的石油沥青,也即改性沥青。

1. 沥青改性使用的材料

改性沥青是掺加橡胶、树脂、高分子聚合物、磨细的橡胶粉或其他填料等外掺剂(改性剂),或采取对沥青轻度氧化加工等措施,使沥青或沥青混合料的性能得以改善制成的沥青结合料。改性沥青其机理有两种,一是改变沥青化学组成,二是使改性剂均匀分布于沥青中形成一定的空间网络结构。

(1)高聚物类改性剂

主要有树脂类和橡胶类,这类改性剂可提高沥青在高温时的稳定性、低温时的脆性和耐久性等。其中热塑性橡胶类高聚物既具有橡胶的弹性性质,又有树脂的热塑性性质,对沥青的温度稳定性、低温弹性和塑性变形能力都有很好的改善,是目前用得最多的沥青改性剂。另外丁苯橡胶也是广泛应用的改性剂之一。

(2)纤维类改性剂

常用的纤维类物质有各种人工合成纤维(如聚乙烯纤维、聚酯纤维等)和矿质石棉纤维等。纤维材料的加入对沥青的高温稳定性和低温抗拉强度产生影响。

(3)硫磷类改性剂

硫在沥青中的硫桥作用能提高沥青的高温抗变形能力,磷能使芳环侧链成为链桥存在而改善沥青的流变性能。

2. 改善沥青与矿料粘附性的材料

沥青与矿料接触后,由于物理吸附、选择性的化学吸附和电性吸附、矿料表面对沥青组分的选择性吸收等作用,在矿料表面一定厚度范围内出现沥青组分的重新排列,即在矿料表面一定的厚度范围内形成"结构沥青",在此以外的厚度范围外未重新排列的沥青为"自由沥青"。当矿物颗粒间以"结构沥青"联结时具有比"自由沥青"粘结更高的粘聚力。

矿料的性质对沥青组分形成的"结构沥青"组成结构和厚度有重要影响。采用碱性矿料时可以获得良好的结构沥青膜,因而沥青混合料具有更高的强度。所以,碱性石灰石矿料表面对沥青组分的重排作用较酸性石英石矿料强。

采用无机类的水泥、石灰、电石渣等预处理集料表面或将这类材料直接加入沥青中,可提高沥青与矿料的粘附性。金属皂类的有环烷酸铝皂等,加入沥青中可降低沥青与集料界面的张力,从而改善沥青与集料的粘附性。也可采用有机酸类物质。沥青中最具活性的组分为沥青酸及其酸酐,沥青中加入各类合成高分子有机酸可起到与沥青酸及酸酐相似的效果,提高沥青活性。

3. 改善抗剥离性和耐久性的材料

用醚胺、醇胺、烷基胺、酰胺等人工合成高效抗剥离剂,用于对沥青与矿料粘附要求高的高等级路面沥青混合料,提高沥青与矿料粘结界面的抗剥离性能。

改善沥青耐久性的主要有受阻酚、受阻胺、炭黑、硫磺、木质素纤维等。

四、乳化沥青

乳化沥青是将通常高温使用的道路沥青,经过机械搅拌和化学稳定的方法(乳化),扩散到水中而液化成常温下黏度很低、流动性很好的一种道路建筑材料。当乳化沥青破乳凝固时还原为连续的沥青并且水分完全排除掉,形成材料的最终强度。

1. 乳化沥青的组成材料

乳化沥青由沥青、水和乳化剂组成,需要时可加入少量添加剂。

(1)沥青

沥青是乳化沥青的主要组成材料,选择沥青时首先要求沥青应有易乳化性。一般来说,相同油源和工艺的沥青,针入度大者易乳化性较好。但针入度的选择应根据乳化沥青的用途,通过试验确定。

(2)水

水是沥青分散的介质,水的硬度和离子对乳化沥青具有一定的影响,水中存在的镁、钙或碳酸氢根离子分别对阴离子乳化剂或阳离子乳化剂有不同影响。应根据乳化剂类型的不同确定对水质的要求。

(3)乳化剂

乳化剂均为表面活性剂,是乳化沥青形成的关键材料。乳化剂的分子均包括两个基团,一为亲水基,另一为亲油基。亲油基部分一般由长链烷基构成,结构差别较小;亲水基则种类繁多,结构差异大。沥青乳化剂的分类以亲水基结构为依据。

(4)稳定剂

稳定剂的作用是改善沥青乳液在储存、施工过程中的稳定性,可分为有机稳定剂和无机稳定剂两类。无机稳定剂主要有氯化钙、氯化镁、氯化胺、氯化镉等,可提高乳液储存稳定性。有机稳定剂主要有:淀粉、明胶、聚乙二醇、聚乙烯醇、聚丙烯酰胺、羧甲基纤维素钠等,这类稳定剂能在沥青微粒表面形成保护膜,有利于微粒的分散,可与各类阳离子和非离子乳化剂配合使用,用于提高沥青乳液的储存稳定性和施工稳定性。

2. 乳化沥青的应用

在道路建设应用中,乳化沥青比热沥青更为安全、节能和环保,因为这种工艺避免了高温操作、加热和有害排放。乳化沥青不仅可用于路面的维修与养护、旧沥青路面的冷再生与防尘处理,并可用于铺筑表面处治、贯入式、沥青碎石、乳化沥青混凝土等各种结构形式的路面及基层,也可用作透层油、粘层油,用于各种稳定基层的养护。此外,乳化沥青还可用作防水、防潮、防腐材料。可以常温使用,且可以和冷的和潮湿的石料一起使用。

五、沥青的调配与保管

1. 沥青的调配

一种牌号的沥青往往不能满足工程技术的需要,常常需要用不同牌号的沥青进行掺配。在进行掺配时,应选用表面张力相近和化学性质相似的沥青,以免使掺配后的沥青胶体结构破坏。试验证明同产源的沥青容易保证掺配后的沥青胶体结构的均匀性。所谓同源是指同属石油沥青或同属于煤沥青。掺配估算公式如下:

$$Q_1 = \frac{T_2 - T}{T_2 - T_1} \times 100\%$$

$$Q_2 = 100 - Q_1 \qquad\qquad (8\!-\!1)$$

式中　Q_1——较软石油沥青用量，%；

　　　Q_2——较硬石油沥青用量，%；

　　　T——掺配后的石油沥青软化点，℃；

　　　T_1——较软石油沥青软化点，℃；

　　　T_2——较硬石油沥青软化点，℃。

以估算的掺配比例和邻近的比例（±5%～±10%）进行掺配。将沥青混合熬制均匀，测定其软化点，然后绘制掺配比—软化点关系曲线，即可从曲线上确定所要求的掺配比例，也可采用针入度指标按上法估算及试配。

2. 沥青的保管

沥青必须按品种、标号分开存放。除长期不使用的沥青可放在自然温度下存储外，沥青在储罐中的贮存温度不宜低于130℃，并不得高于170℃。桶装沥青应直立堆放，加盖毡布。沥青在贮运中要防止杂质进入，并严防日晒雨淋。桶装沥青口要密实，防止水分进入和流失；要远离火源，周围不能有易燃物。道路石油沥青在贮运、使用及存放过程中应有良好的防水措施，避免雨水或加热管道蒸汽进入沥青中。

石油沥青和煤沥青有时外观相似，一定要小心区别。该两种沥青不能掺配使用，表8—2列出了两种沥青简易的鉴别方法。

表8—2　石油沥青和煤沥青的鉴别方法

方法	石油沥青	煤沥青
密度法	密度近似于1.0g/cm³	密度大于1.10g/cm³
锤击法	声哑、有弹性、韧性感	声脆、韧性差
燃烧法	烟无色，基本无刺激性臭味	烟呈黄色，有刺激性臭味
溶液比色法	用30～50倍汽油或煤油溶解后，将溶液滴于滤纸上，斑点呈棕色	溶解方法同左，斑点有两圈，内黑外棕

第二节　防水材料

一、冷底子油和沥青胶

1. 冷底子油

冷底子油是用稀释剂（汽油、柴油、煤油、苯等）对沥青进行稀释的产物。它多在常温下用于防水工程的底层，故称冷底子油。冷底子油黏度小，具有良好的流动性。涂刷在混凝土、砂浆或木材等基面上，能很快渗入基层孔隙中，待溶剂挥发后，便与基面牢固结合。冷底子油形成的涂膜较薄，一般不单独作防水材料使用，只作某些防水材料的配套材料。在铺贴防水油毡之前涂布于混凝土、砂浆、木材等基层上，能很快渗入基层孔隙中，待溶剂挥发后，便与基面牢固结合。

冷底子油可封闭基层毛细孔隙,使用基层形成防水能力;作用是处理基层界面,以便沥青油毡便于铺贴,使基层表面变为憎水性,为粘结同类防水材料创造了有利条件。冷底子油应涂刷于干燥的基面上,不宜在有雨、雾、露的环境中施工,通常要求与冷底子油相接触的水泥砂浆的含水率≤10%。

2. 沥青胶

沥青胶又称沥青玛瑅脂,它是在熔(溶)化的沥青中加入粉状或纤维状的填充料经均匀混合而成。填充料粉状的如滑石粉、石灰石粉、白云石粉等,纤维状的如石棉屑、木纤维等。沥青胶的常用配合比为沥青70%~90%,矿粉10%~30%。如采用的沥青粘性较低,矿粉可多掺一些。一般矿粉越多,沥青胶的耐热性越好,粘结力越大,但柔韧性降低,施工流动性也变差。

(1)沥青胶的质量要求

①耐热性 用耐热度表示。其测定方法是将用2mm厚的沥青胶粘合的两张油纸放在45°表面上,在一定的温度下停放5h,沥青胶不应流淌,油纸不相互滑动时的最高恒温温度即为耐热度,见表8—3。

②柔韧性 测定方法是在油纸上涂2mm的沥青胶,绕规定直径的圆棒,在2s内匀速绕成半圈,然后检查拱面处。若无裂纹,则为合格,见表8—3。

③粘结性 测定方法是在两张油纸之间涂2mm厚的沥青胶,然后慢慢撕开,若油纸与沥青胶脱离的面积不超过1/2,则粘滞性合格,见表8—3。

表8—3列出了沥青胶的质量要求。

表8—3 沥青胶的质量要求(GB 50345—2004)

标 号	S-60	S-65	S-70	S-75	S-80	S-85
耐热度(45°斜坡,5h)	60	65	70	75	80	85
柔韧性(18±2℃,180°),弯心圆棒直径,mm	10	15	15	20	25	30
粘结力(撕开脱离面积)	1/2					

(2)沥青胶的应用

沥青胶主要用于粘结防水卷材,也可用于防水涂层、沥青砂浆防水层的底层及接头密封等。沥青胶有热用和冷用的两种,一般工地施工是热用。配制热用沥青胶时,先将矿粉加热到100~110℃,然后慢慢地加入已熔化的沥青中,继续加热并搅拌均匀即成。热用沥青胶用于粘结和涂抹石油沥青油毡。冷用时需加入稀释剂将其稀释后于常温下施工应用,它可以涂刷成均匀的薄层。

二、防水卷材

根据其主要防水组成材料可分为沥青防水材料、高聚物改性防水卷材和合成高分子防水卷材三大类:

1. 沥青防水卷材

沥青防水卷材俗称沥青油毡,是以原纸、纤维织物、纤维毡、塑料膜等材料为胎基浸涂沥青,以滑石粉、板岩粉、碳酸钙等为填充料进行浸涂或辊压,在其表面撒布粉状、片状、粒状矿物质材料或合成高分子薄膜、金属膜等材料制成的可卷曲的片状类防水材料。

(1)沥青纸胎防水卷材

沥青纸胎防水卷材包括石油沥青纸胎油纸和油毡。油纸是采用低软化点沥青浸渍原纸而成的无涂盖层的纸胎防水卷材。油毡是采用低软化点石油沥青浸渍原纸,然后用高软化点石油沥青涂盖油纸两面,再涂或撒隔离材料而成的防水卷材。油毡和油纸均按其所用原纸每平方米质量(g/m²)划分标号:石油沥青油毡分为 200、350、500 三个标号,油纸分为 200、350 两个标号。油纸适用于建筑防潮和物品包装,也可用于多层防水层的下层。200 号油毡适用于简易防水、临时性建筑防水、建筑防潮及包装等;350 号和 500 号粉毡适用于屋面、地下、水利等工程的多层防水;片毡用于单层防水;这种卷材由于纸胎抗拉能力低,易腐烂,耐久性较差,极易造成建筑物防水层渗漏,现已基本上淘汰。

(2)沥青麻布胎防水卷材

沥青麻布胎防水卷材(简称麻布油毡)是采用黄麻布为胎基,浸涂氧化石油沥青,并在其表面撒布矿物材料或覆盖聚乙烯膜制成的防水卷材。麻布油毡按可溶物含量和施工方法分为一般麻布油毡和热熔麻布油毡两个品种。麻布油毡拉伸强度高、耐水性好,适用于各类防水工程和增强层、防水节点细部和防水层。一般麻布油毡适用于工业与民用建筑屋面的多叠层防水;热熔麻布油毡适用于采用热熔法施工的工业与民用建筑屋面的多层或单层防水。

(3)优质氧化沥青聚乙烯胎防水卷材

优质氧化沥青聚乙烯胎防水卷材是以高密度聚乙烯膜为胎基材料,以优质氧化沥青为涂盖材料,两面用聚乙烯膜覆盖表面,采用挤压成型工艺生产的沥青防水卷材。这种防水卷材具有良好的耐水性、耐化学及微生物腐蚀性和延展性。

沥青防水卷材属于传统的防水卷材,是采用原纸、纤维织物、纤维毡等胎体浸涂沥青,表面撒布粉状、粒状或片状材料制成可卷曲的片状防水材料,是我国目前产量最大的防水材料。成本较低,属较低档的防水卷材,但因存在污染环境和容易起鼓、老化和渗漏等工程质量问题,正在被其他高性能的防水材料所取代。

2. 聚合物改性沥青防水卷材

聚合物改性沥青防水卷材是以玻纤毡、聚酯毡、聚脂无纺布等为胎基,以掺量不少于10%的合成高分子聚合物改性沥青或氧化沥青为浸涂材料制成的防水卷材。聚合物改性沥青防水卷材简称改性沥青防水卷材,俗称改性沥青油毡。

改性沥青与传统的氧化沥青相比,其使用温度区间大为扩展,制成的卷材光洁柔软,可制成4~5mm 厚度,可以单层使用,具有 15~20 年可靠的防水效果。主要可分为:

(1)弹性体改性沥青防水卷材

简称"SBS 卷材",也称为 SBS 改性沥青防水卷材,是以聚酯毡或玻纤毡为胎基,苯乙烯－丁二烯－苯乙烯(SBS)热塑性弹性体作改性剂,两面覆以隔离材料所制成的建筑防水卷材。按胎基可分为:聚酯胎、玻纤胎两大类;按覆面材料可分为:PE 膜(镀铝膜)、彩砂、页岩片、细砂等四大类;按材料厚度可分为:2mm、3mm、4mm 共三种,其中聚酯胎产品只有 3mm和 4mm 规格;目前,SBS 改性沥青防水卷材在防水工程中使用的比例最大,占全部防水材料的 60%以上。

这种卷材具有很好的耐高温性能,可以在 −25~+100℃ 的温度范围内使用,有较高的弹性和耐疲劳性，以及高 1500% 的伸长率和较强的耐穿刺能力、耐撕裂。广泛应用于工业和民用建筑的屋面、地下室、卫生间等防水工程以及屋顶花园、道路、桥梁、隧道、停车场、游泳池等工程的防水防潮。尤其适合于寒冷地区，以及变形和振动较大的工业与民用建筑的防水工程。变形较大的工程建议选用延伸性能优异的聚酯胎产品，其他建筑宜选用相对经济的玻纤胎产品。

（2）塑性体改性沥青防水卷材（APP 卷材）

简称"APP 卷材"，通常也称为 APP 改性沥青防水卷材，是以聚酯毡或玻纤毡为胎基，无规聚丙烯 APP 或聚烯烃类聚合物 APAO、APO 作改性剂，两面覆以隔离材料所制成的建筑防水卷材。APP（无规聚丙烯）是生产聚丙烯的副产品，它在改性沥青中呈网状结构，与石油沥青有良好的互溶性，将沥青包在网中。APP 改性沥青系列防水卷材因其耐高温、耐老化、耐紫外线、施工速度快等优点，多用与桥梁等市政工程。

APP 分子结构为饱和态，有非常好的稳定性，受高温、阳光照射后，分子结构不会重新排列，抗老化性能强。一般情况下，APP 改性沥青的老化期在 20 年以上，温度适应范围为 −15 ～ +130℃，特别是耐紫外线的能力比其他改性沥青卷材都强，非常适宜在有强烈阳光照射的炎热地区使用。APP 改性沥青复合在具有良好物理性能的聚酯毡或玻纤毡上，使制成的卷材具有良好的拉伸强度和延伸率，具有良好的憎水性和粘结性，既可冷粘施工，又可热熔施工，无污染。可在混凝土板、塑料板、木板、金属板等材料上施工。

3. 合成高分子防水卷材

合成高分子防水卷材是以合成橡胶、合成树脂或两者的共混体为基料，加入适量化学助剂和填充料等，经塑炼、压延或挤出成型、硫化、定型、包装等工序加工制成的防水卷材。这种卷材拉伸强度高、抗撕裂强度高、断裂伸长率大、耐热性好、低温柔性好、耐腐蚀、耐老化及可冷施工等优越的性能，是近年发展起来的优良防水卷材。主要品种有：

（1）三元乙丙橡胶防水卷材

它属于橡胶系防水卷材，又称橡胶防水片材。系用于覆盖屋顶，以防止雨雪渗漏入室内、具有较大面积的片状橡胶产品。三元乙丙（EPDM）橡胶防水卷材是以三元乙丙橡胶为主体，加入一定量的丁基橡胶、软化剂、补强剂、填充剂、促进剂和硫化剂等，经配料、密炼、拉片、过滤、压延或挤出成型、硫化等制成的防水卷材。EPDM 卷材具有耐老化、耐热性好（>160℃）、使用寿命长（30～50 年以上）、拉伸强度高、延伸率大、冷施工、对基层开裂变形适应性强、重量轻、可单层施工等特点。三元乙丙橡胶防水卷材，适用于外露屋面、大跨度、振动大、年限要求长、防水质量要求高的工程。主要用于各种建筑物屋顶防水、储水池防水等。

（2）聚氯乙烯防水卷材

它属于塑料系防水卷材。聚氯乙烯（PVC）防水卷材是以聚氯乙烯树脂为主要原料，掺加填充料（如铝矾土）和适量的改性剂、增塑剂（如邻苯二甲酸二苯脂）及其他助剂（如煤焦油），经混炼、压延或挤出成型的防水卷材。该防水卷材根据其基料的组成及其特性分为 S 型和 P 型，S 型是以煤焦油与聚氯乙烯树脂混溶料为基料的柔性卷材，P 型是以增塑聚氯乙烯为基料的塑性卷材。

PVC 防水卷材耐用年限 25 年以上、拉伸强度高、断裂伸长率极大、原材料丰富、价格便宜。施工方便，不污染环境。适用于我国南北方广大地区防水要求高的工业与民用建筑的防水工程。用于屋面防水时,可做成单层外露防水。

(3)氯化聚乙烯和合成橡胶共混防水卷材

它属于橡胶塑料共混系防水卷材。以氯化聚乙烯和合成橡胶共混物为主体,加入一定的稳定剂、软化剂、促进剂、硫化剂,经混炼、压延等工艺制得的防水材料。根据共混材料的不同分为 S 型和 N 型,以氯化聚乙烯与合成橡胶共混体制成的防水卷材为 S 型;以氯乙烯与合成橡胶和再生橡胶共混体制成的防水卷材为 N 型。

该防水卷材不但具有氯化聚乙烯特有的高强度、优异的耐臭氧、耐老化性能,还具备橡胶和塑料的高弹性、高延伸性和良好的低温柔性。从物理性能上看,氯化聚乙烯——橡胶共混防水卷材接近三元乙丙橡胶防水卷材的性能,最适宜屋面单层外露防水。

三、防水涂料

建筑防水涂料为稠状液体,涂刷在建筑物表面,经溶剂或水分的挥发或两种组分的化学反应形成一层连续薄层,使建筑物表面与水隔绝,并能抵抗一定的水压力,从而起到防水、防潮、密封作用。

1. 涂料的组成材料及其功能

防水涂料通常由基料、填料、分散介质、助剂等组分组成。

基料又称为成膜物质,其作用是在固化过程中起成膜和粘结填料的作用。常用基料包括沥青、合成高分子聚合物[如聚氨酯、丙烯酸酯、纤维增强聚酯、氯丁胶、再生胶、苯乙烯类热塑性弹性体(SBS)橡胶等]、合成高分子聚合物与沥青、合成高分子聚合物与水泥或无机复合材料等。

填料的主要作用是增加涂膜厚度、减少收缩、提高稳定性、降低成本等,也被称为次要成膜物质。常用的填料有滑石粉、碳酸钙粉等。

分散介质的主要作用是溶解或稀释基料,也被称为稀释剂。分散介质使涂料在施工过程中具有一定的流动性;施工结束后,大部分分散介质蒸发或挥发,仅有一小部分被基层吸收。

助剂的作用是改善涂料或涂膜的性能。通常有乳化剂、增塑剂、增稠剂、稳定剂等。

2. 防水涂料的防水机理

防水涂料的防水原理有涂膜型和憎水型两大类。

(1)涂膜型防水涂料

是通过形成完整连续的涂膜来阻挡水的透过或水分子的渗透达到防水的目的。固体高分子涂膜的分子与分子间总存在一些间隙,其大小约几个纳米,按理说单个的水分子完全可以通过。但由于水分子间的氢键缔合作用形成较大的水分子团,阻止了水分子团从高分子膜分子间间隙的通过,这就是防水涂料涂膜具有防水功能的主要原因。

涂膜分子间间隙的大小也是影响其防水功能的一个重要因素。乳液型防水涂料的成膜过程依靠乳液颗粒间的融合,成膜后分子间的间隙较大;溶剂型防水涂料依靠聚合物分子在溶剂挥发过程中堆积成膜,分子间间隙较小。因此,对于同一种聚合物来说,其溶剂型涂料比乳液型涂料的防水性能好。但由于溶剂型涂料在生产、施工及应用过程中溶剂的挥发对人体和环境产生危害,其应用受到一定程度的限制。

(2)憎水型防水涂料

憎水型防水涂料是依靠聚合物本身的憎水特性,使水分子与涂膜间不相容,从根本上解决水分子的透过问题,如聚硅氧烷(也称有机硅聚合物)防水涂料。

3. 沥青类防水涂料

沥青类防水涂料,其成膜物质中的胶粘结材料是石油沥青。该类涂料有溶剂型和水乳型两种。

(1)溶剂型沥青涂料

将石油沥青溶于汽油等有机溶剂而配制的涂料,称为溶剂型沥青涂料,其实是一种沥青溶液。由于形成的涂膜较薄,沥青又未经改性,故一般不单独作防水涂料使用,往往仅作为某些防水材料的配套材料使用,如沥青防水卷材施工用于打底的冷底子油。

(2)水乳型沥青类防水涂料

将石油沥青分散于水中,形成稳定的水分散体构成的涂料,称为水乳型沥青类防水涂料。根据水分散体系中沥青颗粒的大小,又分为乳胶体(沥青乳液)和悬浮体(冷沥青悬浮液)。

溶剂型沥青的颗粒比较小(粒可小至 $0.1\mu m$),水乳型沥青的颗粒稍粗(粒径可粗至 $10\mu m$ 或更大)。过去常见的各种阴离子型乳化沥青、非离子型乳化沥青以及近几年出现的阳离子型乳化沥青,均属于沥青乳胶体。由于这类材料形成的涂膜一般较薄,一般已不单独作屋面防水涂料使用,而是用作为防水施工配套材料,或用来配制各种水乳型橡胶沥青防水涂料。

熔化的沥青可以在石灰、石棉或粘土中与水借助于机械分裂作用(分散作用)制得膏状沥青悬浮体,常见的有石灰膏乳化沥青、水性石棉沥青和粘土乳化沥青等。沥青膏体成膜较厚,其中石灰、石棉等对涂膜性能有一定改善作用,可作厚质防水涂料使用。

4. 聚合物改性沥青防水涂料

聚合物改性沥青防水涂料是以沥青为基料,用合成高分子聚合物为改性剂配制而成的水乳型或溶剂型防水涂料。该防水涂料的主要成膜物质是沥青、橡胶(天然橡胶/合成橡胶/再生橡胶)及树脂。用合成橡胶(如氯丁橡胶、丁基橡胶等)可改善沥青的气密性、耐化学腐蚀性、耐燃性、耐光、耐候性等;用 SBS 橡胶可以改善沥青弹塑性、延伸性、耐老化、耐高低温性能;用再生橡胶可以改善沥青低温脆性、抗裂性、增加涂膜弹性。常用高聚物改性沥青防水涂料有再生橡胶改性沥青防水涂料、氯丁橡胶改性沥青防水涂料、SBS 改性沥青防水涂料、丁苯橡胶改性沥青防水涂料等。

5. 合成高分子防水涂料

合成高分子防水涂料是以合成橡胶或合成树脂为主要成膜物质,掺入其他辅助材料配制而成的单组分或多组分防水涂料。合成高分子防水涂料种类繁多,不易明确分类,一般按化学成分即按其不同的原材料来进行分类和命名。主要产品有聚氨酯、丙烯酸、硅橡胶(有机硅)、氯磺化聚乙烯、聚氯乙烯、氯丁橡胶、丁基橡胶、偏二氯乙烯涂料以及它们的混合物等。其中除聚氨酯、丙烯酸和硅橡胶等涂料外,均属于中低档防水涂料。

6. 常用新型防水涂料

(1)聚氨酯防水涂料

聚氨酯防水涂料可分为焦油型和非焦油型两大类。焦油聚氨酯因产品性能不稳定,且耐老化性能差,只能用作非外露型防水涂料,而且严重污染环境和危害人体健康。焦油聚氨酯正被逐渐淘汰。高聚物改性沥青防水涂料无煤焦油的刺激性气味,污染少,有良好的耐水性和防水性能,可延长产品的老化时间,成本低,因此具有良好的开发应用前景。水性聚氨酯涂料具有无毒、难燃、无污染、易储运,使用方便等优点。

（2）聚合物乳液防水涂料

聚合物乳液防水涂料按聚合物品种分为多种，主要有丙烯酸酯乳液防水涂料，醋酸乙烯 - 乙烯乳液类防水涂料等。

其中，丙烯酸酯乳液防水涂料是以丙烯酸乳液、填料及各种助剂配制而成，其特点为涂膜弹性好、延伸率高、粘结性好，对基层变形的适应能力强，对气温适应范围大，具优异的耐候性、耐热老化、耐紫外老化和耐酸碱老化性能，该涂料无毒、无味、不燃、以水为分散介质，无溶剂污染，冷施工且施工方便，还可配制成多种色彩，美化环境。

醋酸乙烯 - 乙烯乳液防水涂料以乙烯 - 醋酸乙烯共聚物乳液、填料及助剂配制，其耐老化不易龟裂，与多种基材有较好的附着力，安全无毒，使用方便；不仅能够涂覆于木材、砖石和混凝土上，也能涂覆于金属、玻璃、纸、织物表面，它与油漆的亲和力也很好，可以相互在其表面上涂刷。

（3）聚合物水泥防水涂料

聚合物水泥防水涂料是以丙烯酸酯等聚合物乳液和水泥为主要原料，加入其他外加剂制得的双组分水性建筑防水涂料。该涂料由聚合物乳液 - 水泥双组分组成，因此具有刚柔相济的特性，既有聚合物涂膜的延伸性、防水性，也有水硬性胶凝材料强度高、易与潮湿基层粘结的优点。而且对环境无污染，对人体健康无危害。

7. 混凝土用防水涂料

混凝土用防水涂料有表面成膜型、渗透结晶型和封闭型防水涂料，主要用于混凝土结构工程的防腐蚀。

（1）表面成膜型防水涂料

表面成膜型涂料是在于建筑表面聚合形成一层防水涂膜的涂料，用以提高混凝土抗渗性，延缓氯离子、二氧化碳、水分和氧气的进入，提高混凝土防碳化性能。要求其粘结能力和耐水性好、防碳化，还要有耐碱性，以抵御混凝土表面的碱性腐蚀。

（2）渗透结晶型防水涂料

水泥基渗透结晶型防水涂料使用了催化作用的物质，遇水就激活，能促使水泥再产生新的晶体。当混凝土中产生新的细微缝隙，一旦有水渗入，又会产生新的晶体把水堵住，具有自我修复能力。此材料由于抗渗性能及自愈性能好、粘结能力强、防钢筋锈蚀、对人类无害、易于施工等特点，广泛应用于工业及民用建筑的地下设施，均取得良好的防水效果。主要有水泥基渗透结晶型涂料和有机硅类渗透型涂料。

（3）封闭型防水涂料

它同时具有表面成膜型和渗透型涂料的特点，一部分渗入混凝土内部，其余部分在混凝土表面，形成封闭系统。

第三节　建筑密封材料

建筑密封材料一般填充于建筑物各种接缝、裂缝、变形缝、门窗框、管道接头或其他结构的连接处，起水密、气密作用的材料。建筑防水密封材料应具有良好的粘结性、弹性、耐老化性和温度适应性，能长期经受其粘附构件的伸缩与振动。

常用的建筑密封材料分为定形和不定形两大类。定形密封材料是具有特定形状和尺寸的密封衬垫材料,包括密封条、密封垫、密封带、止水带、遇水膨胀橡胶等,适用于涵洞、地下室、管道密封、建筑物构筑物变形缝等的防水、止水、密封。不定形密封材料俗称密封膏或嵌缝膏,是溶剂型、乳液型、化学反应型等粘稠状密封材料,将其嵌填于结构缝等,具有良好的粘附性、弹性、耐老化性和温度适应性,在建筑防水工程中应用广泛。

一、改性沥青密封膏

改性沥青密封膏以石油沥青为基料配以适当的合成高分子聚合物进行改性,并加入填充料和其他化学助剂配制而成的膏体密封材料。常用的品种包括沥青废橡胶防水油膏、桐油废橡胶沥青防水油膏、SBS沥青弹性密封膏、聚氯乙烯建筑密封油膏等。

改性沥青密封油膏材料适用于工业与民用建筑各种屋面板缝、分格缝、孔洞、管口、防水卷材收头等部位的嵌填密封以及地下室、水池等密封部位的防水防渗。

二、合成高分子密封膏

合成高分子密封膏是以合成高分子材料为主体,加入适量的化学助剂、填充料和着色剂等加工而成的膏状密封材料。因其具有优异的高弹性、耐候性、粘结性、耐疲劳性等,越来越得到广泛的应用。常用的合成高分子密封膏包括有机硅橡胶密封膏、聚氨酯密封膏、聚硫密封膏、聚丙烯酸酯类密封膏、氯磺化聚乙烯建筑密封膏、建筑硅酮密封膏等。

1. 有机硅橡胶密封胶

是以聚硅氧烷为主要成分的非定形密封材料。聚氨酯密封材料具有良好的耐紫外线、耐臭氧、耐化学介质、低温柔性和耐高温性能,耐老化、耐稀酸及某些有机溶剂侵蚀,在建筑工程中可作为预制构件嵌缝密封材料和防水堵漏材料,金属窗框中镶嵌玻璃的密封材料及中空玻璃构件密封材料。

2. 聚氨酯密封胶

是以聚氨基甲酸酯为主要成分的非定形密封材料。聚氨酯密封材料具有优良的耐磨性、低温柔软性、机械强度大、粘结性好、弹性好、耐候性好、耐油性好、耐生物老化等特点,在建筑上可作为混凝土预制件等的连接、施工缝填充密封、门窗框与墙的密封嵌缝、阳台、游泳池等的防水嵌缝、空调及其与其他体系连接处的密封、路桥伸缩缝嵌缝密封、管道接头密封等。

3. 聚硫密封胶

是以液态聚硫橡胶为主要成分的非定形密封材料。具有良好的耐候性、耐燃油、耐湿热、耐水、耐低温、抗撕裂强、与钢铝等金属材料粘结性好、工艺性好,具有极佳的气密性和水密性。在建筑工程中用于幕墙接缝,建筑物护墙板及高层建筑接缝,门窗框周围的防水防尘密封,建筑门窗玻璃装嵌密封,游泳池、公路管道等的接缝密封等。

4. 丙烯酸酯密封胶

是以丙烯酸酯类聚合物为主要成分的非定形密封材料。其特点是柔软而富有弹性、耐臭氧、耐紫外线、粘结性好等,适用于门窗框与墙体的接缝密封,钢、铝、木窗与玻璃间的密封,刚性屋面伸缩缝,内外墙拼缝、内外墙与屋面接缝、管道与楼面接缝、卫生间等的防水密封等。

复习思考题

8—1　石油沥青的组分与其性质有何关系？

8—2　石油沥青的主要性质有哪些？各用什么指标来表示,影响这些性质的因素有哪些？

8—3　石油沥青牌号与其主要性能之间的关系？

8—4　石油沥青防水卷材主要有哪些？

8—5　防水涂料的主要组成有哪些？各有何作用？

8—6　防水涂料的防水原理是什么？

8—7　建筑密封胶的功能和常用类型是什么？

第九章　热拌沥青混合料

第一节　概　述

一、沥青混合料定义

沥青混合料是一种复合材料，是由矿料［粗集料、细集料、填料（矿粉）］与适量沥青材料以及外加剂经拌和而成的混合料，是沥青混凝土混合料和沥青碎石混合料的总称。

沥青混凝土混合料（AC，asphalt concrete mixture）：由适当比例的粗集料、细集料及填料与沥青在严格的控制条件下拌和而成的沥青混合料。沥青碎石混合料（AM，asphalt macadan mixture）：由适当比例的粗集料、细集料及填料（或不加填料）与沥青拌和而成的沥青混合料。

作为路面材料，沥青混合料的优点：它是弹－塑－粘性材料，具有良好的力学性能，一定的高温稳定性和低温抗裂性，不需设施工缝和伸缩缝；有一定的粗糙度，防滑，降噪，行车舒适；施工方便快捷，能及时开放交通；可分期改造，可再生利用。缺点：温度敏感性较大、有老化现象。

二、沥青混合料的分类

1. 按结合料分类

①石油沥青混合料：以石油沥青为结合料的沥青混合料（包括粘稠石油沥青、乳化石油沥青及液体石油沥青）。

②煤沥青混合料：以煤沥青为结合料的沥青混合料。

2. 按施工温度分类

①热拌热铺沥青混合料：简称热拌沥青混合料（HMA），是沥青与矿料在热态拌和、热态铺筑的混合料。适用于各种等级公路的沥青路面。

②常温沥青混合料：以乳化沥青或稀释沥青与矿料在常温状态下拌制、铺筑的混合料。

沥青混合料还可按集料公称最大粒径、矿料级配、空隙率划分，分类见表9—1。

连续级配密实式热拌热铺沥青混合料是沥青混合料中最典型的品种，其他各种沥青混合料均由其发展而来。本章主要讲述热拌沥青混合料的组成材料、组成结构、技术性质和设计方法。

三、沥青路面使用性能的气候分区

沥青混合料的技术性质与使用环境（气温和湿度）关系密切。因此，在选择沥青材料的等级、进行沥青混合料配合比设计、检验沥青混合料的使用性能时,应考虑沥青路面工程的环境因素,尤其是气温和湿度条件。沥青路面由温度和雨量组成气候分区,第一个数字代表高温分区,第二个数字代表低温分区,第三个数字代表雨量分区。沥青路面使用性能气候分区见表9—2。例如,1–4–1,是指夏炎热区–冬温区–潮湿区,杭州市就处于这一气候分区。

表9—1 热拌沥青混合料的种类

混合料类型	密级配			开级配		半开级配	公称最大粒径/mm	最大粒径/mm
	连续级配		间断级配	间断级配		沥青碎石		
	沥青混凝土	沥青稳定碎石	沥青玛蹄脂碎石	排水式沥青磨耗层	排水式沥青碎石基层			
特粗式	—	ATB – 40	—	—	ATPB – 40	—	37.5	53.0
粗粒式	—	ATB – 30	—	—	ATPB – 30	—	31.5	37.5
	AC – 25	ATB – 25	—	—	ATPB – 25	—	26.5	31.5
中粒式	AC – 20	—	SMA – 20	—	—	AM – 20	19.0	26.5
	AC – 16	—	SMA – 16	OGFC – 16	—	AM – 16	16.0	19.0
细粒式	AC – 13	—	SMA – 13	OGFC – 13	—	AM – 13	13.2	16.0
	AC – 10	—	SMA – 10	OGFC – 10	—	AM – 10	9.5	13.2
砂粒式	AC – 5	—	—	—	—	—	4.75	9.5
设计空隙率(%)	3 ~ 5	3 ~ 6	3 ~ 4	> 18	> 18	6 ~ 12	—	—

注:设计空隙率可按配合比设计要求适当调整。

表9—2 沥青路面使用性能气候分区

气候分区指标		气候分区			
按照高温指标	高温气候区	1	2	3	
	气候区名称	夏炎热区	夏热区	夏凉区	
	七月平均最高温度/℃	> 30	20 ~ 30	< 20	
按照低温指标	低温气候区	1	2	3	4
	气候区名称	冬严寒区	冬寒区	冬冷区	冬温区
	极端最低气温/℃	< – 37.5	– 37.5 ~ – 21.5	– 21.5 ~ – 9.0	> – 9.0
按照雨量指标	雨量气候区	1	2	3	4
	气候区名称	潮湿区	湿润区	半干区	干旱区
	年降雨量/mm	> 1000	1000 ~ 500	500 ~ 250	< 250

第二节 沥青混合料组成材料的技术性质

沥青混合料的技术性质决定于组成材料的性质、组成材料的配合比例和混合料的制备工艺等因素。为保证沥青混合料的技术性质,首先要正确选择符合质量要求的组成材料。

一、沥青材料

沥青等级的选择。按现行《公路沥青路面施工技术规范》（JTG F40—2004）规定，道路石油沥青分为 A 级、B 级、C 级三个等级，各自的适用范围应符合表 9—3 的规定。道路石油沥青的质量应符合道路石油沥青的技术要求（表 9—4）。

表 9—3　道路石油沥青的适用范围

沥青等级	适　用　范　围
A 级沥青	各个等级的公路，适用于任何场合和层次
B 级沥青	1. 高速公路、一级公路沥青混合料的下面层及以下的层次，二级及二级以下公路的各个层次； 2. 用做改性沥青、乳化沥青、改性乳化沥青、稀释沥青的基质沥青
C 级沥青	三级及三级以下公路的各个层次

沥青路面采用的沥青标号。宜按照公路等级、气候条件、交通条件、路面类型、在结构层中的层位、受力特点、施工方法等，结合当地的使用经验，经技术论证后确定。

对于高速公路、一级公路，夏季温度高、高温持续时间长、重载交通、山区及丘陵区上坡路段、服务区、停车场等行车速度慢的路段，尤其是汽车荷载剪应力大的层次，宜采用稠度大、黏度大的沥青，也可提高高温气候分区的温度水平选用沥青等级；对于冬季寒冷的地区或交通量小的公路、旅游公路，宜选用稠度小、低温延度大的沥青；对于日温差、年温差大的地区，注意选用针入度指数大的沥青。当高温要求与低温要求发生矛盾时应优先满足高温性能的要求。

当缺乏所需标号沥青时，可采用不同标号掺配的调和沥青，其掺配比例由试验决定。掺配后的沥青质量应符合表 9—4 的要求。

表 9—4　道路石油沥青技术要求（主要部分）

指标	等级	沥青标号														
		160 号	130 号	110 号	90 号					70 号					50 号	30 号
适用的气候分区		注③	注③	2-1 2-2 3-2	1-1	1-2	1-3	2-2	2-3	1-3	1-4	2-2	2-3	2-4	1-4	注④
25℃针入度/0.1mm		140~200	120~140	100~120	80~100					60~80					40~60	20~40
软化点/℃ ≥	A	38	40	43	45			44		46		45			49	55
	B	36	39	42	43			42		44		43			46	53
	C	35	37	41	42			42		43		43			45	50
60℃动力黏度/Pa·s ≥	A	—	60	120	160			140		180		160			200	260
10℃延度/cm ≥	A	50	50	40	45	30	20	30	20	20	15	25	20	15	15	10
	B	30	30	30	30	20	15	20	15	15	10	20	15	10	10	8
15℃延度/cm ≥	A,B	100													80	50
	C	80	80	60	50					40					30	20

续表

指标	等级	沥青标号						
		160 号	130 号	110 号	90 号	70 号	50 号	30 号
针入度指数 PI	A				-1.5 ~ +1.0			
	B				-1.8 ~ +1.0			
含蜡量（质量分数，%） ≤	A				2.2			
	B				3.0			
	C				4.5			
闪点/℃ ≥		230			245	260		
溶解度（%） ≥					99.5			
薄膜加热试验（或旋转薄膜加热试验）后								
质量损失（%） ≤					±0.8			
残留针入度比（%） ≥	A	48	54	55	57	61	63	65
	B	45	50	52	54	58	60	62
	C	40	45	48	50	54	58	60
10℃残留延度/cm ≥	A	12	12	10	8	6	4	—
	B	10	10	8	6	4	2	—
15℃残留延度/cm	C	40	35	30	20	15	10	—

注：①用于仲裁试验时，求取针入度指数 PI 的 5 个温度与针入度回归关系的相关系数不得小于 0.997；
　　②经主管部门同意，针入度指数 PI、动力黏度（60℃）、延度（10℃）可作为选择性指标；
　　③160 号、130 号沥青除了寒冷地区可直接使用于中低级公路外，通常用做乳化沥青、稀释沥青及改性沥青的基质沥青；
　　④30 号沥青仅适用于沥青稳定基层。

二、粗集料

我国现行规范（JTG F40—2004）规定，沥青混合料用粗集料［粒径大于 2.36mm（方孔筛）］可采用碎石、破碎砾石、筛选砾石、钢渣、矿渣等。但高速公路和一级公路不得使用筛选砾石和钢渣。粗集料必须由具有生产许可证的采石场生产或施工单位自行加工。粗集料规格应符合表 9—5 的要求。

表 9—5　沥青混合料面层用粗集料规格

规格	公称粒径/mm	通过下列筛孔（方孔筛，mm）的质量百分率（%）								
		37.5	31.5	26.5	19	13.2	9.5	4.75	2.36	0.6
S6	15 ~ 30	100	90 ~ 100	—	—	0 ~ 15	—	0 ~ 5		
S7	10 ~ 30	100	90 ~ 100	—	—	—	0 ~ 15	0 ~ 5		
S8	15 ~ 25		100	90 ~ 100	—	0 ~ 15	—	0 ~ 5		
S9	10 ~ 20			100	90 ~ 100	—	0 ~ 15	0 ~ 5		
S10	10 ~ 15				100	90 ~ 100	0 ~ 15	0 ~ 5		
S11	5 ~ 15				100	90 ~ 100	40 ~ 70	0 ~ 15	0 ~ 5	
S12	5 ~ 10					100	90 ~ 100	0 ~ 15	0 ~ 5	
S13	3 ~ 10					100	90 ~ 100	40 ~ 70	0 ~ 20	0 ~ 5
S14	3 ~ 5						100	90 ~ 100	0 ~ 15	0 ~ 3

沥青混合料用粗集料应洁净、干燥、无风化、不含杂质。在力学性质方面,压碎值和洛杉矶磨耗率应符合规范要求(表9—6)。选用岩石应尽量选用碱性岩石,如石灰岩。经检验属于酸性岩石的石料,用于高速公路、一级公路、城市快速路、主干路时,宜使用针入度较小的沥青;为保证与沥青的粘附性符合规范要求,应采用下列抗剥离措施:①用干燥的磨细消石灰或生石灰粉、水泥作为填料的一部分,其用量宜为矿料总量的1%～2%;②在沥青中掺加抗剥离剂;③将粗集料用石灰浆处理后使用。

表9—6 沥青混合料粗集料质量技术要求

指 标		单位	高速公路及一级公路		其他等级公路
			表面层	其他层次	
石料压碎值	≤	%	26	28	30
洛杉矶磨耗率	≤	%	28	30	35
表观密度	≥	g·cm^{-3}	2.60	2.50	2.45
吸水率	≤	%	2.0	3.0	3.0
坚固性	≤	%	12	12	
针片状颗粒含量(质量分数)	≤	%	15	18	20
其中粒径大于9.5mm	≤	%	12	15	
其中粒径小于9.5mm	≤	%	18	20	
水洗法＜0.075mm颗粒含量	≤	%	1	1	1
软石含量	≤	%	3	5	5

三、细集料

沥青混合料用细集料(粒径小于2.36mm)可采用天然砂、机制砂及石屑。细集料应洁净、干燥、无风化、无杂质,并有适当的颗粒组成,宜用粗砂或中砂,其质量应符合规范要求(表9—7)。细集料应与沥青有良好的粘结能力。与沥青粘结性能很差的天然砂及用花岗岩、石英岩等酸性石料破碎的机制砂或石屑不宜用于高速公路、一级公路、城市快速路、主干路沥青面层。必须使用时,应采用抗剥离措施。

表9—7 沥青混合料用细集料的质量要求

项 目		单 位	高速公路、一级公路	其他等级公路
表观密度	≥	g·cm^{-3}	2.50	2.45
坚固性(＞0.3mm部分)	≥	%	12	—
含泥量(小于0.075mm的含量)	≤	%	3	5
砂当量	≥	%	60	50
亚甲蓝值	≤	g·kg^{-1}	25	—
棱角性(流动时间)	≥	s	30	

四、填料

在沥青混合料中起填充作用的粒径小于0.075mm的矿质粉末称为填料。填料宜采用石灰岩或岩浆岩中的强基性岩石(碱性岩石)经磨细得到的矿粉,原石料中的泥土杂质应除净。矿粉要求干燥、洁净,其质量应符合规范要求(表9—8)。当采用水泥、石灰、粉煤灰作填料时,其用量不宜超过矿料总量的2%。

粉煤灰作为填料使用时,烧失量应小于12%,其余质量要求与矿粉相同。粉煤灰的用量不宜超过填料总量的50%,高速公路、一级公路的沥青路面不宜采用粉煤灰做填料。

表9—8　沥青混合料用矿粉质量要求

项　　目		高速公路、一级公路	其他等级公路
表观密度/g·cm⁻³	≥	2.50	2.45
含水量(%)	≤	1	1
粒度范围(<0.6mm) 　(%)		100	100
粒度范围(<0.15mm) 　(%)		90~100	90~100
粒度范围(<0.075mm) 　(%)		75~100	70~100
外观		无团粒结块	
亲水系数		<1	
塑性指数		<4	
加热安定性		实测记录	

第三节　沥青混合料的组成结构和强度理论

在沥青混合料中,由于组成材料(沥青、粗集料、细集料和矿粉以及外加剂)质量的差异和数量的多少可形成不同的组成结构,并表现为不同的力学性能。

一、沥青混合料的组成结构

①悬浮-密实结构:是指矿质集料由大至小组成连续密级配的混合料结构,混合料中粗集料数量较少,不能形成骨架,如图9—1(a)所示。这种沥青混合料粘聚力 F 较大,内摩阻角 φ 较小,因此高温稳定性较差。按照连续密级配原理设计的沥青混凝土混合料 AC 是典型的悬浮-密实结构。

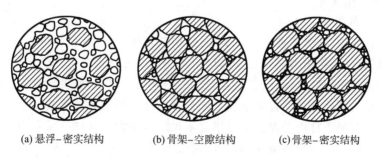

(a)悬浮–密实结构　　(b)骨架–空隙结构　　(c)骨架–密实结构

图9—1　沥青混合料的典型组成结构

②骨架-空隙结构:是指矿质集料属于连续型开级配的混合料结构,矿质集料中粗集料较多,可形成矿质骨架,细集料较少,不足以填满空隙,如图9—1(b)所示。这种沥青混合料空隙率大,耐久性差,沥青与矿料的粘聚力差,但热稳定较好,其强度主要取决于内摩阻角。沥青碎石混合料 AM 和开级配磨耗层沥青混合料 OGFC 是典型的骨架-空隙结构。

③骨架－密实结构：是指具有较多数量的粗集料可形成空间骨架，同时又有足够多的细集料可填满骨架的空隙，如图9—1(c)所示。这种结构的沥青混合料具有较高的粘聚力和较高的内摩阻角，是沥青混合料中最理想的一种结构类型。沥青玛蹄脂碎石混合料 SMA 是典型的骨架－密实结构。

二、沥青混合料的强度理论

沥青混合料在路面结构中产生破坏的情况，主要有在高温时由于抗剪强度不足或塑性变形过剩而产生推挤等现象，或在低温时因抗拉强度不足或变形能力较差而产生开裂现象。其强度理论主要是要求沥青混合料在高温时必须具有一定的抗剪强度和抵抗变形的能力。

采用库伦内摩擦理论分析，通过三轴剪切强度研究得出结论：沥青混合料的抗剪强度 τ 主要取决于沥青与矿质集料之间由物理和化学交互作用而产生的粘聚力 F，以及由于矿质集料在沥青混合料中分散程度的不同而产生的内摩阻角 φ，如式(9—1)所示。

$$\tau = F + \sigma \tan\varphi \tag{9—1}$$

式中　σ——正压力。

三、影响沥青混合料抗剪强度的因素

1. 沥青黏度的影响

沥青混合料的抗剪强度与分散相（各种矿质集料）的浓度和分散介质（沥青）黏度有着密切的关系。在通常条件下，沥青混合料的粘聚力 F 是随着沥青黏度的提高而增加的。因此具有高黏度的沥青能赋予沥青混合料具有较高的抗剪强度。

2. 沥青与矿料化学性质的影响

沥青与矿料相互作用后，沥青在（碱性）矿料（如石灰石粉）表面形成一层扩散结构膜，在此结构膜以内的沥青称为结构沥青，在此结构膜以外的沥青称为自由沥青。如果矿料颗粒之间的粘结力是由结构沥青提供的，则粘结力较大；如果矿料颗粒之间的粘结力是由自由沥青提供的，则粘结力较小。所以在配制沥青混合料时，应控制沥青用量，使混合料能形成结构沥青，减少自由沥青。

3. 沥青用量的影响

在沥青混合料中，随着沥青用量的增加，结构沥青逐渐形成，沥青更好地包裹在矿料表面，使沥青与矿料间的粘附力随着沥青的用量增加而增加。当沥青用量足以形成薄膜并充分粘附在矿粉颗粒表面时，沥青胶浆具有最优的粘聚力。随后，如果沥青用量继续增加，则沥青胶浆的粘聚力随着自由沥青的增加而降低。当沥青用量增加至某一用量后，沥青混合料的粘聚力主要取决于自由沥青。沥青用量不仅影响沥青混合料的粘聚力，同时也影响沥青混合料的内摩阻角。通常当沥青薄膜达到最佳厚度（主要以结构沥青粘结时），具有最大的粘聚力；随着沥青用量的增加，沥青混合料的内摩阻角逐渐降低。

4. 矿质集料的级配类型、粒度、表面性质的影响

沥青混合料的抗剪强度与矿质集料在沥青混合料中的分布情况有着密切的关系。如前所述，沥青混合料有密级配、开级配和间断级配等不同组成结构类型，因此矿料级配类型是影响沥青混合料抗剪强度的因素之一。

矿质集料的粗度、形状和表面粗糙度对沥青混合料的抗剪强度都具有极为明显的影响。

因为颗粒形状及其粗糙度,在很大程度上将决定混合料压实后颗粒间相互位置的特性和颗粒接触有效面积的大小。通常具有显著的面和棱角,各方向尺寸相差不大,近似正立方体以及具有明显细微凸出的粗糙表面的矿质集料,在碾压后能相互嵌挤锁结而具有很大的内摩阻角。在其他条件相同的情况下,这种矿料所组成的沥青混合料较之圆形而表面平滑的颗粒具有较高的抗剪强度。

试验证明,矿质集料颗粒愈粗,所配制的沥青混合料的内摩阻角越大。相同粒径组成的集料,卵石的内摩阻角较碎石的低。

5. 影响沥青混合料抗剪强度的外因

随着温度升高,沥青的粘聚力降低,而变形能力增强。当温度降低,可使混合料粘聚力提高,强度增加,变形能力降低。但温度过低会使沥青混合料路面开裂。随着加荷频率的提高,可使沥青混合料产生过大的应力和塑性变形,弹性恢复变得很慢,进而产生不可恢复的永久变形。

第四节　沥青混合料的技术性质和技术标准

一、沥青混合料的技术性质

在路面中直接承受车辆荷载作用的沥青混合料应具有一定的力学强度,具有抵抗自然因素作用的耐久性,具有特殊表面特性(如抗滑性),为便利施工还应具有良好的和易性。

1. 高温稳定性

沥青混合料是一种典型的流变性材料,它的强度和劲度模量随着温度的升高而降低。所以沥青混凝土路面在夏季高温时,在重交通的重复作用下,由于交通的渠化,在轮迹带逐渐形成变形下凹、两侧鼓起的所谓"车辙",这是现代高等级沥青路面最常见的病害。

沥青混合料高温稳定性是指沥青混合料在夏季高温(通常为60℃)条件下,经车辆荷载长期重复作用后,不产生车辙和波浪等病害的性能。

现行规范(JTG F40—2004)规定,采用马歇尔稳定度试验(包括稳定度、流值等)来评价沥青混合料的高温稳定性;对于高速公路、一级公路、城市快速路、主干路用沥青混合料,还应通过动稳定度试验检验其抗车辙能力,其技术要求见表9—9。

表9—9　沥青混合料车辙试验稳定度技术要求

气候条件与技术指标		相应于下列气候分区所要求的动稳定度/次·mm⁻¹								
七月平均最高气温/℃及气候分区		>30				20～30				<20
		1. 夏炎热区				2. 夏热区				3. 夏凉区
		1－1	1－2	1－3	1－4	2－1	2－2	2－3	2－4	3－2
普通沥青混合料 ≥		800		1000		600		800		600
改性沥青混合料 ≥		2400		2800		2000		2400		1800
SMA混合料	非改性 ≥	1500								
	改性 ≥	3000								
OGFC混合料		1500(一般交通路段)、3000(重交通量路段)								

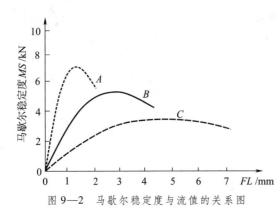

图 9—2　马歇尔稳定度与流值的关系图

马歇尔试验法，测定的是静态稳定度，只适合用于热拌沥青混合料。具体方法为将热拌沥青混合料击实成直径 101.6mm 和高 63.5mm 的圆柱形试件，置于 60℃ 的水槽中保温 30 ~ 40min，然后把试件置于马歇尔试验仪上，以 50mm/min 的速度加压，当试件达到破坏时的最大荷载即为稳定度 MS（kN），此时对应的垂直压缩变形量称为流值 FL（mm）。图 9—2 为马歇尔稳定度与流值的关系图。

车辙试验法，测定的是动态稳定度。在 60℃ 条件下，用车辙试验机的试验轮对沥青混合料试件进行往返碾压 1h 或最大变形达 25mm 为止，测定其在变形稳定期每增加变形 1mm 的碾压次数，即为动稳定度。

影响高温稳定性的主要因素有沥青用量、沥青黏度、矿料级配、集料大小及其形状等。提高高温稳定性的措施可采用提高沥青混合料的粘聚力和内摩阻角等方法。增加粗集料含量可提高沥青混合料的内摩阻角，适当提高沥青材料的黏度、控制沥青与矿料比例、严格控制沥青用量等均能改善沥青混合料的粘聚力，进而可以增强沥青混合料的高温稳定性。

2. 低温抗裂性

随着温度的降低，沥青混合料的变形能力会下降。由于低温收缩及行车荷载的作用，在路面薄弱部位易产生裂缝，从而影响道路的正常使用。因此，要求沥青混合料具有一定的低温抗裂性。

沥青混合料的低温裂缝是由混合料的低温脆化、低温缩裂和温度疲劳等引起的。因此在混合料组成设计中，应选用稠度较低、温度敏感性较低、抗老化能力较强的沥青，可掺入聚合物或纤维进行改性。评价沥青混合料低温变形能力的常用方法有低温弯曲试验和冻融劈裂试验的残留强度比（表 9—10）。

表 9—10　沥青混合料水稳定性检验技术要求

气候条件与技术指标	相应于下列气候分区所要求的动稳定度/次·mm⁻¹			
年降雨量（mm）及气候分区	> 1000	1000 ~ 500	500 ~ 250	< 250
	1. 潮湿区	2. 湿润区	3. 半干区	4. 干旱区
浸水马歇尔试验残留稳定度（%），不小于				
普通沥青混合料	80		75	
冻融劈裂试验的残留强度比（%），不小于				
普通沥青混合料	75		70	

3. 耐久性

沥青混合料的耐久性是指其在长期的荷载作用和自然因素影响下，保持正常使用状态而不出现剥落和松散等损坏的能力。影响耐久性的因素主要有沥青的化学性质、矿料的矿物成分、沥青混合料的组成结构（残留空隙率、沥青填隙率）等。

沥青混合料空隙率与水稳定性有关。空隙率大且沥青与矿料粘附性差的混合料在饱水后易使石料与沥青之间的粘附力降低,从而发生剥落,引起路面早期破坏。

沥青路面的使用寿命还与沥青用量有关。当沥青用量低于要求沥青用量时,则沥青膜变薄,混合料的延伸能力降低,脆性增加;混合料的空隙率增大,沥青膜暴露较多,加速了老化作用;同时增加了渗水率,加剧了水对沥青的剥落作用。

我国现行规范采用空隙率、饱和度(即沥青填隙率)和残留稳定度(表9—10)等指标来表征沥青混合料的耐久性。

4. 抗滑性

用于高等级公路沥青路面的沥青混合料,其表面应具有一定的抗滑性,才能保证汽车高速行驶的安全性。

沥青混合料路面的抗滑性与矿质集料的微表面性质、混合料的级配组成以及沥青用量等因素有关。为保证长期高速行车的安全,配料时要特别注意粗集料的磨光性,应选择硬质、有棱角的集料。

5. 施工和易性

为保证室内配料在现场施工条件下顺利的实现,沥青混合料除了应具备前述的技术要求外,还应具备适宜的施工和易性。影响和易性的因素主要有当地气温、施工条件及混合料性质等。

在组成材料方面,影响和易性的首先是矿质混合料的级配,如果粗细集料的颗粒大小相差过大,缺乏中间颗粒,混合料容易分层层积(粗粒集中在表面,细粒集中在底部);如果细集料太少,沥青层就不容易均匀地分布在粗颗粒表面;如果细集料过多,会使拌和困难。此外当沥青用量过少或矿粉用量过多时,混合料容易产生疏松而不易压实。反之,当沥青用量过多或矿粉质量不好时,混合料容易粘结成团块而不易摊铺。

二、沥青混合料的技术指标

1. 稳定度

稳定度[Marshall stability, $MS(kN)$]是评价沥青混合料高温稳定性的指标。由上述马歇尔试验法得到。

2. 流值

流值[flow value, $FL(mm)$]是评价沥青混合料抗塑性变形能力的指标,变形能力太小,冬天易产生裂缝,变形太大,热稳定性差。由上述马歇尔试验法得到。

马歇尔模数 $T(kN/mm)$ 为稳定度与流值之比。

$$T = MS/FL \tag{9—2}$$

3. 残留稳定度

残留稳定度 $MS_0(\%)$ 是指能反映沥青混合料受水损害时抵抗剥落的能力,即水稳定性。浸水马歇尔稳定度试验方法与马歇尔试验基本相同,只是将试件在恒温(60℃)水槽中保温48h后测定其稳定度。浸水后的稳定度 $MS_1(kN)$ 与标准稳定度的百分比即为残留稳定度。

4. 毛体积密度

对于吸水率小于2%的试件,通常采用表干法测定沥青混合料的毛体积密度 $\rho_f(g/cm^3)$;对于吸水率大于2%的试件,宜采用蜡封法测定。采用表干法测定得到的毛体积密度按下式(9—3)计算：

$$\rho_f = \frac{m_a \rho_w}{(m_f - m_w)} \tag{9—3}$$

式中　m_w——试件的水中质量，浸水中 3～5min，称取的水中质量，g；

　　　　m_f——从水中取出试件，用拧干湿毛巾擦去表面水，称取试件在空气中的表干质量，g；

　　　　m_a——干燥试件的空气中质量，g。

$$吸水率 = (m_f - m_a)/(m_f - m_w)$$

5. 理论最大密度

沥青混合料的理论最大密度 ρ_t（g/cm³）是假设沥青混合料试件被压实至完全密实，没有空隙的理想状态下的最大密度，即压实沥青混合料试件全部被矿料和沥青所占有，空隙率为零时的最大密度。它可以通过实测法或计算法确定。计算法是根据沥青混合料的配合比及组成材料的密度按照式(9—4)进行计算：

$$\rho_t = \frac{(100 + P_a)}{\dfrac{P_1}{\rho_1} + \dfrac{P_2}{\rho_2} + \cdots + \dfrac{P_n}{\rho_n} + \dfrac{P_a}{\rho_a}} \tag{9—4}$$

式中　　　ρ_t——理论最大密度，g/cm³；

　　　　　P_a——油石比，%；

　　　　　ρ_a——沥青的密度（25℃），g/cm³；

P_1、P_2…P_n——各种矿料占矿料总质量的百分率，%；

ρ_1、ρ_2…ρ_n——各种矿料的（表观）密度。

6. 空隙率

沥青混合料的空隙率[volume of voids, $VV(\%)$]是指在压实沥青混合料中，空隙体积占沥青混合料总体积的百分率。即试件压实后，矿料及沥青以外的空隙的体积占试件总体积的百分率。用式(9—5)表示：

$$VV = V_{空隙}/V_总 = 1 - 毛体积密度/理论密度 = 1 - \rho_f/\rho_t \tag{9—5}$$

空隙率大的沥青混合料，其抗滑性和高温稳定性能都比较好，但其抗渗和耐久性能明显降低，对强度也不利。

7. 沥青体积百分率

沥青体积百分率[volume of asphalt, $VA(\%)$]是指在压实沥青混合料中，沥青体积占沥青混合料总体积的百分率。用式(9—6)表示：

$$VA = 沥青体积/沥青混合料总体积 = P_a \rho_f / [(100 + P_a)\rho_a] \tag{9—6}$$

8. 矿料间隙率

矿料间隙率[voids in the mineral aggregate, $VMA(\%)$]是指在压实沥青混合料中，矿料以外体积占沥青混合料总体积的百分率。用式(9—7)表示：

$$VMA = (V_总 - V_{矿料})/V_总 = VV + VA \tag{9—7}$$

9. 饱和度

沥青饱和度[void filled with asphalt, $VFA(\%)$]是指在压实沥青混合料中，沥青体积占矿料以外体积的百分率。用式(9—8)表示：

$$VFA = V_{沥青}/(V_{总} - V_{矿料}) = VA/(VV + VA) \tag{9—8}$$

饱和度过小,沥青难以充分包裹矿料,影响粘聚性,降低耐久性。

饱和度过大,减少空隙率,妨碍夏季沥青体积膨胀,引起路面泛油,降低高温稳定性。

三、热拌沥青混合料的技术标准

按规范(JTG F40—2004)规定,沥青混合料技术要求应符合技术规范的规定(表9—11),并有良好的施工性能。当采用其他方法设计沥青混合料时,应按规范规定进行马歇尔试验及各项配合比设计检验。

表9—11 密级配沥青混合料马歇尔试验技术标准

(本表适用于公称最大粒径26.5mm及以下的密级配沥青混凝土混合料)

试验指标		高速公路、一级公路				其他等级公路	行人道路
		夏炎热区 (1-1、1-2、1-3、1-4区)		夏热区及夏凉区 (2-1、2-2、2-3、2-4、3-2区)			
		中轻交通	重载交通	中轻交通	重载交通		
击实次数(双面)/次		75				50	50
试件尺寸/mm		$\phi101.6mm \times 63.5mm$					
空隙率 VV(%)	深约90mm以内	3~5	4~6	2~4	3~5	3~6	2~4
	深约90mm以下	3~6		2~4	3~6	3~6	—
稳定度 MS/kN,≥		8				5	3
流值 FL/mm		2~4	1.5~4	2~4.5	2~4	2~4.5	2~5
矿料间隙率 VMA(%) ≥	设计空隙率(%)	相应于以下公称最大粒径/mm的最小VMA及VFA技术要求(%)					
		26.5	19	16	13.2	9.5	4.75
	2	10	11	11.5	12	13	15
	3	11	12	12.5	13	14	16
	4	12	13	13.5	14	15	17
	5	13	14	14.5	15	16	18
	6	14	15	15.5	16	17	19
沥青饱和度 VFA(%)		55~70		65~75		70~85	

第五节 沥青混合料用矿质混合料的组成设计

一、矿质混合料的级配理论

1. 级配类型

各种不同粒径的集料,按照一定的比例搭配起来,可达到较高的密实度或不同的用途。级配类型主要有以下四种,这四种级配类型曲线如图9—3所示。

①连续级配:某一矿质混合料在标准筛孔配成的套筛中进行筛析时,所得的级配曲线平顺圆滑、具有连续的(不间断的)性质,相邻粒径的粒料之间有一定的比例关系(按质量计)。

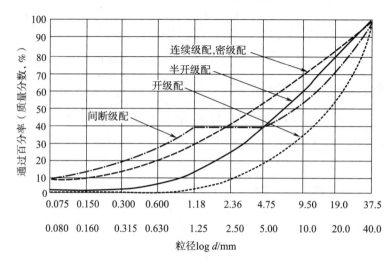

图 9—3　四种矿料级配类型的曲线

这种由大到小，逐级粒径均有，并按比例互相搭配组成的矿质混合料，称为连续级配矿质混合料。可达到较高的密实度。

②间断级配：在矿质混合料中剔除其一个（或几个）分级，形成一种不连续的混合料。这种混合料称为间断级配矿质混合料。

③开级配：矿料级配主要由粗集料组成，细集料较少，矿料相互拨开。配制的开级配沥青混合料（也称沥青碎石混合料）在压实后剩余空隙率大于 15%。

④半开级配：矿料级配由适当比例的粗集料、细集料及少量填料（或不加填料）组成。配制的半开级配沥青混合料（也称沥青碎石混合料）在压实后剩余空隙率在 10% ~ 15%。

2. 级配理论

富勒 - 泰波理论：富勒认为级配曲线越接近抛物线（$P^2 = kd$，即某级粒径 d 的矿料通过百分率的平方与该粒径 d 成正比）时则其密实度越大。泰波认为富勒曲线是一种理想曲线，实际矿料的级配应允许有一定的波动范围，故将富勒最大密度曲线改为 n 次幂的通式，见式（9—9）。

$$P = 100\left(\frac{d}{D}\right)^n \tag{9—9}$$

式中　P——欲计算的某级粒径 d 的矿料通过百分率，%；

　　　D——矿质混合料的最大粒径，mm；

　　　d——欲计算的某级矿质混合料的粒径，mm；

　　　n——实验指数。

试验认为 $n = 0.3 \sim 0.6$ 时矿质混合料具有较高的密实度，级配曲线范围如图 9—4 所示。

3. 级配曲线及范围的绘制

我国沿用半对数坐标系绘制级配曲线。在横坐标轴上按对数计算出各种颗粒粒径［或筛孔边长或筛孔的公称直径（表 9—12）］的位置，在纵坐标轴上通过百分率坐标则按普通算术坐标绘制。绘制好横、纵坐标后，最后将计算所得的各颗粒粒径（d_i）的通过百分率（P_i）绘制在坐标图上,再将确定的各点连接为光滑的曲线,在两个指数(n_1 和 n_2)之间所包括的范围即为级配范围,如图9—4所示。

表9—12 筛孔的公称直径的由来

	$2^{-9}D$	$2^{-8}D$	$2^{-7}D$	$2^{-6}D$	$2^{-5}D$	$2^{-4}D$	$2^{-3}D$	$2^{-2}D$	$2^{-1}D$	$2^{0}D$
	$D/512$	$D/256$	$D/128$	$D/64$	$D/32$	$D/16$	$D/8$	$D/4$	$D/2$	D
筛孔的公称直径/mm	0.08	0.16	0.315	0.63	1.25	2.5	5	10	20	40
方孔筛筛孔边长/mm	0.075	0.15	0.3	0.6	1.18	2.36	4.75	9.5	19	37.5

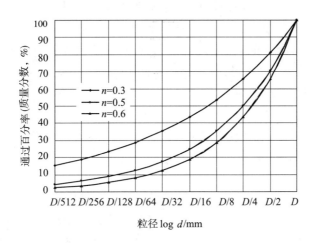

图9—4 泰波级配曲线范围图(半对数坐标系绘制的级配曲线)

二、矿质混合料的组成设计方法

天然或人工轧制的一种集料的级配往往难易符合某一种级配范围的要求,因此必须采用两种或两种以上的集料配合起来才能符合级配范围的要求。矿质混合料设计的任务就是确定组成混合料各集料的比例。确定混合料配合比的方法很多,但是归纳起来主要可分为数解法与图解法两大类:

1. 试算－数解法

试算法的基本原理是,设有几种矿质集料,欲配制某一种一定级配要求的混合料。在决定各组成集料在混合料中的比例时,先假定混合料中某种粒径的颗粒是由某一种对该粒径占优势的集料所组成的,而其他各种集料不含这种粒径。根据这一假设,再根据各个主要粒径去试算,就可得到各种集料在混合料中的大致比例。如果比例不合适,则稍加调整,这样逐步渐进,最终可达到符合混合料级配要求的各集料配合比例。

今有 A、B、C 三种集料,欲配制成级配为 M 的矿质混合料,求 A、B、C 集料在混合料中的比例,即配合比。计算步骤如下。

①设 A、B、C 三种集料在混合料 M 中的用量比例为 X、Y、Z,则

$$X + Y + Z = 100 \qquad (9—10)$$

②又设混合料 M 中某一级粒径要求的含量为 $a_{M(i)}$,A、B、C 三种集料在该粒径的含量为 $a_{A(i)}$、$a_{B(i)}$、$a_{C(i)}$,则

$$a_{A(i)}X + a_{B(i)}Y + a_{C(i)}Z = a_{M(i)} \tag{9—11}$$

在上述两点假设的前提下，按下列步骤求 A、B、C 三种集料在混合料中的用量。

③计算 A 料在矿质混合料中的用量。在计算 A 料在混合料中的用量时，按 A 料在优势含量的某一粒径计算，而忽略其他集料在此粒径的含量。

设按 A 料粒径尺寸为 $i(\text{mm})$ 的粒径来进行计算，则 B 料和 C 料在该粒径的含量 $a_{B(i)}$ 和 $a_{C(i)}$ 均等于零。由式（9—11）可得：$a_{A(i)}X = a_{M(i)}$

即 A 料在混合料中的用量为：

$$X = a_{M(i)}/a_{A(i)} \tag{9—12}$$

④计算 C 料在矿质混合料中的用量。同前理，在计算 C 料在混合料中的用量时，按 C 料占优势的某一粒径计算，而忽略其他集料在此粒级的含量。

设按 C 料粒径尺寸为 $j(\text{mm})$ 的粒径来进行计算，则 A 料和 B 料在该粒径的含量 $a_{A(j)}$ 和 $a_{B(j)}$ 均等于零。由式（9—11）可得：即 C 料在混合料中的用量 $a_{C(j)}Z = a_{M(j)}$

即 C 料在混合料中的用量为：

$$Z = a_{M(j)}/a_{C(j)} \tag{9—13}$$

⑤计算 B 料在矿质混合料中的用量。由式（9—12）和式（9—13）求得 A 料和 C 料在混合料中的含量 X 和 Z，即可得：

$$Y = 100 - (X + Z) \tag{9—14}$$

如为四种集料配合时，C 料和 D 料仍可按其占优势粒级用试算法确定。

⑥校核调整。按以上计算的配合比，经校核如不在要求的级配范围内，应调整配合比重新计算和复核，经几次调整，逐步渐进，直到符合要求为止。如经计算确不能满足级配要求时，可掺加某些单粒级集料，或调换其他集料。

例题 9—1 试用试算法设计细粒式沥青混凝土用矿质混合料配合比。

[原始资料]①已知碎石、石屑、砂和矿料四种原材料的通过百分率，见表 9—13；②级配范围依据 JTG F40—2004《公路沥青路面施工技术规范》细粒式沥青混凝土混合料 AC - 13 级配要求（表 9—13 或表 9—16）的矿质混合料。

表 9—13 已知四种原材料的通过百分率和解题过程

材料名称	筛孔尺寸/mm										
	16.0	13.2	9.5	4.75	2.36	1.18	0.6	0.3	0.15	0.075	< 0.075
已知 4 种原材料的通过百分率（%）											
碎石	100	100	70	38	6	0	0	0	0	0	
石屑	100	100	100	100	96	50	20	0	0	0	
砂	100	100	100	100	100	90	80	60	20	0	
矿粉	100	100	100	100	100	100	100	100	100	80	
级配要求范围	100	90 - 100	68 - 85	38 - 68	24 - 50	15 - 38	10 - 28	7 - 20	5 - 15	4 - 8	通过率
由上述通过百分率换算成累计筛余百分率（%）											
碎石	0	0	30	62	94	100	100	100	100	100	100
石屑	0	0	0	0	4	50	80	100	100	100	100
砂	0	0	0	0	0	10	20	40	80	100	100
矿粉	0	0	0	0	0	0	0	0	0	20	100

续表

材料名称	筛孔尺寸/mm										
	16.0	13.2	9.5	4.75	2.36	1.18	0.6	0.3	0.15	0.075	<0.075
	由上述累计筛余百分率换算成分计筛余百分率(%)										
碎石	0	0	30	32	32	6	0	0	0	0	0
石屑	0	0	0	0	4	46	30	20	0	0	0
砂	0	0	0	0	0	10	10	20	40	20	0
矿粉	0	0	0	0	0	0	0	0	0	20	80
	由数解法得到各材料在混合料中的用量为碎石:石屑:砂:矿粉 = 73.4%:10.3%:8.8%:7.5%										
	校核。通过百分率(%)(求得的四种原材料在混合料中的用量乘以它们的已知通过百分率)										
碎石 73.4	73.4	73.4	51.4	27.9	4.4	0	0	0	0	0	
石屑 10.3	10.3	10.3	10.3	10.3	9.9	5.2	2.1	0	0	0	
砂 8.8	8.8	8.8	8.8	8.8	8.8	7.9	7.0	5.3	1.8	0	
矿粉 7.5	7.5	7.5	7.5	7.5	7.5	7.5	7.5	7.5	7.5	6.0	
合计 100	100	100	78.0	54.5	30.6	20.6	16.6	12.8	9.3	6.0	
校核结论	达到 AC-13 用矿质混合料要求的级配范围要求,个别偏离级配中值较大										
	下列为细粒式沥青混凝土混合料 AC-13 用矿质混合料要求的级配范围(%)										
级配范围	100	90-100	68-85	38-68	24-50	15-38	10-28	7-20	5-15	4-8	通过率
级配中值	100	95.0	76.5	53.0	37.0	26.5	19.0	13.5	10.0	6.0	通过率
中值累计筛余	0	5.0	23.5	47.0	63.0	73.5	81.0	86.5	90.0	94.0	100
中值分计筛余	0	5.0	18.5	23.5	16.0	10.5	7.5	5.5	3.5	4.0	6.0

计算步骤:

①由已知四种原材料的通过百分率换算成累计筛余百分率。

②由上述累计筛余百分率换算成分计筛余百分率,即 $a_{A(i)}$、$a_{B(i)}$、$a_{C(i)}$、$a_{D(i)}$。

③由规范要求的 AC-13 用矿质混合料的通过率级配范围计算得到通过率级配中值。

④由 AC-13 的通过率级配中值换算成累计筛余百分率和分计筛余百分率,即 $a_{M(i)}$。

⑤计算出 A 料在混合料中的用量比例。

假设 A 料占优势,则 $a_{B(4.75)} = a_{C(4.75)} = a_{D(4.75)} = 0$,

由 $a_{A(i)} W + a_{B(i)} X + a_{C(i)} Y + a_{D(i)} Z = a_{M(i)}$,得到 $W = a_{M(4.75)}/a_{A(4.75)} = 23.5/32.0 = 73.4\%$。

⑥计算出 D 料在混合料中的用量比例。

假设 D 料占优势,则 $a_{A(<0.075)} = a_{B(<0.075)} = a_{C(<0.075)} = 0$,得到 $Z = a_{M(<0.075)}/a_{D(<0.075)} = 6.0/80.0 = 7.5\%$。

⑦计算出 C 料在混合料中的用量比例。

假设 C 料占优势,则 $a_{A(0.15)} = a_{B(0.15)} = a_{D(0.15)} = 0$,得到 $Y = a_{M(0.15)}/a_{C(0.15)} = 3.5/40.0 = 8.8\%$。

⑧计算出 B 料在混合料中的用量比例。$X = 100 - (W + Y + Z) = 100 - (73.4 + 8.8 + 7.5) = 10.3\%$。

⑨各材料在矿质混合料中的用量为碎石:石屑:砂:矿粉 = 73.4%:10.3%:8.8%:7.5%。

⑩经校核(求得的四种原材料在矿质混合料中的用量分别乘以它们的已知通过百分率):达到 AC - 13 用矿质混合料要求的级配范围,个别偏离级配中值较大。

如果不在要求的级配范围内,应调整配合比,重新计算和复核。

2. 图解法

我国现行规范推荐采用的图解法为修正平衡面积法。由 3 种以上的多种集料进行级配设计时,采用此方法进行设计十分方便。具体步骤如下:

(1)绘制级配曲线坐标图。通常纵坐标为通过百分率,取 10cm,横坐标为筛孔尺寸(或粒径),取 15cm,画成矩形图。连接对角线 OO'(图9—5)作为要求级配曲线中值。纵坐标为算术坐标,标出通过百分率(0~100%)。根据要求级配中值(举例见表9—14)的各筛孔通过百分率标于纵坐标上,由纵坐标引水平线与对角线相交,再从交点作垂线与横坐标相交,其交点即为各相应筛孔尺寸。

(2)确定各种集料用量。将各种集料的通过率绘于级配曲线坐标图上(图9—5)。实际集料的相邻级配曲线可能有下列三种情况。根据各集料之间的关系,按下述方法即可确定各种集料的用量。

①两相邻级配曲线重叠。如果集料 A 级配曲线的下部与集料 B 级配曲线上部有搭接时,在两级配曲线之间引一条垂直于横坐标的垂线 AA'(使 a = a',即使垂线截取二级配曲线的纵坐标值相等),并与对角线 OO'交于点 M;再通过 M 作一水平线,并与纵坐标交于 P 点。O'P 即为集料 A 的用量。

②两相邻级配曲线相接。如果集料 B 级配曲线末端与集料 C 级配曲线首端正好相接、正好在一垂直线上时,则此垂线 BB'可与对角线 OO'相交于点 N。再通过 N 作一水平线,并与纵坐标交于 Q 点。PQ 即为集料 B 的用量。

③两相邻级配曲线相离。如集料 C 的级配曲线末端与集料 D 的级配曲线首端在水平方向彼此离开一段距离时,作一垂线平分相离部分的距离(即 c = c'),垂线 CC'与对角线 OO'相交于点 R,再通过 R 作一水平线与纵坐标交于 S 点,QS 即为 C 集料的用量。剩余 ST 即为集料 D 的用量。

(3)校核。按图解所得的各种集料用量,校核计算所得合成级配是否符合要求。如不能符合要求(超出级配范围),应调整各集料的用量。

例题 9—2 试用图解法设计细粒式沥青混凝土用矿质混合料配合比。

[原始资料]①已知碎石、石屑、砂和矿料四种原材料的通过百分率,见表9—14;②级配范围依据《公路沥青路面施工技术规范》(JTG F40—2004)细粒式沥青混凝土混合料 AC - 13 级配要求(表9—14)的矿质混合料。

表9—14　已知四种原材料的通过百分率和解题过程

材料名称	筛孔尺寸/mm										
	16.0	13.2	9.5	4.75	2.36	1.18	0.6	0.3	0.15	0.075	<0.075
	已知 4 种原材料的通过百分率(%)										
碎石	100	100	15	0	0	0	0	0	0	0	
石屑	100	100	100	85	18	0	0	0	0	0	
砂	100	100	100	100	100	100	88	0	0	0	
矿粉	100	100	100	100	100	100	100	100	100	70	

续表

材料名称	筛孔尺寸/mm										
	16.0	13.2	9.5	4.75	2.36	1.18	0.6	0.3	0.15	0.075	<0.075
	由图解法得到各材料在混合料中的用量为碎石:石屑:砂:矿粉 = 36.0% :39.0% : 14.0% :11.0%										
	校核。通过百分率(%)(求得的四种原材料在混合料中的用量乘以它们的已知通过百分率)										
碎石 36.0	36.0	36.0	5.4	0	0	0	0	0	0	0	
石屑 39.0	39.0	39.0	39.0	33.2	7.0	0	0	0	0	0	
砂　14.0	14.0	14.0	14.0	14.0	14.0	14.0	12.3	0	0	0	
矿粉 11.0	11.0	11.0	11.0	11.0	11.0	11.0	11.0	11.0	11.0	7.7	
合计 100	**100**	**100**	**69.4**	**58.2**	**32.0**	**25.0**	**23.3**	**11.0**	**11.0**	**7.7**	
校核结论	达到 AC - 13 用矿质混合料要求的级配范围要求,多数接近级配中值。										
	下列为细粒式沥青混凝土混合料 AC - 13 用矿质混合料要求的级配范围(%)										
级配范围	100	90 ~ 100	68 ~ 85	38 ~ 68	24 ~ 50	15 ~ 38	10 ~ 28	7 ~ 20	5 ~ 15	4 ~ 8	通过率
级配中值	**100**	**95.0**	**76.5**	**53.0**	**37.0**	**26.5**	**19.0**	**13.5**	**10.0**	**6.0**	通过率

解:①绘制级配曲线图(图9—5),在纵坐标上按算术坐标绘出通过百分率。

②连接对角线 OO′,表示规范要求的级配中值。在纵坐标上标出规范(JTG F40—2004)规定的细粒式混合料(AC - 13)各筛孔的要求通过百分率,作水平线与对角线 OO′相交,再由各交点作垂线交于横坐标上,确定各筛孔在横坐标上的位置。

③将碎石、石屑、砂和矿粉的级配曲线绘于图9—5上。

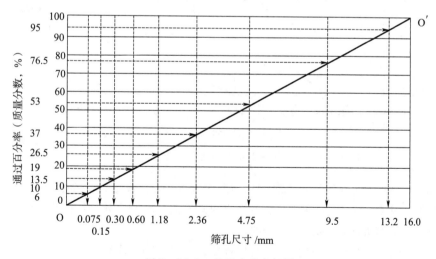

图9—5(a)　级配曲线坐标图

④在碎石和石屑级配曲线相重叠部分作一垂线 AA′,使垂线截取二级配曲线的纵坐标值相等(a = a′)。自垂线 AA′与对角线交点 M 引一水平线,与纵坐标交于 P 点,O′P 的长度 X = 36.0%,即为碎石的用量。

⑤同理,求出石屑用量 Y = 39.0%,砂的用量 Z = 14.0%,则矿粉用量 W = 11.0%。

⑥根据图解法求得的各集料用量百分率,列表进行校核计算,见表9—14。

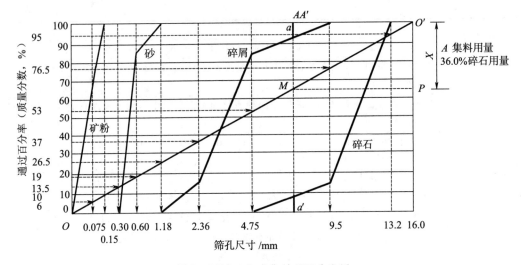

图 9—5(b)　组成集料级配曲线图

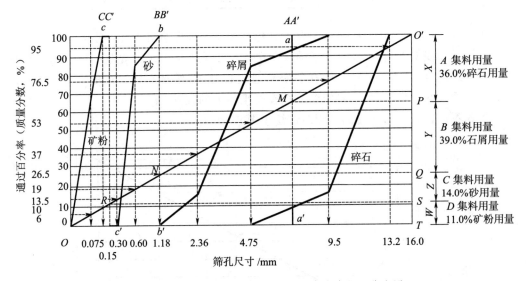

图 9—5(c)　组成集料级配曲线和要求合成级配曲线图

⑦由表 9—14 计算得到的合成级配通过百分率可知，合成级配完全在规范要求的级配范围之内，并且多数接近级配中值。最后确定的矿质混合料配合比（质量比）为：碎石：石屑：砂：矿粉 = 36.0%：39.0%：14.0%：11.0%。

⑧如不在要求的级配范围内，应调整配合比，重新计算和复核。

第六节　热拌沥青混合料配合比设计方法

热拌沥青混合料配合比设计方法包括试验室配合比（目标配合比）设计、生产配合比设计和试拌试铺配合比调整（生产配合比调整）三个阶段。

一、试验室配合比设计阶段

试验室配合比设计可分为矿质混合料组成设计和沥青最佳用量确定两部分。

1. 确定沥青混合料类型和级配类型

沥青混合料的类型,根据道路等级、路面类型、所处的结构层位,按表9—15选定。

表9—15　沥青混合料的类型

结构层次	高速公路、一级公路、城市快速路、主干路						其他等级公路		一般城市道路及其他道路工程		
	三层式路面			二层式路面							
上面层	AC – 13	AK – 13	SMA – 13	AC – 13	AK – 13	SMA – 13	AC – 13	SMA – 13	AC – 13	AK – 13	SMA – 13
	AC – 16	AK – 16	SMA – 16	AC – 16	AK – 16	SMA – 16	AC – 16	SMA – 16	AC – 16	AK – 16	SMA – 16
	AC – 20						AC – 20		AC – 20		
中层面	AC – 20			—			—		AC – 20		
	AC – 25								AC – 25		
下面层	AC – 25			AC – 20			AC – 20	AM – 25	AC – 25		AM – 25
	AC – 30			AC – 25			AC – 25	AM – 30	AC – 30		AM – 30
				AC – 30			AC – 30				

注:沥青混凝土AC,沥青碎石AM,抗滑表层AK,沥青玛蹄脂碎石混合料SMA。

2. 确定矿质混合料的级配范围

根据确定的混合料类型,按规范推荐的矿质混合料级配范围(表9—16),即可确定所需的级配范围。

表9—16　密级配沥青混凝土混合料矿料级配范围

级配类型		通过下列筛孔/mm 的质量百分率(%)											
		31.5	26.5	19	16	13.2	9.5	4.75	2.36	1.18	0.6	0.3	0.15	0.075
粗粒式	AC – 25	100	90 ~ 100	75 ~ 90	65 ~ 83	57 ~ 76	45 ~ 65	24 ~ 52	16 ~ 42	12 ~ 33	8 ~ 24	5 ~ 17	4 ~ 13	3 ~ 7
中粒式	AC – 20		100	90 ~ 100	78 ~ 92	62 ~ 80	50 ~ 72	26 ~ 56	16 ~ 44	12 ~ 33	8 ~ 24	5 ~ 17	4 ~ 13	3 ~ 7
	AC – 16			100	90 ~ 100	76 ~ 92	60 ~ 80	34 ~ 62	20 ~ 48	13 ~ 36	9 ~ 26	7 ~ 18	5 ~ 14	4 ~ 8
细粒式	AC – 13				100	90 ~ 100	68 ~ 85	38 ~ 68	24 ~ 50	15 ~ 38	10 ~ 28	7 ~ 20	5 ~ 15	4 ~ 8
	AC – 10					100	90 ~ 100	47 ~ 75	30 ~ 58	20 ~ 44	13 ~ 32	9 ~ 23	6 ~ 16	4 ~ 8
砂粒式	AC – 5						100	90 ~ 100	55 ~ 75	35 ~ 55	20 ~ 40	12 ~ 28	7 ~ 18	5 ~ 10

3. 计算矿质混合料配合比

①测定组成材料的原始数据。根据现场取样,对粗集料、细集料和矿粉进行筛析试验,按筛析结果分别绘出各组成材料的筛分曲线。并测出各组成材料的(表观)密度,以供计算物理常数使用。

②计算组成材料的配合比。根据各组成材料的筛析试验资料,采用图解法或试算(电算)法,计算符合要求级配范围的各组成材料用量比例。具体见前第五节。

③调整配合比。计算得到的合成级配应根据下列要求作必要的配合比调整。

通常情况下,合成级配曲线宜尽量接近设计级配中值,尤其应使 0.075mm、2.36mm 和 4.75mm 筛孔的通过率尽量接近设计级配范围的中值。

对高速公路、一级公路、城市快速路、主干路等交通量大、轴载重的道路,宜偏向级配范围的下(粗)限;对一般道路、中小交通量或人行道路等宜偏向级配范围的上(细)限。

合成级配曲线应接近连续或合理的间断级配,但不应有过多的犬牙交错。当经过再三调整,仍有两个以上的筛孔超出级配范围时,必须对原材料进行调整或更换原材料后重新试验。

4. 确定沥青混合料的最佳沥青用量

沥青混合料的最佳沥青用量(简称 OAC,optimum asphalt content),可以通过各种理论计算的方法求得。但是由于实际材料性质的差异,按理论公式计算得到的最佳沥青用量,仍然要通过实验方法修正,因此理论法只能得到一个供实验的参考数据。现行规范(JTGF4—2004)规定的方法是采用马歇尔法确定沥青最佳用量。具体步骤如下:

(1)制备试样

①按确定的矿质混合料配合比,计算各种矿质材料的用量。

②根据经验确定沥青用量范围,估计适宜的沥青用量(油石比)。按一定间隔(对密级配沥青混合料通常为 0.5%,对沥青碎石混合料可适当缩小间隔,为 0.3% ~ 0.4%),取 5 个或 5 个以上不同的油石比,分别成型马歇尔试件。

(2)测定物理指标

根据规范规定测定试件的密度等,并计算空隙率、饱和度及矿料间隙率等。

(3)测定力学指标

为确定沥青混合料的沥青最佳用量,应测定沥青混合料的力学指标(如马歇尔稳定度、流值等)。

(4)马歇尔试验结果分析

①绘制沥青用量与物理—力学指标关系图。以沥青用量为横坐标,以毛体积密度、空隙率(VV)、矿料间隙率(VMA)、饱和度(VFA)、稳定度(MS)和流值(FL)为纵坐标,将试验结果绘制成沥青用量与各项指标的关系曲线(图 9—6)。确定均符合规范规定的沥青混合料技术标准要求的沥青用量范围 $OAC_{min} \sim OAC_{max}$,选择的沥青用量范围必须涵盖沥青饱和度的要求范围,并使毛体积密度及稳定度曲线出现峰值。如果没有涵盖设计空隙率的全部范围,试验必须扩大沥青用量范围,重新进行。

②确定最佳沥青用量初始值(OAC_1)。由图中取相应于毛体积密度最大值、稳定度最大值、空隙率范围中值、沥青饱和度范围中值的沥青用量 a_1、a_2、a_3、a_4,求取平均值作为最佳沥青用量的初始值 OAC_1,即

$$OAC_1 = (a_1 + a_2 + a_3 + a_4)/4 \qquad (9—15)$$

如果所选择的沥青用量范围未能涵盖沥青饱和度的要求范围,按下式求取 3 者平均值作为 OAC_1,即

$$OAC_1 = (a_1 + a_2 + a_3)/3 \qquad (9—16)$$

在所选择的试验沥青用量范围内,毛体积密度或稳定度没有出现峰值时,可直接以目标空隙率所对应的沥青用量 a_3 作为 OAC_1,但 OAC_1 必须介于 $OAC_{min} \sim OAC_{max}$ 的范围内,否则应重新进行配合比设计。

③以各项指标均符合技术指标(不含 VMA)要求的沥青用量范围 $OAC_{min} \sim OAC_{max}$ 的中值作为 OAC_2。即

$$OAC_2 = (OAC_{min} + OAC_{max})/2 \tag{9—17}$$

④通常情况下取 OAC_1 及 OAC_2 的中值作为计算的最佳沥青用量 OAC

$$OAC = (OAC_1 + OAC_2)/2 \tag{9—18}$$

⑤根据气候条件和交通特性调整最佳沥青用量

对炎热区道路以及高速公路、一级公路重载交通路段,山区公路的长大坡度路段,预计有可能造成较大车辙的情况时,宜在空隙率符合要求的范围内将计算的最佳沥青用量减小 0.1% ~0.5% 作为设计沥青用量。

对寒区道路以及交通量很少的公路,最佳沥青用量可以在 OAC 的基础上增加 0.1% ~0.3%。以适当减小设计空隙率,但不得降低压实度要求。

在确定矿料级配和沥青用量后,经反复调整及综合以上试验结果后,并参考以往工程实践经验,再综合确定矿料级配和最佳沥青用量。

5. 配合比设计检验

①对用于高速和一级公路的密级配沥青混合料,需在配合比设计的基础上按规范要求进行各种使用性能的检验。不符合要求的沥青混合料,必须更换材料或重新进行配合比设计。

②高温稳定性检验。对公称最大粒径等于或小于 19mm 的混合料,必须按最佳沥青用量 OAC 制作车辙试件进行车辙试验,动稳定度应符合技术规范的要求。

③水稳定性检验。按最佳沥青用量 OAC 制作试件,必须进行浸水马歇尔试验和冻融劈裂试验,残留稳定度及残留强度比均应符合规范规定。

④低温抗裂性能检验。对公称最大粒径等于或小于 19mm 的混合料,可以按规定方法进行低温弯曲试验。

⑤渗水系数检验。可以利用轮碾机成型的车辙试件进行渗水试验。

二、生产配合比设计阶段

以上确定的矿料级配及最佳沥青用量为目标配合比设计阶段的数据。对于间歇式拌和机,还必须对二次筛分后进入各热料仓的材料进行取样并筛分,以确定各热料仓材料的比例,供拌和机控制室使用。同时还需反复调整冷料仓进料比例以达到供料均衡,并取目标配合比设计的最佳沥青用量、最佳沥青用量 +0.3% 和最佳沥青用量 -0.3% 等三个沥青用量的沥青混合料进行马歇尔试验,以确定生产配合比的最佳沥青用量。

三、生产配合比验证阶段

拌和机按生产配合比结果进行试拌,铺筑试验段,并取样进行马歇尔试验检验,同时从路上钻取芯样观察空隙率的大小,由此确定生产用的标准配合比。标准配合比应作为生产上控制的依据和质量检验的标准。标准配合比的矿料级配至少应包括 0.075mm、2.36mm、4.75mm 及公称最大粒径筛孔的通过百分率接近要求级配的中值。

四、沥青混合料配合比设计示例

例题 9—3 试设计某高速公路沥青路面上面层用细粒式沥青混凝土混合料 AC - 13 的配合组成。

[原始资料]①道路等级:高速公路(重载交通)。②路面类型:沥青混凝土。③结构层位:三层式沥青混凝土的上面层。④气候条件:1 - 4 - 1 夏炎热 - 冬温 - 潮湿区。

[材料性能]①沥青材料:可供应道路石油沥青 70 号,经检验各项指标符合要求。②碎石和石屑:Ⅰ级石灰岩轧制碎石,饱水抗压强度 150MPa,洛杉矶磨耗率 10%,粘附性(水煮法)Ⅴ级,表观密度 2700kg/m³。③细集料:洁净河砂,粗砂,表观密度 2610kg/m³。④矿粉:石灰石粉,粒度范围符合要求。粗细集料和矿粉级配组成经筛分试验结果列于表 9—13(例题 9—1)。

[设计要求]①根据道路等级、路面类型和结构层次确定沥青混凝土的类型和矿质混合料的级配范围。根据现有各种矿质材料的筛析结果,用试算法(或图解法)确定各种矿质材料的配合比;②根据规范推荐的相应沥青混凝土类型的沥青用量范围(油石比 4.5% ~ 6.5%),通过马歇尔试验的物理 - 力学指标,确定沥青最佳用量。马歇尔试验结果汇总于表 9—18;③根据高速公路用沥青混合料要求,对沥青用量按水稳定度检验和抗车辙能力校核。

解:①矿质混合料配合比的设计

矿质混合料设计见前面例题 9—1,由试算法得到配合比为碎石:石屑:砂:石粉 =73.4%:10.3%:8.8%:7.5%。

②沥青最佳用量的确定

A. 试件成型。取上述矿质混合料 5 份,比例相同,质量也相同,每份为 7500g(约 3L)。沥青(70 号)用量分别为矿质混合料质量 7500g 的 4.5%,5.0%,5.5%,6.0%,6.5%。具体用量见表 9—17。采用 10L 搅拌锅按规范要求进行 5 组沥青混合料的搅拌,并成型有关试件。

表 9—17 每组沥青混合料试样的矿料用量和沥青用量

每组沥青混合料试样的矿料用量/g				第 Li 组沥青混合料试样的沥青用量/g					
总用量 7500				组	L1	L2	L3	L4	L5
碎石 73.4%	石屑 10.3%	砂 8.8%	石粉 7.5%	油石比(%)	4.5	5.0	5.5	6.0	6.5
5505	772.5	660	562.5	沥青掺量/g	337.5	375.0	412.5	450.0	487.5

B. 马歇尔试验。按规范要求,对各组沥青混合料进行实测毛体积密度、空隙率、沥青饱和度、稳定度、流值等试验,并得到沥青混合料的马歇尔试验等结果(表 9—18)。

C. 马歇尔试验结果分析。绘制沥青用量与马歇尔试验物理—力学指标关系图(图 9—6)。得到实测毛体积密度最大值对应的沥青用量 $a_1 =5.2\%$,稳定度 MS 最大值对应的沥青用量 $a_2 =5.2\%$,空隙率 VV 要求范围的中值对应的沥青用量 $a_3 =5.4\%$,沥青饱和度 VFA 要求范围的中值对应的沥青用量 $a_4 =5.5\%$,流值 FL 要求范围的中值对应的沥青用量 $a_5 =5.3\%$,矿料间隙率 VMA 最小值对应的沥青用量 $a_6 =5.5\%$。还得到均符合规范规定的沥青混合料技术标准要求的沥青用量范围 $OAC_{min} \sim OAC_{max} =4.9\% \sim 6.3\%$。

表 9—18 沥青混合料的马歇尔试验物理—力学指标测定结果汇总表和作图分析结果

技术指标		高速公路		沥青用量 = 4.5% ~ 6.5%					作图分析结果
	单位	要求值		实测值					
				L1	L2	L3	L4	L5	
				4.5	5.0	5.5	6.0	6.5	
实测毛体积密度	g·cm^{-3}			2.321	2.382	2.382	2.360	2.350	最大值 a_1 = 5.2%
稳定度 MS	kN	>8		9.0	12.0	11.9	10.2	9.8	最大值 a_2 = 5.2%
空隙率 VV	%	4 ~ 6		8.4	5.8	4.9	4.3	3.7	要求范围的中值 a_3 = 5.4%
沥青饱和度 VFA	%	65 ~ 75		54.7	66.0	70.0	73.5	76.6	要求范围的中值 a_4 = 5.5%
流值 FL	mm	1.5 ~ 4		2.3	2.5	2.9	3.5	4.2	要求范围的中值 a_5 = 5.3%
矿料间隙率 VMA	%	>15		16.6	16.3	16.2	16.4	17.0	最小值 a_6 = 5.5%

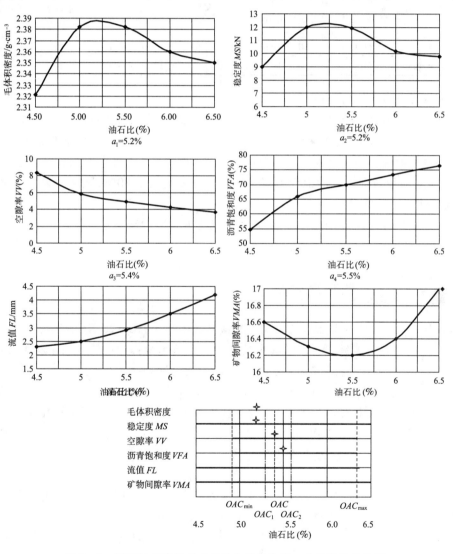

图 9—6 (例题)沥青用量与马歇尔试验物理—力学指标关系图

注：图中 a_1 = 5.2%，a_2 = 5.2%，a_3 = 5.4%，a_4 = 5.5%，OAC_1 = 5.3%；$OAC_{\min}$ = 4.9%，

$OAC_{\max}$ = 6.3%，OAC_2 = 5.6%；OAC = 5.4%。

D. 确定沥青最佳用量。最佳沥青用量的初始值 $OAC_1 = (a_1 + a_2 + a_3 + a_4)/4 = (5.2 + 5.2 + 5.4 + 5.5)/4 = 5.3\%$

沥青最佳用量范围的中值 $OAC_2 = (OAC_{min} + OAC_{max})/2 = (4.9 + 6.3)/2 = 5.6\%$

最佳沥青用量 $OAC = (OAC_1 + OAC_2)/2 = (5.3 + 5.6)/2 = 5.4\%$

E. 根据气候条件和交通特性调整最佳沥青用量。当属于夏炎热地区的高速公路的重载交通路段和预计有可能造成较大车辙的情况时,宜在空隙率符合要求的范围内将计算的最佳沥青用量减小 0.1% ~ 0.5% 作为设计沥青用量。调整后的最佳沥青用量 $OAC' = 5.1\%$。

表 9—19　沥青混合料抗车辙试验和水稳定性试验结果

沥青用量(%)	沥青混合料抗车辙试验				沥青混合料水稳定性试验	
	试验温度	试验轮压	试验条件	动稳定度 DS	浸水残留稳定度 MS_0	冻融劈裂强度比
$OAC' = 5.1$	60℃	0.7MPa	不浸水	1190 次/mm	89%	83%
$OAC = 5.4$	60℃	0.7MPa	不浸水	1390 次/mm	84%	79%

③沥青混合料性能的校核

按沥青用量 $OAC' = 5.1\%$ 和 $OAC = 5.4\%$,分别制作马歇尔试验试件和车辙试验试件。进行水稳定性试验,进行抗车辙能力试验。试验结果列于表 9—19。由试验结果可知,这两种沥青用量的混合料动稳定度均大于 1000 次/mm(1 - 4 - 1 区要求值),符合高速公路抗车辙的要求;这两种沥青用量的混合料浸水残留稳定度均大于 80%,冻融劈裂强度比均大于 75%,符合水稳定性的要求。

由上述结果可得,沥青用量为 5.1% 时,其沥青混合料的动稳定度符合要求,且水稳定性较高,所以最佳沥青用量为 5.1%。

复习思考题

试设计一级公路沥青路面上面层用中粒式沥青混凝土 AC - 20 混合料的配合组成。

[原始资料]道路等级:一级公路(中轻交通);路面类型:沥青混凝土;结构层位:三层式沥青混凝土的上面层;气候条件:夏炎热 - 冬温 - 潮湿区(1 - 4 - 1 区)。

[材料性能]①沥青材料:可供应道路石油沥青 70 号,经检验各项指标符合要求。②碎石和石屑:Ⅰ级石灰岩轧制碎石,饱水抗压强度 150MPa,洛杉矶磨耗率 10%,粘附性(水煮法)Ⅴ级,表观密度 2700kg/m³。③细集料:洁净河砂,粗砂,表观密度 2610kg/m³。④矿粉:石灰石粉,粒度范围符合要求。粗细集料和矿粉级配组成经筛分试验结果列于表 9—20。

[设计要求]①根据道路等级、路面类型和结构层次确定沥青混凝土的类型和矿质混合料的级配范围。根据现有各种矿质材料的筛析结果,用图解法或试算法确定各种矿质材料的配合比;②根据规范推荐的相应沥青混凝土类型的沥青用量范围,通过马歇尔试验的物理 - 力学指标,确定沥青最佳用量。马歇尔试验结果汇总于表 9—21,供学生分析评定参考用。

表 9—20　三种集料的分计筛余和混合料要求的级配范围

原材料		筛孔尺寸／mm												
		26.5	19	16	13.2	9.5	4.75	2.36	1.18	0.6	0.3	0.15	0.075	<0.075
各种矿料分计筛余（%）	石	0	2.4	9.0	14.8	15.4	23.8	15.7	8.6	5.3	3.1	1.1	0.5	0.3
	砂					0	10.1	23.7	13.3	14.1	17.9	17.3	2.9	0.7
	粉							0	3.0	5.0	5.5	3.2	83.3	
标准级配	范围	100	90～100	78～92	62～80	50～72	26～56	16～44	12～33	8～24	5～17	4～13	3～7	通过百分率（%）
	中值	100	95	85	71	61	41	30	22.5	16	11	8.5	5	

表 9—21　马歇尔试验物理—力学指标测定结果汇总

试件编号	沥青用量（%）	技　术　性　质					
		毛体积密度／g·cm⁻³	马歇尔稳定度／kN	空隙率（%）	沥青饱和度（%）	流值／mm	矿料间隙率（%）
1	3.5	2.370	7.97	5.6	55.6	2.0	15.6
2	4.0	2.371	8.38	5.0	59.6	2.4	15.8
3	4.5	2.382	8.60	4.6	66.2	2.8	16.3
4	5.0	2.389	8.15	3.7	70.0	3.7	16.5
5	5.5	2.370	7.70	3.0	73.8	4.4	17.0

第十章 建筑钢材

钢材是土木工程中用量最大的金属材料,是指用于钢结构工程中的各种型钢(角钢、槽钢、工字钢等)、钢板和用于钢筋混凝土结构工程中的各种钢筋及钢丝。钢材的主要优点:质量均匀,性能可靠;强度、硬度高;塑性、韧性好。缺点:易锈蚀,维修费用高;耐火性差。

第一节 钢的冶炼和分类

一、钢的冶炼

钢是由生铁冶炼而成的。生铁的含碳量为 2.06% ~ 6.67%,同时含有较多的硫、磷等杂质,因而生铁表现出抗拉强度较低和脆性等特点,且不能采用轧制或煅压等方法来进行加工。现代炼钢方法是在高温的炼钢炉中,通过吹入氧气即氧化作用来降低生铁中的含碳量和通过加入生石灰来除去硫和磷等杂质,炼成的钢水经脱氧后才能铸锭或连铸或再经轧制成材后供应。

目前炼钢的方法根据炼钢炉种类的不同可分为氧气转炉法(oxygen converter)和电弧炉法(electric cooker),表 10—1 列出两种炼钢方法。

表 10—1 两种炼钢方法的特点和应用

炉种	主要原料	主要特点	产品
氧气转炉	铁水、废钢	冶炼速度快,生产率高,钢质较好	碳素钢和低合金钢
电弧炉	废钢	炉内气氛可以控制,脱氧良好,能冶炼难熔合金钢,钢质好,品种多样,但成本高	特殊合金钢和优质碳素钢

二、钢的分类

钢的分类方法很多,通常有以下几种分类方法:

1. 按化学成分分类

碳素钢:低碳钢(含碳量小于 0.25%),中碳钢(含碳量 0.25% ~ 0.60%),高碳钢(含碳量大于 0.6%)。

合金钢:低合金钢(合金元素总量小于 5%),中合金钢(合金元素总量 5% ~ 10%),高合金钢(合金元素总量大于 10%)。

2. 按冶炼时脱氧程度分类

经冶炼后的钢水须经过脱氧处理后才能铸锭,钢冶炼后的氧通常以 FeO 形式存在,对钢质量产生影响,所以加入脱氧剂如锰铁、硅铁、铝等进行脱氧处理,将 FeO 中的氧去除,将铁还原出来。根据脱氧程度的不同,钢可分为沸腾钢、镇静钢、半镇静钢三种。

沸腾钢(代号 F,boiling steel):炼钢时仅加入锰铁进行脱氧且脱氧不完全的钢种。脱氧过程中产生大量的 CO 气体外逸,产生沸腾现象,故名沸腾钢。其致密程度较差,硫、磷等杂质偏析较严重,故质量较差。但成本低、产量高,故被广泛用于一般工程。

镇静钢(代号 Z,sedation steel):用硅铁、锰铁和铝为脱氧剂,脱氧较充分的钢种。钢水铸锭时能平静入模,故称镇静钢。镇静钢结构致密,性能稳定,故质量好,但成本较高。

半镇静钢(代号 b)是脱氧程度和质量介于沸腾钢和镇静钢之间的钢。

3. 按有害杂质含量(S、P)分类

普通钢:磷含量不大于 0.045%,硫含量不大于 0.050%。

优质钢:磷含量不大于 0.035%,硫含量不大于 0.035%。

高级优质钢:磷含量不大于 0.025%,硫含量不大于 0.025%。

特级优质钢:磷含量不大于 0.025%,硫含量不大于 0.015%。

4. 按用途分类

结构钢:主要用于工程结构及机械零件的钢,一般为低、中碳钢。

工具钢:主要用于各种刀具、量具及模具的钢,一般为高碳钢。

特殊钢:具有特殊的物理、化学及机械性能的钢,如不锈钢、耐热钢、耐磨钢等。

土木工程中常用钢材主要是普通碳素钢中的低碳钢和合金钢中的低合金钢。

第二节　建筑钢材的技术性能

建筑钢材的技术性能主要包括力学性能(抗拉性能、冲击韧性等)和工艺性能(冷弯性能和焊接性能)两个方面。掌握钢材的各种性能,对合理选择和正确使用钢材是非常重要的。

一、力学性能

1. 抗拉性能

抗拉性能是钢材最重要的技术性能。在土木工程中,进入施工现场的钢材,首先要有质保单以提供钢材的抗拉性能指标,然后对钢材进行抗拉性能的复检以确定其是否符合标准要求。钢材在拉伸试验中,测试所得的屈服点、抗拉强度、伸长率则是衡量钢材力学性能好坏的主要技术指标。钢材在拉伸时的性能,可用应力－应变关系曲线表示。低碳钢在拉力作用下产生变形,直至破坏,这个过程可以分为四个阶段,如图 10—1 所示。

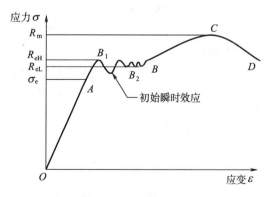

图 10—1　低碳钢拉伸时的应力－应变曲线

①弹性阶段

曲线中 OA 段是一条直线,应力与应变成正比例关系。如卸去外力,试件能恢复原来的形状,此阶段的变形为弹性变形。与 A 点对应的应力称为弹性极限,用 σ_e 表示。应力与应变的比值为常数,即弹性模量(E),$E = \sigma / \varepsilon$,E反映了钢材受力时抵抗弹性变形的能力,即材料的刚度,是计算结构变形的重要指标。一些对于变形要求严格的构件,为了把弹性变形控制在一定限度内,应选用刚度大的钢材。

②屈服阶段

应力超过 A 点后,应力与应变之间不再成正比关系,开始出现塑形变形。当应力达 B_1 点后,瞬时下降到初始瞬时效应点(不计此时的最低应力),然后曲线出现一个波动的小平台,应力增长滞后于应变的增长,此时外力则大致在恒定的位置上波动,直到 B 点,这就是所谓的"屈服现象",似乎钢材不能承受外力而屈服,故 AB 段称屈服阶段。在 AB 段中 B_1 点为上屈服点(用符号 R_{eH} 表示),B_2 点为下屈服点,由于下屈服点的数值较为稳定,因此工程上通常将 B_2 点对应的应力称为屈服极限,用符号 R_{eL} 表示。

对无明显塑性变形的硬钢(中碳钢和高碳钢),以产生非比例延伸率(或规定塑性延伸率或残余应变)为 0.2%时所对应的应力,称为规定非比例延伸强度(或规定塑性建伸强度或条件屈服强度),用符号 $R_{p0.2}$(或 $\sigma_{0.2}$)表示,如图 10—2 所示。

屈服强度对钢材使用意义重大,当构件的实际应力超过屈服强度后,会出现较大的塑性变形,已不能满足使用要求,因此屈服强度是设计上钢材强度取值的依据,是工程结构设计计算中非常重要的一个参数。

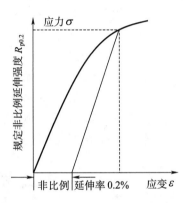

图 10—2 硬钢应力－应变图

③强化阶段

当应力超过屈服强度后,由于钢材内部组织中的晶格发生了畸变,阻止了晶格进一步滑移,钢材得到强化,所以钢材抵抗外力的能力重新提高,B→C 呈上升曲线,称为强化阶段,最高点 C 点称为极限抗拉强度,用 R_m 表示。

在工程设计中,强度极限虽然不能直接作为计算依据,但屈服强度 R_{eL} 与抗拉强度 R_m 的比值(屈强比)是评价钢材受力特征的一个重要参数,能反映钢材的利用率和结构安全可靠程度。屈强比愈小,反映钢材在应力超过屈服强度工作时的可靠性愈大,即延缓结构损坏过程的潜力愈大,因而结构愈安全。但屈强比过小时,钢材强度的有效利用率低,造成钢材浪费。常用碳素钢的屈强比为 0.58 ~ 0.63,合金钢的屈强比为 0.65 ~ 0.75。

④颈缩阶段

应力达到 C 点后,其抵抗变形的能力明显降低,曲线呈下降趋势,在试件某薄弱处的断面将显著减小,塑性变形急剧增加,产生"颈缩"现象,当应力达到 D 点时钢材断裂。将断裂后的试件拼合起来,测定出标距范围内的长度 L_1,与试件原标距 L_0 之差为塑性变形值,它与 L_0 之比称为断后伸长率,如图 10—3 所示。

按式(10—1)计算钢材的断后伸长率:

$$A = \delta = (L_1 - L_0)/L_0 \times 100\% \tag{10—1}$$

式中　A 或 δ——钢材的断后伸长率,%;

　　　L_0——试件原标距,mm;

　　　L_1——拉断拼接后标距长度,mm。

断后伸长率是衡量钢材塑性好坏的重要指标,同时也反映钢材的韧性、冷弯性能、焊接

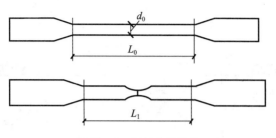

图 10—3 钢材拉伸试件

性能的好坏。通常拉伸试件取 $L_0 = 5d_0$，或 $L_0 = 10d_0$，其断后伸长率分别用 $\delta_5(A)$ 和 δ_{10} $(A_{11.3})$ 表示。对同一种钢材，一般 $\delta_5 > \delta_{10}$，因为试件的原始标距愈长，则试件在断裂处产生的颈缩变形量在总的伸长值中所占的比例相对减小，因而计算的伸长率便小一些。

如图 10—4 所示，伸长率可分为最大力非比例伸长率（或最大力塑性延伸率）A_g、最大力总伸长率（或最大力总延伸率）A_{gt}、断后伸长率 A（或 δ）、断裂总伸长率（或断裂总延伸率）A_t。

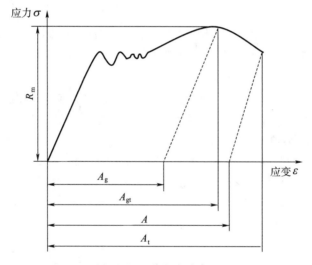

图 10—4 伸长率的定义

最大力总伸长率 A_{gt} 按式（10—2）计算：

$$A_{gt} = (L - L_0)/L_0 + R_m^0/E \qquad (10\text{—}2)$$

式中 A_{gt}——在最大力作用下的试样总伸长率，%；

$\quad R_m^0$——抗拉强度实测值，MPa；

$\quad E$——钢材的弹性模量，可取 2.00×10^5 MPa；

$\quad L_0$——试验前同样标距间的距离，mm；

$\quad L$——断裂后测量区的距离，mm，见图 10—5。

除了伸长率以外，断面收缩率（Z）也是表示钢材塑性的一个指标。

断面收缩率按式（10—3）计算：

$$Z = (S_0 - S_u)/S_0 \times 100\% \qquad (10\text{—}3)$$

式中 S_u——试件拉断后颈缩处截面积；

$\quad S_0$——试件原始截面积。

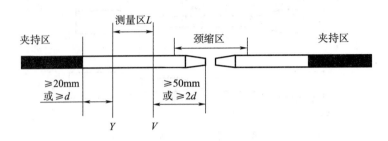

图 10—5　低碳钢拉断后示意图

2. 冲击韧性

冲击韧性(impact toughness)是指材料在冲击荷载作用下,抵抗破坏的能力。根据《金属夏比 V 型缺口冲击试验方法》规定,用 V 型缺口试件在受摆锤冲击破坏时,单位断面面积上所消耗的能量(功),即冲击韧性值(a_{kv})来表示。冲击韧性值 a_{kv} 越大,表明钢材的冲击韧性越好。如图 10—6 所示。

影响钢材冲击韧性的因素很多,当钢中硫、磷含量较高,组织中存在夹杂物,或经冷加工时效后,冲击韧性值都会降低。同时环境温度对钢材的冲击功影响也很大,钢材的冲击韧性随温度的降低而下降,其规律是:开始冲击韧性随温度的降低而缓慢下降,但当温度降至一定的范围时,钢材的冲击韧性骤然下降很多而呈脆性,这种性质称为钢材的冷脆性,这时的温度称为脆性转变温度。脆性转变温度越低,表明钢材的低温冲击韧性越好。为此,在负温下使用的结构,设计时必须考虑钢材的冷脆性,应选用脆性转变温度低于最低使用温度的钢材,并满足规范规定的 -20℃ 或 -40℃ 条件下冲击韧性指标的要求。

材料在实际使用过程中,可能承受多次重复的小量冲击荷载,因此冲击试验所得的一次冲击破坏的冲击韧性与这种情况不相符合。材料承受多次小量重复冲击荷载的能力,主要取决于其强度的高低,而不是其冲击韧性值的大小。

3. 硬度

硬度(hardness)是指钢材表面抵抗硬物压入表面的能力。我国现行标准测试的方法有布氏、洛氏、维氏硬度法三种,建筑钢材常用布氏硬度值 HB 表示,如图 10—7 所示。

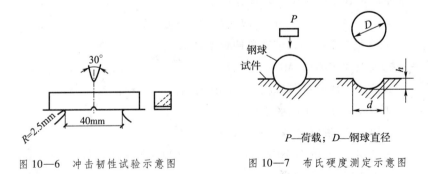

P—荷载；D—钢球直径

图 10—6　冲击韧性试验示意图　　　图 10—7　布氏硬度测定示意图

布氏硬度试验是按规定选择一个直径为 $D(mm)$ 的淬硬钢球或硬质合金球,以一定荷载 $P(N)$ 将其压入试件表面,持续至规定时间后卸去荷载,测定试件表面上的压痕直径 $d(mm)$,根据计算或查表确定单位面积上所承受的平均应力值(或以压力除以压痕面积即得布氏硬度值),其值作为硬度指标(无量纲),称为布氏硬度,代号为 HB。布氏硬度值越大表示钢材越硬。布氏硬度法比较准确,但压痕较大,不宜用于成品检验。

4. 疲劳强度

钢材在交变荷载反复作用下,发生在远小于抗拉强度(或屈服强度)情况下的突然破坏,这种破坏称为疲劳破坏。钢材的疲劳破坏指标用疲劳强度(或称疲劳极限 fatigue limit)来表示,它是指试件在交变(作用 10^7 周次)应力下不发生疲劳破坏的最大应力值。

钢材的疲劳破坏是拉应力引起的。首先在局部开始形成微细裂纹,其后由于裂纹尖端处产生应力集中而使裂纹迅速扩展直至钢材断裂。因此,钢材内部化学成分的偏析、夹杂物的多少、最大应力处的表面光洁程度和加工损伤等,都是影响钢材疲劳强度的因素。疲劳破坏经常突然发生,因而有很大的危险性,往往造成严重事故。在设计承受反复荷载且须进行疲劳验算的结构时,应当了解所用钢材的疲劳强度。

二、工艺性能

1. 冷弯性能

冷弯性能(cold bending property)是指钢材在常温下承受弯曲变形的能力,是钢材的主要工艺性能之一。通常用弯曲角度(180°、90°、45°、23°)及弯心直径与试件厚度的比值(0、0.5、1、2、3…)这两个指标来衡量,如图 10—8 所示。

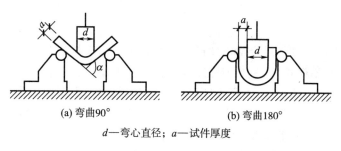

(a) 弯曲90°　　　　　　　　(b) 弯曲180°

d—弯心直径;a—试件厚度

图 10—8　钢筋冷弯

弯曲角度越大,弯心直径与试件厚度的比值越小,则冷弯性能越好。钢材的冷弯性能和伸长率均是塑性变形能力的反映,但伸长率是在试件轴向均匀变形条件下测定的,而冷弯性能则是在更严格条件下钢材局部变形的能力,它可揭示钢材内部结构是否均匀,是否存在内应力和夹杂物等缺陷,还经常用冷弯来检验焊缝接头。

2. 焊接性能

焊接(welding)是把两块金属局部加热并使其接缝部分迅速呈熔融或半熔融状态,从而使之牢固地连接起来。在焊接过程中,由于高温及焊后急剧冷却,会使焊缝及其附近区域的钢材发生组织构造的变化,产生局部变形、内应力和局部变硬变脆等,甚至在焊缝周围产生裂纹,降低了钢材质量。可焊性良好的钢材,焊缝处局部变硬脆的倾向小,没有质量显著降低的现象,焊接牢固可靠。钢材含碳量大于 0.3% 后,可焊性变差;杂质及其他元素增加,可焊性降低,特别是硫(S)能使焊缝硬脆。

焊接可以节约钢材,现已逐渐取代铆接,因此,可焊性也就成了重要的工艺性能之一。

目前常用建筑钢材的焊接:

①低碳钢的焊接性

低碳钢的塑性好,焊接性能优良,焊前一般不需预热,能保证焊接接头的质量良好。

②低合金高强度结构钢的焊接性

低合金高强度结构钢由于化学成分不同,焊接性也不同。强度较低的低合金高强度结构钢,焊接性良好,反之焊接性较差,焊前需预热,焊后应及时进行热处理,以消除内应力。

三、冷加工性能与热处理性能

1. 冷加工和冷加工强化

钢材的冷加工是指钢材在常温下进行的机械加工。常见的加工方式有:冷拉、冷轧、冷拔、冷扭和刻痕等。钢材经冷加工后,使之产生一定的塑性变形,屈服强度和硬度明显提高,塑性和韧性有所降低,这个过程称为钢材的冷加工(或冷加工强化)。

建筑工地常用的冷加工方法是冷拉和冷拔。

①冷拉

冷拉是将热轧钢筋用冷拉设备进行张拉,当应力超过屈服点(如图10—9中K点),然后将荷载卸去,$\sigma - \varepsilon$曲线沿KO′,下降至O′点,钢材产生塑性变形OO′。如此时对钢材再进行拉伸,形成新的$\sigma - \varepsilon$曲线O′KCD(虚线),屈服极限在K点附近。由图可见,钢材冷拉后屈服强度提高,一般屈服点能提高20%~50%,抗拉强度基本不变,而塑性、韧性降低。

②冷拔

冷拔将光面钢筋通过硬质合金拔丝模孔强行拉拔。每次拉拔断面缩小应在10%以下,钢筋在冷拔过程中,不仅拉伸,同时还受到挤压作用,因而冷拔的作用比纯冷拉作用强烈。经过一次或多次冷拔后的钢筋,屈服强度可提高40%~90%,但塑性大大降低。

工地或预制厂钢筋混凝土施工中常利用这一原理,对钢筋或低碳钢盘条按一定制度进行冷拉或冷拔加工,以提高屈服强度而节约钢材,同时还可以使钢筋达到调直和除锈的目的。

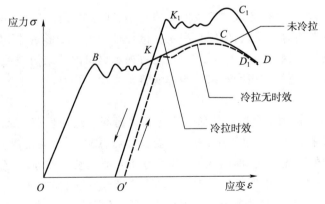

图10—9　钢筋经冷拉时效后应力–应变图的变化

冷加工后的钢材,通常须经时效处理后再使用。即将经过冷加工的钢材,放置一段时间(或进行加热),如图10—9所示,如在K点卸载后进行时效处理,然后再拉伸,则

$\sigma - \varepsilon$ 曲线将成为 $O'K_1C_1D_1$，这表明冷拉时效后，屈服强度和抗拉强度均得到提高，但塑性和韧性则相应降低。时效处理分自然时效和人工时效两种方法。自然时效是将冷加工后的 Ⅰ 级、Ⅱ 级钢筋在常温下放置 $15 \sim 20d$ 即可；人工时效是将冷加工后的钢材加热至 $100 \sim 200℃$ 保持 $2h$ 左右即达时效效果。一般土木工程中，应通过试验选择合理的冷拉应力和时效处理措施。强度较低的钢筋可采用自然时效，而强度较高的钢筋应采用人工时效。

2.钢材的热处理

热处理是将钢材在固态范围内按一定制度进行加热、保温和冷却，从而改变其金相组织和显微结构组织，获得需要性能的一种综合工艺。土木工程中所用钢材一般在生产厂家进行热处理并以热处理状态供应。在施工现场，有时需对焊接钢材进行热处理。

①退火：是将钢材加热到一定温度（依含碳量而定），保温后缓慢冷却（随炉冷却）的一种热处理工艺，按加热温度可分为重结晶退火和低结晶退火。其目的是细化晶粒，改善组织，降低硬度，提高塑性，消除组织缺陷和内应力，防止变形、开裂。

②正火：是退火的一种特例，两者仅冷却速度不同，正火是在空气中冷却。与退火相比，正火后钢的硬度、强度较高，而塑性减少。其目的是细化晶粒，消除组织缺陷等。

③淬火：是将钢材加热到相变临界点以上（一般为 $900℃$ 以上），保温后放入水或油等冷却介质中快速冷却的一种热处理操作。其目的是得到高强度、高硬度的组织，为在随后的回火时获得具有较高综合力学性能的钢材。淬火会使钢的塑性和韧性显著降低。

④回火：是将钢材加热到相变温度以下（$150 \sim 650℃$ 内选定），保温后在空气中冷却的热处理工艺，通常和淬火是两道相连的热处理过程。其目的是为消除淬火产生的很大内应力，降低脆性，改善机械性能等。

第三节　钢材的组织和化学成分

一、钢材的基本组织

钢材是铁碳合金晶体，晶体结构中各个原子以金属键相结合，因此钢材具有较高的强度和良好的塑性，原子在晶体中的排列规律不同可以形成不同的晶格，如体心立方晶体和面心立方晶体，如图 10—10 所示，这些晶体粒子的种类、结构形态、晶粒的大小以及晶格的完整程度是影响钢材各种性能的决定因素。

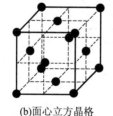

(a)体心立方晶格　　(b)面心立方晶格

图 10—10　金属的典型晶体结构示意图

纯铁在不同温度下有不同的晶体结构，如纯铁在 $912℃$ 以下为体心立方晶格，称为 $\alpha - Fe$，$912 \sim 1394℃$ 为面心立方晶格，称为 $\gamma - Fe$。每个晶粒表现出的特点是各向异性，但由于许多晶粒是不规则聚集在一起的，因而宏观上表现出的性质为各向同性。

但是要得到含 Fe100% 纯度的钢是不可能的，实际上钢材是铁碳合金，钢中碳原子与铁原子的三种基本结合形式为：固溶体、化合物和机械混合物，由于铁和碳结合方式的不同，碳素钢在常温下形成的基本晶体组织,见表10—2。

表 10—2　钢的基本晶体组织

晶体组织	组成	含碳量	性能
铁素体	碳溶于 α - Fe 中的固溶体	小于0.02%	塑性良好,强度硬度很低
渗碳体	铁与碳形成的 Fe₃C	6.67%	塑性小,硬度高,强度低
珠光体	铁素体与渗碳体的机械混合物	0.77%	除强度外,介于两者之间
奥氏体	碳在 γ - Fe 中的固溶体	0.8%	强度、硬度不高,塑性好

建筑钢材的含碳量一般均在 0.8% 以下,所以其基本晶体组织为铁素体和珠光体,而无渗碳体,由此决定了建筑钢材既具有较高的强度和硬度,又具有较好的塑性和韧性,从而能够很好地满足各种工程所需技术性能的要求。

二、钢材的化学成分

钢材中除了主要化学成分铁(Fe)以外,还含有少量的碳(C)、硅(Si)、锰(Mn)、磷(P)、硫(S)、氧(O)、氮(N)、钛(Ti)、钒(V)等元素,这些元素虽然含量少,但对钢材性能有很大影响:

1. 碳

碳是决定钢材性能的最重要元素,因为含碳量的变化直接引起晶体组织的变化,含碳量与钢材性能之间的关系,如图10—11所示。当钢中含碳量在 0.8% 以下时,随着含碳量的增加,钢材的强度和硬度提高,而塑性和韧性降低;但当含碳量在 1.0% 以上时,随着含碳量的增加,钢材的强度反而下降。

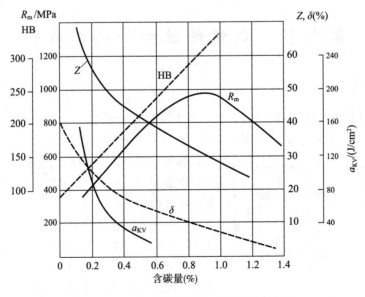

图 10—11　含碳量对碳素钢力学性能的影响

2. 硅

硅是在钢的精炼过程中为了脱氧而加入的元素,是钢中的有益元素。

硅含量较低(小于 1.0%)时,能提高钢材的强度和硬度以及耐蚀性,而对塑性和韧性无明显影响。但当硅含量超过 1.0%时,将显著降低钢材的塑性和韧性,增大冷脆性,并降低可焊性。

3. 锰

锰是炼钢时用来脱氧去硫而残留于钢中的,是钢中的有益元素。

锰具有很强的脱氧去硫能力,能消除或减轻氧、硫所引起的热脆性,大大改善钢材的热加工性能,同时能提高钢材的强度和硬度,但塑性和韧性略有降低。但钢材中含锰量太高,则会降低钢材的塑性、韧性和可焊性。锰是我国低合金结构钢中的主要合金元素。

4. 磷

磷是钢中有害的元素。随着磷含量的增加,钢材的强度、屈强比、硬度均提高,而塑性和韧性显著降低。特别是温度愈低,对塑性和韧性的影响愈大,显著加大钢材的冷脆性。

磷也使钢材的可焊性显著降低。但磷可提高钢材的耐磨性和耐蚀性,故在经过合理的冶金工艺之后,低合金钢中也将磷可配合其他元素作为合金元素使用。

5. 硫

硫是钢中有害的元素。

硫的存在会加大钢材的热脆性,降低钢材的各种机械性能,也使钢材的可焊性、冲击韧性、耐疲劳性和抗腐蚀性等均降低。为消除硫的这些危害,可在钢中加入适量的锰。

6. 氧

氧是钢中的有害元素。

随着氧含量的增加,钢材的强度有所提高,但塑性特别是韧性显著降低,可焊性变差。氧的存在会造成钢材的热脆性。

7. 氮

氮对钢材性能的影响与碳、磷相似,随着氮含量的增加,可使钢材的强度提高,塑性、特别是韧性显著降低,可焊性变差,冷脆性加剧。氮在铝、铌、钒等元素的配合下可以减少其不利影响,改善钢材性能,可作为低合金钢的合金元素使用。

钢中溶有氢则会引起钢的白点(圆圈状的断裂面)和内部裂纹,断口有白点的钢一般不能用于建筑结构。

8. 钛

钛是强脱氧剂,且能使晶粒细化,故可以显著提高钢的强度,改善韧性、可焊性,但稍降低塑性。钛是常用的微量合金元素。

9. 钒

钒是弱脱氧剂。钒加入钢中可减弱碳和氮的不利影响,有效地提高强度,但钒也会增大焊接时的硬脆倾向而使可焊性降低,钒也是常用的微量合金元素。

第四节　土木工程常用的钢材

土木工程中常用的钢材有钢筋混凝土用钢和钢结构用钢两类,前者主要应用有钢筋、钢丝、钢绞线和钢棒,后者主要应用有型钢、钢板,二者钢制品所用的原料多为碳素结构钢、低合金结构钢等。

一、土木工程中主要钢种

1. 碳素结构钢

①碳素结构钢(carbon structural steel)的牌号及其表示方法。根据现行国家标准《碳素结构钢》(GB/T 700—2006)规定,碳素结构钢牌号由字母和数字组合而成,按顺序为:屈服点符号、屈服强度数值、质量等级符号及脱氧方法。

依据屈服强度的数值大小划分四个牌号:Q195、Q215、Q235、Q275;按质量等级分为 A、B、C、D 四级;按脱氧程度分为沸腾钢(F)、镇静钢(Z)、半镇静钢(b)、特殊镇静钢(TZ)四类,Z 和 TZ 在钢号中可省略。

例如:Q235AF 表示屈服强度为 235 MPa、质量等级为 A 的沸腾钢。

②碳素结构钢主要技术要求

国家标准《碳素结构钢》(GB/T 700—2006)对碳素结构钢的化学成分、力学性能及工艺性能做出了具体规定,碳素结构钢的化学成分应符合表 10—3 规定,冷弯试验指标应符合表 10—4 规定,力学性能应符合表 10—5 规定。从表 10—5 中可知,随着牌号的增大,钢材的屈服强度和抗拉强度的相应提高,而塑性和韧性则降低。

表 10—3　碳素结构钢的化学成分(GB/T 700—2006)

牌号	等级	厚度(或直径)/mm	化学成分(质量分数,%),不大于					脱氧方法
			C	Mn	Si	S	P	
Q195	—	—	0.12	0.50	0.30	0.040	0.035	F、Z
Q215	A	—	0.15	1.20	0.35	0.050	0.045	F、Z
	B					0.045		
Q235	A	—	0.22	1.40	0.35	0.050	0.045	F、Z
	B		0.20ᵃ			0.045		
	C	0.17				0.040	0.040	Z
	D					0.035	0.035	TZ
Q275	A		0.24	1.50	0.35	0.050	0.045	F、Z
	B	≤40	0.21			0.045	0.045	Z
		>40	0.22					
	C	—	0.20			0.040	0.040	Z
	D					0.035	0.035	TZ

注:a 经需方同意,Q235 的碳含量可以不大于 0.22%。

表 10—4　碳素结构钢冷弯试验指标(GB/T 700—2006)

牌号	试样方向	冷弯试验($B = 2a^a$,180°)	
		钢材厚度(或直径)ᵇ/mm	
		≤60	>60 ~ 100
		弯心直径 d	
Q195	纵	0	—
	横	0.5a	

续表

牌号	试样方向	冷弯试验（$B = 2a^a$，180°）	
		钢材厚度（或直径）^{b}/mm	
		≤60	>60 ~ 100
		弯心直径 d	
Q215	纵	0.5a	1.5a
	横	a	2a
Q235	纵	a	2a
	横	1.5a	2.5a
Q275	纵	1.5a	2.5a
	横	2a	3a

注：a B 为试样宽度，a 为钢材厚度（直径）；

　　b 钢材厚度（或直径）大于 100mm 时，弯曲试验由双方协商确定。

表 10—5　碳素结构钢力学性质要求（GB/T 700—2006）

牌号	等级	屈服点 R_{eL}/(N/mm²)，不小于						抗拉强度 R_m (N/mm²)	断后伸长率 A(%)，不小于					冲击试验（V 型缺口）	
		厚度（或直径）/mm							厚度（或直径）/mm					温度/℃	冲击吸收功（纵向）(J)不小于
		≤16	>16 ~ 40	>40 ~ 60	>60 ~ 100	>100 ~ 150	>150 ~ 200		≤40	>40 ~ 60	>60 ~ 100	>100 ~ 150	>150 ~ 200		
Q195	—	195	185	—	—	—	—	315 ~ 430	33	—	—	—	—	—	—
Q215	A	215	205	195	185	175	165	335 ~ 450	31	30	29	27	26	—	—
	B													+20	27
Q235	A	235	225	215	215	195	185	370 ~ 500	26	25	24	22	21	—	27
	B													+20	
	C													0	
	D													-20	
Q275	A	275	265	255	245	225	215	410 ~ 540	22	21	20	18	17	—	27
	B													+20	
	C													0	
	D													-20	

③碳素结构钢的选用

不同牌号的碳素结构钢随着牌号的增加，含碳量增加，其强度增大，但塑性和韧性降低，所以碳素结构钢在土木工程中有不同的应用。

Q195：强度不高，塑性、韧性、加工性能与焊接性能较好，主要用于轧制薄板和盘条等。

Q215：与 Q195 钢基本相同，其强度稍高，大量用做管坯、螺栓等。

Q235：强度适中，有良好的承载性，又具有较好的塑性和韧性，可焊性和可加工性也较好，是钢结构常用的牌号，大量制作成钢筋、型钢和钢板用于建造房屋和桥梁等。

Q275：强度、硬度较高，耐磨性较好，但塑性、冲击韧性和可焊性差。所以，Q275 钢不宜在建筑工程中使用，主要用于制造轴类、农具、耐磨零件和垫板等。

2. 低合金高强度结构钢

工程上使用的钢材要求强度高，塑性好，且易于加工，碳素结构钢的性能不能完全满足工程的需要。在碳素结构钢基础上掺入少量（掺量小于5%）的合金元素（如锰、钒、钛、铌、镍等）即成为低合金高强度结构钢（low-alloy and high-tensile steel）。

①低合金高强度结构钢的牌号及其表示方法：根据国家标准 GB/T 1591—2008《低合金高强度结构钢》的规定，低合金高强度结构钢分为 Q345、Q390、Q420、Q460、Q500、Q550、Q620 和 Q690 共八个牌号。每个牌号根据硫、磷等有害杂质的含量，分为 A、B、C、D 和 E 五个等级，其中 E 级质量最好。

牌号表示方法为：如 Q345B 表示屈服强度不小于 345MPa，质量等级为 B 级的低合金高强度结构钢。

②技术性能与应用

根据国家标准 GB/T 1591—2008《低合金高强度结构钢的规定》，低合金高强度结构钢的化学成分和力学性能见表 10—6 和表 10—7、10—8。

低合金高强度结构钢主要用于轧制各种型钢、钢板、钢管及钢筋，广泛用于钢结构和钢筋混凝土结构中，特别适用于各种重型结构、高层结构、大跨度结构及桥梁工程等。另外，与使用碳素钢相比，可节约钢材 20%～30%，而成本并不很高。

表 10—6　低合金高强度结构钢的化学成分（GB/T 1591—2008）

牌号	质量等级	化学成分[a,b]（质量百分数,%）													
		C	Si	Mn	P	S	Nb	V	Ti	Cr	Ni	Cu	N	Mo	B	Als
					不大于											不小于
Q345	A	≤ 0.20	≤ 0.50	≤ 1.70	0.035	0.035	0.07	0.15	0.20	0.30	0.50	0.30	0.012	0.10		—
	B				0.035	0.035										
	C				0.030	0.030										—
	D	≤ 0.18			0.030	0.025										0.015
	E				0.025	0.020										
Q390	A	≤ 0.20	≤ 0.50	≤ 1.70	0.035	0.035	0.07	0.20	0.20	0.30	0.50	0.30	0.015	0.10		—
	B				0.035	0.035										
	C				0.030	0.030										—
	D				0.030	0.025										0.015
	E				0.025	0.020										
Q420	A	≤ 0.20	≤ 0.50	≤ 1.70	0.035	0.035	0.07	0.20	0.20	0.30	0.80	0.30	0.015	0.20		—
	B				0.035	0.035										
	C				0.030	0.030										—
	D				0.030	0.025										0.015
	E				0.025	0.020										
Q460	C	≤ 0.20	≤ 0.60	≤ 1.80	0.030	0.030	0.10	0.20	0.20	0.30	0.80	0.55	0.015	0.20	0.004	0.015
	D				0.030	0.025										
	E				0.025	0.020										

续表

牌号	质量等级	化学成分[a,b]（质量百分数,%）														
		C	Si	Mn	P	S	Nb	V	Ti	Cr	Ni	Cu	N	Mo	B	Als
								不大于									不小于
Q500	C	≤ 0.18	≤ 0.60	≤ 1.80	0.030	0.030	0.10	0.12	0.20	0.60	0.80	0.55	0.015	0.20	0.004	0.015
	D				0.030	0.025										
	E				0.025	0.020										
Q550	C	≤ 0.18	≤ 0.60	≤ 2.00	0.030	0.030	0.10	0.12	0.20	0.80	0.80	0.80	0.015	0.30	0.004	0.015
	D				0.030	0.025										
	E				0.025	0.020										
Q620	C	≤ 0.18	≤ 0.60	≤ 2.00	0.030	0.030	0.10	0.12	0.20	1.00	0.80	0.80	0.015	0.30	0.004	0.015
	D				0.030	0.025										
	E				0.025	0.020										
Q690	C	≤ 0.18	≤ 0.60	≤ 2.00	0.030	0.030	0.10	0.12	0.20	1.00	0.80	0.80	0.015	0.30	0.004	0.015
	D				0.030	0.025										
	E				0.025	0.020										

注：a 型材及棒材 P、S 含量可提高 0.005%，其中 A 级钢上限可为 0.045%；
b 当细化晶粒元素组合加入时，20(Nb + V + Ti)≤0.22%，20(Mo + Cr)≤0.30%。

表 10—7 低合金高强度结构钢拉伸性能（主要部分）（GB/T 1591—2008）

牌号	质量等级	拉伸试验[a,b,c]														
		以下公称厚度（直径,边长/mm）下屈服强度 R_{eL}/MPa						以下公称厚度（直径,边长/mm）抗拉强度 R_m/MPa					断后伸长率 A（%）			
													公称厚度（直径,边长/mm）			
		≤16	>16 ~ 40	>40 ~ 63	>63 ~ 80	>80 ~ 100	>100 ~ 150	≤40	>40 ~ 63	>63 ~ 80	>80 ~ 100	>100 ~ 150	≤40	>40 ~ 63	>63 ~ 100	>100 ~ 150
Q345	A	≥ 345	≥ 335	≥ 325	≥ 315	≥ 305	≥ 285	470 ~ 630	470 ~ 630	470 ~ 630	470 ~ 630	450 ~ 600	≥ 20	≥ 19	≥ 19	≥ 18
	B															
	C												≥ 21	≥ 20	≥ 20	≥ 19
	D															
	E															
Q390	A	≥ 390	≥ 370	≥ 350	≥ 330	≥ 330	≥ 310	490 ~ 650	490 ~ 650	490 ~ 650	490 ~ 650	470 ~ 620	≥ 20	≥ 19	≥ 19	≥ 18
	B															
	C															
	D															
	E															
Q420	A	≥ 420	≥ 400	≥ 380	≥ 360	≥ 360	≥ 340	520 ~ 680	520 ~ 680	520 ~ 680	520 ~ 680	500 ~ 650	≥ 19	≥ 18	≥ 18	≥ 18
	B															
	C															
	D															
	E															

牌号	质量等级	拉伸试验[a,b,c]														
		以下公称厚度(直径,边长/mm)下屈服强度 R_{eL}/MPa						以下公称厚度(直径,边长/mm)抗拉强度 R_m/MPa					断后伸长率 A(%) 公称厚度(直径,边长/mm)			
		≤16	>16~40	>40~63	>63~80	>80~100	>100~150	≤40	>40~63	>63~80	>80~100	>100~150	≤40	>40~63	>63~100	>100~150
Q460	C D E	≥460	≥440	≥420	≥400	≥400	≥380	550~720	550~720	550~720	550~720	530~700	≥17	≥16	≥16	≥16
Q500	C D E	≥500	≥480	≥470	≥450	≥440	—	610~770	600~760	590~750	540~730	—	≥17	≥17	≥17	—
Q550	C D E	≥550	≥530	≥520	≥500	≥490	—	670~830	620~810	600~790	590~780	—	≥16	≥16	≥16	—
Q620	C D E	≥620	≥600	≥590	≥570	—	—	710~880	690~880	670~860	—	—	≥15	≥15	≥15	—
690	C D E	≥690	≥670	≥660	≥640	—	—	770~940	750~920	730~900	—	—	≥14	≥14	≥14	—

注：a 屈服不明显时，可测量 $R_{p0.2}$ 代替下屈服强度；

b 宽度不小于 600mm 扁平材，拉伸试验取横向试样；宽度小于 600mm 扁平材、型材及棒材取纵向试样，断后伸长率最小值相应提高 1%（绝对值）；

c 厚度 >250~400mm 的数值适用于扁平材。

表 10—8　夏比（V 型）冲击试验的试验温度和冲击吸收能量（GB/T 1591—2008）

牌号	质量等级	试验温度/℃	冲击吸收能量[a]/J		
			公称厚度（直径、边长）		
			12~150mm	>150~250mm	>250~400mm
Q345	B	20	≥34	≥27	—
	C	0			
	D	−20			≥27
	E	−40			
Q390	B	20	≥34	—	—
	C	0			
	D	−20			
	E	−40			
Q420	B	20	≥34	—	—
	C	0			
	D	−20			
	E	−40			

续表

牌号	质量等级	试验温度/℃	冲击吸收能量"/J		
			公称厚度(直径、边长)		
			12～150mm	>150～250mm	>250～400mm
Q460	C	0	≥34	—	—
	D	-20		—	—
	E	-40		—	—
Q500、Q550、Q620、Q690	C	0	≥55	—	—
	D	-20	≥47	—	—
	E	-40	≥31	—	—

注:冲击试验取纵向试样。

当需方要求做弯曲试验时,弯曲试验应符合表10—9的规定。当供方保证弯曲合格时,可不做弯曲试验。

表10—9　弯曲试验表(GB/T 1591—2008)

牌号	试样方向	180°弯曲试验 $[d=弯心直径,a=试样厚度(直径)]$	
		钢材厚度(直径,边长)	
		≤16mm	>16～100mm
Q345 Q390 Q420 Q460	宽度不小于600mm扁平材,拉伸试验取横向试样。宽度小于600mm的扁平材、型材及棒材取纵向试样	$d=2a$	$d=3a$

3. 钢的选用

①结构用钢

常用氧气转炉钢,最少应保证具有屈服点、抗拉强度、伸长率三项机械性能指标和硫、磷含量两项化学成分的合格保证。

A. 对于较大型构件、直接承受动力荷载的结构,钢材应具有冷弯试验的合格保证;

B. 大、重型结构和直接承受动力荷载的结构,根据冬季工作温度情况钢材应具有常温或低温冲击韧性的合格保证。

②不同建筑结构对材质的要求:

A. 重要结构构件(如梁、柱、屋架等)高于一般构件(如墙架、平台等);

B. 受拉、受弯构件高于受压构件;

C. 焊接结构高于螺栓连接或铆接结构;

D. 低温工作环境的结构高于常温工作环境的结构;

E. 直接承受动力荷载的结构高于间接承受动力荷载的结构或承受静力荷载的结构;

F. 重级工作制构件(如重型吊车梁)高于中、轻级工作制构件。

③高层建筑结构用钢,宜采用B、C、D等级的Q235碳素结构钢和B、C、D、E等级的Q345低合金高强度结构钢。抗震结构钢材:强屈比不应小于1.2,应有明显的屈服台阶,伸

长率应大于20%，且有良好的可焊性。

Q235沸腾钢不宜用于下列结构：重级工作制焊接结构，冬季工作温度 ≤ −20℃的轻、中级工作制焊接结构和中级工作制的非焊接结构，冬季工作温度 ≤ −30℃的其他承重结构。

一般建筑工程钢结构，主要选用碳素结构钢 Q235A、Q235B 及低合金高强度结构钢 Q345A、Q345B 等。有特殊要求时，应选用专门用途钢，如承受动荷时用桥梁钢或 C、D 质量等级的低合金高强度结构钢，严寒地区应选用低温压力容器用钢，露天结构或大气腐蚀较严重地区应选用耐候钢或合金结构钢。

二、钢筋混凝土结构用钢

钢筋主要用于钢筋混凝土和预应力钢筋混凝土的配筋，是土木工程中用量最大的钢材之一，主要有以下几种：

1. 热轧钢筋

热轧钢筋是经热轧成型并自然冷却的成品钢筋。钢筋混凝土用热轧钢筋，根据形状可分为光圆钢筋和带肋钢筋两种。

①热轧光圆钢筋

热轧光圆钢筋由碳素结构钢轧制而成，表面光圆。根据国家标准（GB 1499.1—2008）的规定，热轧光圆钢筋按屈服强度特征值分为 235、300 级，其牌号的构成及含义见表 10—10 所示，力学与工艺性能要求见表 10—11。

表 10—10　热轧光圆钢筋的分级、牌号（GB 1499.1—2008）

产品名称	牌号	牌号构成	英文字母含义
热轧光圆钢筋	HPB235	由 HPB + 屈服强度特征值构成	HPB – 热轧光圆钢筋的英文（hot rolled plain bars）缩写
	HPB300		

表 10—11　热轧光圆钢筋的力学、工艺性能（GB 1499.1—2008）

牌号	屈服点 R_{eL}/MPa	抗拉强度 R_m/MPa	断后伸长率 A（%）	最大力总伸长率 A_{gt}（%）	冷弯试验180° d—弯心直径 a—钢筋公称直径
	不 小 于				
HPB235	235	370	25.0	10.0	$d = a$
HPB300	300	420			

②热轧带肋钢筋

热轧带肋钢筋由低合金钢轧制而成，带肋钢筋表面上有两条对称的纵肋和沿长度方向均匀分布的横肋，横肋可以提高混凝土与钢筋的粘结力，通常横肋的纵截面呈月牙形，见图 10—12，且与纵肋不相交。

按《钢筋混凝土用热轧带肋钢筋》（GB 1499.2—2007）规定：热轧钢筋分为普通型和细晶粒型两种，各有三个牌号，分别为 HRB335、HRB400、HRB500 和 HRBF335、HRBF400、HRBF500。其牌号的构成及含义见表 10—12 所示，力学与工艺性能要求见表 10—13。

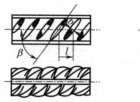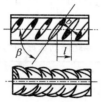

β—横肋与轴线的夹角;l—横肋间距;b—横肋顶宽

图 10—12　月牙肋钢筋外形示意图

表 10—12　热轧带肋钢筋的分级、牌号(GB 1499.2—2007)

类别	牌号	类别	牌号	牌号构成	英文字母含义
普通热轧钢筋	HRB335	细晶粒热轧钢筋	HRBF335	HRB + 屈服强度特征值 HRBF + 屈服强度特征值	HRB—hot rolled ribbed bars HRBF—hot rolled ribbed bars of fine grains
	HRB400		HRBF400		
	HRB500		HRBF500		

表 10—13　热轧带肋钢筋的力学性能和工艺性能(GB 1499.2—2007)

牌号		屈服点 R_{eL}/MPa	抗拉强度 R_m/MPa	断后伸长率 $A(\%)$	最大力总伸长率 $A_{gt}(\%)$	公称直径/mm	冷弯 d—弯心直径 a—钢筋公称直径
		不小于					
HRB335 HRBF335	3 C3	335	455	17		6 ~ 25	180°　$d = 3a$
						28 ~ 40	180°　$d = 4a$
HRB400 HRBF400	4 C4	400	540	16	7.5	6 ~ 25	180°　$d = 4a$
						28 ~ 40	180°　$d = 5a$
HRB500 HRBF500	5 C5	500	630	15		6 ~ 25	180°　$d = 6a$
						28 ~ 40	180°　$d = 7a$

③热轧钢筋的应用

热轧钢筋的级别越高,强度越高,塑性韧性越差。在热轧钢筋中,HPB235、HPB300 钢筋强度较低,塑性好,易于加工成型,可焊性好;HRB335、HRBF335、HRB400、HRBF400 强度较高,塑性、可焊性好,广泛用做大、中型钢筋混凝土结构的主要受力钢筋;HRB500、HRBF500 级钢筋,强度高,但可焊性较差,适宜做预应力钢筋。

2.冷轧带肋钢筋

冷轧带肋钢筋是将热轧圆盘条经冷轧后,在其表面冷轧成二面或三面有肋的钢筋。

国家标准《冷轧带肋钢筋》(GB 13788—2008)中规定,按抗拉强度最小值分为 CRB550、CRB650、CRB800、CRB970 四个牌号。其中 C、R、B 分别为冷轧(cool rolled)、带肋(ribbed)和钢筋(bars)三个词的英文的首位字母。CRB550 是用于非预应力混凝土的,其余用于预应力混凝土。其力学性能和工艺性能应符合国家标准:冷轧带肋钢筋的力学性能和工艺性能指标,见表10—14的要求。

表10—14　冷轧带肋钢筋的力学性能和工艺性能（GB 13788—2008）

牌号	$R_{p0.2}$/MPa 不小于	R_m/MPa 不小于	伸长率(%) 不小于		弯曲试验 180°	反复弯曲次数	应力松弛初始应力应相当于公称抗拉强度的70%
			$A_{11.3}$	A_{100}			1000h 松弛率(%)不大于
CRB550	500	550	8.0	—	$D = 3d$	—	—
CRB650	585	650	—	4.0	—	3	8
CRB800	720	800	—	4.0	—	3	8
CRB970	875	970	—	4.0	—	3	8

注:①表中 D 为弯心直径,d 为钢筋公称直径;

　　②钢筋的强屈比 $R_m/R_{p0.2}$ 比值不小于1.03。

现代建筑更多趋向大跨度和自重大的结构,各构件配筋密集,难以施工的矛盾日益突出。在实际工程施工中,应用冷轧带肋钢筋焊接网这一新型、高性能建材,带来了一种新的高效施工工艺。焊接网通常采用强度550MPa的冷轧带肋钢筋或强度不低于510MPa冷拔光面钢筋为基材,使用专业设备按规定的网络尺寸进行电阻焊制成。冷轧带肋钢筋焊接网主要用于钢筋混凝土结构构件,特别是面积较大的板类、墙体构件的受力钢筋,以及高速公路、大桥、核电站等重点工程都采用焊接网。

3. 预应力混凝土用钢棒

钢棒是由低合金钢热轧盘条经加热到奥氏体温度后快速冷却,然后在相变温度以下加热进行回火所得,按表面形状分光圆钢棒(代号为P)、螺旋槽钢棒(代号为HG)、螺旋肋钢棒(代号为HR)、带肋钢棒(代号为R)等四种。

钢棒产品标记应包含下列内容:预应力钢棒(代号为PCB)、公称直径、公称抗拉强度、代号、延性级别(延性35或延性25)、松弛(普通松弛N和低松弛L)、标准号。

例如:公称直径为9mm、公称抗拉强度为1420MPa,25级延性,低松弛预应力钢筋混凝土用螺旋肋钢棒,其标记为:PCB9 – 1420 – HR – 25 – L – GB/T5223.3。

预应力混凝土用钢棒强度高,可以代替高强度钢丝,其优点是配筋根数少,节约钢材;锚固性好不易打滑,预应力值稳定;施工简便。主要用于预应力混凝土轨枕,也可以用于预应力梁、板结构及吊车梁。

目前有一种新型预应力混凝土用钢棒,由棒体和套在棒体外面的套管组成。一端裸露并带有螺纹,棒体另一端裸露。使用时,将裸露的一端套上挤压固定套并挤压紧,在需要浇注混凝土的地方的两端固定好固定钢板,两边固定好模板,将带螺纹的一端从一边插入固定钢板的孔内,从另一边的固定钢板伸出用螺母拧紧,然后进行浇注,混凝土凝固后拧下螺母,抽出棒体,去掉固定钢板,再插入棒体拧上螺母并拧紧,具有强度高、应用方便、节省材料、降低成本等优点。

4. 预应力混凝土用钢丝和钢绞线

预应力筋除了冷轧带肋钢筋中提到的三个牌号CRB650,CRB800和CRB970及钢棒外,根据《混凝土结构工程施工质量验收规范》(GB 50204—2002)规定,预应力筋还有钢丝、钢绞线等。

①预应力混凝土用钢丝(steel wire and strand of prestressed concrete)

预应力混凝土用钢丝为高强度钢丝,使用优质碳素结构钢经淬火、酸洗、冷拔等工艺处理制成。预应力钢丝按加工状态分为冷拉钢丝(代号为 WCD)和消除应力钢丝两类;按松弛性能又分为低松弛钢丝(代号为 WLR)和普通松弛钢丝(代号为 WNR);按外形可分光面钢丝(代号为 P)、螺旋肋钢丝(代号为 H)和刻痕钢丝(代号为 I)。

消除应力钢丝经低温回火消除应力后钢丝的塑性比冷拉钢丝要高,刻痕钢丝是经压痕轧制而成,刻痕后与混凝土握裹力大,可减少混凝土产生裂缝。根据《预应力混凝土用钢丝》(GB/T 5223—2002),上述钢丝应符合表 10—15、表 10—16、表 10—17 中所要求的机械性能。

表 10—15 预应力混凝土用冷拉钢丝的力学性能(GB/T 5223—2002)

初始代号	公称直径/mm	抗拉强度 R_m/MPa	规定非比例伸长应力 $R_{p0.2}$/MPa	最大力下总伸长率 A_{gt}(%) L_0=200mm	弯曲试验 次数/180°	弯曲试验 断面收缩率(%)	弯曲试验 弯曲半径/mm	每210mm扭矩的扭转次数 n 不小于	1000h后应力松弛率(%)
				不小于					不大于
WCD	3.00	1470	1100			—	7.5	—	8
	4.00	1570	1180		4	35	10	8	
	5.00	1670	1250	1.5			15	8	
		1770	1330						
	6.00	1470	1100				15	7	
	7.00	1570	1180		5	30		6	
	8.00	1670	1250				20	5	
		1770	1330						

表 10—16 预应力混凝土用消除应力光圆及螺旋肋钢丝的力学性能(GB/T 5223—2002)

名称代号	公称直径	抗拉强度 R_m/MPa	规定非比例伸长应力 $R_{p0.2}$/MPa WLR	规定非比例伸长应力 $R_{p0.2}$/MPa WNR	最大力下总伸长率 A_{gt}(%) L_0=200mm 不小于	弯曲试验 次数/180°	弯曲试验 弯曲半径/mm	应力松弛性能 初始应力相当于公称抗拉强度的百分数(%)	1000h后应力松弛率(%)不大于 WLR	1000h后应力松弛率(%)不大于 WNR
			不小于					对所有规格		
P、H	4.00	1470	1290	1250	3.5	3	10	60	1.0	4.5
		1570	1380	1330			15			
	4.80	1670	1470	1410						
	5.00	1770	1560	1500						
		1860	1640	1580						
	6.00	1470	1290	1250			15	70	2.0	8
	6.25	1570	1380	1330		4				
	7.00	1670	1470	1410			20			
		1770	1560	1500						
	8.00	1470	1290	1250				80	4.5	12
	9.00	1570	1380	1330			25			
	10.00	1470	1290	1250						
	12.00						30			

表 10—17　预应力混凝土用消除应力的刻痕钢丝的力学性能（GB/T 5223—2002）

名称代号	公称直径	抗拉强度 R_m/MPa	规定非比例伸长应力 $R_{p0.2}$/MPa		最大力下总伸长率 伸长率 A_{gt}(%) L_0=200mm 不小于	弯曲试验		应力松弛性能		
			WLR	WNR		次数/180°	弯曲半径/mm	初始应力相当于公称抗拉强度的百分数(%)	1000h后应力松弛率(%)不大于	
									WLR	WNR
		不小于						对所有规格		
I	≤5.00	1470	1290	1250	3.5	3	15	60	1.5	4.5
		1570	1380	1330						
		1670	1470	1410						
		1770	1560	1500						
		1860	1640	1580				70	2.5	8
	>5.00	1470	1290	1250			20	80	4.5	12
		1570	1380	1330						
		1670	1470	1410						
		1770	1560	1500						

高强度钢丝强度高（抗拉强度高达 1470～1860MPa，屈服强度 1000～1640MPa），柔性好（标距为 200mm 的伸长率不小于 1.5%，弯曲 180°达 4 次以上），适用于大跨度屋架、吊车梁等大型构件及 V 型折板等，使用钢丝可节省钢材，施工方便，安全可靠，但成本较高。

②预应力混凝土用钢绞线（heat treatment steel of prestressed concrete）

钢绞线是由若干根直径为 2.5～5.0mm 的高强度钢丝，以一根钢丝为中心，其余钢丝围绕其中心钢丝绞捻，再经消除应力热处理而制成。现有国家标准《预应力混凝土用钢绞线》（GB/T 5224—2003）根据捻制结构（钢丝的股数），将其分为三类：用两根钢丝捻制的钢绞线（表示为 1×2）、用三根钢丝捻制的钢绞线（表示为 1×3）、用七根钢丝捻制的钢绞线（表示为 1×7）。按应力松弛能力分为 I 级松弛和 II 级松弛两种。其力学性能应符合标准：预应力混凝土用钢绞线尺寸及拉伸性能 GB/T 5224—2003，见表 10—18、表 10—19 和表 10—20。

表 10—18　1×2 结构钢绞线的力学性能（GB/T 5224—2003）

钢绞线结构	钢绞线公称直径/mm	抗拉强度 R_m/MPa 不小于	整根钢绞线的最大力 F_m/kN 不小于	规定非比例延伸力 $F_{p0.2}$/kN 不小于	最大力下总伸长率 A_{gt}(%) L_0≥400mm 不小于	应力松弛性能	
						初始负荷相当于公称最大力的百分数(%)	1000h 后应力松弛率 r(%)不大于
						对所有规格	
1×2	5.00	1570	15.4	13.9	3.5	60	1.0
		1720	16.9	15.2			
		1860	18.3	16.5			
		1960	19.2	17.3			
	5.80	1570	20.7	18.6		70	2.5
		1720	22.7	20.4			
		1860	24.6	22.1			
		1960	25.9	23.3			
	8.00	1470	36.9	33.2		80	4.5
		1570	39.4	35.5			
		1720	43.2	38.9			
		1860	46.7	42.0			
		1960	49.2	44.3			

钢绞线结构	钢绞线公称直径/mm	抗拉强度 R_m/MPa 不小于	整根钢绞线的最大力 F_m/kN 不小于	规定非比例延伸力 $F_{p0.2}$/kN 不小于	最大力下总伸长率 A_{gt}(%) L_0 ≥ 400mm 不小于	应力松弛性能	
						初始负荷相当于公称最大力的百分数(%)	1000h后应力松弛率 r(%) 不大于
					对所有规格		
	10.00	1470	57.8	52.0			
		1570	61.7	55.5			
		1720	67.6	60.8			
		1860	73.1	65.8			
		1960	77.0	69.3			
	12.00	1470	83.1	74.8			
		1570	88.7	79.8			
		1720	97.2	87.5			
		1860	105	94.5			

注:规定非比例延伸力 $F_{p0.2}$ 值不小于整根钢绞线公称最大力 F_m 的90%。

表 10—19　1×3 结构钢绞线的力学性能(GB/T 5224—2003)

钢绞线结构	钢绞线公称直径/mm	抗拉强度 R_m/MPa 不小于	整根钢绞线的最大力 F_m/kN 不小于	规定非比例延伸力 $F_{p0.2}$/kN 不小于	最大力下总伸长率 A_{gt}(%) L_0 ≥ 400mm 不小于	应力松弛性能	
						初始负荷相当于公称最大力的百分数(%)	1000h后应力松弛率 r(%) 不大于
					对所有规格		
1×3	6.20	1570	31.1	28.0			
		1720	34.1	30.7			
		1860	36.8	33.1			
		1960	38.8	34.9			
	6.50	1570	33.3	30.0		60	1.0
		1720	36.5	32.9			
		1860	39.4	35.5			
		1960	41.6	37.4			
	8.60	1470	55.4	49.9	3.5	70	2.5
		1570	59.2	53.3			
		1720	64.8	58.3			
		1860	70.1	63.1		80	4.5
		1960	73.9	66.5			
	8.74	1570	60.6	54.5			
		1670	64.5	58.1			
		1860	71.8	64.6			

续表

钢绞线结构	钢绞线公称直径/mm	抗拉强度 R_m/MPa 不小于	整根钢绞线的最大力 F_m/kN 不小于	规定非比例延伸力 $F_{p0.2}$/kN 不小于	最大力下总伸长率 A_{gt}(%) $L_0 \geqslant$ 400mm 不小于	应力松弛性能	
						初始负荷相当于公称最大力的百分数(%)	1000h后应力松弛率 r(%)不大于
					对所有规格		
1×3	10.80	1470	86.6	77.9			
		1570	92.5	83.3			
		1720	101	90.9			
		1860	100	99.0			
		1960	105	104			
	12.90	1470	125	103			
		1570	133	120			
		1720	146	131			
		1860	158	142			
		1960	166	149			
1×3I	8.74	1570	60.6	54.5			
		1670	64.5	58.1			
		1860	71.8	64.6			

注:规定非比例延伸力 $F_{p0.2}$ 值不小于整根钢绞线公称最大力 F_m 的90%。

表10—20　1×7 结构钢绞线的力学性能(GB/T 5224—2003)

钢绞线结构	钢绞线公称直径/mm	抗拉强度 R_m/MPa 不小于	整根钢绞线的最大力 F_m/kN 不小于	规定非比例延伸力 $F_{p0.2}$/kN 不小于	最大力下总伸长率 A_{gt}(%) $L_0 \geqslant$ 400mm 不小于	应力松弛性能	
						初始负荷相当于公称最大力的百分数(%)	1000h后应力松弛率 r(%)不大于
					对所有规格		
1×7	9.50	1720	94.3	84.9			
		1860	102	91.8			
		1960	38.8	34.9			
	10.10	1720	128	105			
		1860	138	124			
		1960	145	131			
	12.70	1720	170	153	3.5	60	1.0
		1860	184	166			
		1960	193	174			
	15.20	1470	206	185		70	2.5
		1570	220	198			
		1720	234	210			
		1860	260	234			
		1960	274	247			
	15.70	1770	266	239		80	4.5
		1860	279	251			
	17.80	1770	327	294			
		1860	353	318			
(1×7)C	12.70	1860	208	187			
	15.20	1820	300	270			
	18.00	1720	384	346			

注:规定非比例延伸力 $F_{p0.2}$ 值不小于整根钢绞线公称最大力 F_m 的90%。

钢绞线具有强度高、柔性好、无接头、节约钢材,且不需要张拉,质量稳定,与混凝土粘结力好、易锚固等特点。主要用于大跨度、重荷载的预应力混凝土结构。

5. 混凝土用钢纤维

在混凝土中掺入钢纤维,能大大提高混凝土的抗冲击强度和韧性,显著改善其抗裂、抗剪、抗弯等性能。

钢纤维的原料可以使用碳素结构钢、合金钢和不锈钢,生产方式有钢丝切断、薄板剪切、熔融抽丝和铣削。表面粗糙或表面刻痕、形状为波形或扭曲形、端部带钩过端部有大头的钢纤维与混凝土的胶结较好,有利于混凝土增强。钢纤维直径应控制在 $0.45 \sim 0.70$mm,长度与直径比控制在 $50 \sim 80$。增大钢纤维的长径比,可提高混凝土的增强效果,但过于细长的钢纤维容易在搅拌时形成纤维球而失去增强作用。

三、钢结构用钢

钢结构构件一般可直接选用各种型钢,构件之间可直接连接或附以板进行连接。连接方式为铆接、螺栓连接和焊接。因此所用钢材主要是型钢和钢板,型钢和钢板的成型有热轧和冷轧两种。

1. 热轧型钢

在工程中常用型钢主要有角钢、工字钢、槽钢、H 型钢等,见图 10—13(a)～(f)。

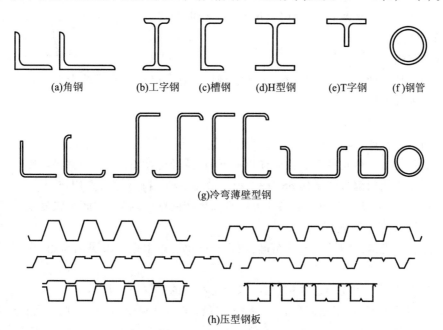

图 10—13 热轧型钢及冷弯薄壁型钢

①角钢分为等边(也叫等肢)的和不等边(也叫不等肢)的两种,主要用来制作桁架等格构式结构的杆件和支撑。角钢型号的表示方法为在符号"L"后加"长边宽×短边宽×厚度"(如不等边角钢 L125×80×8),或加"边长×厚度"(如等边角钢 L125×8)。目前我国生产的角钢最大边长为 200mm,角钢的供应长度一般为 4～19m。

②工字钢有普通工字钢、轻型工字钢和 H 型钢三种。普通工字钢和轻型工字钢的两个

主轴方向的惯性矩相差较大,不宜单独用做受压构件,而宜用作腹板平面内受弯的构件,或由工字钢和其他型钢组成的组合构件或格构式构件。

普通工字钢的型号用符号"I"后加截面高度的厘米数来表示,20号以上的工字钢,又按腹板的厚度不同,分为 a、b 或 a、b、c 等类别,例如 I20a 表示高度为 200mm,腹板厚度为 a 类的工字钢。轻型工字钢的翼缘要比普通工字钢的翼缘宽而薄,回转半径较大。

③H 型钢由工字型钢发展而来,优化了截面的分布。H 型钢分为宽翼缘(代号为 HW)、中翼缘(代号为 HM)和窄翼缘 H 型钢(HN)。宽翼缘和中翼缘 H 型钢适用于钢柱等轴心受压构件,窄翼缘 H 型钢适用于钢梁等受弯构件。

H 型钢的规格型号以"代号 腹板高度×翼缘宽度×腹板厚度×翼缘厚度"(mm)表示,也可用"代号 腹板高度×翼缘宽度"表示。对于同样高度的 H 型钢,宽翼缘型的腹板和翼缘厚度最大,中翼缘型次之,窄翼缘型最小。

H 型钢具有翼缘宽,侧向刚度大,抗弯能力强,翼缘两表面相互平行、连接构造方便、重量轻、节省钢材等优点。常用于要求承载力大、截面稳定性好的大型建筑。

④槽钢是截面为凹槽形、腿部内侧有 1:10 斜度的长条钢材。

槽钢型号用符号"["后加截面高度的厘米数来表示,或者用"腰高度#"(cm)来表示。

同一腰高的槽钢,若有几种不同的腿宽和腰厚,则在其后标注 a、b、c 表示该腰高度下的相应规格。槽钢的规格范围为 5#~40#。

槽钢主要用于承受轴向力的杆件、承受横向弯曲的梁以及联系杆件,主要用于建筑钢结构、车辆制造等。

2. 冷弯型钢

冷弯型钢是一种较经济的截面轻型薄壁钢材。它是以热轧或冷轧带钢为坯料经弯曲成型制成的各种截面形状尺寸的型钢。

冷弯型钢具有以下特点:

①截面经济合理,节省材料。冷弯型钢的截面形状可以根据需要设计,结构合理,单位重量的截面系数高于热轧型钢。在同样负荷下,可减轻构件重量,节约材料。冷弯型钢用于建筑结构可比热轧型钢节约金属 38%~50%。方便施工,降低综合费用。

②品种繁多,可以生产用一般热轧方法难以生产的壁厚均匀、截面形状复杂的各种型材和各种不同材质的冷弯型钢。

③产品表面光洁,外观好,尺寸精确,而且长度也可以根据需要灵活调整,提高材料的利用率。

④生产中还可与冲孔等工序相配合,以满足不同的需要。

冷弯型钢品种繁多,从截面形状分,有开口的、半闭口和闭口的,主要产品有冷弯槽钢、角钢、Z 型钢、冷弯波形钢板、方管、矩形管、卷帘门等。通常生产的冷弯型钢,厚度在 6mm 以下,宽度在 500mm 以下,产品广泛用于矿山、建筑、农业机械、交通运输、桥梁等。

3. 钢板和压型钢板

①钢板

钢板是用碳素结构钢和低合金高强度结构钢经热轧或冷轧生产的扁平钢材。按轧制方式可分为热轧钢板和冷轧钢板。表示方法:宽度×厚度×长度(mm)。

以平板状态供货的称为钢板;以卷状态供货的称为钢带;厚度大于 4mm 以上为厚板;厚

度小于或等于 4mm 的为薄板。

热轧碳素结构钢厚板是钢结构的主要用钢材。薄板用于屋面、墙面或压型板原料等。低合金高强度结构钢厚板,用于重型结构、大跨度桥梁和高压容器等。在钢结构中,单块钢板不能独立工作,必须用几块板组合成工字型、箱型等结构来承受荷载。

②压型钢板

用薄板经冷压或冷轧成波形、双曲线、V 型等形状,压型钢板有涂层、镀锌、防腐等薄板。具有单位质量轻、强度高、抗震性能好、施工快、外形美观等优点。主要用于维护结构、楼板、屋面板和装饰板等。

四、建筑钢材的发展方向

由于各类建筑物、构筑物对在各种复杂条件下的使用功能的要求日益提高,建筑用钢材的发展趋势将是:

①以高效钢材为主体的低合金钢将得到进一步的发展和应用。低合金钢用作结构材料,比普通碳素钢节约钢材 20% ~ 60%,各种冷、热加工钢材(如热处理钢筋、调质钢板等),经济断面钢材(如轧制 H 型钢、压型钢板或铝板、薄壁冷弯型钢等),镀(涂)层钢板和多种复合钢板等,在建筑业将进一步得到推广和应用。

②随着冶金工业生产技术的发展,建筑钢材将向具有高强、耐腐蚀、耐疲劳、易焊接、高韧性和耐磨等综合性能的方向发展。例如,耐大气腐蚀钢所轧成的型材和板材,用于建筑结构和桥梁时,与普通碳素钢相比,它具有强度高、耐腐蚀、耐疲劳等综合性能,可减轻结构自重,提高使用寿命,降低工程造价。

③各种焊接材料及其工艺将随低合金钢的发展不断完善和配套,例如,低合金易焊接、高强高韧性的 CF 钢、海洋平台用钢、Z 向钢、输油输气管线用钢等的发展,必然促进焊接材料向高抗裂、高韧性、低杂质方向发展。

第五节 钢材的腐蚀与防护

钢材的腐蚀是指钢材受周围的气体、液体等介质作用,产生化学或电化学反应而遭到的破坏。

一、钢材腐蚀的原因

根据钢材与周围介质作用的不同,一般把腐蚀分为化学腐蚀和电化学腐蚀两种。

1. 化学腐蚀

化学腐蚀是指钢材与周围介质直接起化学反应而产生的腐蚀,这种腐蚀通常为氧化作用。如在高温中与干燥的 O_2、NO_2、SO_2、H_2S 等气体以及与非电解质的液体发生化学反应,在钢材的表面生成氧化铁、硫化铁等。在干燥环境中腐蚀进行的很慢,但在温度高和湿度较大时腐蚀速度较快。

2. 电化学腐蚀

电化学腐蚀是钢材与介质之间发生氧化还原反应而产生的腐蚀。其特点是有电流产生,如钢材在潮湿空气中、水中或酸、碱、盐溶液中产生的腐蚀;不同金属接触处产生的腐蚀以及钢材受到拉应力作用的区域发生的腐蚀等。

电化学腐蚀的原因是钢材内部不同合金组织的电极电位不同，当钢材处于电解质溶液中时构成微原电池。铁素体呈阳极，渗碳体（或其他杂质）为阴极，在钢材内电子自铁素体移向渗碳体。铁素体发生氧化反应，生成 Fe^{2+} 并不断投入溶液；渗碳体上聚集的电子与溶液中的 H^+ 作用，放出氢气，或当溶液中有氧气时，电子与 O_2 及 H^+ 作用结合成水。溶液中 OH^- 和 Fe^{2+} 作用生成 $Fe(OH)_2$，进而又被氧化成 $Fe(OH)_3$，附着在钢材表面，即为铁锈。钢材中渗碳体及杂质含量较多时，腐蚀较快。电化学腐蚀是钢材在使用及存放过程中发生腐蚀的主要形式。

二、防止腐蚀的方法

1. 采用耐候钢

即耐大气腐蚀钢，在钢中加入一定量的铬、镍、钛等合金元素，可制成不锈钢。通过加入某些合金元素，可以提高钢材的耐锈蚀能力。耐候钢既有致密的表面防腐保护，又有良好的焊接性能，其强度级别与常用碳素钢和低合金钢一致，技术指标相近。

2. 涂敷保护层

涂刷防锈涂料（防锈漆）采用电镀或其他方式在钢材的表面镀锌、铬等；涂敷搪瓷或塑料层等，利用保护膜将钢材与周围介质隔离开，从而起到保护作用。

3. 掺入阻锈剂

在土木工程中钢筋混凝土的钢筋，由于水泥水化后产生大量的 $Ca(OH)_2$，使钢筋处于强碱性的环境中，钢筋表面产生一层钝化膜，对钢筋具有保护作用。但随着碳化的进行混凝土的 pH 降低，钢筋表面的钝化膜破坏，此时与腐蚀介质接触时将会受到腐蚀。可通过提高密实度和掺用阻锈剂提高混凝土中钢筋阻锈能力，常用的阻绣剂有亚硝酸盐、磷酸盐、铬盐、氧化锌和间苯二酚等。

三、钢在火灾中的表现

钢材是不燃性材料，但这并不表明钢材能够抵抗火灾。耐火试验与火灾案例调查表明：以失去支持能力为标准，无保护层时钢柱和钢屋架的耐火极限仅为 0.25h，而裸露钢梁的耐火极限仅为 0.15h。温度在 200℃ 以内，可以认为钢材的性能基本不变；超过 300℃ 以后，弹性模量、屈服点和极限强度均开始下降，应变急剧增大，到达 600℃ 时已失去承载能力，所以，没有防火保护层的钢结构是不耐火的。

钢结构防火保护的基本原理是采用绝热或吸热材料，阻隔火焰和热量，推迟钢结构的升温速率。防火方法以包覆法为主即防火涂料、不燃性板材或混凝土和砂浆将钢构件包裹起来。

1. 防火涂料

防火涂料按受热时的变化分为膨胀型（薄型）和非膨胀型（厚型）两种。

膨胀型防火涂料的涂层厚度一般为 2～7mm，附着力很强，有一定的装饰效果。由于其内含膨胀组分，遇火后会膨胀增厚 5～10 倍，形成多孔结构，从而起到良好的隔热防火作用，根据涂层厚度可使构件的耐火极限达到 0.5～1.5h。

非膨胀型防火涂料的涂层厚度一般为 8～50mm，呈粒状面，密度小、强度低，喷涂后需再用装饰面层隔护,耐火极限可达 0.5~3.0h。为使防火涂料牢固地包裹钢构件,可在涂层内埋设钢丝网,并使钢丝网与钢构件表面的净距离保持在 6mm 左右。

2. 不燃性板材

常用的不燃性板材有石膏、硅酸钙板、蛭石板、珍珠岩板、岩棉板等,可通过粘结剂或钢钉、钢箍等固定在钢构件上。

3. 实心包裹法

一般采用混凝土,将钢结构浇筑在其中。

复习思考题

10—1 低碳钢拉伸过程经历哪几个阶段?各阶段有何特点?低碳钢拉伸过程的指标如何表示?

10—2 为什么说屈服强度 R_{eL}、抗拉强度 R_m 和断后伸长率 A 是建筑用钢材重要技术性能指标?

10—3 试述冷弯性能的表示方法,及进行冷弯试验的目的是什么?

10—4 对热轧钢筋进行冷加工和时效处理的主要方法及主要目的是什么?

10—5 钢材中含碳量的高低对碳素结构钢的性能有何影响?

10—6 碳素结构钢的牌号如何表示?为什么碳素结构钢中 Q235 号钢被广泛应用于土木工程?

10—7 预应力混凝土用钢丝和钢绞线应检验哪些力学指标?

10—8 建筑钢材产生锈蚀的原因有哪些?如何防锈?

10—9 从新进一批热扎钢筋中抽样,并截取两根钢筋做拉伸试验,测得如下结果:屈服下限荷载分别为 72.3kN、72.2kN;抗拉极限荷载分别为 104.5kN、108.5kN,钢筋公称直径为 16mm,标距为 80mm,拉断时长度分别为 96.0mm 和 94.4mm,试评定其级别?并说明其利用率及使用中安全可靠程度如何?

第十一章 墙体材料

第一节 砌墙砖

砖的种类很多,按照生产工艺分为烧结砖和非烧结砖,经高温焙烧制成的砖为烧结砖,经压制、蒸汽养护或蒸压养护等硬化而成的砖属于非烧结砖;按主要原料分为烧结粘土砖（符号为 N）、烧结页岩砖（符号为 Y）、烧结煤矸石砖（符号为 M）和烧结粉煤灰砖（符号为 F）等多种;按照孔洞率的大小,分为普通砖、多孔砖和空心砖,其中没有孔洞或孔洞率（砖面上孔洞总面积占砖面积的百分率）小于 15% 的砖为普通砖,孔洞率大于或等于 15% 作结构承重用的砖为多孔砖,孔洞率大于或等于 35% 作填充非承重用的砖为空心砖。

一、烧结砖

1. 烧结普通砖

（1）烧结普通砖的生产

烧结普通砖（fired bricks）是以粘土、页岩、煤矸石的等为主要原料经焙烧而成的普通砖。

粘土中所含铁的化合物成分,在氧化气氛焙烧时,生成红色的高价氧化铁（Fe_2O_3）,砖呈红色,称为红砖;如果坯体在氧化环境中烧成后继续在还原气氛中闷窑,高价氧化铁还原成青灰色的低价氧化铁（FeO 或 Fe_3O_4）,即制得青砖。青砖较红砖致密、耐碱,耐久性较好,但价格较高。

焙烧温度一般控制在 900～1100℃,在焙烧温度范围内生产的砖称为正火砖,但由于窑内温度分布难以绝对均匀,常会出现欠火砖（未达到焙烧温度范围生产的砖）和过火砖（超过焙烧温度范围生产的砖）。欠火砖颜色浅、敲击时声音哑、孔隙率高、强度低、耐久性差,工程中不得使用欠火砖。过火砖颜色深、敲击声清脆、强度高,但往往变形大,变形不大的过火砖可用于基础等部位。

（2）烧结普通砖的主要技术性能指标

根据《烧结普通砖》（GB/T 5101—2003）规定,强度、抗风化性能和放射性物质合格的砖,根据尺寸偏差、外观质量、泛霜和石灰爆裂等分为优等品（A）、一等品（B）和合格品（C）三个质量等级。

①尺寸偏差

如图 11—1 所示,烧结普通砖的公称尺寸是 240mm×115mm×53mm,240mm×115mm 面称为大面,240mm×53mm 面称为条面,115mm×

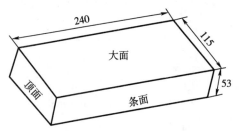

图 11—1　砖的尺寸及平面名称（单位:mm）

53mm 面称为顶面。

②外观质量

烧结普通砖的尺寸偏差应符合表 11—1 的规定,外观质量应符合表 11—2 的规定。

③强度

砖根据抗压强度分为 MU30、MU25、MU20、MU15、MU10 五个强度等级,十块砖试样的强度应符合表 11—3 的规定。

表 11—1 烧结普通砖的尺寸偏差/mm

公称尺寸	优等品		一等品		合格品	
	样本平均偏差	样本极差≤	样本平均偏差	样本极差≤	样本平均偏差	样本极差≤
240	± 2.0	6	± 2.5	7	± 3.0	8
115	± 1.5	5	± 2.0	6	± 2.5	7
53	± 1.5	4	± 1.6	5	± 2.0	6

表 11—2 烧结普通砖的外观质量/mm

项 目		优等品	一等品	合格品
两条面高度差≤		2	3	4
弯曲≤		2	3	4
杂质凸出高度≤		2	3	4
缺棱掉角的三个破坏尺寸 不得同时大于		5	20	30
裂纹长度≤	a. 大面上宽度方向及其延伸至条面的长度	30	60	80
	b. 大面上长度方向及其延伸至顶面的长度或条顶面上水平裂纹的长度	50	80	100
完整面* 不得少于		二条面和二顶面	一条面和一顶面	—
颜色		基本一致	—	—

注:为装饰而施加的色差,凹凸纹、拉毛、压花等不算作缺陷。

* 凡有下列缺陷之一者,不得称为完整面。

a 缺损在条面或顶面上造成的破坏面尺寸同时大于 10mm×10mm;

b 条面或顶面上裂纹宽度大于 1mm,其长度超过 30mm;

c 压陷、粘底、焦花在条面或顶面上的凹陷或凸出超过 2mm,区域尺寸同时大于 10mm×10mm。

表 11—3 烧结普通砖(包括烧结多孔砖)的强度与强度等级/MPa

强度等级	抗压强度平均值 $\bar{f}\geqslant$	变异系数 $\delta\leqslant0.21$	变异系数 $\delta>0.21$
		强度标准值 $f_k\geqslant$	单块最小抗压强度值 $f_{min}\geqslant$
MU30	30.0	22.0	25.0
MU25	25.0	18.0	22.0
MU20	20.0	14.0	16.0
MU15	15.0	10.0	12.0
MU10	10.0	6.5	7.5

注:烧结多孔砖根据抗压强度平均值和标准值评定强度等级。

表中抗压强度标准值和变异系数按式(11—1)、(11—2)、(11—3)计算:

$$\delta = \frac{s}{\bar{f}} \qquad (11-1)$$

$$s = \sqrt{\frac{1}{9}\sum_{i=1}^{10}(f_i - \bar{f})^2} \qquad (11-2)$$

$$f_k = \bar{f} - 1.8s \qquad (11-3)$$

式中　f_k——抗压强度标准值,MPa;

　　　f_i——单块砖试件抗压强度测定值,MPa;

　　　$\bar{f}$——十块砖试件抗压强度平均值,MPa;

　　　s——十块砖试件抗压强度标准差,MPa;

　　　δ——砖强度变异系数。

④抗风化性能

抗风化性能是普通粘土砖的耐久性指标之一,包括抗冻性、吸水率、饱和系数三项指标。用于严重风化区中 1—5 地区的砖必须进行冻融试验(风化区划分见表 11—4),冻融试验后,每块砖样不允许出现裂纹、分层、掉皮、缺棱、掉角等冻坏现象,且质量损失不得大于 2%。其他地区砖的抗风化性能符合表 11—5 规定时可不做冻融试验,否则,必须进行冻融试验。

⑤泛霜和石灰爆裂

泛霜是指砖内的可溶性盐类(如硫酸钠等)在使用过程中于砖砌体表面析出的一层白色的粉状物。石灰爆裂是指砖内夹有石灰,石灰吸水熟化为熟石灰,体积膨胀而引起砖体膨胀破坏。烧结普通砖的泛霜和石灰爆裂应符合表 11—6 的规定。

表 11—4　风化区划分

严重风化区		非严重风化区		
1. 黑龙江省	8. 青海省	1. 山东省	8. 四川省	14. 广西壮族自治区
2. 吉林省	9. 陕西省	2. 河南省	9. 贵州省	15. 海南省
3. 辽宁省	10. 山西省	3. 安徽省	10. 湖南省	16. 云南省
4. 内蒙古自治区	11. 河北省	4. 江苏省	11. 福建省	17. 西藏自治区
5. 新疆维吾尔自治区	12. 北京市	5. 湖北省	12. 台湾省	18. 上海市
6. 宁夏回族自治区	13. 天津市	6. 江西省	13. 广东省	19. 重庆市
7. 甘肃省		7. 浙江省		

表 11—5　抗风化性能

砖种类	严重风化区				非严重风化区			
	5h 沸煮吸水率(%) ≤		饱和系数 ≤		5h 沸煮吸水率(%) ≤		饱和系数 ≤	
	平均值	单块最大值	平均值	单块最大值	平均值	单块最大值	平均值	单块最大值
粘土砖	18	20	0.85	0.87	19	20	0.88	0.90
粉煤灰砖 *	21	23			23	25		
页岩砖	16	18	0.74	0.77	18	20	0.78	0.80
煤矸石砖								

注:* 粉煤灰掺入量(体积比)小于 30% 时,按粘土砖规定判定。

表 11—6　烧结普通砖的泛霜及石灰爆裂

项目	优等品	一等品	合格品
泛霜	无泛霜	不允许出现中等泛霜	不允许出现严重泛霜
石灰爆裂	不允许出现最大破坏尺寸大于 2mm 的爆裂区域	①最大破坏尺寸大于 2mm 且小于等于 10mm 的爆裂区域,每组砖样不得多于 15 块;②不允许出现最大破坏尺寸大于 10mm 的爆裂区域	①最大破坏尺寸大于 2mm 且小于等于 15mm 的爆裂区域,每组砖样不得多于 15 块。其中大于 10mm 的不得多于 7 处;②不允许出现最大破坏尺寸大于 15mm 的爆裂区域

另外,烧结普通砖中,不允许有欠火砖、酥砖和螺旋纹砖。

2. 烧结多孔砖和烧结空心砖

烧结多孔砖和烧结空心砖具有块体较大、自重较轻、隔热保温性好等特点,与烧结普通砖相比,烧结多孔砖和烧结空心砖可节约粘土与燃料,烧成率高,施工效率高。

（1）烧结多孔砖

烧结多孔砖（fired preforated bricks）的孔洞垂直于大面,砌筑时要求孔洞方向垂直于承压面,主要用于承重部位,如图 11—2 所示。

按国标 GB 13544—2011《烧结多孔砖》,根据抗压强度值,烧结多孔砖分为 MU30、MU25、MU20、MU15、MU10 五个强度等级,见表 11—3。

强度和抗风化性能合格的砖根据尺寸偏差、外观质量、孔型及孔洞排列、泛霜和石灰爆裂分为优等品（A）、一等品（B）、合格品（C）三个质量等级。同样,烧结多孔砖也不允许有欠火砖、酥砖和螺旋纹砖。

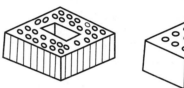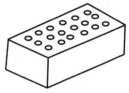

图 11—2　烧结多孔砖的外形

（2）烧结空心砖

烧结空心砖的孔洞垂直于顶面,砌筑时要求孔洞方向与承压面平行,主要用于砌筑非承重墙体或框架结构的填充墙。烧结空心砖形状如图 11—3 所示。

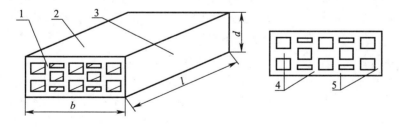

图 11—3　烧结空心砖的外形

1—顶面;2—大面;3—条面;4—肋;5—壁;l—长度;b—宽度;d—高度

根据国家标准《烧结空心砖和空心砌块》（GB 13545—2003）,烧结空心砖按体积密度分为 800、900、1000、1100 四个密度等级。对每个密度等级的烧结空心砖,根据孔洞排列及其结构、尺寸偏差、外观质量、强度等级和物理性能(包括冻融、泛霜、石灰爆裂、吸水率)等,分为优等品（A）、一等品（B）和合格品（C）三个质量等级。

烧结空心砖的强度应符合表 11—7 烧结空心砖强度等级要求。

表 11—7　烧结空心砖强度等级

强度等级	抗压强度/MPa			密度等级范围/kg·m^{-3}
	抗压强度平均值 $\bar{f}$ ≥	变异系数 $\delta \le 0.21$	变异系数 $\delta > 0.21$	
		强度标准值 f_k ≥	强度最小值 f_{min} ≥	
MU10.0	10.0	7.0	8.0	≤1100
MU7.5	7.5	5.0	5.8	≤1100
MU5.0	5.0	3.5	4.0	≤1100
MU3.5	3.5	2.5	2.8	≤1100
MU2.5	2.5	1.6	1.8	≤800

二、非烧结砖

不经焙烧而制成的砖均为非烧结砖。这类砖的强度是通过在制砖时掺入一定量胶凝材料或在生产过程中形成一定量的胶凝物质而得到的。目前应用较广的是蒸养（压）砖，主要品种有灰砂砖、粉煤灰砖等。除蒸养（压）砖外，混凝土多孔砖也是近几年使用较广的非烧结砖。

1. 粉煤灰砖

粉煤灰砖（fly ash brick）是以粉煤灰、石灰或水泥为主要原料，掺加适量石膏、外加剂、颜料和集料等，经坯料制备、成型、高压或常压蒸汽养护而制成的。

根据行业标准《粉煤灰砖》（JC 239—2001）规定了尺寸偏差和外观质量的要求，并按抗压强度和抗折强度将粉煤灰砖分为 MU30，MU25，MU20，MU15，MU10 五个等级。各强度等级的强度指标和抗冻性指标应符合表 11—8 的要求，优等品砖的强度等级应不低于 MU15。粉煤灰砖的干燥收缩值，优等品和一等品应不大于 0.65mm/m，合格品应不大于 0.75mm/m。

粉煤灰砖可用于工业与民用建筑的墙体和基础，但用于基础或易受冻融和干湿交替作用的建筑部位时必须使用 MU15 及以上强度等级的砖。粉煤灰砖不得用于长期受热（200℃以上）、受急冷急热和有酸性介质侵蚀的建筑部位。

2. 蒸压灰砂砖

蒸压灰砂砖（简称灰砂砖）是以石灰和砂为主要原料，经坯料制备、压制成型、蒸压养护而成的。蒸压养护是在 0.8~1.0MPa 的压力和温度 175℃ 左右的条件下，原来在常温常压下几乎不与 $Ca(OH)_2$ 反应的砂（晶态二氧化硅）经过 6h 左右的湿热养护，产生具有胶凝能力的水化硅酸钙凝胶，水化硅酸钙凝胶与 $Ca(OH)_2$ 晶体共同将未反应的砂粒粘接起来，从而使砖产生强度。

蒸压灰砂砖根据抗压强度和抗折强度分为 MU25、MU20、MU15、MU10 四个等级（参见表 11—8），MU15、MU20、MU25 的砖可用于基础及其他建筑，MU10 的砖仅可用于防潮层以上的建筑。灰砂砖不得用于长期受热 200℃ 以上、受急冷急热和有酸性介质侵蚀的建筑部分。

表 11—8 粉煤灰砖强度指标和抗冻性指标

强度等级	抗压强度/MPa		抗折强度/MPa		抗冻性指标(冻后)	
	10 块平均值≥	单块值≥	10 块平均值≥	单块值≥	抗压强度/MPa 平均值≥	砖的干质量损失(%) 单块值≤
MU30	30.0	24.0	6.2	5.0	24.0	2.0
MU25	25.0	20.0	5.0	4.0	20.0	2.0
MU20	20.0	16.0	4.0	3.2	16.0	2.0
MU15	15.0	12.0	3.3	2.6	12.0	2.0
MU10	10.0	8.0	2.5	2.0	8.0	2.0

注:MU25 至 MU10 蒸压灰砂砖强度指标和抗冻指标同上述表中指标。

3. 混凝土多孔砖

混凝土多孔砖(concrete preforated bricks)是一种新型墙体材料,是以水泥为胶结材料,以砂、石等为主要集料,加水搅拌、成型、养护制成的一种多排小孔的混凝土砖。混凝土多孔砖的外型为直角六面体,其长度一般为 290mm、240mm、190mm、180mm;宽度一般为 240mm、190mm、115mm、90mm;高度为 115mm、90mm,最小外壁厚不应小于 15mm,最小肋厚不应小于 10mm,孔洞率一般大于 30%。

混凝土多孔砖根据尺寸偏差、外观质量分为一等品(B)和合格品(C),根据抗压强度平均值分为 MU10、MU15、MU20、MU25、MU30 五个强度等级,同时要求各强度等级的多孔砖单块最小抗压强度分别不低于 8.0MPa、12.0MPa、16.0MPa、20.0MPa、24.0MPa。

相对含水率指混凝土多孔砖含水率与混凝土多孔砖的吸水率之比值,是影响混凝土多孔砖收缩的主要因素。混凝土多孔砖的收缩会使混凝土小型砌块砌筑的砌体较易产生裂缝,混凝土多孔砖的干燥收缩率不应大于 0.045%,因此控制相对含水率对防止砌体开裂十分重要。混凝土多孔砖的相对含水率应符合表 11—9 的规定。

表 11—9 混凝土多孔砖相对含水率(%)

干燥收缩率	相对含水率		
	潮湿	中等	干燥
<0.03	45	40	35
0.03 ~ 0.045	40	35	30

注:使用地区的湿度条件
潮湿——系指年平均相对湿度大于 75% 的地区;
中等——系指年平均相对湿度 50% ~75% 的地区;
干燥——系指年平均相对湿度小于 50% 的地区。

用于外墙的混凝土多孔砖应满足抗渗要求,以抗渗性试验加水 2h 后 3 块砌块中任一块水面下降高度不大于 10mm 为合格。混凝土多孔砖应符合抗冻性要求,冻融循环后强度损失应不大于 25%,质量损失应不大于 5%。

第二节 砌块

砌块(building blocks)是砌筑用的人造块材,形体大于砌墙砖。砌块一般为直角六面体,也可根据需要生产各种异形砌块。砌块系列中主规格的长度、宽度或高度有一项或一项以上分别大于365mm、240mm或115mm,而且高度不大于长度或宽度的6倍,长度不超过高度的三倍。

一、普通混凝土小型空心砌块(NHB)

普通混凝土小型空心砌块主要由水泥、细骨料、粗骨料和外加剂经搅拌、成型、养护而成,空心率应不小于25%。普通混凝土小型空心砌块的主规格尺寸为390mm×190mm×190mm,其他规格尺寸可由供需双方协商。混凝土小型空心砌块各部位名称如图11—4所示。

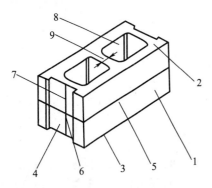

图11—4 小型空心砌块各部位的名称
1—条面;2—坐浆面(肋厚较小的面);
3—铺浆面(肋厚较大的面);4—顶面;
5—长度;6—宽度;7—高度;8—壁;9—肋

根据《普通混凝土小型空心砌块》(GB 8239—1997)的规定,砌块按尺寸偏差和外观质量分为优等品(A)、一等品(B)和合格品(C)三个质量等级,按抗压强度分为 MU3.5、MU5.0、MU7.5、MU10.0、MU15.0、MU20.0 六个强度等级,同时要求各强度等级的砌块单块最小抗压强度分别不低于 2.8MPa、4.0MPa、6.0MPa、8.0MPa、12.0MPa、16.0MPa。

同混凝土多孔砖一样,混凝土砌块的收缩会使混凝土小型砌块砌筑的砌体产生裂缝,因此混凝土小型空心砌块也要求控制相对含水率。对年平均相对湿度大于75%的潮湿地区,相对含水率要求不大于45%;对年平均相对湿度50%~75%的地区,相对含水率要求不大于40%;对年平均相对湿度小于50%的干燥地区,相对含水率要求不大于35%;用于清水墙或有抗渗要求的砌块应满足抗渗性要求,用于采暖地区的混凝土砌块应符合抗冻性要求。

二、蒸压加气混凝土砌块(ACB)

蒸压加气混凝土砌块是以钙质材料(水泥、石灰)、硅质材料(石英砂、矿渣、粉煤灰、高炉矿渣等)以及加气剂(铝粉)等,经配料、搅拌、浇注、发气、切割和蒸压养护而成的多孔硅酸盐砌块。

蒸压加气混凝土砌块的规格尺寸很多,而且实际使用时还可根据需要的尺寸生产,长度一般为 600mm,宽度有 100mm、120mm、125mm、150mm、180mm、200mm、240mm、250mm、300mm 九种规格,高度有 200mm、240mm、250mm、300mm 四种规格。

根据《蒸压加气混凝土砌块》(GB/T 11968—2006)的规定,砌块按尺寸偏差与外观质量、干密度(105℃烘至恒质时单位体积的质量)、抗压强度和抗冻性分为优等品(A)、合格品(B)二个质量等级。加气混凝土砌块按立方体试件平均抗压强度划分为 A1.0、A2.0、A2.5、A3.5、A5.0、A7.5、A10.0 七个等级,同时要求各强度等级的砌块单块最小抗压强度分别不低于 0.8MPa、1.6MPa、2.0MPa、2.8MPa、4.0MPa、6.0MPa、8.0MPa。加气混凝土砌块根据干密度划分为 B03、B04、B05、B06、B07、B08 六个级别,见表11—10,体积密度和强度级别对照见表11—11。

表 11—10　蒸压加气混凝土砌块的体积密度级别/kg·m⁻³

干密度级别		B03	B04	B05	B06	B07	B08
干密度	优等品(A)≤	300	400	500	600	700	800
	合格品(B)≤	325	425	525	625	725	825

表 11—11　蒸压加气混凝土砌块体积密度和强度级别对照表

体积密度级别		B03	B04	B05	B06	B07	B08
强度级别	优等品(A)	A1.0	A2.0	A3.5	A5.0	A7.5	A10.0
	合格品(B)			A2.5	A3.5	A5.0	A7.5

三、粉煤灰砌块(FB)

粉煤灰砌块是以粉煤灰、石灰、石膏和骨料(炉渣、矿渣)等为原料,经加水搅拌、振动成型、蒸汽养护而制成的实心砌块。

粉煤灰砌块的主规格尺寸有 880mm × 380mm × 240mm 和 880mm × 430mm × 240mm 两种。按立方体试件的抗压强度,粉煤灰砌块分为 10 级和 13 级两个强度等级,按外观质量、尺寸偏差和干缩性能分为一等品(B)和合格品(C)两个质量等级,一等品的干缩值不大于 0.75mm/m,合格品的干缩值不大于 0.90mm/m,其他技术指标见表 11—12。

表 11—12　粉煤灰砌块的技术指标　　　　　　单位:mm/m

项目	指标	
	10 级	13 级
抗压强度/MPa	3 块试件平均值不小于10.0 单块最小值不小于 8.0	3 块试件平均值不小于13.0 单块最小值不小于 10.5
人工碳化后强度/MPa	不小于 6.0	不小于 7.5
抗冻性	冻融循环结束后,外观无明显疏松、剥落或裂缝,强度损失不大于20%	
密度	不超过设计密度10%	

四、轻集料混凝土小型空心砌块(LHB)

轻集料混凝土小型空心砌块是以粉煤灰陶粒、粘土陶粒、天然轻集料、膨胀珍珠岩等轻集料配以水泥、砂制作而成的小型空心块材。轻集料混凝土小型空心砌块主规格尺寸为 390mm × 190mm × 190mm,其他规格尺寸可由供需双方商定。

根据《轻集料混凝土小型空心砌块》(GB/T 15229—2002)的规定,轻集料混凝土小型空心砌块,按砌块密度等级分为 8 级,见表 11—13;按砌块强度等级分为 6 级见表 11—13;按砌块尺寸允许偏差和外观质量,分为两个等级:一等品(B)和合格品(C)。砌块的吸水率不应大于 20% ,干缩率、相对含水率、抗冻性应符合有关标准规定。

表 11—13　轻集料混凝土小型空心砌块的密度等级/kg·m⁻³及强度等级

密度等级	砌块干燥表观密度的范围	强度等级	砌块抗压强度/MPa		密度等级范围
			平均值	最小值	
500	≤500	1.5	≥1.5	1.2	≤600
600	510~600	2.5	≥2.5	2.0	≤800
700	610~700	3.5	≥3.5	2.8	≤1200
800	710~800	5.0	≥5.0	4.0	
900	810~900	7.5	≥7.5	6.0	≤1400
1000	910~1000	10.0	≥10.0	8.0	
1200	1010~1200				
1400	1210~1400				

复习思考题

11—1　烧结普通砖的技术要求有哪几项？如何评价烧结普通砖的质量等级？

11—2　如何判定烧结普通砖的强度等级？

11—3　为什么不经焙烧,蒸压灰砂砖也能产生强度？

11—4　混凝土多孔砖为什么要控制相对含水率？

11—5　烧结多孔砖、烧结空心砖以及砌块与烧结普通砖相比,在使用上有何技术经济意义？

11—6　简述常用砌块的特性。

11—7　一组砖的抗压破坏荷载分别为 150kN、165kN、178kN、181kN、192kN、203kN、214kN、225kN、236kN 和 270kN。该组砖尺寸标准(受压面积均为 120mm×115mm)。试确定该组砖的强度等级,并选择该试样所用试验机的吨位。

第十二章 木 材

木材具有轻质、高强、韧性好、导热性低、装饰性好等优点。同时,木材易于加工,并且通过适当的加工处理还可以克服或减轻其本身所具有的各向异性、随含水率而变化大的性能、天然疵病多等缺点。因此,木材被广泛应用于建筑,过去木材是重要的结构用材,而现在则是重要的装饰用材。

木材是人类最先使用的土木工程材料之一,是一种天然资源,其生长受环境等多种因素的影响,过度采伐树木,会直接破坏生态及环境。因此,应尽量节约木材,并注意综合利用。

第一节 木材的分类和构造

一、木材的分类

木材由树木砍伐后加工而成,树木的种类很多,一般按树种可以分为针叶树和阔叶树两大类。

针叶树,树叶细长呈针状或鳞片状。树干通直部分较长,纹理平顺,材质均匀,木质较软,易加工,故又称软木材。其胀缩变形小,强度较高,耐腐蚀性较好。建筑工程上多用于承重结构的构件,如梁、柱、桩、屋架、门窗等。常用的木材有杉树木材、松树木材和柏树木材等。

阔叶树,树叶宽大呈片状,多为落叶树。树干通直部分较短,木质较硬,难加工,故又称硬木材。其胀缩变形大,易翘曲,强度高,有美丽的纹理。建筑工程中常用做尺寸较小的构件和用于家具及装饰材料。常用的树种有樟树木材、榆树木材、桦树木材和水曲柳木材等。

二、木材的构造

木材属天然建筑材料,其树种及生长条件不同,构造特征有显著差别,从而决定着木材的使用性和装饰性。因此,对木材的构造进行研究是掌握材性的主要依据。木材的构造可从宏观和微观两方面研究。

1.宏观构造

宏观构造是用肉眼或放大镜观察到的木材的构造,见图12—1。由于木材是各向异性的,可通过三个不同的锯切面来进行分析,即横切面(垂直于树轴的切面)、径切面(通过树轴且与树干平行的切面)和弦切面(与树轴有一定距离且平行于树轴的切面)。

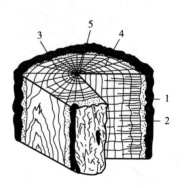

图 12—1 木材构造
1—树皮;2—木质;3—年轮;
4—髓线;5—髓心

从横切面上观察,木材由树皮、木质部和髓心三个部分组成(图12—1)。一般树的树皮覆盖在木质部外面,起保护树木的作用。髓心是树木最早形成的部分,贯穿整个树木的干和枝的中心,材性低劣,易于腐朽,不宜作结构材。木质部是位于髓心和树皮之间部分,是木材的主要取材部分。

①年轮(annual growth ring)

从横切面上可看到木质部有深浅相间的同心圆,称为年轮,即树木一年中生长的部分,年轮是围绕髓心的、深浅相同的同心环,年轮愈密而均匀,材质愈好。从髓心向外的辐射线,称为髓线,它与周围连结差,干燥时易沿此开裂。年轮和髓线组成木材美丽的天然纹理。

②早材(early wood)和晚材(late wood)

在同一年轮中,春季生长的部分由于细胞分裂速度快,细胞腔大壁薄,所以材质较软,色较浅,称为春材(或早材);夏秋季生长的部分细胞分裂速度慢,细胞腔小壁厚,所以木质较致密,色较深,称为夏材(或晚材)。晚材部分愈多,木材的强度愈高。热带地区,树木一年四季均可以生长,故无早材、晚材之分。

③边材(sapwood)和心材(heartwood)

材色可以分为内、外两大部分,靠近树皮的色浅部分为边材,靠近髓心的色深部分为心材。在树木生长季节,边材具有生理功能,能运输和贮藏水分、矿物质和营养,边材逐渐老化而转变成心材。心材无生理活性,仅起支撑作用。

2. 微观构造

微观构造是在显微镜下观察到的木材的组织,如图12—2、图12—3所示。

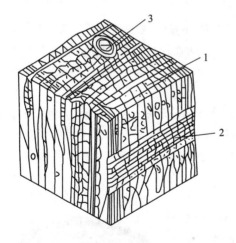
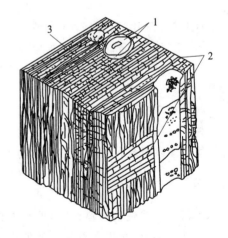

图12—2 针叶树马尾松微观构造　　　　图12—3 阔叶树柞木微观构造
1—管胞;2—髓线;3—树脂道　　　　　　1—导管;2—髓线;3—木纤维

在显微镜下观察,可看到木材是由无数的管状细胞紧密结合而成,大多数细胞之间纵向排列,少数为横向排列(如髓线)。细胞由细胞壁和细胞腔两部分组成。细胞壁由纤维素(约为50%)、半纤维素(约占25%)和木质素组成,细胞壁的厚薄对木材的表观密度、强度、变形都有影响。细胞壁愈厚,腔越小,木材越密实、强度愈高,湿胀干缩变形也愈大。一般来说,阔叶树细胞壁比针叶树厚,夏材比春材细胞壁厚。

木材细胞因功能不同可分为管胞、导管、髓线、木纤维等多种。管胞为纵向细胞,在树木中起支承和输送养分的作用;导管是壁薄而腔大的细胞,主要是输送养分的作用;木纤维壁厚较小,主要起支承作用;髓线由横行薄壁细胞所组成,主要是横向传递和储存养分。

针叶树和阔叶树的显微构造有较大差别。针叶树,如图 12—2 所示的显微结构简单而规则,主要由管胞和髓线组成,髓线较细而不明显。阔叶树,如图 12—3 所示,主要由导管、木纤维及髓线组成,其髓线粗大而明显,导管壁薄而腔大,这是鉴别阔叶树的显著特征。

第二节　木材的主要性质

一、木材的主要物理性质

1. 密度与表观密度

各树种木材的分子构造基本相同,因而木材的密度基本相同,平均为 $1.50 \sim 1.56 \mathrm{g/cm^3}$。木材的表观密度因树种不同而不同,而且随着木材孔隙率、含水量以及其他一些因素变化而不同。木材表观密度愈大,其湿胀干缩率也愈大。

2. 含水率

木材具有纤维状结构和很大的孔隙率,易于从空气中吸收水分,表现出很强的吸湿性,其含水程度用含水率表示,含水率指木材中水的质量占木材干燥质量的百分数。

木材中所含的水分根据其存在的状态分为三种:自由水是存在于细胞腔和细胞间隙中的水分。自由水对木材细胞的吸附能力很差,其变化只影响木材的表观密度、抗腐朽能力和燃烧性等,而对变形和强度影响不大。吸附水是被吸附在细胞壁内细纤维之间的水分。吸附水的变化是影响木材强度和变形的主要因素。化合水是指木材化学成分结合的水,它在常温下不变且含量极少,故其对木材常温下物理力学性质无影响。

①木材的纤维饱和点

当木材细胞壁中的吸附水达到饱和而细胞腔和细胞间隙尚无自由水时的木材含水率,称为木材的纤维饱和点。木材的纤维饱和点因树种而有差异,在 25% ~ 33%,平均为 30% 左右。当含水率大于纤维饱和点时,水分对木材性质的影响很小。

②木材的平衡含水率

当含水率自纤维饱和点降低时,木材的物理和力学性质随之而变化。木材具有很强的吸湿性,随环境中温度、湿度的变化,木材的含水率也会随之而变化。当木材中的水分与环境湿度相平衡时,木材的含水率称为平衡含水率,是选用木材的一个重要指标。木材平衡含水率随地区、季节及气候等因素而变化,在 10% ~ 18%。

3. 干湿变形

木材的干湿变形较大,木材的细胞壁吸收或蒸发水分使木材产生湿胀或干缩。木材的湿胀干缩与纤维饱和点有关,当木材中的含水率大于纤维饱和点、只是自由水增减变化时,木材的体积无变化;当含水率小于纤维饱和点时,含水率降低,木材体积收缩;含水率提高,木材体积膨胀。因此,从微观上讲,木材的胀缩实际上是细胞壁的胀缩。

木材的干湿变形是各向异性的,如图 12—4、12—5 所示,其顺纹、径、弦三个方向的胀缩值不同:顺纹方向胀缩最小,应用上可以忽略不计;弦向最大;径向约为弦向的1/2,木材弦向变形最大是因管胞横向排列而成的髓线与周围联结较差所致;径向因受髓线制约而变形较小。一般阔叶树变形大于针叶树;夏材因细胞壁较厚,故胀缩变形比春材大。

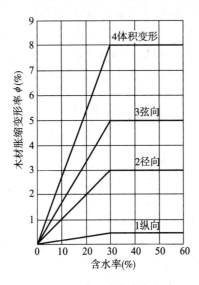

图 12—4 木材含水率与胀缩
变形的关系图

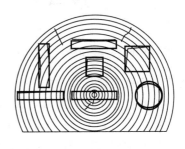

图 12—5 截面不同位置木材
干燥引起的不同变化

二、木材的强度及其影响因素

1. 木材的强度

木材的强度可分为抗压强度、抗拉强度、抗剪强度、抗弯强度等,由于木材是一种非均质材料,具有各向异性,使木材强度具有明显的方向性。

抗压强度、抗拉强度、抗剪强度有顺纹、横纹之分(图 12—6),而抗弯强度无顺纹、横纹之分。其中顺纹抗拉强度最大,可达 50～150MPa,横纹抗拉强度最小。若以顺纹抗压强度为 1,则木材各强度之间的关系见表 12—1。

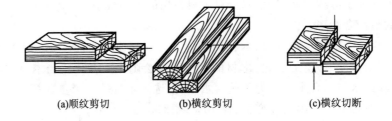

(a)顺纹剪切   (b)横纹剪切   (c)横纹切断

图 12—6 木材剪切

表 12—1 木材各强度之间关系

抗　压		抗　拉		抗弯	抗剪	
顺纹	横纹	顺纹	横纹		顺纹	横纹切断
1	1/10～1/3	2～3	1/20～1/3	1.5～2.0	1/7～1/3	0.5～1

注:以顺纹抗压为 1。

2. 影响木材强度影响因素

木材作为一种各向异性材料,其强度要比均质材料复杂,因而木材的强度除取决于本身的组织构造外,还与下列因素有关。

① 含水率

当含水率在纤维饱和点以上变化时,木材的强度基本不变;当含水率在纤维饱和点以下时,木材的强度随含水率降低而提高。含水率大小对木材的各种强度影响不同,如含水率对顺纹抗压及抗弯强度影响较大,而对顺纹抗拉和顺纹抗剪强度影响较小,如图 12—7 所示。为了便于比较,通常规定木材的强度以含水率为 15% 时的测定值 σ_{15} 为标准值,其他含水率为 $W\%$ 时测得的强度 σ_w,应按下列经验公式(12—1)进行换算:

$$\sigma_{15} = \sigma_w [1 + \alpha (W - 15)] \tag{12—1}$$

式中　σ_{15}——含水率为 15% 时的强度值;

　　　σ_w——含水率为 $W\%$ 时的实测强度值;

　　　W——含水率;

　　　α——含水率校正系数。随着作用力性质和树种的不同而异,顺纹抗压 $\alpha = 0.05$;径向或弦向横纹局部局部抗压 $\alpha = 0.045$;阔叶树顺纹抗拉 $\alpha = 0.015$,针叶树顺纹抗拉 $\alpha = 0$;所有树种顺纹抗剪 $\alpha = 0.03$;所有树种抗弯 $\alpha = 0.04$。

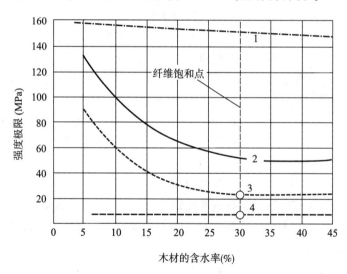

图 12—7　含水率对木材强度的影响

1—顺纹抗拉;2—抗弯;3—顺纹抗压;4—顺纹抗剪

② 荷载作用时间

木材的长期承载能力远低于暂时承载能力。这是因为在长期承载情况下,木材会发生纤维等速蠕滑,累积后产生较大变形而降低了承载能力的结果。

荷载作用持续时间越长,木材抵抗破坏的强度越低。木材的持久强度(长期荷载作用下不至引起破坏的最大强度)一般仅为短期极限强度的 50% ~ 60%。一般木结构都处于某一种负荷的长期作用下,因此在设计木结构时,应考虑负荷时间对木材强度的影响。

③ 疵病

木材在生长、采伐及保存过程中,会产生内部和外部的缺陷,这些缺陷统称为疵病。木材的疵病主要有木节、斜纹、腐朽及虫害等，这些疵病将影响木材的力学性质，但同一疵病对木材不同强度的影响不尽相同。

木节分为活节、死节、松软节、腐朽节等几种，活节影响最小。木节使木材顺纹抗拉强度显著降低，对顺纹抗压影响最小。在木材受横纹抗压和剪切时，木节反而增加其强度。

④温度

木材随环境温度升高会降低。当温度由 25℃升到 50℃时，针叶树抗拉强度降低10%～15%，抗压强度降低20%～24%。当木材长期处于 60～100℃温度下时，会引起水分和所含挥发物的蒸发，而呈暗褐色，强度下降，变形增大。温度超过 140℃时，木材中的纤维素发生热裂解，色渐变黑，强度明显下降。因此，长期处于高温的建筑物，不宜采用木结构。

第三节　木材的腐蚀与防火

建筑工程中应用木材时，必须考虑木材的防腐和防火。

一、木材的防腐

木材是天然生长的有机材料，易受真菌、昆虫侵害而腐朽变质。影响木材的真菌有霉菌和腐朽菌。霉菌以细胞腔内物质为养料，对木材无影响；腐朽菌则以细胞壁为养料，是造成木材腐朽的主要原因。腐朽菌生存和繁殖必须同时具备水分、温度、空气这三个条件。当木材处于含水率15%～50%、温度为 25～30℃，又有足够的空气的条件下，腐朽菌最易生存和繁殖，木材也最易腐朽。

木材防腐的途径是破坏真菌生存和繁殖条件。常见的防腐措施有：

①干燥法。采用蒸汽、微波、超高温处理等方法将木材干燥至含水率20%以下，并长期保持干燥。

②水浸法。将木材浸没在水中或深埋地下。

③化学防腐法。将木材用化学防腐剂涂刷或浸渍，从而起到防腐、防虫的目的。常用的防腐剂有水溶性和油溶性两类。水溶性防腐剂有氟化钠、硼铬合剂、氯化锌及铜铬合剂等。油溶性防腐剂有林丹、五氯酚合剂等。

二、木材的防火

木材属木质纤维材料，其燃烧点很低，仅为220℃，极易燃烧。木材的防火就是将木材经过具有阻燃性能的化学物质处理后，变成难燃的材料。以达到遇小火能自熄，遇大火能延缓或阻滞燃烧蔓延的目的。

常用木材防火处理的方法有两种：

①表面涂敷法。在木材表面涂敷防火涂料，该方法起到防火又具有防腐和装饰的作用。防火效果与涂层厚度或每平方米涂料用量有密切关系。

②溶液浸注法。浸注处理前，将木材充分干燥并初步加工成型后，以常压或加压方式将防火溶剂浸注木材中，利用其中的阻燃剂达到防火的作用。

第四节 木材的应用

一、天然木材

天然木材按其树种有针叶树木材和阔叶树木材两大类;按其用途和加工程度不同有原木、方木和板材。原木是指去除根、树皮、树梢后加工成规定直径和长度的木材;方木是截面宽度不足厚度3倍的木材;板材是截面宽度为厚度的3倍及3倍以上的木材。

天然木材在经济建设中有广泛应用。在建筑工程中木材主要用做木结构、模板、支架、墙板、吊顶、门窗、地板、家具及室内装修等。木材除以原木形式使用外,还可加工成木制品,广泛用于建筑工程及各行各业中。

二、人造木材

人造板材是利用木材或含有一定量纤维的其他植物作原料,采用一般物理和化学方法加工而成的。其特点有:板面宽,表面平整光洁,没有节子、虫眼和各向异性等缺点,不翘曲、不开裂,经过加工处理还具有防火、防水、防腐、防酸等性能。

1.胶合板

胶合板是将原木蒸煮软化后经旋切机切成薄木单片,经干燥、上胶、按相邻层木纹方向互相垂直组坯经热压胶合而成的板材。单板的层数应为奇数,最高层可以达15层,建筑工程中常用三合板和五合板。胶合板依胶合质量和使用胶料不同,分为四类,其名称、特性和用途见表12—2。

表 12—2 胶合板分类、特性及适用范围

种类	分类	名称	胶种	特性	适用范围
阔叶材普通胶合板	Ⅰ类	NFQ（耐气候、耐沸水胶合板）	酚醛树脂胶或其他性能相当的胶	耐久、耐煮沸或蒸汽处理、耐干热、抗菌	室外工程
	Ⅱ类	NS(耐水胶合板)	脲醛树脂或其他性能相当的胶	耐冷水浸泡及短时间热水浸泡、抗菌、不耐煮沸	室外工程
	Ⅲ类	NC（耐潮胶合板）	血胶、带有多量填料的脲醛树脂胶或其他性能相当的胶	耐短期冷水浸泡	室内工程（一般常态下使用）
	Ⅳ类	BNS（不耐水胶合板）	豆胶或其他性能相当的胶	有一定胶合强度,但不耐水	室内工程（一般常态下使用）
松木普通胶合板	Ⅰ类	Ⅰ类胶合板	酚醛树脂胶或其他性能相当的合成树脂胶	耐水、耐热、抗真菌	室外工程
	Ⅱ类	Ⅱ类胶合板	脱水脲醛树脂胶,改性脲醛树脂胶或其他性能相当的胶	耐水、抗真菌	潮湿环境下使用的工程
	Ⅲ类	Ⅲ类胶合板	血胶和加少量填料的脲醛树脂胶	耐湿	室外工程
	Ⅳ类	Ⅳ类胶合板	豆胶和加多量填料的脲醛树脂胶	不耐水湿	室内工程（干燥环境下使用）

胶合板的主要特点:材质均匀,强度高,无疵病,幅面大,板面具有美丽的木纹,装饰性好,吸湿变形小,不翘曲开裂。胶合板具有真实和立体美感,广泛用于建筑物室内隔墙板、护壁板、顶棚板以及各种家具及装修。

2. 纤维板

纤维板是将木材加工下来的树皮、刨花、树枝干及边角料等经破碎浸泡、研磨成木浆,加入一定的胶料,再经热压成型、干燥处理而成。根据成型时温度与压力不同,可分为硬质纤维板、半硬质纤维板和软质纤维板三种。

纤维板具有构造均匀,含水率低,不易翘曲变形,力学性质均匀,隔声、隔热、电绝缘性能较好,无疵病,加工性能好等特点。常用规格见表12—3。

表 12—3　纤维板常用规格　　　　　　　　　　　　　　单位:mm

	硬质纤维板	软质纤维板
长	1830,2000,2125,2440,3050,5490	1220,1835,2120,2330
宽	610,915,1000,1220	610,915
厚	3,4,5,8,10,12,16,20	10、12、12、15、19、25

表观密度大于 $800kg/m^3$ 的硬质纤维板,强度高,在建筑工程中应用最广,这类板材可以代替木板,用于建筑物的室内装修、车船装修和制作家具,也可用于制造活动房屋。

表观密度为 $400 \sim 800kg/m^3$ 半硬质纤维板可作为其他复合板材的基材及复合地板。

软质纤维板表观密度小于 $400kg/m^3$,吸湿性大,但其保温、吸声、绝缘性能好。故可用于建筑物的吸声、保温及装修。

3. 细木工板

细木工板是一种夹心板,芯板用木板条拼接而成,两个表面胶贴木质单板,经热压或冷压粘合而成又称大芯板。

细木工板按制作方法可分为热压和冷压两种。冷压是芯材和夹板胶合,只经过重压,所以表面夹板易翘起;热压是芯材和夹板经过高温、重压、胶合等工序制作而成,板材不易脱胶,比较牢固。

细木工板集实木板和胶合板之优点于一身,具有较大的硬度和强度,质轻,耐久且易加工。适用于制作家具底材或饰面板,也是装修木作工程的主要材料。但若采用质量较差的细木工板,则空隙太大,费工较多,容易变形。因此,使用时应谨慎选用。

4. 刨花板

刨花板是将木材加工后的剩余物、木屑等,经切碎、筛选后拌入胶料、硬化剂、防水剂等经成型、热压而成的一种人造板材。

刨花板具有板面平整挺实,强度高,板幅大,质轻,保温,较经济,加工性能好等特点。如经过特殊处理后,还可制得防火、防霉、隔声等不同性能的板材。

刨花板适用于制作各种木器或家具,制作时不宜用钉子钉,因刨花板中木屑、木片、木块结合疏松,易使钉孔松动。因此,在通常情况下,应采用木螺丝或小螺栓固定。

5. 木丝板

木丝板是将木材碎料刨锯成木丝,经化学处理,用水泥、水玻璃胶结压制而成,表面木丝纤维清晰,有凹凸,呈灰色。

木丝板具有质轻,隔热,吸声,隔音,韧性强,美观,可任意粉刷、喷漆、调配色彩,耐用度高,不易变质腐烂,防火性能好,施工简便,价低等特点。

木丝板主要用于:天花板,壁板,隔断,家具装饰侧板,广告或浮雕底板等。

6. 木塑材料

木塑材料(又称塑木或塑胶木)是近年来发展起来的一种新型材料。是将塑料和木质纤维材料(木粉、稻壳、麦秸等天然纤维)按一定比例混合,经高温、挤压、成型等工艺制成一定形状的复合型材。

由于木塑材料的基础为塑料和木质纤维,所以决定了其自身具有塑料和木材的特性:具有抗紫外线、着色性能良好、隔热、绝缘、耐温、防腐、抗酸碱、可锯、可刨、可钉、有木质感、其材料制品容易加工、制作方便、不易变形;机械性能优于木质材料等特点,并可100%回收再生产,是真正的绿色环保产品。

木塑材料可代替木材、塑料等,主要用于包装、建材、家具、物流等行业。随着人们对木塑材料的认识不断提高,木塑材料技术水平不断提高,还应用于汽车内装饰、建筑外墙、装饰装潢、户外地板、复合管材、铁路枕木等领域。

胶合板、刨花板和纤维板三者中,以胶合板的强度和体积稳定性最好,加工工艺性能也优于刨花板和纤维板,因此使用最广。但是人造板材的也具有一些缺点,胶合层会老化,长期承载力差,使用期限比天然木材短得多,还存在一定的污染。但终因天然木材缺乏,人造板材被用来代替天然木材的许多传统用途,其产量也迅速增加。

复习思考题

12—1 木材按树种分为哪几类?其特点如何?

12—2 何为木材的纤维饱和点和平衡含水率?它们在土木工程实际应用中有何意义?

12—3 木材含水率对其物理力学性能有哪些影响?工程中可采取哪些措施来消除木材中含水造成的不利影响?

12—4 木材的强度有哪几种?影响木材强度的因素有哪些?

12—5 造成木材腐蚀的原因有哪些?如何防止这些腐蚀?

12—6 举例说出至少5种人造板材的用途,并分析人造板材与天然板材在应用中的优缺点。

第十三章　绝热材料和吸声材料

第一节　绝热材料

绝热材料是用于减少建筑物室内与环境热交换的一种功能材料,把用于控制室内热量外流的材料叫做保温材料,把用于防止环境热量进入室内的材料叫做隔热材料。在土木工程中,绝热材料主要用于墙体、楼面和屋面的保温和隔热,用于热工设备、采暖和空调管道的保温,以及用于冷库等设施的隔热。

在建筑物中合理使用绝热材料,能提高建筑物使用效能,使室内冬暖夏凉,减少供暖和降温用的能耗,这对节能和低碳经济具有十分重要意义。

一、绝热材料的作用原理及影响因素

1. 绝热材料的作用原理

在任何介质中,当两点之间存在温度差时,就会产生热能传递现象,热能将由温度较高点传递至温度较低点。热量传递方式有三种热传导、热对流和热辐射。就建筑物传热而言,其传递方式主要为导热,同时也有热辐射和对流存在。绝热性能良好的材料常是多孔的。房屋的主要散热区域是外墙、屋顶、门窗等。

不同的土木工程材料具有不同的热物理性能,衡量其保温隔热性能优劣的指标主要是导热系数。导热系数越小,则通过材料传递的热量越少,其保温隔热性能越好。建筑工程中使用的绝热材料,一般要求其导热系数不大于 $0.23W/(m \cdot K)$,表观密度不大于 $600kg/m^3$,抗压强度不小于 $0.3MPa$。

2. 影响材料导热性的主要因素

①材料的组成及微观结构。按微观结构,建筑材料可分为晶体结构、微晶体结构、玻璃体结构。具有不同微观结构的材料,它们的导热系数有很大的差别。对于同一种材料,其微观结构不同,导热系数也有很大的差异,一般地,晶体结构的最大,微晶体结构的次之,玻璃体结构的最小。但对于多孔的绝热材料来说,无论固体部分的微观结构属结晶体还是玻璃体,对导热系数的影响均不大,这是因为多孔材料的孔隙率相当大,孔隙中充满着导热系数远较固体为小的气体在起着主要作用。

②表观密度。由于材料中固体物质的热传导能力比空气大得多,故表观密度小的材料,因其孔隙率大,导热系数小。在孔隙率相同时,孔隙尺寸愈大,导热系数愈大;连通孔隙的比封闭孔隙的导热系数大。对于纤维状材料,当纤维之间压实至某一表观密度时,其导热系数最小,该表观密度称为最佳表观密度。当纤维材料的表观密度小于最佳表观密度时,其导热系数反而增大,这是由于孔隙增大且相互连通,引起空气对流的结果。

③湿度。材料吸湿受潮后,其导热系数增大,在多孔材料中最为明显,这是由于在材料的孔隙中有了水分后,除了孔隙中剩余的空气分子导热、对流及部分孔壁的辐射之外,孔隙中蒸汽的扩散和水分子的热传导起着主要作用,因水的导热系数 $0.58W/(m \cdot K)$ 远大于密闭空气的导热系数 $0.023W/(m \cdot K)$。如果孔隙中的水结成了冰,冰的导热系数 $2.33W/(m \cdot K)$ 比水的大,其导热系数会进一步增大。因此,绝热材料应特别注意防潮。

蒸汽渗透是值得注意的问题。水蒸气能从温度较高的一侧渗入材料。当水蒸气在材料孔隙中达到最大饱和度时就凝结成水,从而使温度较低的一侧表面上出现冷凝水滴。这不仅大大提高了导热性,而且还会降低材料的强度和耐久性。防止的方法是在可能出现冷凝水的界面上,用沥青、卷材、铝箔或塑料薄膜等加做隔蒸汽层。

④温度。材料的导热系数随温度的升高而增大。因为温度升高时,材料固体分子的热运动增强,同时材料孔隙中空气的导热和孔壁间的辐射作用也有所增加。但这种影响,当温度在 $0 \sim 50℃$ 范围内时并不大,只有对处于高温或负温下的材料,才要考虑温度的影响。

⑤热流方向。对于各向异性的材料,如木材等纤维质的材料,热流方向与纤维排列方向垂直时材料的导热系数要小于平行于纤维时的导热系数。

上述各项因素中以表观密度和湿度的影响最大。因而在测定材料的导热系数时,也必须测定材料的表观密度。至于湿度,通常对多数绝热材料可取空气相对湿度为 80% ～ 85% 时材料的平衡湿度作为参考值,应尽可能在这种湿度条件下测定材料的导热系数。

二、常用绝热材料

按化学成分不同,绝热材料分为有机和无机两大类;按材料的构造可分为纤维状、松散粒状和多孔状三种。无机绝热材料的耐腐朽性、耐高温高湿性较有机绝热材料好,但有机材料的保温性较无机材料的好。

1. 无机纤维状绝热材料

这类材料主要是以矿棉、石棉及玻璃棉等为主要原料,制成板、筒、毡等形状的制品,由于不燃、吸音、耐久、价格便宜、施工简便,因而广泛用于住宅建筑和热工设备的表面。

①矿棉及其制品。矿棉一般包括矿渣棉和岩石棉。矿渣棉所用原料有高炉硬矿渣、铜矿渣等,并加一些调节原料(钙质和硅质原料);岩石棉的主要原料为天然岩石,经熔融后用喷吹法等制成的纤维状(棉状)产品。矿棉具有轻质、不燃、绝热和绝缘等性能,且原料来源广,成本较低。可制成矿棉板、矿棉毡及管壳等。可用作建筑物的墙壁、屋顶、天花板等处的保温隔热和吸声材料,以及热力管道的保温材料。

②玻璃棉及其制品。玻璃棉是用玻璃原料或碎玻璃经熔融后制成的纤维材料,包括短棉和超细棉两种。它具有导热系数小、表观密度小、耐高温的特点。价格与矿棉相近。可制成沥青玻璃棉毡、板及酚醛玻璃棉毡、板等制品,广泛用在温度较低的热工设备和房屋建筑中的保温隔热,同时它还是良好的吸声材料。

2. 无机散粒状绝热材料

①膨胀蛭石及其制品。蛭石是一种天然矿物,经 $850 \sim 1000℃$ 煅烧,体积急剧膨胀,单颗

粒体积能膨胀约 20 倍。膨胀蛭石的主要特性是表观密度小、导热系数小、可在 1000 ~ 1100℃ 温度下使用,不蛀、不腐,但吸水性较大。膨胀蛭石可以呈松散状铺设于墙壁、楼板、屋面等夹层中,也可与水泥、水玻璃等胶凝材料配合,浇制成板,用于墙、楼板和屋面板等构件的绝热。

②膨胀珍珠岩及其制品。膨胀珍珠岩是由天然珍珠岩煅烧而成的,呈蜂窝泡沫状的白色或灰白色颗粒,是一种高效能的绝热材料。它具有轻质、低温保温(最高使用温度可达 800℃,最低使用温度为 -200℃)、吸湿小、无毒、不燃、抗菌、耐腐、施工方便等特点。建筑上广泛用作围护结构、低温及超低温保冷设备、热工设备等的绝热材料,也可用于制作吸声制品。膨胀珍珠岩制品是以膨胀珍珠岩为主,配合适量胶结材料(水泥、水玻璃、磷酸盐、沥青等),经拌合、成型和养护(或干燥,或焙烧)后制成板、块和管壳等制品。

3. 无机多孔类绝热材料

①微孔硅酸钙制品。微孔硅酸钙制品是用粉状二氧化硅材料(硅藻土)、石灰、纤维增强材料及水等经搅拌、成型、蒸压处理和干燥等工序而制成。以托贝莫来石为主要水化产物的微孔硅酸钙,表观密度约为 $200 kg/m^3$,导热系数为 $0.047 W/(m \cdot K)$,最高使用温度约为 650℃。用于围护结构及管道保温,效果较水泥膨胀珍珠岩和水泥膨胀蛭石为好。

②泡沫玻璃。泡沫玻璃是由玻璃粉和发泡剂等经配料、烧制而成。它具有较好的强度及抗冻性,且易于机械加工,可制成块状或板状。其表观密度为 $150 ~ 600 kg/m^3$,导热系数 $0.058 ~ 0.128 W/(m \cdot K)$,多用于冷库的绝热层、高层建筑框架填充料和热力装置的表面绝热材料。

③加气混凝土。加气混凝土是由水泥、石灰、粉煤灰和发泡剂(铝粉)配制而成。是一种绝热性能良好的轻质材料。由于加气混凝土的表观密度小($500 ~ 700 kg/m^3$),导热系数 $0.093 ~ 0.164 W/(m \cdot K)$ 要比烧结普通砖小几倍,因而 24cm 厚的加气混凝土墙体,其绝热效果优于 37cm 厚的砖墙。此外,加气混凝土的耐火性能良好。

4. 有机绝热材料

①软木板。软木板是用栓皮、栎树皮或黄菠萝树皮为原料,经碾碎后热压而制成。软木板具有表观密度小,导热性低,抗渗和防腐性能好等特点。由于其低温下长期使用不会引起性能的显著变化,故常用热沥青错缝粘贴,用于冷藏库隔热。

②窗用绝热薄膜。这种薄膜是以聚酯薄膜经紫外线吸收剂处理后,在真空中进行蒸镀金属粒子沉积层,然后与一层有色透明的塑料薄膜压粘而成。厚度为 $12 ~ 50 \mu m$,用于建筑物窗玻璃的绝热,效果与热反射玻璃相同。其作用原理是将透过玻璃的大部分阳光反射出去,反射率最高可达 80%,从而起到了遮蔽阳光、防止室内陈设物褪色、减少冬季热量损失、节约能源、增加美感等作用,同时还有避免玻璃片伤人的功效。

③泡沫塑料。泡沫塑料以各种树脂为基料,加入一定剂量的发泡剂、催化剂、稳定剂等辅助材料,经加热发泡而制成,如聚苯乙烯泡沫塑料。它轻质、保温隔热性好、吸声、防震,可用于复合墙板及屋面板的夹芯层、冷藏及包装等绝热需要。由于这类材料造价高,且具有可燃性,因此应用上受到一定限制。今后随着这类材料性能的改善,将向着高效、多功能方向发展。

三、常用绝热材料的技术性能及用途

表 13—1　常用绝热材料技术性能及用途

材料名称	表观密度/ kg·m⁻³	导热系数/ W·m⁻¹·K⁻¹	最高使用温度/℃	用途
玻璃棉 玻璃棉毡(带、毯、管壳)	8 ~ 40 8 ~ 120	0.040 ~ 0.050 0.040 ~ 0.058	≤400 350 ~ 400	填充材料 墙体、屋面等
矿渣棉纤维	110 ~ 130	0.044	≤600	填充材料
岩棉纤维 岩棉制品	80 ~ 150 80 ~ 160	0.044 0.04 ~ 0.052	250 ~ 600 ≤600	填充材料 填充墙、屋面、管道等
膨胀珍珠岩 水泥膨胀珍珠岩制品 水玻璃膨胀珍珠岩制品	40 ~ 300① 300 ~ 400 200 ~ 300	0.025 ~ 0.048 常温 0.05 ~ 0.081 低温 0.081 ~ 0.12 常温 0.056 ~ 0.093	≤800 ≤600 ≤650	高效保温保冷填充材料 屋面、墙体、管道等 屋面、墙体、管道等
膨胀蛭石 膨胀蛭石制品	80 ~ 200① 300 ~ 400	0.046 ~ 0.070 0.076 ~ 0.105	1000 ~ 1100 ≤600	填充材料 屋面、管道等
微孔硅酸钙制品	250	0.041 ~ 0.056	≤650	围护结构及管道保温
轻质钙塑板	100 ~ 150	0.047	≤650	保温隔热兼防水性能,并具有装饰性能
泡沫玻璃	150 ~ 600	0.054 ~ 0.128	≤500	砌筑墙体及冷藏库绝热
泡沫混凝土	300 ~ 500	0.081 ~ 0.19		围护结构
加气混凝土	400 ~ 700	0.093 ~ 0.16		围护结构
软木板	105 ~ 437	0.044 ~ 0.079	≤130	吸水率小、不霉腐、不燃烧,用于绝热结构
聚苯乙烯泡沫塑料 硬质聚氨酯泡沫塑料 聚氯乙烯泡沫塑料	15 ~ 50 30 ~ 45 12 ~ 72	0.030 ~ 0.047 0.017 ~ 0.026 0.022 ~ 0.035	≤80 -60 ~ 120 -196 ~ 70	屋面、墙体,冷藏库等 墙体、屋面、冷藏库、热力管道等 屋面、墙体,冷藏库等

注：①堆积密度。

第二节　吸声材料

吸声材料是能在空气中有效地吸收声能的材料。隔声材料是能较大程度隔绝声波传播的材料。材料的隔声原理与材料的吸声原理是不同的,因此,吸声效果好的材料其隔声效果不一定好。

一、吸声材料的作用原理

声音起源于物体的振动。声源的振动迫使邻近的空气随着振动而形成声波,并在空气介质中向四周传播。声音沿发射的方向最响,称为声音的方向性。声音在传播过程中,一部分声能随着距离的增大而扩散,另一部分声能则因空气分子的吸收而减弱。声能的这种减弱现象,在室外空旷处颇为明显,但在室内如果房间的空间并不大,上述的这种声能减弱就不起主要作用,而重要的是室内墙壁、天花板、地板等材料表面对声能的吸收。当声波接触到材料表面时,一部分被反射,一部分穿透材料,而其余部分进入材料内部互相贯通的孔隙,受到空气分子及孔壁的摩擦和粘滞阻力,以及使细小纤维作机械振动,从而使声能转化为热能而被吸收。吸声系数是评定材料吸声性能好坏的主要指标,在规定频率下平均吸声系数大于0.2的材料,认为是吸声材料。

二、吸声材料及其结构形式

有些吸声材料的名称与绝热材料相同,都属多孔性材料,但在材料的孔隙特征上有着完全不同的要求。绝热材料要求具有封闭的不相连通的气孔,这种气孔愈多其绝热性能愈好;而吸声材料则要求具有开放的互相连通的气孔,这种气孔愈多其吸声性能愈好。至于如何使名称相同的材料具有不同的孔隙特征,这主要取决于原料组分中的某些差别和生产工艺中的热工制度、加压大小等。例如,泡沫玻璃采用焦炭、磷化硅、石墨为发泡剂时,就能制得封闭的互不连通的气孔。又如泡沫塑料在生产过程中采取不同的加热、加压制度,可获得孔隙特征不同的制品。

除了采用多孔吸声材料吸声外,还可将材料制作成不同的吸声结构,达到更好的吸声效果。常用的吸声结构形式有薄板共振吸声结构和穿孔板组合共振吸声结构。

(1)多孔吸声材料。它是比较常用的一种吸声材料,这类材料的吸声系数,一般从低频到高频逐渐增大,故对中频和高频的吸声效果较好。多孔材料的吸声性能还受材料的表观密度和内部构造等的影响,具体有以下几方面影响:

①材料表观密度的影响。对同一种多孔材料,当其表观密度增加,意味着微孔减小,能使低频吸声效果有所提高但高频吸声性能却下降。

②材料孔隙特征的影响。吸声材料中开放的、互相连通的、细致的孔隙愈多,其吸声效果愈好。当材料吸湿或表面喷涂油漆、孔隙充水或堵塞,会大大降低吸声材料的吸声效果。

③材料厚度的影响。增加多孔材料的厚度,可提高低频吸声效果,而对高频影响不显著。材料的厚度增加到一定程度后,吸声效果的变化就不明显。所以为提高材料吸声效果而无限制地增加厚度是不适宜的。

④背后空气层的影响。大部分吸声材料都是固定在龙骨上,材料背后空气层的作用相当于增加了材料的厚度,吸声效果一般随着空气层厚度增加而提高。当材料背后空气层厚度等于1/4波长的奇数倍时,可获得最大的吸声系数。根据这个原理,调整材料背后空气层厚度,可以提高其吸声效果。

(2)薄板振动吸声结构。将胶合板、薄木板、硬质纤维板、石膏板、石棉水泥板或金属板等固定在墙或顶棚的龙骨上,并在背后留有空气层,即成薄板振动吸声结构。薄板振动吸声结构的特点是具有低频吸声特性,同时还有助于声波的扩散。当声频正好为振动系统的共振频率时,其振动最强烈,吸声效果最显著。土木工程中常用的薄板振动吸声结构的共振频率在80～300Hz,在此共振频率附近的吸声系数最大,为0.2～0.5,而在其他(共振)频率附近的吸声系数就较低。

(3)共振吸声结构。它由密闭的空腔和较小的开口孔隙组成,它有很强的频率选择性,在其共振频率附近,吸声系数较大,而离共振频率较远的声波吸收很小。若在腔口蒙一层细布或疏松的棉絮,可以加宽共振频率范围和提高吸声效果。为了获得较宽频率带的吸声性能,常采用组合共振吸声结构或穿孔板组合共振吸声结构。

(4)穿孔板组合共振吸声结构。它由穿孔的胶合板、硬质纤维板、石膏板、石棉水泥板、铝合金板、薄钢板等各种材质薄板,固定在龙骨上,并在背后设置空气层而构成,具有适合中频的吸声特性。使用比较普遍。穿孔板厚度、穿孔率、孔径、孔距、背后空气层厚度以及是否填充多孔吸声材料等,都直接影响吸声结构的吸声性能。

(5)柔性吸声结构。具有密闭气孔和一定弹性的材料,如泡沫塑料,表面仍为多孔材料,但因其有密闭气孔,声波引起的空气振动不是直接传递至材料内部,只能相应地产生振动,在振动过程中由于克服材料内部的摩擦而消耗声能,引起声波衰减。这种材料的吸声特性是在一定的频率范围内出现一个或多个吸收频率。

(6)悬挂空间吸声结构。悬挂于空间的吸声体,由于声波与吸声材料的两个或两个以上的表面接触,增加了有效的吸声面积,产生边缘效应,加上声波的衍射作用,大大提高实际吸声效果。可设计成平板形、球形、椭圆形和棱锥形等各种形式悬挂在顶棚下面。

(7)帘幕吸声结构。它是用具有通气性能的纺织品,安装在离开墙面或窗洞一段距离处,背后设置空气层。这种吸声体对中、高频都有一定的吸声效果。帘幕的吸声效果与所用材料种类有关。

三、常用吸声材料及吸声系数

表 13—2 土木工程中常用吸声材料及吸声系数

分类及名称		厚度/cm	表观密度/kg·m⁻³	各种频率(Hz)下的吸声系数						装置情况
				125	250	500	1000	2000	4000	
无机材料	吸声砖	6.5		0.05	0.07	0.10	0.12	0.16		贴实
	石膏板(有花纹)			0.03	0.05	0.06	0.09	0.04	0.06	
	水泥膨胀珍珠岩板	5	350	0.16	0.46	0.64	0.48	0.56	0.56	
	砖(清水墙面)			0.02	0.03	0.04	0.04	0.05	0.05	
	石膏砂浆(掺水泥、石棉纤维)	1.3		0.25	0.78	0.97	0.81	0.82	0.85	喷射在钢丝板上,表面滚平,后有15cm空气层
	水泥砂浆	1.7		0.21	0.16	0.25	0.40	0.42	0.48	粉刷在墙上
木质材料	软木板	2.5	260	0.05	0.11	0.25	0.63	0.70	0.70	贴实
	木丝板	3.0		0.1	0.36	0.62	0.53	0.71	0.90	钉在龙骨上 / 后留10cm空气层
	三夹板	0.3		0.21	0.73	0.21	0.19	0.08	0.12	后留5cm空气层
	穿孔五夹板	0.5		0.01	0.25	0.55	0.30	0.16	0.19	后留5~15cm空气层
	木质纤维板	1.1		0.06	0.15	0.28	0.30	0.33	0.31	后留5cm空气层
泡沫材料	泡沫玻璃	4.4	1260	0.11	0.32	0.52	0.44	0.52	0.33	贴实
	脲醛泡沫塑料	5.0	20	0.22	0.29	0.40	0.68	0.95	0.94	
	吸声蜂窝板			0.27	0.12	0.42	0.86	0.48	0.30	
	泡沫水泥(外粉刷)	2.0		0.18	0.05	0.22	0.48	0.22	0.32	紧贴墙面

分类及名称		厚度/cm	表观密度/kg·m⁻³	各种频率(Hz)下的吸声系数						装置情况
				125	250	500	1000	2000	4000	
纤维材料	矿棉板	3.13	210	0.10	0.21	0.60	0.95	0.85	0.72	贴实
	玻璃棉	5.0	80	0.06	0.08	0.18	0.44	0.72	0.82	
	酚醛玻璃纤维板	8.0	100	0.25	0.55	0.80	0.92	0.98	0.95	
	工业毛毡	3.0	370	0.10	0.28	0.55	0.60	0.60	0.56	张贴在墙上

四、隔声材料

能减弱或隔断声波传递的材料称为隔声材料。必须指出吸声性能好的材料,不能简单地把它们作为隔声材料来使用。

人们要隔绝的声音,按传播途径有空气声(通过空气传播的声音)和固体声(通过固体的撞击或振动传播的声音)两种,两者隔声的原理截然不同。隔声不但与材料有关,而且与建筑结构有密切关系。

隔绝空气声,主要是依据声学中的"质量定律",即材料的体积密度越大,质量越大,越不易振动,其隔声效果越好。所以应选用密实的材料作为隔声材料,如砖、混凝土、钢板等材料。

隔绝固体声最有效措施是隔断其声波的连续传递,即采用不连续的结构处理。在产生和传递固体声的结构(如梁、框架、楼板与隔墙以及它们的交接处等)层中加入具有一定弹性的衬垫材料,如软木、橡胶、毛毡、地毯或设置空气隔离层等,以阻止或减弱固体声的继续传播。

复习思考题

13—1 什么是绝热材料?影响材料绝热性能的主要因素有哪些?

13—2 工程上对绝热材料有哪些要求?常用绝热材料品种有哪些?

13—3 绝热材料与吸声材料在结构上有何区别?

13—4 什么是吸声材料?材料的吸声性能用什么指标表示?

13—5 使用绝热材料和吸声材料时各应注意哪些问题?

13—6 什么是隔声材料?为什么不能简单地将一些吸声材料作为隔声材料来用?

第十四章　其他土木工程材料

第一节　装饰材料

一、装饰材料的功能

装饰材料是指铺设或涂装在建筑物表面,包括内、外表面起装饰效果的材料,是集材料、工艺、造型设计、色彩、美学于一身的材料。装饰特征是装饰材料本身所固有的、能对装饰效果产生影响的属性,常用光泽、底色、纹样、质地、质感等描述。

材料通过视觉作用对人们的心理感受产生一定的影响。如光滑、细腻的材料表面常给人优雅、精致的感情基调,也给人一种冷漠、傲然的心理感觉;金属的质感使人产生坚硬、沉重的感觉,而毛皮、丝织品使人感到柔软、轻盈、温暖;石材使人感到稳重、坚实、雄厚、富有力度。正确把握材料的性格特征,可以使材料的特性与整个建筑的装饰基调相吻合。另外还要注意,当人和材料表面距离不同、材料的面积大小不同时,同一种材料的视觉效果也会产生不同的改变。

二、常用装饰材料

建筑上应用的装饰材料种类繁多,而且新品种不断出现。装饰材料的范围从传统的建筑材料,如石材、木材、陶瓷等,到各种最新建筑材料如化工建材、塑料建材、纺织建材、冶金建材等各种新型,品种已达几万种之多,对其进行分类的方法也很多。

1. 石材

(1)天然石材

天然石材是指从天然岩体中开采出来的毛料经加工而成的板状或块状的饰面材料。用于建筑装饰的主要有大理石板和花岗岩板两大类(这两类材料的技术性质和应用见第二章"天然石材")。

(2)人造石材

人造石材是以天然石材碎料、石英砂、石渣等为骨料,树脂或水泥等为胶结料,经拌和、成型、聚合或养护后,打磨、抛光、切割而成。人造石材具有天然石材的质感,但质量轻、强度高、耐腐蚀、施工方便。适用场合较广,还可以加工成浮雕、工艺品等。与天然石材相比,人造石材是一种比较经济的饰面材料。根据人造石材使用的胶结材料可将其分为以下四类:

①水泥型人造石材

以各种水泥为胶结料,与砂和大理石或花岗岩碎粒等骨料经配料、搅拌、成型、养护、磨光、抛光等工序制成。水泥胶结剂可以是硅酸盐水泥、铝酸盐水泥、硫铝酸盐水泥等。如果采用铝酸盐水泥和表面光洁的模板，则制成的人造石材表面无需抛光就可有较高的光泽度，是由于铝酸盐水泥矿物水化后生成大量的氢氧化铝凝胶，形成表面致密结构而具有光泽。但是，人造石材的耐腐蚀性较差，且表面容易出现微小龟裂和泛霜，不宜用作卫生洁具，也不宜用于外墙装饰。

②树脂型人造石材

这种材料以树脂为胶结料，石英砂、大理石碎粒或粉等无机材料为骨料，经搅拌混合、浇注、固化、脱模、烘干、抛光等工序制成。树脂的黏度小，易于成型，且可以在常温下固化，可调制成各种鲜明的颜色。以聚酯树脂为胶结料而生产的树脂型人造石材使用广泛，可以容易地仿制成天然大理石、天然花岗岩和天然玛瑙石的花纹和图案，分别称为人造大理石、人造花岗岩和人造玛瑙。

③烧结型人造石材

烧结型人造石材的生产工艺类似于陶瓷，是把高岭土、石英、斜长石等混合配料，制成泥浆，成型后经高温焙烧而成。

④复合型人造石材

这类人造材料中含有机聚合物树脂，又含无机水泥。对于板材，基层一般用水泥砂浆，面层用树脂和大理石碎粒或粉末调制的浆体制成。

2. 陶瓷

（1）陶瓷的类型

凡以粘土、长石、石英为基本原料，经配料、制坯、干燥、焙烧而制成的成品，称为陶瓷制品。用于建筑工程中的陶瓷制品，则称为建筑陶瓷。陶瓷制品按其致密程度分为陶质、瓷质和炻质三大类。

①陶质制品

陶质制品为多孔结构，吸水率大，断面粗糙无光。根据其原料土杂质含量的不同，又可分为粗陶和精陶两种。粗陶不施釉，烧结粘土砖、瓦就是最普通的粗陶制品。精陶一般施釉，釉面砖以及卫生陶瓷和彩陶等均属精陶。这里所谓的釉，是指附着于陶瓷坯体表面的连续玻璃质层。

②瓷质制品

瓷质制品结构致密，吸水率小，表面通常均施釉。根据其原料的化学成分与制作工艺的不同，又分为粗瓷和细瓷两种。瓷质制品多为日用餐具、电瓷及工艺用品、地面砖等。

③炻质制品

炻质制品介于陶质和瓷质之间，也称半瓷。其构造比陶质致密，其吸水率较小，但是其坯体多带有颜色，没有瓷质制品那么洁白。按其坯体的细密程度不同，又分为粗炻器和细炻器两种，外墙面砖、地砖和陶瓷锦砖等均属炻器。

（2）常用陶瓷制品

①釉面砖

釉面砖又称内墙砖，属于精陶类制品。釉面砖色泽柔和、美观耐用、朴实大方、防火耐酸、易清洁。主要用作建筑物内部墙面，如厨房、卫生间、浴室、墙裙等的装饰和保护。

②墙地砖

墙地砖包括外墙砖和地砖两类，属于炻质和瓷质制品，可以施釉或不施釉。墙地砖强度高、耐磨、化学性能稳定、不燃、吸水率低、易清洁、经久不裂。

③陶瓷锦砖

俗称陶瓷马赛克,是片状的小瓷砖,表面一般不上釉。陶瓷锦砖耐磨、耐火、吸水率小、抗压强度高、易清洗以及色泽稳定。广泛适用于建筑物门厅、走廊、卫生间、厨房、化验室等内墙和地面,并可作建筑物的外墙饰面与保护。施工时,可以将不同花纹、色彩和形状的小瓷片拼成多种美丽的图案。

④陶瓷劈离砖

陶瓷劈离砖又称劈裂砖、劈开砖和双层砖,具有均匀的粗糙表面、古朴高雅的风格、良好的耐久性。广泛用于地面和外墙装饰。

⑤卫生陶瓷

卫生陶瓷结构形式多样,颜色分为白色和彩色,表面光洁、不透水、易于清洗,并耐化学腐蚀,为用于浴室、盥洗室、厕所等处的卫生洁具,如洗面器、坐便器、水槽等。

⑥建筑琉璃制品

琉璃制品可分为三类:瓦类(板瓦、滴水瓦、筒瓦、沟头)、脊类和饰件类(吻、博古、兽),其色彩绚丽、造型古朴、质坚耐久,主要用于具有民族色彩的宫殿式房屋和园林中的亭、台、楼阁等。建筑琉璃制品装饰的建筑物富有我国传统的民族特色。

3. 玻璃

(1)玻璃的主要性质

玻璃是用石英砂、纯碱、长石和石灰石等原料于 1550~1600℃ 高温下烧至熔融,成型后急冷而制成的固体材料。玻璃的主要技术性质是透明性好,抗盐和酸侵蚀。但是热稳定性差,玻璃受急冷、急热时易破裂;属于典型的脆性材料,易破碎;表观密度和导热系数较大。

(2)建筑玻璃制品

①普通平板玻璃

平板玻璃是建筑玻璃中用量最大的一种,厚度 2~12mm,其中以 3mm 厚的使用量最大。普通平板玻璃大部分作为窗玻璃直接用于房屋建筑和维修,还有一部分加工成钢化、夹层、镀膜、中空等玻璃,少量用作工艺玻璃。

②安全玻璃

安全玻璃主要特性是力学强度较高,抗冲击能力较好。被击碎时,碎块不会伤人,并兼有防火的功能。主要有钢化玻璃、夹层玻璃和加丝玻璃。

A. 钢化玻璃

钢化玻璃是平板玻璃经物理强化方法或化学强化方法处理后所得的玻璃制品,它具有比普通玻璃高得多的机械强度和热稳定性、抗震性能和弹性亦极好,也称强化玻璃。经过强化处理可以使玻璃表面产生预压应力,使玻璃的机械强度和抗冲击性能大大提高。一旦受损,整块玻璃呈现网状裂纹,破碎后,碎片小且无尖锐棱角,不易伤人。钢化玻璃在建筑上主要用作高层建筑的门窗、隔墙与幕墙。

B. 夹层玻璃

夹层玻璃是两片或多片平板玻璃之间嵌夹透明塑料薄片,经加热、加压、粘合而成的复合玻璃制品。夹层玻璃的原片可以采用普通平板玻璃、钢化玻璃、吸热玻璃或热反射玻璃等,常用的塑料胶片为聚乙烯酸缩丁醛。夹层玻璃抗冲击性和抗穿透性好,玻璃破碎时,碎片仍粘贴在膜片上。夹层玻璃主要用于有特殊安全要求的门窗、隔墙、工业厂房的天窗和某些水下工程。

C. 夹丝玻璃

夹丝玻璃是将预先编织好的钢丝网压入已软化的红热玻璃中而制成。其抗折强度高、防火性能好,破碎时即使有许多裂缝,其碎片仍能附着在钢丝上,不致四处飞溅而伤人。夹丝玻璃主要用于厂房天窗,各种采光屋顶和防火门窗等。

③保温绝热玻璃

保温绝热玻璃既具有特殊的保温绝热功能,又具备装饰效果,包括吸热玻璃、热反射玻璃、中空玻璃等。一般用于门窗和幕墙。普通平板玻璃对太阳光中红外线的透过率高,易提高室内温度,一般不宜用于幕墙。

④防紫外线玻璃

防紫外线玻璃主要用于要求避免紫外线照射的建筑和装置,如文物保管处、图书馆仓库、展览室的门窗、橱柜,各种色泽艳丽的织物陈列橱窗,卫星、航天器的观察窗口等。

⑤釉面玻璃

以普通平板玻璃、压延玻璃、磨光玻璃或玻璃砖为基体,在其表面牢固结合一层彩色釉制成具有美丽色彩或图案的装饰材料。釉面具有良好的化学稳定性、热反射性,它不透明,永不褪色和脱落,具有良好的装饰效果。

⑥水晶玻璃

水晶玻璃又称石英玻璃,是一种高级艺术玻璃,表面晶亮,犹如水晶。其表面光滑机械强度高,化学稳定性和耐大气腐蚀性较好。水晶玻璃饰面板适用于各种建筑物的内墙饰面、地坪面层、建筑物外墙立面或室内制作壁画等。

⑦微晶玻璃

微晶玻璃是在高温下使结晶从玻璃中析出而成的材料,由结晶相和部分玻璃相组成。其耐候性及耐久性优良,耐酸性和耐碱性都比花岗岩、大理石优良,即便暴露于风雨及污染空气中,也不会产生变质、褪色、强度低劣等现象;微晶玻璃的吸水率几近为零,水分不易渗入;很容易擦洗干净。强度大、可轻量化:微晶玻璃比天然石更坚硬,不易受损,材料厚度可配合施工方法,符合现代建筑物轻巧、坚固的主流。

⑧压花玻璃

压花玻璃称花纹玻璃或滚花玻璃。具有透光不透视的特点,这是由于其表面凹凸不平,当光线通过时即产生漫反射,使物像模糊不清。其表面有各种图案花纹,所以艺术装饰效果好。压花玻璃多用于办公室、会议室、浴室、卫生间以及公共场所分离的门窗和隔断处。

⑨磨砂玻璃

磨砂玻璃又称毛玻璃,它是将平板玻璃的表面经机械喷砂、手工研磨或氢氟酸溶蚀等方法处理成均匀毛面。其特点是透光不透视,且光线不刺眼,用于需透光而不透视的卫生间、浴室、办公室的门窗及隔断等处,还可用作黑板。

⑩玻璃空心砖

玻璃空心砖一般是由两块压铸成的凹形玻璃,经熔接或胶接成整块的空心砖。玻璃空心砖透光性可在较大范围内变化,能改善室内采光深度和均匀性;其保温隔热、隔音性能好、密封性强、耐火、耐水、抗震、机械强度高、化学稳定性好,使用寿命长,因此可用于砌筑透光屋面、墙壁,非承重结构外墙、内墙、门厅、通道及浴室等隔断,特别适用于宾馆、展览厅馆、体育场馆等既要求艺术装饰,又要防太阳眩光,控制透光,提高采光深度的高级建筑。

⑪玻璃马赛克

玻璃马赛克也叫玻璃锦砖,但它是半透明的玻璃质材料,呈乳浊或半乳浊状,内含少量气泡和未熔颗粒。玻璃马赛色调柔和、朴实、典雅、美观大方、化学性能稳定、冷热稳定性好。此外,还具有不变色、不积灰、历久常新、质量轻、与水泥粘结性能好等特点,常用于外墙装饰。它与陶瓷锦砖在外形和使用方法上有相似之处。

4. 金属装饰材料

金属装饰材料已普遍使用,从金属铝门窗到围墙、栅栏、阳台、入口、柱面等。金属材料往往赋予建筑奇待的效果。金属装饰材料中应用最多的是装饰钢材、铝材、铜材等。

(1)装饰钢材

在普通钢材基体中添加多种元素或在基体表面上进行艺术处理,可使普通钢材仍不失为一种金属感强、美观大方的装饰材料。在现代建筑装饰中,愈来愈受到关注。常用的装饰钢材有不锈钢及制品、彩色涂层钢板、彩色压型钢板、轻钢龙骨等。

①不锈钢

向钢材中加入铬,由于铬的性质比铁活泼,铬首先与环境中的氧化合,生成一层与钢材基体牢固结合的致密的氧化膜层,称为钝化膜,它使钢材得到保护,不致锈蚀,这就是所谓的不锈钢。不锈钢装饰是近几年来较流行的一种建筑装饰方法,并且已从小型不锈钢五金装饰件和不锈钢建筑雕塑的范畴,扩展到用于普通建筑装饰工程之中,如:不锈钢包柱、不锈钢管材、型材、不锈钢自动门、不锈钢龙骨等。

②彩色涂层钢板

也称涂层镀锌钢板,简称彩板和钢带,是以热轧钢板或镀锌钢板为基材,在其表面涂以有机涂料制得的产品。彩色涂层一方面起到了保护金属的作用,另一方面又起到了装饰作用。彩色涂层钢板及钢带的最大特点是发挥了金属材料与有机材料的各自特性,板材具有良好的加工性,可切、弯、钻、铆、卷等。彩色涂层附着力强,色彩、花纹多样,经加热、低温、沸水、污染等作用后涂层仍能保持色泽新颖如一。彩色涂层钢板可用作各类建筑物内外墙板、吊顶、工业厂房的屋面板和壁板。还可作为排气管道、通风管道及其他类似的具有耐腐蚀要求的物件及设备罩等。

③彩色压型钢板

是以镀锌钢板为基材,经成型轧制,并敷以各种耐腐蚀涂层与彩色烤漆而成的装饰板材。其性能和用途与彩色涂层钢板相同。

(2)铝合金装饰板

用于装饰工程的铝合金板,按表面处理方法分有阳极氧化处理及喷涂处理的装饰板。按色彩分有银白色、古铜色、金色、红色、蓝色等。按几何尺寸分,有条形板和方形板,条形板的宽度多为 $80 \sim 100\text{mm}$,厚度为 $0.5 \sim 1.5\text{mm}$,长度 6.0m 左右。按装饰效果分,则有铝合金压型板、铝合金花纹板、铝合金穿孔板等。

铝合金压型板具有质量轻、外形美观、耐久性好、安装方便等优点,通过表面处理可获得各种色彩。主要用于屋面和墙面等,目前应用十分广泛。

铝合金花纹板美观大方,筋高适中、不易磨损、防滑性能好、防腐蚀性能强、便于冲洗。

通过表面处理可得到各种颜色。广泛用于公共建筑的墙面装饰、楼梯踏板等处。

铝合金穿孔板造型美观,色泽雅致,立体感强,防火、防潮、防震,耐腐蚀,耐高温,化学稳定性好,对改善音质条件和降低噪声有一定作用。常用于影院、剧院、播音室、车间等。此外,铝合金还可制成吊顶龙骨,用于装修工程中。

(3)铁艺制品

铁艺制品是将含碳量很低的生铁烧熔,倾注在透明的硅酸盐溶液中,两者混合形成椭圆状金属球,再经高温剔除多余的熔渣,之后轧成条形熟铁环,经过除油污、杂质、除锈、防锈以及艺术处理后才能成为家庭装饰用品。

铁艺制品的分类:一类是用锻造工艺,即以手工打制生产的铁艺制品,这种制品材质比较纯正,含碳量较低,其制品也较细腻,花样丰富,是家居装饰的首选;另一类是铸铁铁艺制品,这类制品外观较为粗糙,线条直白粗犷,整体制品笨重,这类制品价格不高,但易生锈。

三、装饰材料的选用原则

随着生活水平的提高,人们越来越重视居住条件,家庭室内装饰也越发为人所青睐。选择装饰材料时,应结合建筑物的特点、环境条件、装饰性和污染性四个方面来考虑。

根据建筑物的特点,考虑装饰效果,颜色、光泽、透明性等应与环境相协调。另外,材料还应具有某些物理、化学和力学方面的基本性能,如一定的强度、耐水性和耐腐蚀性等,以提高建筑物的耐久性,降低维修费用。

对于室外装饰材料,应兼顾装饰效果与对建筑物的保护作用。因所处环境较复杂,直接受到风吹、日晒、雨淋、冻害的袭击,以及空气中腐蚀气体和微生物的作用,故应选用能耐大气侵蚀、不易褪色、不易沾污、不泛霜的材料。

对于室内装饰材料,要妥善处理装饰效果和使用安全的矛盾。使用安全包括消防安全和化学污染物安全。应该优先选用不燃烧或难燃烧和环保型的材料,不选择在使用中挥发有毒成分和在燃烧时会产生大量浓烟或有毒气体的材料。对于人造板材、家具,要特别注意甲醛含量是否在合理的标准范围以内;涂料、油漆、胶粘剂等注意苯系物含量是否达到国家规定标准。石材及地砖、浴盆等材料,要看其是否有放射性物质检测,指标是否合乎环保标准。

第二节　纤维材料

纤维材料通常作为复合材料的增强材料,复合材料是以一种材料为基体,另一种材料为增强体组合而成的材料,各种材料在性能上互相取长补短,产生协同效应,使复合材料的综合性能优于原组成材料而满足各种不同的要求。复合材料的基体材料分为金属和非金属两大类。金属基体常用的有铝、镁、铜、钛及其合金。非金属基体主要有合成树脂、橡胶、陶瓷、石墨、碳等。增强材料主要有玻璃纤维、碳纤维、硼纤维、芳纶纤维、碳化硅纤维、石棉纤维、晶须、金属丝和硬质细粒等。复合材料的性能优越且具有可设计性,因而在航空航天领域、汽车工业、化工、纺织和机械制造领域、医学领域,体育器件和土木工程领域具有广阔的应用前景。

一、纤维材料及其分类

1. 纤维

材料是指由连续或不连续的细丝组成的物质。纤维用途广泛,可织成细线、线头和麻绳,造纸或织毡时还可以织成纤维层;同时也常用来制造其他物料,及与其他物料共同组成复合材料。材料经一定的机械加工(牵引、拉伸、定型等)后形成细而柔软的细丝,形成纤维。纤维具有弹性模量大,受力时形变小,强度高等特点,有很高的结晶能力,相对分子质量小,一般为几万。

2. 纤维的分类

纤维可被分作天然纤维及人造纤维。

(1)天然纤维

天然纤维是在动物、植物和地质过程中形成的。根据来源,天然纤维分为如下几类。

植物纤维:由纤维素和木质素排列组成。出自棉、麻、亚麻、黄麻、苎麻、剑麻等作物。用于造纸及织布。

木纤维:出自树木,用于造纸。主要的使用形式有磨木纸浆、预热磨木浆、(未)漂白(亚)硫酸盐纸浆等。

动物纤维:主要由蛋白质组成。如蛛丝、蚕丝,毛、发,肌腱,羊肠线等。

天然矿物纤维,例如石棉,由非有机物质组成。石棉是自然存在的矿物中唯一能形成长纤维结构的。另有些矿物呈短的束状结构,如硅灰石、绿坡缕石和多水高岭石。

(2)人造纤维

人造纤维是指经加工过而制成的纤维,包括玻璃纤维、尼龙等。可以由天然原料加工而得(如玄武岩纤维),也可以通过化学方法合成。

基于天然纤维素的人造纤维有很多种,包括人造丝、以及新近产生的纤维素纤维。这一类纤维又可以分为两类,一是由纯纤维素或再生纤维素形成的,二是由纤维素乙酸酯等衍生物形成的。

最常见的人造矿物纤维是玻璃纤维和金属纤维。玻璃纤维由一种特殊的玻璃制成(而玻璃光纤是由纯石英制成)。金属纤维由铜银金等易延展金属可拉制纤维;镍、铝、铁等较韧性金属可通过挤压或沉积等手段制备。

碳纤维,由碳化高分子形成,属于合成纤维。

(3)合成纤维

合成纤维是从一些本身并不含有纤维素或蛋白质的物质如石油、煤、天然气、石灰石或农副产品,加工提炼出来的有机物质,再用化学合成与机械加工的方法制成纤维。如涤纶、锦纶、腈纶、丙纶、氯纶等。

二、常用纤维材料

1. 玻璃纤维

玻璃纤维是用熔融玻璃制成的极细的纤维,绝缘性、耐热性、抗腐蚀性好,机械强度高,是用做绝缘材料和玻璃钢的原料等。普通的玻璃是一种强度不高的脆性材料,如果将熔融的玻璃拉成很细的玻璃纤维之后,其性能就发生了很大变化。玻璃纤维很柔软,甚至可以织成布。同时,玻璃纤维越细,它的强度越高。玻璃纤维是一种性能优异的无机非金属材料,成分为二氧化硅、氧化铝、氧化钙、氧化硼、氧化镁、氧化钠等。它是以玻璃球或废旧玻璃为原料经高温熔制、拉丝、络纱、织布等工艺。最后形成各类产品,玻璃纤维单丝的直径从几个微米到二十几个微米,相当于一根头发丝的 1/20～1/5,每束纤维原丝都有数百根甚至上千根单丝组成,通常作为复材料中的增强材料,电绝缘材料和绝热保温材料,电路基板等,广泛应用于国民经济各个领域。

(1)玻璃纤维的特性

玻璃在抽成丝后,其强度大幅度增加且具有柔软性,配合树脂赋予一定形状以后可以成为优良结构材料。玻璃纤维随其直径变小其强度增高。玻璃纤维比有机纤维耐温高,不燃,抗腐,隔热,隔音性好(特别是玻璃棉),抗拉强度高,电绝缘性好(如无碱玻璃纤维)。但性脆,耐磨性较差。玻璃纤维可作为增强材料,用来制造增强塑料或增强橡胶、增强石膏和增强水泥等制品。用有机材料被覆玻璃纤维可提高其柔韧性,用以制成包装布、窗纱、贴墙布、覆盖布、防护服和绝电、隔音材料。

(2)玻璃纤维的分类

玻璃纤维按形态和长度,可分为连续纤维、定长纤维和玻璃棉;按玻璃成分,可分为无碱、耐化学、高碱、中碱、高强度、高弹性模量和抗碱玻璃纤维等。

玻璃纤维的生产方法分两类:一类是将熔融玻璃直接制成纤维;一类是将熔融玻璃先制成直径 20mm 的玻璃球或棒,再以多种方式加热重熔后制成直径为 $3～80\mu m$ 的甚细纤维。通过铂合金板以机械拉丝方法拉制的无限长的纤维,称为连续玻璃纤维,通称长纤维。通过辊筒或气流制成的非连续纤维,称为定长玻璃纤维,通称短纤维。借离心力或高速气流制成的细、短、絮状纤维,称为玻璃棉。玻璃纤维经加工,可制成多种形态的制品,如纱、无捻粗纱、短切原丝、布、带、毡、板、管等。

玻璃纤维按组成、性质和用途,分为不同的级别。按标准级规定,E 级玻璃纤维使用最普遍,广泛用于电绝缘材料;S 级为特殊纤维,虽然产量小,但很重要,因具有超强度,主要用于军事防御,如防弹箱等;C 级比 E 级更具耐化学性,用于电池隔离板、化学滤毒器;A 级为碱性玻璃纤维,用于生产增强材料。

玻璃纤维按照碱含量的多少,可分为无碱玻璃纤维(氧化钠 0～2%,属铝硼硅酸盐玻璃)、中碱玻璃纤维(氧化钠 8%～12%,属含硼或不含硼的钠钙硅酸盐玻璃)和高碱玻璃纤维(氧化钠 13% 以上,属钠钙硅酸盐玻璃)。

(3)常用玻璃纤维

①E – 玻璃和 C – 玻璃

E – 玻璃亦称无碱玻璃,是一种硼硅酸盐玻璃。是应用最广泛的一种玻璃纤维,其具有良好的电气绝缘性及机械性能,广泛用于生产电绝缘和玻璃钢产品,它的缺点是易被无机酸侵蚀,故不适于用在酸性环境。C – 玻璃亦称中碱玻璃,其特点是耐化学性特别是耐酸性优于无碱玻璃。中碱玻璃纤维可用于生产耐腐蚀的玻璃纤维产品,如玻璃纤维表面毡等,也用于增强沥青屋面材料。我国中碱玻璃纤维占据玻璃纤维产量的一大半(约 60%),广泛用于玻璃钢的增强以及过滤织物,包扎织物等的生产。

②S – 玻璃纤维

又称高强玻璃纤维,其特点是高强度、高模量,它的单纤维抗拉强度为 2800MPa,比无碱玻璃纤抗拉强度高 25% 左右,弹性模量 86 000MPa,比 E - 玻璃纤维的强度高。用它们生产的玻璃钢制品多用于军工、空间、防弹盔甲及运动器械。但是由于价格昂贵,目前在民用方面还没有推广。

③AR 玻璃纤维和 E - CR 玻璃

AR 玻璃纤维亦称耐碱玻璃纤维,主要是为了增强水泥而研制的。因为水化水泥是高碱度环境,玻璃纤维在硬化水泥中容易被腐蚀。E - CR 玻璃是一种改进的无碱玻璃,用于生产耐酸耐水性好的玻璃纤维,其耐水性比无碱玻纤改善 7 ~ 8 倍,耐酸性比中碱玻纤也优越,是专为地下管道、贮罐等开发的新品种。

2. 碳纤维

碳纤维是含碳量高于 90% 的无机高分子纤维,当其中含碳量高于 99% 的称石墨纤维。碳纤维可分别用聚丙烯腈纤维、沥青纤维、粘胶丝或酚醛纤维经碳化制得。

(1)碳纤维的性能特点

碳纤维是一种新型高科技合成纤维材料,力学性能优异,它的比重不到钢的 1/4,碳纤维树脂复合材料抗拉强度一般都在 3500MPa 以上,是钢的 7 ~ 9 倍,抗拉弹性模量为 23 000 ~ 43 000MPa 亦高于钢。碳纤维的轴向强度和模量高,无蠕变,耐疲劳性好,比热及导电性介于非金属和金属之间,热膨胀系数小,耐腐蚀性好,纤维的密度低,X 射线透过性好。具备纺织纤维的柔软可加工性,是新一代增强纤维。与传统的玻璃纤维(GF)相比,弹性模量是其 3 倍多。但其耐冲击性较差,容易损伤,在强酸作用下发生氧化,与金属复合时会发生金属碳化、渗碳及电化学腐蚀现象。因此,碳纤维在使用前须进行表面处理。

(2)碳纤维的种类

按状态分为长丝、短纤维和短切纤维。

按力学性能分为通用型和高性能型。通用型碳纤维强度为 1000MPa、模量为 100GPa 左右。高性能型碳纤维又分为高强型(强度 2000MPa、模量 250GPa)和高模型(模量 300GPa 以上)。强度大于 4000MPa 的又称为超高强型;模量大于 450GPa 的称为超高模型。随着航天和航空工业的发展,还出现了高强高伸型碳纤维,其延伸率大于 2%。用量最大的是聚丙烯腈基碳纤维。

依原料可分为聚丙烯腈系碳纤维;沥青系碳纤维。其中聚丙烯腈系碳纤维具有高强度、高弹性。沥青系碳纤维的弹性模量、导热性等特性比聚丙烯腈系碳纤维还要高,通常以长纤维形态被利用。由于沥青系碳纤维为高模量级纤维,比弹性模量显著优良,故适合于支配刚性结构物轻量化并赋予其结构刚性。另外,沥青系碳纤维具有高导热性、低电阻、低热线性膨胀率及化学稳定性好等特性。

碳纤维可加工成织物、毡、席、带、纸及其他材料,除用作绝热保温材料外,一般不单独使用,多作为增强材料加入到树脂、金属、陶瓷、混凝土等材料中,构成复合材料。碳纤维增强的复合材料可用作飞机结构材料、电磁屏蔽除电材料、人工韧带等身体代用材料以及用于制造火箭外壳、机动船、工业机器人、汽车板簧和驱动轴等。

3. 芳纶纤维

芳纶纤维全称为"聚对苯二甲酰对苯二胺",(Aramid fiber,杜邦公司的商品名为 Kevlar),是一种高科技合成纤维,具有超高强度、高模量和耐高温、耐酸耐碱、重量轻等优良性能,其强度是钢丝的 5 ~ 6 倍,模量为钢丝或玻璃纤维的 2 ~ 3 倍,韧性是钢丝的 2 倍,而重量仅为钢丝的1/5左右,在560℃的温度下,不分解、不融化。具有良好的绝缘性和抗老化性能,具有很长的生命周期。

芳纶主要分为两种,对位芳酰胺纤维和间位芳酰胺纤维,高性能超细对位芳纶（Twaron）产品,既不燃,也不熔融,有很高强度和极大抗切割能力。Twaron主要用于汽车制造业、玻璃工业、森林工业、公共运输行业等,以及为铸造,炉窑、玻璃厂等高温行业提供耐热防火服,生产飞机座阻燃防火包覆材料。还能制造汽车轮胎、冷却软管、V型皮带等机件、光学纤维电缆和防弹背心等防护装备等。

4. 超高分子量聚乙烯纤维

超高分子量聚乙烯纤维又称高强高模聚乙烯纤维,是目前世界上比强度和比模量最高的纤维,其相对分子质量在100万~500万的聚乙烯所纺出的纤维。超高相对分子质量聚乙烯纤维与芳纶、碳纤维一起被并称为当今世界三大高性能纤维,其具有以下特性。

超高相对分子质量聚乙烯纤维具有高比强度,高比模量,比强度是同等截面钢丝的十多倍,比模量仅次于特级碳纤维。纤维密度低,密度是$0.97g/cm^3$,可浮于水面。断裂伸长低、断裂功大,具有很强的吸收能量的能力,因而具有突出的抗冲击性和抗切割性。抗紫外线辐射,防中子和γ射线,能量吸收高、介电常数低、电磁波透射率高。耐化学腐蚀、耐磨性、有较长的挠曲寿命。耐磨性好,摩擦系数小,但应力下熔点只有145~160℃。

5. 聚丙烯纤维

工程用聚丙烯纤维,是以聚丙烯为原材料,通过特殊工艺制造而成的。工程聚丙烯纤维被称为混凝土的"次要加强筋"。掺入聚丙烯纤维的混凝土品质得到改善,综合使用性能得到提高,具有掺加工艺简单、价格低廉、性能优异等特点。作为一混凝土增强纤维,聚丙烯网状纤维已为继玻璃纤维、钢纤维后纤维混凝土科学研究和应用领域的新热点。

常用的聚丙烯工程纤维可分为单丝和网状两种形式。单丝聚丙烯纤维是一种高强聚丙烯束状单丝纤维,经特殊的表面处理技术,确保了纤维在混凝土中具有极佳的分散性及与水泥机体的握裹力。一般使用于细石混凝土。

网状聚丙烯纤维其外观为多根纤维单丝相互交连而成网状结构。当聚丙烯网状纤维投入到混凝土后,在混凝土搅拌过程中,纤维单丝间的横向连结经混凝土自身的揉搓和摩擦作用而破坏,形成纤维单丝或网状结构充分张开,从而实现数量众多聚丙烯纤维均匀掺入混凝土中的效果。

6. 钢纤维

以切断细钢丝法、冷轧带钢剪切、钢锭铣削或钢水快速冷凝法制成长径比（纤维长度与其直径的比值,当纤维截面为非圆形时,采用换算等效截面圆面积的直径）为40~80的纤维。因制取方法的不同钢纤维的性能有很大不同,如冷拔钢丝拉伸强度为800~2000MPa、冷轧带钢剪切法拉伸强度为600~900MPa、钢锭铣削法为700MPa;钢水冷凝法虽为380MPa,但是适合生产耐热纤维。钢纤维主要用于制造钢纤维混凝土,任何方法生产的钢纤维都能起到强化混凝土的作用。

加入钢纤维的混凝土其抗压强度、拉伸强度、抗弯强度、冲击强度、韧性、冲击韧性等性能均得到较大提高。钢纤维的增强效果主要取决于基体强度,纤维的长径比、纤维的体积率（钢纤维混凝土中钢纤维所占体积百分数）、纤维与基体间的粘结强度、以及纤维在基体中的分布和取向的影响。当钢纤维混凝土破坏时,大都是纤维被拔出而不是被拉断,因此改善纤维与基体间的粘结强度是改善纤维增强效果的主要控制因素之一。

7. 有机仿钢纤维

改性聚丙烯仿钢丝纤维(简称仿钢纤维)形状类似于钢纤维,是针对钢纤维而制的替代产品,同时兼顾合成细纤维的一些特点。以合成树脂为原料,经特殊工艺加工而成。仿钢纤维与钢纤维相比有以下一些优点。

聚丙烯仿钢丝纤维化学稳定性极好,耐腐蚀;凸凹不平的表面及特殊的亲水处理,增加了与基体的粘结力和握裹力,使纤维不易被拔出,提高了纤维混凝土的抗弯韧性;在混凝土中分散好,不易结团,施工操作方便;重量轻,易于运输及拌和;在喷射混凝土中添加量少,回弹率低,喷射厚度大。另外,聚丙烯仿钢丝纤维对拌合设备无损伤,可以克服钢纤维腐蚀生锈、易结团、磨损机械、运输困难、反弹伤人等缺陷。

8. 玄武岩纤维

玄武岩纤维是玄武岩石料在 1450～1500℃ 熔融后,通过高速拉制而成的连续纤维。类似于玻璃纤维,其性能介于高强度 S - 玻璃纤维和无碱 E - 玻璃纤维之间,纯天然玄武岩纤维的颜色一般为褐色,有些似金色。

(1)玄武岩纤维制品

玄武岩纤维无捻粗纱,是用多股平行原丝或单股平行原丝在不加捻的状态下并合而成的玄武岩纤维制品。

玄武岩纤维纺织纱,是由多根玄武岩纤维原丝经过加捻和并股而成的纱线,单丝直径一般≤9μm。纺织纱大体上可分为织造用纱和其他工业用纱。

玄武岩纤维短切纱,是用连续玄武岩纤维原丝短切而成的产品。纤维上涂有(硅烷)浸润剂。玄武岩纤维短切纱是增强热塑性树脂的首选材料,同时还是增强混凝土的最佳材料。

其他的还包括,玄武岩纤维布、玄武岩纤维毡和玄武岩纤维复合材料等。

(2)玄武岩纤维的性能

玄武岩是一种高性能的火山岩组份,这种特殊的硅酸盐,使玄武岩纤维具有优良的耐化学性,特别具有耐碱性的优点。因此,玄武岩纤维是替代聚丙烯、聚丙烯腈用于增强水泥混凝土的优良材料;也是替代聚酯纤维、木质素纤维等用于沥青混凝土极具竞争力的产品,可以提高沥青混凝土的高温稳定性、低温抗裂性和抗疲劳性等。

玄武岩纤维与碳纤维、芳纶、超高相对分子质量聚乙烯纤维等高技术纤维相比,除了具有高技术纤维高强度、高模量的特点外,玄武岩纤维还具有耐高温性佳、抗氧化、抗辐射、绝热隔音、过滤性好、抗压缩强度和剪切强度高、适应于各种环境下使用等优异性能,且性价比好,是一种纯天然的无机非金属材料,是一种可以满足国民经济基础产业发展需求的新的基础材料和高技术纤维。玄武岩纤维及其复合材料可以较好地满足国防建设、交通运输、建筑、石油化工、环保、电子、航空、航天等领域结构材料的需求,对国防建设、重大工程和产业结构升级具有重要的推动作用。

第三节 纤维增强聚合物复合材料

纤维增强聚合物复合材料(FRP)是以纤维为增强材料、树脂为基体由材料,并掺加辅助剂,经拉拔成型和必要的表面处理形成的一种新型复合材料,树脂主要起粘结作用。常用的增强纤维有玻璃纤维、碳纤维、塑胶等。作为纤维增强材料的还有硼纤维、碳化硅纤维、氧化铝纤维和芳纶纤维等。土木工程领域常用的 FRP 材料主要有：碳纤维增强聚合物复合材料（CFRP）、玻璃纤维增强聚合物复合材料（GFRP）、芳纶纤维增强聚合物复合材料（AFRP）。

一、玻璃纤维增强塑料

玻璃纤维增强塑料（GFRP，也称玻璃钢），是由合成树脂和玻璃纤维或其织物经复合工艺、制作而成的一种用途广泛的复合材料。它具有玻璃般的透明性或半透明性，又具有钢铁般的高强度而得名。如用玻璃纤维去增强热塑性塑料，可称为热塑性玻璃钢；如用玻璃纤维增强热固性塑料，就叫做热固性玻璃钢。目前生产的玻璃钢主要指热固性而言。

1. 玻璃钢的性能特点

玻璃钢有三大优点：一是玻璃钢的密度小，强度大，比钢铁结实，比铝轻，比重只有普通钢材的 1/4 ~ 1/16，而机械强度却为钢的 3 ~ 4 倍；二是玻璃钢具有瞬间耐高温特性；三是具有良好的耐酸碱腐蚀特性及不具有磁性。另外，玻璃钢容易着色，能透过电磁波等特性。

玻璃钢的强度可以用钢筋混凝土作比喻。在钢筋混凝土中，承受外力的主要是钢筋，但混凝土却是不可缺少的，它将钢筋粘结为一个整体，不但赋予建筑构件以一定的外形，而且增加了强度。在玻璃钢中，玻璃纤维的作用犹如钢筋，而合成树脂则起着胶结的作用，两者的结合使玻璃钢具有惊人的强度。

由于玻璃钢的优异性能，其在建筑业的作用越来越大。许多体育馆、展览馆、商厦的巨大屋顶都是由玻璃钢制成的。玻璃钢还有优良的耐腐蚀性，从而成为一种重要的耐腐蚀材料。如用作为化工厂的反应釜和管、阀门、泵、风机，运输腐蚀性液体的汽车槽车和火车槽车，在化工厂制作存储腐蚀性液体的贮槽、废酸废液池衬里和大面积防腐蚀地面。石油的腐蚀性也很强，玻璃钢可以用来代替钢管制造输油管、输油车，大大节约了钢铁。

2. 玻璃钢制品的成型特点

玻璃钢产品可以根据不同的使用环境及特殊的性能要求，自行设计复合制作而成，因此只要选择适宜的原材料品种，基本上可以满足各种不同用途对于产品使用时的性能要求。因此，玻璃钢材料是一种具有可设计性的材料品种。

玻璃钢的成型工艺方法有多种，最简单的是手工糊制方法，其他方法有模压工艺成型方法，经过专门设计、专业制造的纤维缠绕成型方法；综合注射、真空、预成型增强材料或预设垫料的模塑方法；达到制品高性能指标、由计算机进行程序控制的先进的自动化成型方法。

玻璃钢产品制作成型时可一次性完成。只要根据产品的设计，选择合适的原材料铺设方法和排列程序，就可以将玻璃钢材料和结构一次性地完成，避免了金属材料通常所需要的二次加工，从而大大降低产品的物质消耗，减少人力和物力的浪费。

玻璃钢成型温度低，节约能源。若采用手工糊制的方法，其成型时的温度一般在室温下，或者在 100℃ 以下进行，其成型温度远低于金属材料，及其他的非金属材料，因此其成型能耗可以大幅度降低。

二、碳纤维增强塑料

1. 碳纤维增强塑料的性能

碳纤维增强塑料(CFRP)是由合成树脂和碳纤维纤维或其织物经复合工艺、制作而成的一种用途广泛的复合材料。与钢材相比,CFRP 的主要特点有:

(1)抗拉强度高

CFRP 的顺纤维方向抗拉强度远大于普通钢筋,与高强钢丝接近,且在达到抗拉强度之前,几乎没有塑性变形产生。但均匀性较钢材较差,各向异性,抗剪和抗多轴向力强度低,CFRP 抗剪强度通常不超过其抗拉强度的 10% 左右,在将 CFRP 用作预应力筋以及进行 CFRP 的材性试验时,相应的锚、夹具需专门研制。

(2)抗腐蚀性和耐久性好

CFRP 具有很好的抗腐蚀性和耐久性,因而可提高结构使用寿命,尤其用于腐蚀性较大的环境效果更为显著。除了强氧化剂外,一般如浓盐酸、30% 的硫酸、碱等对其均不起作用。

(3)自重轻

CFRP 密度仅为钢材的 25% 左右,建筑结构中采用时,施工非常方便,可降低劳动力费用,当用于旧有结构的维修加固时效果更为明显。

(4)热膨胀系数与混凝土相近。当环境温度发生变化时,CFRP 与混凝土协同工作,两者间不会产生大的温度应力。

(5)弹性模量小

CFRP 的弹性模量约为普通钢筋的 25% ~ 70% ,这样,CFRP 混凝土结构的挠度较大和裂缝开展较宽将不可避免。

其他的性能包括,应力 – 应变曲线呈线性分布;减震性能好,其自振频率很高,可避免早期共振,且内阻很大,若发生激振,衰减快;材料柔软,产品形状几乎不受限制,还可以任意着色,将结构形式和材料美学统一起来。

2. 碳纤维增强塑料的种类

(1)碳纤维增强热固性塑料

热固性塑料是碳纤维增强塑料应用较早的基体材料,它的主要成分是热固性合成树脂,此外还加入一些添加剂。主要包括碳纤维增强环氧树脂、碳纤维增强聚丙烯酰胺树脂、碳纤维增强聚酰亚胺、碳纤维增强聚丙烯酰胺树脂、碳纤维增强酚醛树脂等。

碳纤维增强的热固性树脂主要用于强度和刚性要求较高、而密度要求较小的器械或设备中,用酚醛树脂和碳纤维制成的复合材料可作为宇宙飞行器外表面的防热层、火箭喷嘴等。而碳纤维与环氧树脂制成的复合材料由于强度高,多用于飞机和宇宙飞行器上作为结构材料。

(2)碳纤维增强热塑性塑料

热塑性塑料作为纤维增强塑料的基体,比热固性塑料晚些。由于热塑性塑料只靠加热熔融,不需要制成预成形材料就可以制成复合材料,成形工艺比热固性塑料简单,成形时间短、损坏部分比较容易修补等原因,近年来的应用开发较快。主要有碳纤维增强聚丙烯、碳纤维增强聚甲醛、碳纤维增强聚醚砜、碳纤维增强聚苯硫醚、碳纤维增强聚醚醚酮等。

3. 纤维增强聚合物在土木工程中的应用

CFRP 复合材料正被越来越广泛地应用于桥梁、各类民用建筑、海洋和近海、地下工程等结构中,它能适应现代工程结构向大跨、高耸、重载、高强和轻质发展以及承受恶劣条件的需要。是一种新型的有发展潜力的建筑材料,它是作为传统建材(钢材与混凝土)的一个重要补充。CFRP 使用灵活、方便,在土木工程中应用前景广阔。

(1)结构加固补强

CFRP 产品的主要形式有片材(板材和布材)、型材(矩形、工字形、蜂窝型、格栅型、层压型)、筋材(圆筋、方筋、变形筋、预应力张拉用的绞线和筋束等),还有 CFRP - 混凝土组合结构、全 FRP 复合材料大型结构、FRP 桥面板等。

CFRP 片材一方面可以直接粘贴在钢筋混凝土结构的梁、板、柱和墙上,利用其高强的抗拉能力直接提高这些结构构件的抗弯和抗剪能力;另一方面,CFRP 也可以外包的方式从环向对混凝土施加约束,从而提高混凝土构件的抗压承载力及其延性性能。将这种材料加入混凝土内,不仅能显著地提高混凝土构件的承载力,而且能改善混凝土结构的抗冲击和耐疲劳性能,特别是具有很好的抗裂和控制裂缝宽度发展的能力。

CFRP 加固现有结构,其简便的施工工艺及优良的加固效果得到土木工程界的普遍赞同。CFRP 用于旧有结构修复与加固时的形式主要是在梁、板、柱以及砌体结构中,应用领域主要体现在桥梁结构、民用建筑结构、海洋结构和近海结构、地下结构等领域中。利用碳纤维增强塑料加固结构主要是将其粘贴在或植入结构或构件的受拉区表面,利用其高强性能来抵抗结构所承受的拉应力。在加固修补混凝土结构中可以充分利用其高强度、高弹性模量的特点来提高混凝土结构及构件的承载力和延性,改善受力性能,达到高效加固修补的目的。这对于抗震加固补强具有重要意义。

(2)在新结构中的应用

CFRP 复合材料在应用于新建结构中,也是一个广阔的领域。CFRP 筋及型材用于增强新建结构。CFRP 筋是采用多股连续碳纤维作为增强纤维,热固性树脂作为机体材料,将增强纤维和基体树脂胶合,通过固定截面形状的模具挤压、拉拔,快速固化成型的复合材料。CFRP 预应力索作为结构增强材料可以替代传统混凝土结构中的钢筋与钢绞线而解决钢材的腐蚀问题。采用 CFRP 材料代替原有混凝土结构的钢材,会使原有的设计理论与设计方法发生革命性改变。

(3)特殊条件下的应用

①海洋环境

任何海洋资源的开发都离不开对海洋基础设施的建设,而在所有海洋基础设施的建设中,结构防腐问题一直是一个最突出的问题。目前在建的海洋钢筋混凝土结构,采用最厚的混凝土保护层(一般为 150mm 左右,相当于陆地混凝土结构保护层的 5 倍以上)及防腐措施,其对内部钢筋防氯盐腐蚀也仅有 15 年左右,这与永久或半永久性的海洋结构耐久要求相距甚远。采用 CFRP 混凝土或 CFRP - 混凝土组合结构就可以从根本上解决海洋工程中的钢筋腐蚀问题。

②高寒环境

在高寒环境下,基础设施建设与维护费用昂贵,建设周期过长。因此,对于再建或拟建的各种基础设施项目(主要是公路与铁路等交通项目),提高其建设质量,减少维护费用是一个重大的技术问题。用 CFRP 筋代替钢筋,做成免维护复合材料混凝土结构,从而达到提高基础设施耐久性与延长寿命的目的。

③地质灾害防治

用于地质灾害防治中永久锚固支护,对山体与边坡滑移治理最有效的办法就是采用预应力锚固支护技术。

第四节 水泥沥青砂浆

板式无碴轨道的稳定性高于有碴轨道,且维护工作量和费用均远低于有碴轨道,因此其在铁路建设尤其是高速铁路建设中越来越受到重视。板式无碴轨道是由长钢轨、扣件系统、轨道板、水泥沥青砂浆、混凝土底座及凸形挡台组成的一种新型轨道结构。为使板式轨道具有一定的弹性,并固定轨道结构的位置,在混凝土底座和轨道板之间,以及凸形挡台周围填充缓冲材料层,同时消除混凝土构件施工误差。作为缓冲充填材料,应既有一定的弹性,又有一定的强度,水泥砂浆强度足够高,但弹性不足,沥青弹性好,但强度低,受温度影响大,因此采用了将二者结合的水泥沥青砂浆,通称 CA 砂浆。

一、水泥沥青砂浆的组成材料

水泥沥青砂浆一般采用水泥、乳化沥青、砂及各种掺和料混合而成,水泥提供强度,而沥青提供柔性。通常使用高早强水泥以获得较好的早期强度和对环境的适应性。我国一般采用强度等级 42.5R 的普通硅酸盐水泥或快硬硫铝酸盐水泥。

1. 沥青

沥青应具备较好的稳定性,在与水泥、砂混合后应具有适宜的破乳速度;同时沥青乳化后不能过多地损失沥青的原有性能。一般采用阳离子乳化沥青,其主要指标应满足表 14—1 的要求。

表 14—1 乳化沥青的主要性能要求

性能		指标要求
外观		浅褐色液体,均匀无杂质
颗粒电荷		+
恩氏黏度(25℃)		<0.1
储存稳定性(1d, 25℃)(%)		<1.0
低温储存稳定性(−5℃)		无颗粒或块状物
水泥混合性(%)		<1.0
蒸发残留物	残留物含量(%)	58~63
	针入度(25℃,100g)(0.1mm)	60~120
	延度(15℃)/cm	>100
	溶解度(%)	>97

2. 聚合物乳液

为改善砂浆的耐久性,可以加入聚合物乳液。聚合物乳液可以起到改性、防水、粘结作用。聚合物乳液要与沥青、水泥具有良好的相容性，不能对砂浆的流动性影响过大，同时防止出现凝聚、结块。

3. 细骨料

细骨料（砂）应采用河砂、山砂或机制砂。砂的细度对砂浆的分离度影响很大。如细度模数太小，则为获得合适的流动度所需的用水量较大；细度模数过大，则砂子易产生沉降。因此，细骨料应为最大粒径小于 2.5mm 的岩石颗粒，细度模数为 1.4~2.2，不得含有软质岩、风化岩石。颗粒级配应符合相应的规定。为确保砂浆质量，砂子必须烘干后用防潮袋包装，含水率不大于 1。

4. 混和料

使用混和料可以增加砂浆拌合物的流动性，防止砂浆材料分离，防止收缩。一般采用含有硫铝酸钙和具有膨胀性的水泥混和料，或者采用石灰系膨胀混和料。

5. 外加剂

为使砂浆完全充满所处的空间，并形成一定的膨胀力，使得砂浆与预制板结合紧密，可加入铝粉。根据砂浆的性能要求，也可适量加入消泡剂、引气剂、稳定剂和防水剂等，以提高砂浆的和易性，增加砂浆密实度，提高砂浆抗冻性。

所用的水，不应含有油、酸、盐类等砂浆质量有害的杂质。宜采用饮用水。

二、水泥沥青砂浆的性能

水泥沥青砂浆应具备良好的施工性，同时应保证在一定试件内能够固化，并有足够的强度、耐久性和相应的柔性。因此应满足表 14—2 的要求。

表 14—2　砂浆拌合物和硬化体的性能要求

性　能	项　　目		要　　求
拌合物性质	砂浆温度/℃		5~30
	流动度/s		16~26
	可工作时间/min		≥30
	含气量（%）		8~12
	单位容积质量/(kg/L)		>1.3
硬化体性质	抗压强度/MPa	1d	>0.1
		3d	>0.7
		7d	1.8~2.5
	弹性模量/MPa		100~300
	材料分离度（%）		<3
	膨胀率（%）		1~3
	泛浆率（%）		0
	抗冻性		300 次冻融循环后，相对动弹模量不小于 60%，质量损失率不小于 5%。
	耐候性		外观无异常，相对抗折强度不低于 100%。

目前国际上 CA 砂浆主要有高强型和低强型两大类。德国板式无砟轨道使用的 CA 砂浆具有相对较高的抗压强度和弹性模量，其 28d 抗压强度大于 15MPa，28d 弹性模量为

7～10GPa,是高强型 CA 砂浆;日本板式无砟轨道使用的 CA 砂浆具有相对较低的抗压强度和弹性模量,其 28d 抗压强度为 1.8～2.5MPa,28d 弹性模量为 200～600MPa,是低强型 CA 砂浆。尽管两类 CA 砂浆的强度和弹性模量相差较大,但由于其施工方法都是灌注施工,因此两类砂浆都要求具有良好的工作性能,即具有大流动性和良好的粘聚性(不离析不泌水)。

第五节　土工合成材料

土工合成材料是以人工合成的聚合物为原料制成的各种类型产品,是岩土工程中应用的合成材料的总称。可置于岩土或其他工程结构内部、表面或各种结构层之间,具有加强、保护岩土或其他结构功能的一种新型工程材料。土工合成材料分为土工织物、土工膜、土工特种材料和土工复合材料等类型。土工特种材料包括土工膜袋、土工网、土工网垫、土工格室、土工织物膨润土垫、聚苯乙烯泡沫塑料等。土工复合材料是由上述各种材料复合而成,如复合土工膜、复合土工织物、复合土工布、复合防排水材料(排水带、排水管)等。

一、土工布

1. 土工布及其特点

土工布又称土工织物,由合成纤维通过针刺或编织而成的透水性土工合成材料。土工布分为无纺土工布和有纺土工布。用于织造土工布合成纤维主要为锦纶、涤纶、丙纶、乙纶,它们具有优异的过滤、隔离、加固防护作用、抗拉强度高、渗透性好、耐高温、抗冷冻、耐老化、耐腐蚀等性能。其他工程应用特性包括:反滤隔离功能好,具有很好的排水性能;有很好抗穿刺能力,保护能力强;有很好的摩擦系数与抗拉强度,加筋性能良好。

2. 无纺土工布

无纺土工布是由长丝或短纤维经过不同的设备和工艺铺排成网状,再经过针刺等工艺让不同的纤维相互交织在一起,相互缠结固着使织物规格化,让织物柔软、丰满、厚实、硬挺,以达到不同的厚度满足使用要求。柔软的纤维赋予其一定的抗撕裂能力,同时具有很好的变形适应能力,还具有很好的平面排水能力;表面柔软而且多间隙赋予其很好的摩擦系数,能够增加土粒等的附着能力,可以防止细小颗粒通过阻止了颗粒物的流失同时排除了多余水分。根据用丝的长短分为长丝无纺土工布或短丝无纺土工布。它们都能起到很好的过滤、隔离、加筋、防护等功效。

3. 有纺土工布

有纺土工布是由至少两组平行的纱线(或扁丝)组成,一组沿织机的纵(织物行进的方向)称经纱,另一组横向布置称为纬纱。用不同的编制编织设备和工艺将经纱与纬纱交织在一起织成布状,可根据不同的使用范围编织成不同的厚度与密实度,一般有纺土工布较薄,其纵横向都具有相当强的抗拉强度(经度大于纬度),具有很好的稳定性能。

4. 烧毛土工布

烧毛土工布是在无纺土工布基层上设有一层烧结层,既达到无纺土工布表面结团的目的,又可保持无纺土工布的原有性能。广泛应用于沥青路面、水泥混凝土路面及路基的增强。硬性路面和柔性路面皆可适用,与传统路面相比能降低造价,延长使用寿命,防止道路反射裂纹。表面粗糙,不易滑动。铺设时将表面经特殊处理后粗糙的一面朝上,增大摩擦系数,增加面层结合力,防止施工时被车轮卷起、破坏,同时可抑制车辆、摊铺机在布上出现打滑现象。

二、土工膜

土工膜是以塑料薄膜作为防渗基材,与无纺布复合而成的土工防渗材料,其主要功能为防止液体的渗漏和气体的挥发,它的防渗性能主要取决于塑料薄膜的防渗性能。是一种聚合物柔性材料,比重较小,延伸性较强,适应变形能力高,耐腐蚀,耐低温,抗冻性能好。其主要机理是以塑料薄膜的不透水性隔断土坝漏水通道,以其较大的抗拉强度和延伸率承受水压和适应坝体变形。因此,透水的土工合成织物称为土工织物,不透水的称为土工膜。

制造土工膜的聚合物有塑料和橡胶两类。塑料类可使用聚氯乙稀、低密度聚乙烯、中密度聚乙烯和高密度聚乙烯等。合成橡胶类主要有丁基橡胶、环氧丙烷橡胶、氯磺化聚乙烯等。土工膜主要用于水利工程。1998 年长江三峡工程大江截流后围堰防渗墙使用了土工膜,新疆从北部雨水丰盛地区向克拉玛依和乌鲁木齐送水工程、南水北调工程等也大量使用土工膜。

以合成纤维(或玻璃纤维)为增强材料,通过与复合土工膜复合可成为经编复合土工膜。经编复合土工膜不同于一般土工膜,其最大特点是高抗拉强度,低延伸率,纵横向变形均匀,抗撕裂强度高,耐磨性能优良,隔水性强。经编复合增强防水土工布具有优越的隔水性、耐用性、防护性。可广泛用于铁路、公路、运动馆、堤坝、水工建筑、遂洞、沿海滩涂、围垦、环保等工程。

三、土工网

土工网是以聚合物为原料,采用挤出工艺、经特制的旋转机头一步制成的非编织型、整体化网状结构。土工网使用的聚合物主要是高密度聚乙烯、低密度聚乙烯。

土工网可用作于垫层加固软基、植草和复合排水材料的基材,应用范围很广,从道路建设、江河治理、海岸防护、铁路工程到围海造地、绿化、防风林、垃圾堆场等工程领域都可使用。公路、铁路路基中使用可有效地分配荷载,提高地基的承载能力及稳定性,延长寿命。在公路边坡上铺设,可防止滑坡,保护水土,美化环境。水库、河流堤坝防护铺设可有效的防止塌方;在海岸工程中用其柔韧性好,渗透性好的特点来缓冲海浪冲击能量。

四、土工格栅

塑料土工格栅是以聚丙烯或高密度聚乙烯等为主要原料,加入抗紫外线助剂等,经过热塑或模压而成的二维网格状或具有一定高度的三维立体网格屏栅,当用于土木工程时,称为土工格栅。土工格栅主要用于加筋土和软基处理工程。使用聚丙烯制成的土工格栅抗拉强度大,伸长率小;高密度聚乙烯为原料的土工格栅抗拉强度小,伸长率大。但是聚丙烯的抗氧化、抗老化性能和蠕变性能比高密度聚乙烯要差些,必须经过相应处理才可。土工格栅分为塑料土工格栅、钢塑土工格栅、玻璃纤维土工格栅和玻纤聚酯土工格栅四大类。

1. 塑料土工格栅

塑料土工格栅是经过拉伸形成的具有方形或矩形的聚合物网材,按其制造时拉伸方向的不同可为单向拉伸和双向拉伸两种。它是在经挤压制出的聚合物板材(原料多为聚丙烯或高密度聚乙烯)上冲孔,然后在加热条件下施行定向拉伸。塑料土工格栅在制造中聚合物的高分子会随加热延伸过程而重新排列定向,加强了分子链间的连结力,达到了提高其强度的目的。其延伸率只有原板材的10%~15%。如果在土工格栅中加入炭黑等抗老化材料,可使其具有较好的耐酸、耐碱、耐腐蚀和抗老化等耐久性能。

2. 聚酯纤维经编土工格栅

聚酯纤维经编土工格栅(又称为涤纶土工格栅、涤纶经编土工格栅、聚酯PET纤维经编土工格栅、高强涤纶格栅等),采用高强度聚酯纤维为原料,经编定向结构,经涂覆加工编织而成的土工格栅。其特点包括:采用经编定向结构,织物中的经纬向纱线相互间无弯曲状态,交叉点用高强纤维长丝捆绑结合起来,形成牢固的结合点,充分发挥其力学性能。高强聚酯纤维经编土工格栅具有抗拉强度高,延伸力小,抗撕力强度大,纵横强度差异小。耐紫外线老化、耐磨损、耐腐蚀、质轻、与土或碎石嵌锁力强,对增强土体抗剪及补强提高土体的整体性与荷载力,具有显著作用。抗拉强度高,抗撕裂强度大,与土壤碎石结合力强。

聚酯纤维经编土工格栅的应用。铁道道渣保护:由于火车震动及风吹雨淋,造成道渣流失,用土工格栅包裹住道渣,防止道渣流失,提高路基的稳定性;铁道挡墙:土工格栅用于铁道边上的挡墙增强,例如火车站内月台和货台,可延长使用寿命,减少维修费用;加筋挡土墙:在公路旁边和垂直挡墙中加铺土工格栅,可提高挡墙的承载能力。

五、土工格室

塑料土工格室是由聚合物片材经过高强力焊接而形成的一种三维网状结构,按结构可分为有孔型和无孔型,按格室片材的表面特点分为光滑型和带纹型。

1. 土工格室的特性

土工格室具有伸缩自如,运输可缩叠,施工时可张拉成网状,填入泥土、碎石、混凝土等松散物料,构成具有强大侧向限制和大刚度的结构体;土工格室材质轻、耐磨损,化学性能稳定、耐光氧老化、耐酸碱,适用于不同土壤与沙漠等土质条件;土工格室有较高的侧向限制和防滑、防变形、有效的增强路基的承载能力和分散荷载作用;改变土工格室高度、焊距等几何尺寸可满足不同的工程需要;伸缩自如,运输体积小;联接方便、施工速度快。

2. 土工格室的工程应用

(1)处理半填半路基

在地面自然坡度徒于1:5的斜坡上修筑路堤时,路堤基底应挖台阶,台阶宽度不得小于1m时,分期修建或改建公路加宽时,新旧路基填方边坡的衔接处,应开挖台阶,高等级公路台阶宽度一般为2m,在每层台阶水平面上铺设土工格室,利用土工格室自身的立面侧限加筋效应,更好的解决不均匀沉陷的难题。

(2)风沙地区路基

风沙地区路基应以低路堤为主,填土高度一般不得小于0.3m。由于风沙地区路基修筑的低路基及重承载的专业要求,采用土工格室可以对松散填料起到侧限作用,在有限的高度内保障路基具有高的刚度和强度,以承受大型车辆的荷载应力。

(3)台背路基填土加筋

采用土工格室可以更好的实现台背加筋的目的,土工格室与填料间可以产生足够的摩擦力,有效减少路基与构造物间的不均匀的沉降,最终才能有效缓解"桥台跳车"病害对桥面的早期冲击破坏。

（4）多年冻土地区路基

在多年冻土地区修筑填方路基,应达到最小填土高度,以防止发生翻浆或引起冻层上限下降,致使路堤发生过量沉降。土工格室特有的立面加筋效应和有效的落实的整体侧限性,可以在最大程度上确保在某些特殊地段的最小填土高度,并使填土具有高品质的强度和刚度。

（5）黄土湿陷路基处理

对于高速公路和一级公路通过湿陷性黄土和压缩性较好的黄土地段时,或高路堤的地基允许承载力低于车辆协力荷载和路堤自重的压力时,还应按承载力要求对路基进行处理,这时土工格室的优越性就彰显无疑了。

（6）盐渍土、膨胀土

采用盐渍土,膨胀土修筑的高速公路、一级公路,路肩及边坡均采用加固措施,格室的立面加固效果是所有加固材料中最优异的一种,而且它具有优良的耐腐蚀性,完全可以满足在盐渍土,膨胀土修筑高等公路的要求。

使用前将土工格室以折叠的方式堆放在一起,以便运输。使用时可人工拉成网状,在网格中填入砂土、碎石等,形成组合材料,其具有较高的承载力和抗冲蚀能力。施工时可就地取材,无须远距离运输专用结构材料,大大降低施工费用。

六、土工垫

土工垫主要用于坡面防护、控制水土流失。土工垫主要有两种,即单丝热粘结型土工垫和土工网垫。前者是以尼龙6或聚丙烯为主要原料挤出单丝后,无规则地叠成一定厚度再相互热粘结而成;后者是以聚烯烃聚合物为主要原料,经挤出菱形网与挤出双向拉伸方形网复合、点焊、热收缩成型。

土工网垫底部有一层高模量的基础层,上部有一层规则的波形网包层,更易于与土壤、植被良好结合,促进织物生长,有效地防止水土流失,又称为三维植被网。

复习思考题

14—1　装饰材料的选用原则是什么?

14—2　建筑陶瓷主要由哪些品种? 其性能如何?

14—3　什么是安全玻璃? 主要有哪些品种? 各有何性能特点?

14—4　常用纤维材料的性能和应用特点是什么?

14—5　玻璃钢制品有哪些优点?

14—6　简述碳纤维增强塑料的性能及其在土木工程中的应用。

14—7　土工合成织物的种类及其主要特点有哪些?

第十五章　材料试验

第一节　材料基本性质与骨料试验

一、密度试验

1. 主要仪器设备

李氏瓶(见图15—1)、筛子（孔径0.2mm 或 900 孔/cm²)、恒温水槽、量筒、烘箱、干燥器、天平(称量500g,分度值0.01g)、无水煤油、温度计、玻璃漏斗、滴管和小勺等。

2. 试样准备

将试样研磨后,称取试样约400g,用筛子筛分,除去筛余物,放在(110 ± 5)℃的烘箱中,烘至恒重,再放入干燥器中冷却至室温(20 ± 2)℃备用。

3. 试验方法与步骤

(1)在李氏瓶中注入与试样不起反应的液体(如无水煤油)至突颈下部刻度线零处,记下第一次液面刻度数 V_1(精确至 $0.05cm^3$),将李氏瓶放在恒温水槽中30min,在试验过程中保持水温为20℃。

(2)用天平称取 60~90g 试样 m_1(精确至0.01g),将试样用小勺和玻璃漏斗小心地将试样徐徐送入密度瓶中,不准有试样粘附在瓶颈内部,且要防止在密度瓶喉部发生堵塞,直到液面上升到20mL 刻度左右为止。再称剩余的试样质量 m_2(精确至0.01g)。

(3)用瓶内的液体将粘附在瓶颈和瓶壁上的试样洗入瓶内液体中,反复摇动密度瓶使液体中的气泡排出;记下第二次液面刻度 V_2(精确至 $0.05cm^3$),根据前后两次液面读数,算出瓶内试样所占的绝对体积 $V = V_2 - V_1$。

4. 结果计算与数据处理

(1)按下式算出密度 ρ(g/cm^3,计算至小数点后第二位)。

$$\rho = \frac{m_1 - m_2}{V_2 - V_1} = \frac{m}{V} \tag{15—1}$$

式中　m_1——备用试样的质量,g;

　　　m_2——剩余试样的质量,g;

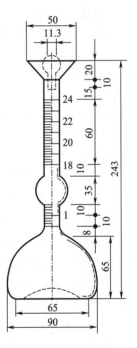

图 15—1　李氏瓶
（单位:mm）

m——装入瓶中试样的质量，g；

V_1——第一次液面刻度数，cm³；

V_2——第二次液面刻度数，cm³；

V——装入瓶中试样的绝对体积，cm³。

（2）材料的实际密度测试应以两个试样平行进行，以其结果的算术平均值作为最后结果，但两个结果之差不应超过 0.02g/cm³。否则应重新测试。

二、砂、石表观密度试验

1. 主要仪器设备

容量瓶（500mL）、广口瓶、天平（称量1kg，分度值1g）、天平（称量2kg，分度值1g）、干燥器、带盖容器、浅盘、铝制料勺、温度计、烘箱、烧杯等、毛巾、刷子、玻璃片、滴管等。

2. 试样准备

（1）取砂试样不少于2.6kg，筛去公称粒径10.0mm以上的颗粒，经缩分后取不少于650g的试样装入浅盘中，在温度为(105±5)℃的烘箱中烘干至恒重，并在干燥器内冷却至室温备用。

（2）将石子试样按表15—1规定的数量取样，筛去公称粒径5.00mm以下的颗粒，洗刷干净后，在温度为(105±5)℃的烘箱中烘干至恒重，并在干燥器内冷却至室温，分成大致相等的两份备用。

表15—1　石子表观密度试验所需试样数量

最大粒径/mm	小于26.5	31.5	37.5	63.0	75.0
最少试样质量/kg	2.0	3.0	4.0	6.0	6.0

3. 试验方法与步骤

（1）砂的表观密度试验（容量瓶法）

① 称取烘干的砂试样300g(m_0)，精确至1g，将约250mL冷开水先注入容量瓶，再将砂试样装入容量瓶，摇转容量瓶，使试样在水中充分搅动，排除气泡，塞紧瓶塞。静置24h。

② 静置后用滴管添水，使水面与瓶颈500mL刻度线平齐，再塞紧瓶塞，擦干瓶外水分，称取其质量(m_1)，精确至1g。

③ 倒出瓶中的水和试样，将瓶的内外表面洗净。再向瓶内注入与前面水温相差不超过2℃，并在15～25℃范围内的冷开水至瓶颈500mL刻度线，塞紧瓶塞，擦干瓶外水分，称取其质量m_2，精确至1g。

（2）石子表观密度试验（广口瓶法）

① 将试样浸水饱和后，装入广口瓶中，装试样时广口瓶应倾斜放置，然后注满饮用水，用玻璃片覆盖瓶口，以上下左右摇晃的方法排除气泡。

② 气泡排尽后，向瓶内添加饮用水，直至水面凸出到瓶口边缘，然后用玻璃片沿瓶口迅速滑行，使其紧贴瓶口水面。擦干瓶外水分后，称取试样、水、瓶和玻璃片的质量m_1，精确至1g。

③ 将瓶中的试样倒入浅盘中，置于(105±5)℃的烘箱中干至恒重，取出放在带盖的容器中冷却至室温后称出试样的质量m_0，精确至1g。

④将瓶洗净,重新注入饮用水,用玻璃片紧贴瓶口水面,擦干瓶外水分后称出质量 m_2,精确至 1g。

4. 结果计算与数据处理

(1)砂的表观密度结果计算

①按下式计算砂的表观密度 ρ'(精确至 0.01g/cm^3):

$$\rho' = \left(\frac{m_0}{m_0 + m_2 - m_1} - \alpha \right) \times \rho_w \qquad (15-2)$$

式中　ρ'——试样的表观密度,g/cm^3;

$\quad\quad m_0$——干燥试样的质量,g;

$\quad\quad m_1$——试样、水和容量瓶的质量,g;

$\quad\quad m_2$——水和容量瓶的质量,g;

$\quad\quad \alpha$——不同水温下砂的表观密度修正系数,见表 15—2;

$\quad\quad \rho_w$——水的密度,g/cm^3。

表 15—2　不同水温下砂的表观密度修正系数

$T/℃$	15	16	17	18	19	20	21	22	23	24	25
系数	0.002	0.003	0.003	0.004	0.004	0.005	0.005	0.006	0.006	0.007	0.008

②表观密度应用两份试样分别测定,并以两次结果的算术平均值作为测定结果,精确至 0.01g/cm^3,如两次测定结果的差值大于 0.02g/cm^3 时,应重新取样测定。

(2)石子的表观密度结果计算

①按下式计算石子的表观密度 ρ'(精确至 0.01g/cm^3):

$$\rho' = \left(\frac{m_0}{m_0 + m_2 - m_1} \right) \times \rho_w \qquad (15-3)$$

式中　ρ'——试样的表观密度,g/cm^3;

$\quad\quad m_0$——干燥试样的质量,g;

$\quad\quad m_1$——试样、水、广口瓶和玻璃片的总质量,g;

$\quad\quad m_2$——水、广口瓶和玻璃片的质量,g;

$\quad\quad \rho_w$——水的密度,g/cm^3。

②表观密度应用两份试样分别测定,并以两次结果的算术平均值作为测定结果,如两次结果之差大于 0.02g/cm^3,应重新取样试验;对颗粒材质不均匀的试样,如两次试验结果之差值超过 0.02g/cm^3,可取四次测定结果的算术平均值作为测定值。

三、砂、石堆积密度试验

1. 主要仪器设备

天平(称量 10kg,分度值 1g 或 5g)、4.75mm 方孔筛、搪瓷浅盘、烘箱、干燥器、容量筒(容积为 1L)、标准漏斗、钢尺、小铲、10mm 垫棒等。

2. 试验方法与步骤

(1)松散堆积密度的测定

称量容量筒的质量 m_1（精确至 1g 或 5g），取试样两份（每份不少于 1.5L，并已筛去公称粒径 5.00mm 以上的颗粒）置于标准漏斗中，将漏斗下口置于容量筒中心上方 50mm 处，让试样自由落下徐徐装入容量筒，当容量筒装满上部试样呈堆体，且容量筒四周溢满时，停止加料。然后用直尺沿筒口中心线向两边刮平（实验过程应防止触动容量筒），称出试样和容量筒总质量 m_2，精确至 1g 或 5g。

（2）紧密堆积密度

称量容量筒的质量 m_1（精确至 1g 或 5g），取另两份试样，用小铲将试样分两层装入容量筒内。第一层约装 1/2 后，在容量筒底垫放 10mm 垫棒一根，在垫有橡胶板的台面上左右交替颠击各 25 下，再装第二层，把垫着的钢筋转 90° 同法颠击。加料至试样超出筒口，用钢尺沿筒口中心线向两个相反方向刮平，称其总质量 m_2（精确至 1g 或 5g）。

（3）称量玻璃板与容量筒的总质量 m_1'，以（20 ± 2）℃ 的饮用水装满容量筒，用玻璃板沿筒口滑移，使其紧贴筒口。擦干容量筒外壁上的水分，称其质量 m_2'。单位以 g 计。

$$V_0' = \frac{(m_2' - m_1')}{\rho_w} \qquad (15\text{—}4)$$

式中　V_0'——容量筒的容积，L；

　　　m_1'——容量筒与玻璃板的总质量，kg；

　　　m_2'——容量筒与玻璃板及水的总质量，kg；

　　　ρ_w——水的密度，g/cm³。

3. 结果计算与数据处理

按下式计算堆积密度 ρ_0'（精确至 10kg/m³）：

$$\rho_0' = \frac{(m_2 - m_1)}{V_0'} \qquad (15\text{—}5)$$

式中　ρ_0'——试样的堆积密度，kg/m³；

　　　m_1——容量筒的质量，kg；

　　　m_2——容量筒的和试样总质量，kg；

　　　V_0'——容量筒的容积，m³。

分别以两次实验结果的算术平均值作为堆积密度测定的结果。

四、砂的颗粒级配及细度模数检验

1. 主要仪器设备

方孔筛（孔边长为 0.15mm、0.30mm、0.60mm、1.18mm、2.36mm、4.75mm 及 9.50mm 的方孔筛各一只，并附有筛底和筛盖）；天平（称量 1000g，分度值 1g）；摇筛机；鼓风烘箱［能使温度控制在（105 ± 5）℃］；浅盘、毛刷等。

2. 试样准备

先将试样筛去公称粒径大于 10.0mm 以上的颗粒并记录其含量百分率。如试样中的尘屑、淤泥和粘土的含量超过 5%，应先用水洗净，然后于自然润湿状态下充分搅拌均匀，用四分法缩取每份不少于 550g 的试样两份，将两份试样分别置于温度为（105 ± 5）℃ 的烘箱中烘干至恒重。冷却至室温后待用。

3. 试验方法与步骤

（1）称取试样 500g，精确至 1g。将套筛按筛孔尺寸为 9.50mm、4.75mm、2.36mm、1.18mm、0.60mm、0.30mm、0.15mm 的顺序叠置。孔径最大的放在上层，加底盘后将试样倒入最上层筛内。加盖后将套筛置于摇筛机上（如无摇筛机，可采用手筛）。

（2）设置摇筛机上的定时器旋钮于 10min；开启摇筛机进行筛分。完成后取下套筛，按筛孔大小顺序再逐个用手筛，筛至每分钟通过量小至试样总量 0.1% 为止。通过的试样放入下一号筛中，并和下一号筛中的试样一起过筛，按顺序进行，直至各号筛全部筛完为止。

（3）称出各号筛的筛余量，精确至 1g。分计筛余量和底盘中剩余试样的质量总和与筛分前的试样总量相比，其差值不得超过 1%。

4. 结果计算与数据处理

（1）计算分计筛余百分率：各号筛的筛余量与试样总量之比，计算精确至 0.1%。

（2）计算累计筛余百分率：该号筛的筛余百分率加上该号筛以上各筛余百分率之和，精确至 0.1%。筛分后，如每号筛的筛余量与筛底的剩余量之和同原试样质量之差超过 1% 时，须重新试验。

（3）按式（15—6）计算砂的细度模数（精确至 0.01）：

$$M_x = \frac{(A_2 + A_3 + A_4 + A_5 + A_6) - 5A_1}{100 - A_1} \qquad (15—6)$$

式中　M_x——砂子的细度模数；

A_1、A_2、A_3、A_4、A_5、A_6——4.75mm、2.36mm、1.18mm、600μm、300μm、150μm 孔径筛上的累计筛余百分率。

（4）累计筛余百分率取两次试验结果的算术平均值，精确至 1%。记录在试验报告相应表格中。细度模数取两次试验结果的算术平均值，精确至 0.1；如两次试验的细度模数之差超过 0.2 时，须重新试验。

（5）将计算结果记录在报告中。根据细度模数大小判断试样粗细程度，绘制筛分曲线，并评定该砂样的颗粒级配分布情况的好坏，用文字叙述在试验报告中。

五、碎石或卵石的颗粒级配测定

1. 主要仪器设备

（1）方孔石子筛。筛框内径为 300mm，筛孔尺寸分别为孔径规格为 2.36mm、4.75mm、9.50mm、16.0mm、19.0mm、26.5mm、31.5mm、37.5mm、53.0mm、63.0mm、75.0mm 和 90mm 的筛及筛底和筛盖；

（2）摇筛机；

（3）天平及台秤（称量范围随试样质量而定，分度值为试样质量的 0.1% 左右）；

（4）鼓风烘箱、浅盘、毛刷等。

2. 试样准备

从取自料堆的试样中用四分法缩取出不少于表 15—3 所规定数量的试样，经烘干后备用。

表 15—3　颗粒级配所需的最少取样数量

最大粒径/mm	9.5	16.0	19.0	26.5	31.5	37.5	63.0	75.0
试样质量不少于/kg	1.9	3.2	3.8	5.0	6.3	7.5	12.6	16.0

3. 试验方法与步骤

(1)按试样的最大粒径,称取表15—3所规定数量的石子质量(精确到1g)。

(2)按测试材料的粒径选用所需的一套筛,按孔径从大到小组合(附筛底)并将套筛置于摇筛机上,摇10min;取下套筛,按孔径大小顺序再逐个用手筛,筛至每分钟通过量小至试样总量0.1%为止。通过的试样并入下一号筛中,并和下一号筛中的试样一起过筛,按顺序进行,直至各号筛全部筛完为止(没有摇筛机可用手筛)。

(3)称量各筛号的筛余量(精确至1g)。分计筛余量和底盘中剩余试样的质量总和与筛分前的试样总量相比,其差值不得超过1%。

4. 结果计算与数据处理

(1)计算各筛上的分计筛余百分率:各号筛的筛余量与总质量之比(精确至0.1%)。

(2)计算各筛上的累计筛余百分率:该号筛的筛余百分率加上该号筛以上各分计筛余百分率之和(精确至1%)。

(3)根据各筛的累计筛余百分率,评定试样的颗粒级配是否合格。并评定该试样的颗粒级配分布情况的好坏,用文字叙述在试验报告中。

第二节 水泥试验

一、水泥细度试验

1. 主要仪器设备

试验筛:试验筛由圆形筛框和筛网组成(筛网孔边长为80μm);负压筛析仪;天平(最大称量为200g,分度值为0.01g);搪瓷盘、毛刷等。

2. 试验方法与步骤

(1)负压筛析法

①筛析试验前,应把负压筛放在筛座上,盖上筛盖,接通电源,检查控制系统,调节负压至4000~6000Pa范围内。

②称取试样25g,精确到0.01g,置于洁净的负压筛中,盖上筛盖,放在筛座上,开动筛析仪连续筛析2min;在此期间如有试样附着在筛盖上,可轻轻地敲击,使试样落下。筛毕,用天平称量筛余物。

③当工作负压小于4000Pa时,应清理吸尘器内水泥,使负压恢复正常。

(2)干筛法

在没有负压筛仪和水筛的情况下,允许用手工干筛法测定。

①称取水泥试样25g称准至0.01(g)倒入干筛内。

②用一只手执筛往复摇动,另一只手轻轻拍打,拍打速度每分钟约120次,每40次向同一方向转动60°,使试样均匀分布在筛网上,直至每分钟通过的试样量不超过0.03g为止。用天平称量筛余物,称准至0.01g。

3. 结果计算及数据处理

水泥试样筛余百分数用下式计算:

$$F = \frac{R_s}{W} \times 100\% \qquad (15-7)$$

式中 F——水泥试样的筛余百分数,%;

    R_s——水泥筛余的质量,g;

    W——水泥试样的质量,g。

合格评定时,每个样品应取二个试样分别筛析,取筛余平均值为筛析结果。若二次筛余结果绝对误差大于 0.5% 时(筛余值大于 5% 时可放至 1.0%)应再做一次试验,取两次相近结果的算术平均值作为最终结果。

负压筛法和干筛法结果发生争议时,以负压筛析法为准。

二、水泥标准稠度用水量测定

1. 主要仪器设备

测定水泥标准稠度和凝结时间的维卡仪(图 15—2),试模:采用圆模(图 15—3);水泥净浆搅拌机;搪瓷盘;宽约 25mm 的直边刀;量筒或滴定管(精度 ±0.5mL);天平(最大称量不小于 1000g,分度值不大于 1g);玻璃板(100mm × 100mm × 5mm)等。

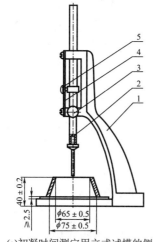

(a)初凝时间测定用立式试模的侧视图

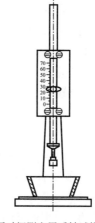

(b)终凝时间测定用反转试模的前视图

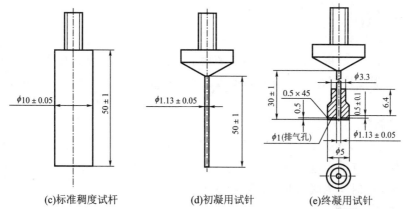

(c)标准稠度试杆   (d)初凝用试针   (e)终凝用试针

图 15—2 测定水泥标准稠度和凝结时间用的维卡仪(单位:mm)

1—铁座;2—金属滑杆;3—松紧螺丝旋钮;4—标尺;5—指针

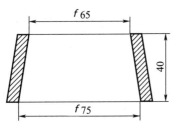

图 15—3　圆模（单位：mm）

2. 试验方法与步骤

①试验前必须检查维卡仪器金属棒应能自由滑动；当试杆降至接触玻璃板时，将指针应对准标尺零点；搅拌机应运转正常等。

②水泥净浆的拌和

用水泥净浆搅拌机搅拌，搅拌锅和搅拌叶片先用湿布擦过，将拌和水（按经验选，130～145mL）倒入搅拌锅内，在5～10s内将称好的500g水泥全部加入水中，防止水和水泥溅出；拌和时，先将锅放在搅拌机的锅座上，升至搅拌位置，旋紧定位螺钉，连接好时间控制器，将净浆搅拌机右侧的快→停→慢扭拨到"停"；手动→停→自动拨到"自动"一侧，启动控制器上的按钮，搅拌机将自动低速搅拌120s，停15s，高速搅拌120s停机。

拌和结束后，立即取适量水泥净浆一次性将其装入已置于玻璃底板上的试模中，浆体超过试模上端，用宽约25mm的直边刀轻轻拍打超出试模部分的浆体5次以排除浆体中的孔隙，然后在试模上表面约1/3处，略倾斜于试模分别向外轻轻锯掉多余净浆，再从试模边沿轻抹顶部一次，使净浆表面光滑。抹平后速将试模和底板移到维卡仪上，并将其中心定在标准稠度试杆下，降低试杆直至与水泥净浆表面接触，拧紧松紧螺丝旋钮1～2s后，突然放松，使标准稠度试杆垂直自由地沉入水泥净浆中。在试杆停止沉入或释放试杆30s时记录试杆距底板之间的距离，升起试杆后，立即擦净；整个操作应在搅拌后1.5min内完成，以试杆沉入净浆并距底板(6 ± 1)mm的水泥净浆为标准稠度净浆。此时的拌和水量为该水泥的标准稠度用水量(P)，按水泥质量的百分比计。

3. 结果计算与数据处理

（1）用标准法测定时，以试杆沉入净浆并距底板(6 ± 1)mm的水泥净浆为标准稠度净浆。其拌和水量为该水泥的标准稠度用水量，按水泥质量的百分比计。

$$P = （拌和用水量/水泥质量）\times100\% \tag{15—8}$$

如超出范围，须另称试样，调整水量，重做试验，直至达到杆沉入净浆并距底板(6 ± 1)mm时止。

（2）按所用的试验方法，将试验过程记录和计算结果填入报告中。

三、水泥净浆凝结时间的测定

1. 主要仪器设备

测定仪与测定标准稠度用水量时所用的测定仪相同，只是将试杆换成试针，湿汽养护箱（养护箱应能将温度控制在(20 ± 1)℃，湿度大于90%的范围），玻璃板（100mm×100mm×5mm）。

2. 试样的制备

以标准稠度用水量制成标准稠度净浆，将自水泥全部加入水中的时刻(t_1)记录在实验报告册中。按上述标准稠度的试验方法将净浆装模后刮平后，立即放入湿气养护箱中。水泥全部加入水中的时间为凝结时间的起始时间。

3. 试验方法与步骤

（1）将圆模内侧稍许涂上一层机油，放在玻璃板上，调整凝结时间测定仪的试针，当试针接触玻璃板时,指针应对准标尺零点。

（2）初凝时间的测定：试样在湿气养护箱中养护至加水后 30min 时进行第一次测定。测定时,从湿气养护箱中取出试模放到试针下,降低试针与水泥净浆表面接触。拧紧定位螺钉 1~2s 后,突然放松（最初测定时应轻轻扶持金属棒,使徐徐下降,以防试针撞弯,但结果以自由下落为准）,试针垂直自由地沉入水泥净浆。观察试针停止下沉或释放试针 30s 时指针的读数,临近初凝时,每隔 5min 测定一次。当试针沉至距底板（4±1）mm 时,为水泥达到初凝状态,到达初凝时应立即重复测一次,两次结论相同时才能定为到达初凝状态。将此时刻（t_2）记录在试验报告册中。

（3）终凝时间的测定：为了准确观测试针沉入的状况,在终凝针上安装了一个环形附件。在完成初凝时间测定后,立即将试模连同浆体以平移的方式从玻璃板取下,翻转 $180°$,直径大端向上,小端向下放在玻璃板上,再放入湿气养护箱中继续养护,临近终凝时间时每隔 15min 测定一次,当试针沉入试体 0.5mm 时,即环形附件开始不能在试体上留下痕迹时,为水泥达到终凝状态。到达终凝时,需要在试体另外两个不同点测试,确定结论相同时才能确定为到达终凝状态。将此时刻（t_3）记录在试验报告册中。

（4）注意事项：每次测定不能让试针落入原针孔,每次测实完毕须将试针擦拭干净并将试模放回湿气养护箱内,在整个测试过程中试针贯入的位置至少要距圆模内壁 10mm,且整个测试过程要防止试模受振。

4. 结果计算与数据处理

（1）计算时刻 t_1 至时刻 t_2 时所用时间,即初凝时间 $t_初 = t_2 - t_1$（用 min 表示）。

（2）计算时刻 t_1 至时刻 t_3 时所用时间,即终凝时间 $t_终 = t_3 - t_1$（用 min 表示）。

四、水泥安定性检验

1. 主要仪器设备

（1）沸煮箱。

（2）雷氏夹,其结构如图 15—4 所示,其受力图如 15—5 所示。

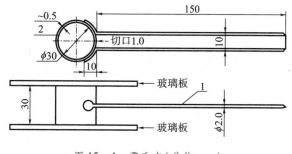

图 15—4　雷氏夹（单位:mm）

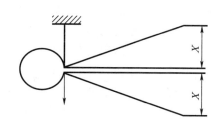

图 15—5　雷氏夹受力示意图

（3）雷氏夹膨胀测定仪,如图 15—6 所示。

（4）玻璃板,每个雷氏夹需配备两块边长或直径约为 80mm 和厚度 4~5mm 的玻璃板。若采用试饼法（代用法）时,一个样品需准备两块约 100mm×100mm×4~5mm 的玻璃板。

（5）水泥净浆搅拌机。

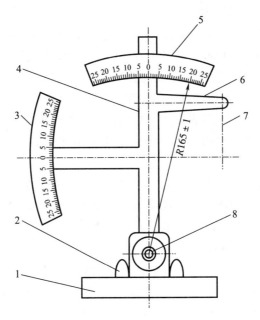

图 15—6　雷氏夹膨胀测定仪
1—底座;2—模子座;3—测弹性标尺;4—立柱;
5—测膨胀标尺;6—悬臂;7—悬丝;8—弹簧顶扭

2. 试样的制备

(1)雷氏夹试样(标准法)的制备

凡将与水泥净浆接触的玻璃板和雷氏夹内表面都要稍稍涂上一层油。

将预先准备好的雷氏夹放在已稍擦油的玻璃板上,并立即将已制好的标准稠度净浆一次装满雷氏夹,装浆时一只手轻轻扶持雷氏夹,另一只手用宽约 25mm 的直边刀在浆体表面轻轻插捣 3 次,然后抹平,盖上稍涂油的玻璃板,接着立即将试件移至湿气养护箱内养护(24±2)h。

(2)试饼法试样(代用法)的制备

①从拌好的净浆中取约 150g,分成两份,放在预先准备好的涂抹少许机油的玻璃板上,呈球形,然后轻轻振动玻璃板,水泥净浆即扩展成试饼。

②用湿布擦过的小刀,由试饼边缘向中心修抹,并随修抹随将试饼略作转动,中间切忌添加净浆,做成直径为 70~80mm、中心厚约 10mm 边缘渐薄、表面光滑的试饼。接着将试饼放入湿气养护箱内。自成型时起,养护(24±2)h。

3. 试验方法与步骤

沸煮:用雷氏夹法(标准法)时,脱去玻璃板取下试样,先测量雷氏夹指针尖端间的距离(A),精确到 0.5mm,然后将试样放入水中箅板上。注意指针朝上,试样之间互不交叉,在(30±5)min 内加热试验用水至沸腾,并恒沸(180±5)min。在沸腾过程中,应保证水面高出试样 30mm 以上。煮毕将水放出,打开箱盖,待箱内温度冷却到室温时,取出试样进行判别。

用试饼法(代用法)时,先调整好沸煮箱内的水位,使能保证在整个沸煮过程中都超过试件,不需中途添补试验用水,同时又能保证在(30±5)min 内升至沸腾。脱去玻璃板取下试饼,在试饼无缺陷的情况下将试饼放在沸煮箱中的箅板上,在(30±5)min 内加热升至沸腾并沸腾(180 ±5)min。

4. 试验结果处理

(1)雷氏夹法

沸煮并冷却后测量指针端的距离(C),精确到0.5mm。当两个试样煮后增加距离($C—A$)的平均值不大于5.0mm时,即认为该水泥安定性合格。当大于5.0mm时,应用同一样品立即重做一次试验。以复验结果为准。

(2)试饼法

沸煮并冷却后经肉眼观察未发现裂纹,用直尺检查没有弯曲,称为体积安定性合格。反之,为不合格(图15—7)。当两个试饼判别结果有矛盾时,该水泥的体积安定性也为不合格。安定性不合格的水泥禁止使用。

崩溃　　　　　　　　放射性龟裂　　　　　　　弯曲

图15—7　安定性不合格的试饼

五、水泥胶砂强度检验

1. 主要仪器设备

水泥胶砂搅拌机、水泥胶砂试体成型振实台、水泥胶砂试模、抗折试验机、抗压夹具、金属直尺、抗压试验机、抗压夹具、量水器等。

2. 试样成型步骤及养护

(1)将试模擦净,四周模板与底板接触面上应涂黄油,紧密装配,防止漏浆。内壁均匀刷一薄层机油。

(2)每成型三条试样材料用量为水泥(450 ±2)g,ISO标准砂(1350 ±5)g,水(225 ±1)g。适用于硅酸盐水泥、普通硅酸盐水泥、矿渣硅酸盐水泥、粉煤灰硅酸盐水泥、复合硅酸盐水泥、火山灰质灰硅酸盐水泥。

(3)用搅拌机搅拌砂浆的拌合程序为:先使搅拌机处于等待工作状态,然后按以下程序进行操作:先把水加入锅内,再加水泥,把锅安放在搅拌机固定架上,上升至上固定位置。然后立即开动机器,低速搅拌30s后,在第二个30s开始的同时,均匀地将砂子加入。把机器转至高速再拌30s。停拌90s,在第一个15s内用一胶皮刮具将叶片和锅壁上的胶砂刮入锅中间。在高速下继续搅拌60s。各个搅拌阶段,时间误差应在1s以内。停机后,将粘在叶片上的胶砂刮下,取下搅拌锅。

(4)在搅拌砂的同时,将试模和模套固定在振实台上。待胶砂搅拌完成后,取下搅拌锅,用一个适当的勺子直接从搅拌锅里将胶砂分两层装入试模,装第一层时,每个槽里约放300g胶砂,用大播料器垂直架在模套顶部,沿每个模槽来回一次将料层播平,接着振实60次。再装第二层胶砂,用小播料器播平,再振实60次。移开模套,从振实台上取下试模,用一金属直尺以近似90°的角度架在试模模顶的一端,沿试模长度方向以横向锯割动作慢慢向另一端移动,一次将超过试模部分的胶砂刮去,并用同一直尺在近乎水平的情况下将试体表面抹平。

（5）在试模上做标记或加字条标明试样编号和试样相对于振实台的位置。

（6）试样成型试验室的温度应保持在(20±2)℃,相对湿度不低于50%。

（7）试样养护

①将做好标记的试模放入雾室或湿箱的水平架子上养护,湿空气(温度保持在(20±1)℃,相对湿度不低于90%)应能与试模各边接触。一直养护到规定的脱模时间(对于24h龄期的,应在破型试验前20min内脱模;对于24h以上龄期的应在成型后(20~24)h脱模)时取出脱模。脱模前用防水墨汁或颜色笔对试体进行编号和其他标记,两个龄期以上的实体,在编号时应将同一试模中的三条实体分在两个以上龄期内。

②将做好标记的试样立即水平或竖直放在(20±1)℃水中养护,水平放置时刮平面应朝上。养护期间试样之间间隔或试体上表面的水深不得小于5mm。

3. 强度检验

试样从养护箱或水中取出后,在强度试验前应用湿布覆盖。检测时间应符合表15—4的要求。

表15—4　不同龄期的试样强度试验必须在下列时间内进行

24h	48h	3d	7d	28d
±15min	±30min	±45min	±2h	±8h

（1）抗折强度试验

①检验步骤

各龄期必须在规定的时间3d±2h、7d±3h、28d±3h内取出三条试样先做抗折强度测定。测定前须擦去试样表面的水分和砂粒,消除夹具上圆柱表面粘着的杂物。试样放入抗折夹具内,应使试样侧面与圆柱接触。

采用杠杆式抗折试验机时,在试样放入之前,应先将游动砝码移至零刻度线,调整平衡砣使杠杆处于平衡状态。试样放入后,调整夹具,使杠杆有一仰角,从而在试样折断时尽可能地接近平衡位置。然后,起动电机,丝杆转动带动游动砝码给试样加荷;试样折断后从杠杆上可直接读出破坏荷载和抗折强度。

抗折强度测定时的加荷速度为(50±10)N/s。抗折强度按下式计算,精确到0.1MPa。

②试验结果

抗折强度值,可在仪器的标尺上直接读出强度值。也可在标尺上读出破坏荷载值,按下式计算,计算精确至0.1MPa。

$$f_V = \frac{3F_P L}{2bh^2} = 0.002\,34F_P \qquad (15—9)$$

式中　f_V——抗折强度,MPa;

　　　F_P——折断时施加于棱柱体中部的荷载,N;

　　　L——支撑圆柱中心距,即跨度100mm;

　　　b、h——试样正方形截面宽和高,均为40mm。

抗折强度测定结果取一组三个棱柱体试样的平均值作为试验结果。当三个强度值中有超过平均值的 ±10%,应予剔除后再取平均值作为抗折强度试验结果。

(2)抗压强度试验

①检验步骤

抗折试验后的两个断块应立即进行抗压试验。抗压试验须用抗压夹具进行。试样受压面为 40mm×40mm。试验前应清除试样的受压面与加压板间的砂粒或杂物,检验时以试样的侧面作为受压面,试样的底面靠紧夹具定位销,并使夹具对准压力机压板中心。抗压强度试验在整个加荷过程中以(2400±200)N/s 的速率均匀地加荷直至破坏。

②检验结果

抗压强度按下式计算,计算精确至 0.1MPa。

$$f_c = \frac{F_p}{A} = 0.000\ 625 F_p \qquad (15—10)$$

式中　f_c——抗压强度,MPa;

F_p——破坏荷载,N;

A——受压面积,即 40mm×40mm = 1600mm^2。

抗压强度以一组三个棱柱体上得到的六个抗压强度测定值的算术平均值为试验结果。如果六个测定值中有一个超出六个平均值的 ±10%,应剔除这个结果,剩下五个的平均数为结果。如果五个测定值中再有超过它们平均数 ±10% 的,则此组结果作废。

第三节　建筑砂浆基本性能试验

一、砂浆稠度试验

1. 主要仪器设备

砂浆搅拌机;砂浆稠度测定仪;钢制捣棒;秒表等。

2. 取样原则

(1)建筑砂浆试验用料应从同一盘砂浆或同一车砂浆中取样。取样量应不少于试验所需量的 4 倍。

(2)从取样完毕开始进行各项性能试验不宜超过 15min。

3. 试样制备

(1)在试验室制备砂浆拌合物时,所用材料应提前 24h 运入室内。拌合时试验室的温度应保持在(20±5)℃。

(2)试验所用原材料应与现场使用材料一致。砂应通过公称粒径 5mm 筛。

(3)试验室拌制砂浆时,材料用量应以质量计。称量精度:水泥、外加剂、掺合料等为 ±0.5%;砂为 ±1%。

(4)在试验室拌制砂浆时应采用机械搅拌,搅拌机应符合《试验用砂浆搅拌机》(JG/T 3033)的规定,搅拌的用量宜为搅拌机容量的 30%~70%,搅拌时间不应少于 120s。掺有掺合料的外加剂的砂浆,其搅拌时间不应少于 180s。

4. 试验方法与步骤

(1)用少量润滑油轻擦滑杆,再将滑杆上多余的油用吸油纸擦净,使滑杆自由移动;

(2)用湿布擦净盛浆容器和试锥表面,将砂浆拌合物一次装入容器,使砂浆表面低于容器口约 10mm 左右。用捣棒自容器中心向边缘均匀地插捣 25 次,然后轻轻地将容器摇动或敲击 5~6 下,使砂浆表面平整,然后将容器置于稠度测定仪的底座上。

(3)拧松制动螺丝,向下移动滑杆,当试锥尖端与砂浆表面刚接触时,拧紧制动螺丝,使齿条测杆下端刚接触滑杆上端,读出刻度盘上的读数(精确到 1mm)。

(4)拧松制动螺丝,同时计时间,10s 时立即拧紧螺丝,将齿条测杆下端接触滑杆上端,从刻度盘上读出下沉深度(精确到 1mm),二次读数的差值即为砂浆的稠度值。

(5)盛装容器内的砂浆,只允许测定一次稠度,重复测定时,应重新取样测定。

5. 结果计算与数据处理

取两次测试结果的算术平均值作为试验砂浆的稠度测定结果(计算值精确至 1mm),如两次测定值之差大于 10mm,应重新取样测定。

二、砂浆分层度测试

1. 主要仪器设备

砂浆分层度仪,如图 15—8 所示;砂浆稠度测定仪;木锤;振动台等。

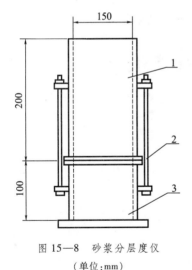

图 15—8　砂浆分层度仪

(单位:mm)

2. 试验方法与步骤

(1)首先将砂浆拌合物按稠度试验方法测定稠度;

(2)将砂浆拌合物一次装入分层度筒内,待装满后,用木锤在容器周围距离大致相当的四个不同部位轻轻敲击 1~2 下,如砂浆沉落到低于筒口,则应随时添加,然后刮去多余的砂浆并用抹刀抹平。

(3)静止 30min 后,去掉上节 200mm 砂浆,剩余的 100mm 砂浆倒出放在拌合锅内拌 2min,再按稠度试验方法测定其稠度。前后测得的稠度之差即为该砂浆的分层度值(mm)。

3. 结果计算与数据处理

取两次试验结果的算术平均值作为该批砂浆的分层度值。若两次分层度测试值之差大于 10mm,则应重新取样测试。

三、砂浆立方体抗压强度试验

1. 主要仪器设备

压力试验机;砂浆试模 70.7mm × 70.7mm × 70.7mm;钢捣棒(直径 10mm,长 350mm,端头磨圆)、抹刀、刷子。

2. 试件制作及养护

(1)采用立方体试件,每组 3 个。

(2)应用黄油等密封材料涂抹试模的外接缝,试模内涂刷薄层机油或脱模剂,将拌制好的砂浆一次性装满砂浆试模,成型方法根据稠度而定。当稠度≥50mm 时采用人工振捣成型,当稠度 <50mm 时采用振动台振实成型。

①人工振捣:用捣棒均匀地由边缘向中心按螺旋方式插捣 25 次,插捣过程中如砂浆沉落低于试模口,应随时添加砂浆,可用油灰刀插捣数次,并用手将试模一边抬高 5~10mm 各振动 5 次,使砂浆高出试模顶面 6~8mm。

②机械振动:将砂浆一次装满试模,放置到振动台上,振动时试模不得跳动,振动 (5~10)s 或持续到表面出浆为止,不得过振。

(3)待表面水分稍干后,将高出试模部分的砂浆沿试模顶面刮去并抹平。

(4)试件制作后应在室温(20±5)℃环境下静止(24±2)h,当气温较低时,可适当延长时间,但是不应超过两昼夜,然后对试件进行编号、拆模。试件拆模后应立即放入温度为(20±2)℃,相对湿度 90% 以上标准养护室内养护。养护期间,试件彼此之间间隔不小于10mm,混合砂浆试件上面应覆盖以防有水滴在试件上。

3. 试验方法与步骤

(1)试件从养护地点取出后应及时进行试验。试验前将试件表面擦拭干净,量测尺寸,并检查其外观,并据此计算试件的承压面积。如实测尺寸与公称尺寸之差不超过 1mm,可按公称尺寸进行计算。

(2)将试件置于压力机的下压板(或下垫板)上,试件的承压面应与成型时的顶面垂直,试件中心应与下压板中心对准。

(3)开动压力机,当上压板与试件接近时,调整球座,使接触面均衡受压。加荷应均匀而连续,加荷速度应为 0.25~1.5kN/s(砂浆强度不大于 5MPa 时,取下限为宜,大于 5MPa 时,取上限为宜),当试件接近破坏而开始变形时,停止调整压力机油门,直至试件破坏,记录下破坏荷载。

4. 结果计算与数据处理(新)

砂浆试块的抗压强度按下式计算(精确至 0.1MPa):

$$f_{m,cu} = K \frac{N_u}{A} \tag{15—11}$$

式中　$f_{m,cu}$——砂浆立方体试件的抗压强度,MPa;

N_u——破坏荷载,N;

A——试块的受力面积,mm^2;

K——换算系数,取 1.35。

以一组三个试件的抗压强度计算值的算术平均值作为该组试件的抗压强度值(精确至0.1MPa);如果三个抗压强度计算值中的最大值或最小值有一个与中间值的差值超过中间值的 15% 时,则计算时舍弃最大值和最小值,取中间值作为该组试件的抗压强度值;如有最大值和最小值两个测值与中间值的差均超过中间值的 15%,则该组试件的实验结果无效。

四、砂浆保水性(保水率)试验

将金属或塑料圆环试模(ϕ100mm×25mm)放在不透水片(材质采用金属或玻璃,边长或直径应大于 110mm)上,接触面可用黄油密封(也可不密封),保证水分不渗漏,称其质量 m_1 = 试模 + 底部不透水片 + 黄油。或直接采用带底板的圆环试模。

称量 15 片超白滤纸质量 m_2。

对于湿拌砂浆，直接用取样容器在现场取样。将取来的样品一次装入试模，装至略高于试模边缘，用捣棒顺时针插捣 25 次，然后用抹刀将砂浆表面刮平，将试模边的砂浆擦净，称量试模 + 底部不透水片 + 砂浆的质量 m_3。

用金属滤网覆盖在砂浆表面，再在金属滤网表面放上 15 片滤纸。将上不透水片盖在滤纸表面，然后用 2kg 的重物压住上不透水片。

静置 2min 后移走重物及上不透水片，取出滤纸（不包括金属滤网），迅速称量滤纸质量 m_4。

根据砂浆配合比及加水量计算砂浆的含水率 α。

砂浆保水率按下式计算：

$$W = \left[1 - \frac{m_4 - m_2}{\alpha \times (m_3 - m_1)} \right] \times 100\% \qquad (15\text{—}12)$$

式中　W——砂浆保水率，%；

　　　m_1——底部不透水片与干燥试模质量，g，精确至 1g；

　　　m_2——15 片滤纸吸水前的质量，g，精确至 0.1g；

　　　m_3——试模、底部不透水片与砂浆总质量，g，精确至 1g；

　　　m_4——15 片滤纸吸水后的质量，g，精确至 0.1g；

　　　α——砂浆含水率，%。

取两次试验结果的算术平均值作为砂浆的保水率，精确至 0.1%，且第二次试验应重新取样测定。当两个测定值之差超过 2% 时，此组试验结果应为无效。

第四节　混凝土试验

一、混凝土拌合物制备与和易性测定

1. 主要仪器设备

混凝土搅拌机；坍落度筒（图 15—9）；维勃稠度仪；秒表；铁制捣棒（图 15—9）；钢尺和直尺（500mm，最小刻度 1mm）。公称直径 40mm 的方孔筛、小方铲、抹刀、平头铁铲、2000mm × 1000mm × 3mm 铁板（拌和板）等。

2. 混凝土拌合物制备

（1）根据试验室现有水泥、砂、石情况经过计算确定配合比。

（2）按拌和 20L 或以上混凝土计算试配拌和物的各材料用量，并将所得结果记录在试验报告中。

（3）按上述计算称量各组成材料。称量的精度为：水泥、水和外加剂均为 ±0.5%；骨料为 ±1%。拌和用的骨料应提前送入室内，拌和时试验室的温度应保持在（20 ±5）℃。

（4）拌和混凝土

人工拌和：将拌板和拌铲用湿布润湿后，将称好的砂、水泥倒在铁板上，用平头铁铲翻至颜色均匀，再放入称好的石子与之拌和至少翻拌三次，然后堆成锥形，将中间扒一凹坑，将称量好的拌和用水的一半倒入凹坑中，小心拌和，勿使水溢出或流出，拌和均匀后再将剩余的水边翻拌边加入至加完为止。每翻拌一次，应用铁铲将全部混凝土铲切一次，至少翻拌六

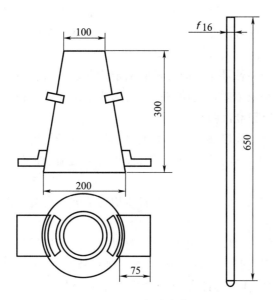

图 15—9　坍落度筒

次。拌合时间从加水完毕时算起,在 10min 内完成。

机械拌和:拌合前应将搅拌机冲洗干净,并预拌少量同种混凝土拌合物或与拌合混凝土水灰比相同的砂浆,使搅拌机内壁挂浆。开动搅拌机,向搅拌机内依次加入石子、砂和水泥,干拌均匀,再将水徐徐加入,全部加料时间不超过 2min,水全部加入后,继续拌和 2min。将拌好的拌合物自搅拌机中卸出,倾倒在拌板上,再经人工拌合 1～2min,即可做坍落度测试或试件成型。从开始加水时算起,全部操作必须在 10min 内完成。

3. 和易性测定(坍落度试验)

(1)用湿布擦拭湿润坍落度筒及其他用具,把坍落度筒放在铁板上,用双脚踏紧踏板,使坍落度筒在装料时保持位置固定。

(2)用小方铲将混凝土拌合物分三层均匀地装入筒内,使每层捣实后高度约为筒高的1/3 左右。每层用捣棒沿螺旋方向在截面上由外向中心均匀插捣 25 次。插捣深度要求为,底层应穿透该层,上层则应插到下层表面以下约 10～20mm,浇灌顶层时,应将混凝土拌合物灌至高出筒口。顶层插捣完毕后,刮去多余的混凝土拌合物并用抹刀抹平。

(3)清除坍落度筒外周围及底板上的混凝土后,将坍落度筒垂直平稳地徐徐提起,轻放于试样旁边。坍落度筒的提离过程应在 5～10s 内完成,从开始装料到提起坍落度筒的整个过程应不断地进行,并应在 150s 内完成。

(4)立即用直尺和钢尺测量出混凝土拌合物试体最高点与坍落度筒的高度之差,即为坍落度值,以 mm 为单位,测量精确至 1mm,结果表达修约至 5mm。

(5)坍落度筒提离后,如试体发生崩坍或一边剪坏现象,则应重新取样进行测定。如第二次仍出现这种现象,则表示该拌合物和易性不好,应予记录备查。

(6)测定坍落度后,观察拌合物的粘聚性和保水性,并记录。

粘聚性的检测方法为:用捣棒在已坍落的拌合物锥体侧面轻轻击打,如果锥体逐渐下沉,表示拌合物粘聚性良好;如果锥体倒坍,部分崩裂或出现离析,即为粘聚性不好。

保水性的检测方法为：在插捣坍落度筒内混凝土时及提起坍落度筒后如有较多的稀浆从锥体底部析出，锥体部分的拌合物也因失浆而骨料外露，则表明拌合物保水性不好；如无这种现象，则表明保水性良好。

（7）混凝土拌合物和易性评定。应按试验测定值和试验目测情况综合评议。

（8）将上述试验过程及主观评定用书面报告形式记录在试验报告中。

4. 和易性测定（维勃稠度试验）

（1）将维勃稠度仪放置在坚实的水平面上，用湿布把容器、坍落度筒、喂料斗内壁及其他用具润湿。将喂料斗提到坍落度筒上方扣紧，校正容器位置，使其中心与喂料斗中心重合，然后拧紧固定螺丝。

（2）把拌好的拌合物用小铲分三层经喂料斗均匀地装入坍落度筒内，装料及插捣的方法与坍落度测试时相同。

（3）把喂料斗转离，垂直地提起坍落度筒，此时应注意不使混凝土试体产生横向的扭动。

（4）把透明圆盘转到混凝土圆台体顶面，放松测杆螺丝，降下圆盘，使其轻轻地接触到混凝土顶面，拧紧定位螺丝并检查测杆螺丝是否已完全放松。

（5）在开启振动台的同时用秒表计时，当振动到透明圆盘的底部被水泥浆布满的瞬间停止计时，并关闭振动台电机开关。由秒表读出的时间（s）即为该混凝土拌和物的维勃稠度值，精确到 1s。

5. 混凝土拌合物和易性的调整

当试拌混凝土流动性太小时，可适当增加减水剂掺量或在水灰比不变的条件下同时增加（5% ~10%）水和水泥用量；当试拌混凝土流动性太大时，可在砂率不变的条件下同时增加（2% ~5%）砂和石用量；当粘聚性和保水性不良时可适当提高砂率。

二、混凝土拌合物体积密度（或表观密度）的测定

仪器设备：容量筒（由金属制成的圆筒，两旁有提手）、台秤（称量 50kg，分度值 50g）、振动台、捣棒等。对于骨料最大粒径不大于 40mm 的拌合物采用容积为 5L 的容量筒，其内径与内高均为（186 ±2）mm，筒壁厚为 3mm；对于骨料最大粒径大于 40mm 的，容量筒的内径与内高均应大于骨料最大粒径的 4 倍。

试验步骤：用湿布把容量筒内外擦干净，称出容量筒质量 m_1，精确至 50g，容量筒容积为 V，单位为 L；混凝土的装料及捣实方法根据拌合物坍落度而定，对于坍落度不大于 70mm 的混凝土，宜用振动台振实，将混凝土拌合物一次装入容量筒，装料时应用抹刀沿各容量筒壁插捣并使混凝土拌合物高出筒口，振动直至表面出浆为止；大于 70mm 的，宜用捣棒人工捣实。采用捣棒捣实时，用 5L 容量筒时，拌合物分 2 层装入，每层的插捣次数为 25 次；用大于 5L 容量筒时，每层插捣次数应按每 10000mm^2 截面不小于 12 次计算。用刮尺将筒口多余的混凝土拌合物刮去，表面如有凹陷应填平，将容量筒外壁擦净，称出混凝土试样与容量筒总质量 m_2，精确至 50g。按公式 $\rho = \dfrac{m_2 - m_1}{V} \times 1000$ 计算体积密度，计算精确至 10kg/m^3。

还应注意：各次插捣应由边缘向中心均匀地插捣，插捣底层时捣棒应贯穿整个深度，插捣第二层时，捣棒应插透本层至下一层的表面；每一层捣完后用橡皮锤轻轻沿容器外壁敲打 5 ~10 次，进行振实，直至拌合物表面插孔消失并不见大的气泡为止。当用振动台振实时，

应一次将混凝土拌合物灌到高出容量筒口。装料时可用捣棒稍加插捣,振动过程中如混凝土低于筒口,应随时添加混凝土,振动直至表面出浆为止。

三、混凝土抗压强度试块制作和养护过程

混凝土抗压强度试件采用立方体试件,三个试件为一组。混凝土强度试件的成型方法应按混凝土的坍落度而定,坍落度不大于70mm的混凝土,宜用振动台振实。用振动台成型时,应将混凝土拌合物一次装入试模,装料时应用抹刀沿各试模壁插捣并使混凝土拌合物高出试模口,振动时试模不得有任何跳动,振动持续到表面出浆为止。

坍落度大于70mm的,宜用捣棒人工捣实。人工插捣时,拌合物应分两层装入试模,插捣底层时捣棒应达到试模底部,插捣上层时,捣棒应穿入下层深度约20～30mm,捣棒应保持垂直,并用抹刀沿试模内壁插入数次,刮除试模上口多余的混凝土,待临近初凝时,用抹刀抹平。

试件制作后在室温(20±5)℃情况下静置1～2昼夜,然后编号、拆模。拆模后立即放置在养护室(温度为20±2℃,相对湿度为95%以上)中或温度为(20±2)℃的不流动的$Ca(OH)_2$饱和水溶液中,养护至28d龄期。

表15—5 试件尺寸、插捣次数及强度值换算系数

试件边长/mm	允许骨料最大粒径/mm	每层插捣次数	每组需混凝土量/kg	强度换算系数
100×100×100	31.5	12	9	0.95
150×150×150	40	25	30	1.00
200×200×200	63	50	65	1.05

四、混凝土立方体抗压强度试验

1. 主要仪器设备

压力试验机(其测量精度为±1%,其量程应能使试件的预期破坏荷载值不小于全量程的20%,也不大于全量程的80%)。

2. 试验方法与步骤

(1)试件从养护地点取出后应及时进行试验,将试件表面与上下承压板面擦干净。

(2)将试件安放在试验机的下压板或垫板上,试件的承压面应与成型时的顶面垂直。试件的中心应与试验机下压板中心对准,开动试验机,当上压板与试件或钢垫板接近时,调整球座,使接触均衡。

(3)在试验过程中加荷应连续而均匀。混凝土强度等级 < C30 时,其加荷速度为每秒0.3～0.5MPa;混凝土强度≥C30且 < C60 时,则每秒0.5～0.8MPa;混凝土强度等级≥C60时,取每秒钟0.8～1.0MPa。

(4)当试件接近破坏开始急剧变形时,应停止调整试验机油门,直至破坏,记录破坏荷载。

3. 结果计算与数据处理

(1)混凝土立方体试件抗压强度按式(15—13)计算(精确至0.1MPa),并记录在试验报

告册中：

$$f_{cc} = \frac{F}{A} \qquad (15—13)$$

式中　f_{cc}——混凝土立方体试件抗压强度，MPa；

　　　　F——破坏荷载，N；

　　　　A——试件承压面积，mm^2。

（2）以三个试件测值的算术平均值作为该组试件的抗压强度值（精确至 0.1MPa）；如果三个测定值中的最大值或最小值有一个与中间值的差值超过中间值的 15% 时，则计算时舍弃最大值和最小值，取中间值作为该组试件的抗压强度值；如有最大值和最小值两个测值与中间值的差均超过中间值的 15%，则该组试件的试验结果无效。

（3）混凝土抗压强度是以 150mm × 150mm × 150mm 立方体试件的抗压强度为标准值，用其他尺寸试件测得的强度值均应乘以尺寸换算系数，200mm × 200mm × 200mm 试件的换算系数为 1.05，100mm × 100mm × 100mm 试件的换算系数为 0.95。

五、混凝土立方体劈裂抗拉强度试验

1. 主要仪器设备

压力试验机、试模；垫条（胶合板制）；垫块。

2. 试验方法与步骤

（1）测试前应先将试件表面与上下承压板面擦干净；测量试件尺寸（精确至 1mm），检查外观，并在试件中部用铅笔画线定出劈裂面的位置。劈裂承压面和劈裂面应与试件成型时的顶面垂直。算出试件的劈裂面积 A。

（2）将试件放在试验机下压板的中心位置；在上、下压板与试件之间垫以圆弧形垫块及垫条各一条，垫块与垫条应与试件上、下面的中心线对准并与成型时的顶面垂直。宜把垫条及试件安装在定位架上使用。

（3）开动试验机，当上压板与圆弧形垫块接近时，调整球座，使接触均衡。加荷应连续均匀，当混凝土强度等级 < C30 时，加荷速度取每秒钟 0.02 ~ 0.05MPa；当混凝土强度等级 ≥ C30 且 < C60 时，取每秒钟 0.05 ~ 0.08MPa；当混凝土强度等级 ≥ C60 时，取每秒钟 0.08 ~ 0.10MPa，至试件接近破坏时，应停止调整试验机油门，直至试件破坏，然后记录破坏荷载。

3. 结果计算与数据处理

（1）混凝土立方体劈裂抗拉强度按式（15—14）计算（精确至 0.01MPa），并记录在试验报告中：

$$f_{ts} = \frac{2F}{\pi A} = 0.637 \frac{F}{A} \qquad (15—14)$$

式中　f_{ts}——混凝土抗拉强度，MPa；

　　　　F——破坏荷载，N；

　　　　A——试件劈裂面面积，mm^2。

（2）以三个试件的检验结果的算术平均值作为混凝土的劈裂抗拉强度。其异常数据的取舍与混凝土抗压强度检验的规定相同。当采用非标准试件测得的劈裂抗拉强度值时，100mm × 100mm × 100mm 试件应乘以换算系数 0.85，当混凝土强度等级 ≥ C60 时，宜采用标准试件;使用非标准试件时,尺寸换算系数应由试验确定。

六、普通混凝土抗折强度试验

1. 主要仪器设备

压力试验机;带有能使二个相等荷载同时作用在试件跨度 3 分点处的抗折试验装置(图 15—10)。

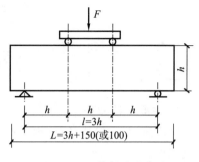

图 15—10 抗折试验装置

2. 试件准备

试件成型、养护等与上述试验相同;另在长向中部 1/3 区段内不得有表面直径超过 5mm、深度超过 2mm 的孔洞。

3. 试验方法与步骤

(1)试件从养护地取出后应及时进行试验,将试件表面擦干净。

(2)按图 15—10 装置试件,安装尺寸偏差不得大于 1mm。试件的承压面应为试件成型时的侧面。

支座及承压面与圆柱的接触面应平稳、均匀,否则应垫平。

(3)施加荷载应保持均匀、连续。当混凝土强度等级 < C30 时,加荷速度取每秒 0.02 ~ 0.05MPa;当混凝土强度等级 ≥C30 且 < C60 时,取每秒钟 0.05 ~ 0.08MPa;当混凝土强度等级 ≥C60 时,取每秒钟 0.08 ~ 0.10MPa,至试件接近破坏时,应停止调整试验机油门,直至试件破坏,然后记录破坏荷载。

(4)在试验报告册中记录实件破坏荷载的试验机示值及试件下边缘断裂位置。

4. 结果计算与数据处理

(1)若试件下边缘断裂位置处于两个集中荷载作用线之间,则试件的抗折强度 f_{cf}(MPa)按下式计算(精确至 0.1MPa):

$$f_f = \frac{Fl}{bh^2} \tag{15—15}$$

式中　f_f——混凝土抗折强度,MPa;

　　　F——试件破坏荷载,N;

　　　l——支座间跨度,mm;

　　　h——试件截面高度,mm;

　　　b——试件截面宽度,mm。

(2)以三个试件的检验结果的算术平均值作为混凝土的抗折强度值,记录在试验报告册中。其异常数据的取舍与混凝土抗立方体压强度测试的规定相同。

(3)三个试件中若有一个折断面位于两个集中荷载之外,则混凝土抗折强度值按另两个试件的试验结果计算。若这两个测值的差值不大于这两个测值的较小值的 15% 时,则该组试件的抗折强度值按这两个测值的平均值计算,否则该组试件的试验无效。若有两个试件的下边缘断裂位置位于两个集中荷载作用线之外,则该组试件试验无效。

(4)当试件尺寸为 100mm × 100mm × 400mm 非标准试件时,应乘以尺寸换算系数 0.85;当混凝土强度等级 ≥C60 时,宜采用标准试件;使用非标准试件时,尺寸换算系数应由试验确定。

第五节　沥青试验

本节主要按道路沥青试验方法编写,实验试样宜采用道路沥青。

一、针入度试验

1. 主要仪器设备

针入度仪;中等盛样皿($\phi 55 \times 35$mm);恒温水槽;平底玻璃皿;秒表;温度计;砂浴或可控制温度的密闭电炉。

2. 试样准备

(1)将装有试样的盛样器带盖放入恒温烘箱中,当石油沥青试样中含有水分时,烘箱温度80℃左右,加热至沥青全部熔化后供脱水用。当石油沥青中无水分时,烘箱温度易为软化点温度以上90℃,通常为135℃左右。对取来的沥青试样不得直接采用电炉或煤气炉明火加热。

(2)当石油沥青试样中含有水分时,将盛样器皿放在可控温的砂浴、油浴、电热套上加热脱水,不得已采用电炉、煤气炉加热脱水时必须加放石棉垫。时间不超过30min,并用玻璃棒轻轻搅拌,防止局部过热。在沥青温度不超过100℃的条件下,仔细脱水至无泡沫为止,最后的加热温度不超过软化点以上100℃(石油沥青)或50℃(煤沥青)。

(3)将盛样器中的沥青通过0.6mm的滤筛过滤,不等冷却立即一次灌入各项试验的模具中。根据需要也可将试样分装入擦拭干净并干燥的一个或数个沥青盛样器皿中,数量应满足一批试验项目所需的沥青样品并有富余。

(4)将沥青试样倒入预先准备好的盛样皿中,试样高度应超过预计针入度值10mm,并加盖以防灰尘落入。在15~30℃的室温下冷却1~1.5h,然后放入(25±0.1)℃的恒温水浴中,恒温1~1.5h。

3. 试验方法与步骤

(1)取出达到恒温的盛样皿,并移入水温控制在试验温度(25±0.1)℃(可用恒温水槽中的水)的平底玻璃皿中的三角支架上,试样表面以上的水层深度不少于10mm。

(2)将盛有试样的平底玻璃皿置于针入度仪的平台上。慢慢放下试针连杆,用适当位置的反光镜或灯光反射观察,使针尖恰好与试样表面接触。拉下刻度盘的拉杆,使其与针连杆顶端轻轻接触,调节刻度盘或深度指示器的指针指示为零。

(3)开动秒表,在指针正指5s的瞬间,用手紧压按钮,使标准针自动下落贯入试样,经规定时间,停压按钮使针停止移动。当采用自动针入度仪时,计时与标准针落下贯入试样同时开始,至5s时自动停止。

(4)拉下刻度盘拉杆与针连杆顶端接触,读取刻度盘指针或位移指示器的读数,即为试样的针入度,用0.1mm表示。

(5)同一试样平行试验至少3次,各测试点之间及与盛样皿边缘的距离不应少于10mm。每次试验后应将盛有盛样皿的平底玻璃皿放入恒温水槽,使平底玻璃皿中水温保持试验温度。每次试验应换一根干净标准针或将标准针取下用三氯乙烯溶剂的棉花或布擦净,再用干棉花或布擦干,见图15—11。

4. 结果计算与数据处理

（1）取三次测试所得针入度值的算术平均值，取至整数后作为最终测定结果，以 0.1mm 为单位。三次测定值相差不应大于表15—6所列规定，否则应重做试验。

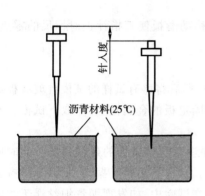

图15—11　针入度测定示意图

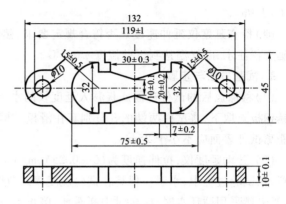

图15—12　沥青延度仪试模

表15—6　针入度测定最大差值

针入度/度	0~49	50~149	150~249	250~350
最大差值/度	2	4	12	20

（2）关于测定结果重复性（同一操作者同一样品利用同一台仪器测得的两次结果不超过平均值的 $m\%$）与再现性（也称复现性，不同操作者同一样品利用同一类型仪器测得的两次结果不超过平均值的 $n\%$）的要求，详见表15-7。

表15—7　针入度测定值的要求

试样针入度/25℃	重复性	再现性
小于50	不超过2单位	不超过4单位
50及大于50	不超过平均值的4%	不能超过平均值的8%

若差值超过上述数值，试验应重做。

二、延度试验

1. 主要仪器设备

延度仪（图15—12）；模具；水浴；瓷皿或金属皿；温度计；砂浴或可控制温度的密闭电炉；甘油滑石粉隔离剂。

2. 试验准备

（1）将隔离剂拌和均匀，涂抹于清洁干燥的试模底板和两个侧模的内表面，并将试模在试模底板上装妥。

（2）将试样仔细自试模的一端至另一端往返数次缓缓注入模中，最后略高出试模。灌模时应注意不要使气泡混入。

（3）试件在室温中冷却 30～40min，然后置于规定试验温度 15℃ 或（25±0.1）℃ 的恒温水槽中，保持 30min 后取出，用热刮刀刮除高出试模的沥青，使沥青面与试模面平齐。沥青的刮法应自试模的中间刮向两端，且表面应刮得平滑。将试模连同底板浸入规定试验温度的水槽中 1～1.5h。

（4）检查延度仪延伸速度是否符合规定要求，然后移动滑板使其指针正对标尺的零点。将延度仪注水，并保温达到试验温度 ±0.5℃。

3. 试验方法与步骤

（1）将保温后的试件连同底板移入延度仪的水槽中，然后将盛有试样的试模自玻璃板或不锈钢板上取下，将试模两端的孔分别套在滑板及槽端固定板的金属柱上，并取下试模。水面距离试件表面应不小于 25mm。

（2）开动延度仪，拉伸速度为（5±0.25）cm/min，并注意观察试样的延伸情况。此时应注意，在试验过程中，水温应保持在试验温度规定范围内，且仪器不得有振动，水面不得有晃动，当水槽采用循环水时，应暂时中断循环，停止水流。在试验中，如发现沥青细丝浮于水面或沉入槽底时，则应在水中加入酒精或食盐，调整水的密度与试样相近后，重新试验。

（3）试件拉断时，读取指针所指标尺上的读数，以厘米表示，在正常情况下，试件延伸时应成锥尖状，拉断时实际断面接近于零。如果不能得到这种结果，则应在报告中注明。

4. 结果计算与数据处理

同一试样，每次平行试验不少于 3 个，如 3 个测定结果均大于 100cm，试验结果记作"＞100cm"；特殊需要也可分别记录实测值。如 3 个测定结果中，有一个以上的测定值小于 100cm 时，若最大值或最小值与平均值之差满足重复性试验精密度（见备注）要求，则取 3 个测定结果的平均值的整数作为延度试验结果，如平均值大于 100cm，记作"＞100cm"；若最大值或最小值与平均值之差不符合重复性试验精密度要求时，应重新试验。

备注：当试验结果小于 100cm 时，重复性试验的允许差为平均值的 20%；复现性试验的允许差为平均值的 30%。

三、软化点试验

1. 主要仪器设备

软化点试验仪；钢球；试样（肩）环；钢球定位环；金属支架；耐热玻璃烧杯；温度计；电炉及其他加热器；金属板（一面必须磨光）或玻璃板；小刀；新煮沸过并冷却的蒸馏水；甘油滑石粉隔离剂（甘油与滑石粉的比例为质量比2:1）。

2. 准备工作

（1）将试样环置于涂有甘油滑石粉隔离剂的试样底板上，将准备好的沥青试样徐徐注入试样环内至略高出环面为止。如估计软化点高于 120℃，则试样环和试样底板（不用玻璃板）均应预热至 80～100℃。

（2）试样在室温冷却 30min 后，用环夹夹着试样杯，并用热刮刀刮除环面上的试样，使其与环面平齐。

3. 试验方法与步骤

（1）试样软化点在 80℃ 以下时，按照下面的方法进行试验：

①将装有试样的试样环连同试样底板置于（5±0.5）℃ 水的恒温水槽中至少 15min；同

时将金属支架、钢球、钢球定位环等也置于相同水槽中。

②烧杯内注入新煮沸并冷却至5℃的蒸馏水,水面略低于立杆上的深度标记。

③调整并保持支撑架上试样肩环的底部与下支撑板表面的距离为25.4mm(道路)或25mm(建筑)。从恒温水槽中取出盛有试样的肩环放置在支架中层板的圆孔中,套上钢球定位环。然后将整个环架放入烧杯中,从恒温水槽中取出盛有试样的肩环放置在支架中层板的圆孔中,套上定位环;然后将整个环架放入烧杯中,调整水面至深度标记,并保持水温为(5±0.5)℃。环架上任何部分不得附有气泡。将0~80℃的温度计由上层板中心孔垂直插入,使端部测温头底部与试样环下面齐平。

④将盛有水和环架的烧杯移至放有合石棉网的加热炉具上,然后将钢球放在定位环中间的试样中央,立即开动振荡搅拌器,使水微微振荡,并开始加热,使杯中水温在3min内调节至维持每分钟上升(5±0.5)℃。在加入过程中,应记录每分钟上升的温度值,如温度上升速度超出此范围时,则试验应重做。

⑤试样受热软化逐渐下坠,至与下层底板表面接触时,立即读取温度,准确到0.5℃。

(2)试样软化点在80℃以上时,按照下面的方法进行试验:

①将装有试样的试样环连同试样底板置于(32±1)℃甘油的恒温槽中至少15min;同时将金属支架、钢球、钢球定位环等也置于甘油中。

②在烧杯内注入预先加热至32℃的甘油,其液面略低于立杆上的深度标记。

③从恒温槽中取出装有试样的试样环,按照(1)的方法进行测定,准确到1℃。

4. 结果计算与数据处理

同一试样平行试验两次,当两次测定值的差值符合重复性试验精密度(见备注)要求时,取其平均值作为软化点试验结果,准确到0.5℃。

备注:(1)当试样软化点小于80℃时,重复性试验的允许差为1℃,复现性试验的允许差为4℃。

(2)当试样软化点等于或大于80℃时,重复性试验的允许差为2℃,复现性试验的允许差为8℃。

第六节　沥青混合料马歇尔稳定度试验

一、试验装置和仪器

沥青混合料马歇尔试验仪、恒温水槽、真空饱水容器、烘箱、温度计、游标卡尺、天平(分度值不大于0.1g)。

二、试验方法和步骤

1. 标准马歇尔试验方法

(1)试验准备

①对于标准马歇尔试件,其尺寸应符合直径(101.6±0.2)mm、高(63.5±1.3)mm的要求。对于大型马歇尔试件,其尺寸应符合直径(152.4±0.2)mm、高(95.3±2.5)mm的要求。一组试件的数量不得少于4个。

②测量试件的直径及高度:用卡尺测量试件中部的直径,用马歇尔试件高度测定器或用卡尺在十字对称的 4 个方向测量试件边缘 10mm 处的高度,准确到 0.1mm,并以其平均值作为试件高度。如试件高度不符合(63.5±1.3)mm 要求或两侧高度差大于 2mm 时,此试件应作废。

③测定试件的密度、空隙率、沥青体积百分率、沥青饱和度、矿料间隙率的物理指标(详见 JTJ 052—2000)。

④将恒温水槽调节至要求的试验温度,对黏稠石油沥青或烘箱养生过的乳化石油沥青混合料为(60±1)℃,对煤沥青混合料为(33.8±1)℃,对空气养生的乳化沥青或液体沥青混合料为(25±1)℃。

(2)试验方法与步骤

①将试件置于已经达到规定温度的恒温水槽中保温,保温时间对标准马歇尔试件需要 30~40min,对于大型马歇尔试件需要 45~60min。试件之间应有间隔,底下应垫起,离容器底部不小于 5cm。

②将马歇尔试验仪的上下压头放入水槽或烘箱中达到同样温度。将上下压头从水槽或烘箱中取出擦拭干净内面。为使上下压头滑动自如,可在下压头的导棒上涂少量黄油。再将试件取出置于下压头上,盖上上压头,然后装在加载设备上。

③在上压头的球座上放妥钢球,并对准荷载测定装置的压头。

④当采用自动马歇尔试验仪时,将自动马歇尔试验仪的压力传感器、位移传感器与计算机或 $X-Y$ 记录仪正确连接,调整好适宜的放大比例。调整好计算机程序或将 $X-Y$ 记录仪的记录笔对准原点。

⑤当采用压力环和流值计时,将流值计安装在导棒上,使导向套管轻轻地压住上压头,同时将流值计读数调零。调整压力环中百分表,对零。

⑥启动加载设备,使试件承受荷载,加载速度为(50±5)mm/min。计算机或 $X-Y$ 记录仪自动记录传感器压力和试件变形曲线并将数据自动存入计算机。

⑦当试验荷载达到最大值的瞬间,取下流值计,同时读取压力环中百分表读数及流值计流值读数。

⑧从恒温水槽中取出试件至测出最大荷载时间,不得超过 30s。

2. 浸水马歇尔试验方法

浸水马歇尔试验方法与标准马歇尔试验方法的不同之处在于,试件在已经达到规定温度恒温水槽中的保温时间为 48h,其余均与标准马歇尔试验方法相同。

3. 真空饱水马歇尔试验方法

试件先放入真空干燥器中,关闭进水胶管,开动真空泵,使干燥器的真空度达到 98.3kPa(730mmHg)以上,维持 15min,然后打开进水胶管,靠负压进入冷水流使试件全部浸入水中,浸水 15min 后恢复常压,取出试件再放入已经达到规定温度的恒温水槽中保温 48h,其余均与标准马歇尔试验方法相同。

三、试验结果计算与处理

(1)试件的稳定度及流值

采用压力环和流值计测定时,根据压力环标定曲线,将压力环中百分表的读数换算为荷载值,或者由荷载测定装置读取的最大值即为试样的稳定度(MS),以 kN 计,准确到 0.01kN。由流值计及位移传感器测定装置读取的试件垂直变形,即为试件的流值(FL),以 mm 计,准确到 0.1mm。

(2)试件的马歇尔模数按式(15—16)计算。

$$T = \frac{MS}{FL} \tag{15—16}$$

式中　T——试件的马歇尔模数,kN/mm;

　　　MS——试件的稳定度,kN;

　　　FL——试件的流值,mm。

(3)试件的浸水残留稳定度按式(15—17)计算。

$$MS_0 = \frac{MS_1}{MS} \times 100 \tag{15—17}$$

式中　MS_0——试件的浸水残留稳定度,%;

　　　MS_1——试件浸水 48h 后的稳定度,kN。

(4)试件的真空饱水残留稳定度按式(15—18)计算。

$$MS_0' = \frac{MS_2}{MS} \times 100 \tag{15—18}$$

式中　MS_0'——试件真空饱水残留稳定度,%;

　　　MS_2——试件真空饱水后浸水 48h 后的稳定度,kN。

(5)结果处理

①当一组测定值中某个测定值与平均值之差大于标准差的 k 倍时,该测定值应予舍弃,并以其余测定值的平均值作为试验结果。当试件数目 n 为 3、4、5、6 个时,k 值分别为 1.15、1.46、1.67、1.82。

②采用自动马歇尔试验时,试验结果应附上荷载~变形曲线原件或自动打印结果,并报告马歇尔稳定度、流值、马歇尔模数,以及试件尺寸、试件的密度、空隙率、沥青用量、沥青体积百分率、沥青饱和度、矿料间隙等各项物理指标。

第七节　建筑钢材试验

一、钢筋拉伸试验

1. 主要仪器设备

万能材料试验机,钢筋打印机。

2. 试样制备

(1)试样尺寸 L_c

①机加工试样的平行长度:对于圆形横截面试样,要求 $L_c \geq L_o + d/2$,对于矩形横截面试样,$L_c \geq L_o + 1.5\sqrt{S_o}$。

②不经过机加工试样的平行长度:试验机两夹头间的自由长度应足够,以使试样原始标距的标记与最接近夹头间的距离不小于 $1.5d$ 或 $1.5b$。

（2）原始标距 L_o。

应用小标记、细划线或细墨线标记原始标距，但不得用引起过早断裂的缺口作标记。

对于比例试样，应将原始标距的计算值修约至最接近 5mm 的倍数，中间数值向较大一方修约。原始标距的标记应准确到 ±1%。

如平行长度 L_c 比原始标距长许多，例如不经机加工的试样，可以标记一系列套叠的原始标距。有时，可以在试样表面划一条平行于试样纵轴的线，并在此线上标记原始标距。

①比例试样原始标距 L_o 的确定

使用比例试样时，原始标距 L_o 与原始横截面 S_o 应该满足 $L_o = k\sqrt{S_o}$，式中比例系数 k 通常取值 5.65，但如相关产品标准规定，可以采用 11.3 的系数值。圆形横截面比例试样和矩形横截面比例试样分别采用表 15—8 和表 15—9 的试样尺寸。相关产品标准可以规定其他试样尺寸。

表 15—8　圆形横截面比例试样

D/mm	R/mm	$k = 5.65$			$k = 11.3$		
		L_o/mm	L_c/mm	试样编号	L_o/mm	L_c/mm	试样编号
25	≥0.75d	5d	≥$L_o + d/2$	R1	10d	≥$L_o + d/2$	R01
20				R2			R02
15				R3			R03
10				R4			R04
8				R5			R05
6				R6			R06
5				R7			R07
3				R8			R08

注：（1）如相关产品标准无具体规定，优先采用 R2、R4 或 R7 试样；
　　（2）试样总长度取决于夹持方法，原则上 $L_t > L_c + 4d$。

表 15—9　矩形横截面比例试样

B/mm	r/mm	$k = 5.65$			$k = 11.3$		
		L_o/mm	L_c/mm	试样编号	L_o/mm	L_c/mm	试样编号
12.5	≥12	$5.65\sqrt{S_o}$	≥$L_o + 1.5\sqrt{S_o}$	P7	$11.3\sqrt{S_o}$	≥$L_o + 1.5\sqrt{S_o}$	P07
15				P8			P08
20				P9			P09
25				P10			P010
30				P11			P011

注：（1）如相关产品标准无具体规定，优先采用 R2、R4 或 R7 试样；
　　（2）试样总长度取决于夹持方法，原则上 $L_t > L_c + 4d$。

②非比例试样原始标距 L_o 的确定

非比例试样的原始标距（L_o）与原始横截面积（S_o）无固定关系。矩形横截面非比例试样采用表 15—10 的样尺寸。如相关产品标准规定,可以使用其他非比例试样尺寸。

表 15—10　矩形横截面非比例试样

b/mm	r/mm	L_o/mm	L_c/mm	试样编号
12.5		50		P12
20		80		P13
25	≥12	50	$\geq L_o + 1.5\sqrt{S_o}$	P14
38		50		P15
40		200		P16

(3)原始横截面积 S_o 的测定

应根据测量的原始试样尺寸计算原始横截面积,测量每个尺寸应准确到 $\pm 0.5\%$。

对于圆形横截面试样,应在标距的两端及中间三处两个相互垂直的方向测量直径,取其算术平均值,取用三处测得的最小横截面积,按照 $S_o = \pi d^2/4$ 计算。

对于矩形横截面试样,应在标距的两端及中间三处测量宽度和厚度,取用三处测得的最小横截面积。按照 $S_o = ab$ 计算。

对于恒定横截面试样,可以根据测量的试样长度、试样质量和材料密度确定其原始横截面积。试样长度的测量应准确到 $\pm 0.5\%$,试样质量的测定应准确到 $\pm 0.5\%$,密度应至少取3 位有效数字。原始横截面积按照式 $S_o = 1000m/(\rho L_t)$ 计算。

3. 试验方法与步骤

(1)试验一般在室温 10 ~ 35℃ 范围内进行,对温度要求严格的试验,试验温度应为 $(23 \pm 5)℃$;应使用楔形夹头、螺纹夹头、套环夹头等合适的夹具夹持试样。

(2)将试样夹持在试验机夹头内。开动试验机进行拉伸,试验机活动夹头的分离速率应尽可能保持恒定,拉伸速度为屈服前应力增加速率按表 15—11 规定,并保持试验机控制器固定于这一速率位置上,直至该性能测出为止,屈服后只需测定抗拉强度时,试验机活动夹头在荷载下的移动速度不宜大于 $0.5L_c/min$,L_c 为试件两夹头之间的距离。

表 15—11　屈服前的加荷速率

金属材料的弹性模量/MPa	应力速率（MPa/s）	
	最小	最大
<150 000	2	20
≥150 000	6	60

(3)加载时要认真观测,在拉伸过程中测力度盘的主指针暂时停止转动时的恒定荷载,或主指针回转后的最小荷载,即为所求的屈服点荷载 F_s(N)。继续拉伸试样,当读数变小时,试验机上的峰值即为所求的最大荷载 F_m(N)。

(4)将已拉断试样的两段在断裂处对齐,尽量使其轴线位于一条直线上。如拉断处由于各种原因形成缝隙,则此缝隙应计入试样拉断后的标距部分长度内。待确保试样断裂部分适当接触后测量试样断后标距 L_u(mm),要求精确到 0.1mm。

4. 结果计算与数据处理

（1）屈服点强度：按式（15—19）计算实件的屈服强度 R_{eL}。

$$R_{eL} = F_s/S_o \qquad (15—19)$$

式中　R_{eL}——屈服点强度，MPa；

　　　F_s——屈服点荷载，N；

　　　S_o——试样原横截面面积，mm^2。

数值修约见表15—12。

表 15 – 12　有关钢筋强度和伸长率的修约

性能范围	强度 R(MPa)			伸长率 A		备注
	≤200	200～1000	>1000	≤10%	>10%	
YB/T 081—1996 修约至	1	5	10	0.5%	1%	当今宜采用
BG/T 22.1—2010 修约至	1	1	1	0.5%	0.5%	

（2）抗拉强度：按式（15—20）计算实件的抗拉强度 R_m。

$$R_m = F_m/S_o \qquad (15—20)$$

式中　R_m——抗拉强度，MPa；

　　　F_m——试样拉断后最大荷载，N；

　　　S_o——试样原横截面面积，mm^2。

（3）断后伸长率　按下式计算：

$$A = (L_u—L_0)/L_0 \times 100\% \qquad (15—21)$$

式中　A——断后伸长率，%；

　　　L_0——原始标距，mm；

　　　L_u——断后标距，mm。

二、钢筋冷弯试验

1. 主要仪器设备

压力机或万能材料试验机；附有两支辊，支辊间距离可以调节；还应附有不同直径的弯心，弯心直径按有关标准规定。本试验采用支辊弯曲。装置示意见图15—13。

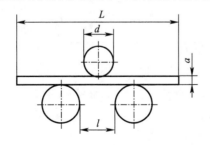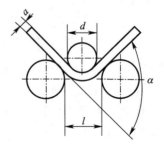

图 15—13　支辊式弯曲装置示意图

2. 试样准备

钢筋冷弯实件长度通常为 $L = 0.5(d + a) + 140$ mm（L 为试样长度，mm；d 为弯心直径，mm；a 为试样原始直径，mm），试件的直径不大于 50mm。试件可由试样两端截取，切割线与试样实际边距离不小于 10mm。试样中间 1/3 范围之内不准有凿、冲等工具所造成的伤痕或压痕。试件可在常温下用锯、车的方法截取，试样不得进行车削加工。如必须采用有弯曲之试件时，应用均匀压力使其压平。

3. 试验方法与步骤

（1）试验前测量试件尺寸是否合格；根据钢筋的级别，确定弯心直径，弯曲角度，调整两支辊之间的距离。两支辊间的距离为：

$$l = (d + 3a) \pm 0.5a \tag{15—22}$$

式中　d——弯心直径，mm；

　　　　a——钢筋公称直径，mm。

距离 l 在试验期间应保持不变。

（2）试样按照规定的弯心直径和弯曲角度进行弯曲，试验过程中应平稳地对试件施加压力。在作用力下的弯曲程度可以分为三种类型（图 15—14），测试时应按有关标准中的规定分别选用。

① 达到某规定角度的弯曲，见图 15—14（a）。

② 绕着弯心弯到两面平行时的程度，见图 15—14（b）。

③ 弯到两面接触时的重合弯曲，见图 15—14（c）。

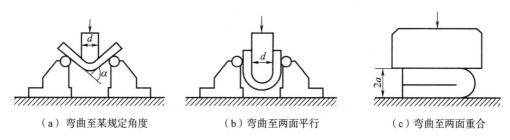

（a）弯曲至某规定角度　　　　（b）弯曲至两面平行　　　　（c）弯曲至两面重合

图 15—14　钢材冷弯试验的几种弯曲程度

（3）重合弯曲时，应先将试样弯曲到图 15—14（b）的形状（建议弯心直径 $d = a$）。然后在两平行面间继续以平稳的压力弯曲到两面重合。两压板平行面的长度或直径，应不小于试样重叠后的长度。

（4）冷弯试验的试验温度必须符合有关标准规定。整个测试过程应在 10～35℃ 或控制条件（23 ± 5）℃ 下进行。

4. 结果计算与数据处理

（1）弯曲后检查试样弯曲处的外面及侧面，如无裂缝、断裂或起层等现象即认为试样合格。做冷弯试验的两根试样中，如有一根试样不合格，即为冷弯试验不合格。应再取双倍数量的试样重做冷弯试验。在第二次冷弯试验中，如仍有一根试样不合格，则该批钢筋即为不合格品。将上述所测得的数据进行分析试样属于哪级钢筋，是否达到要求标准。

（2）将试验结果记录在报告中。

第八节　烧结砖及砌块试验

一、砖的抗压强度试验

1. 试样制备

试样数量:烧结普通砖、烧结多孔砖为 10 块。

(1)烧结普通砖的试件制备:将试样切断或锯成两个半截砖,断开后的半截砖长不得小于 100mm。在试样制备平台上将已断开的半截砖放入室温的净水中浸 10～20min 后取出,并使断口以相反方向叠放,两者中间抹以厚度不超过 5mm 的水泥净浆粘结,上下两面用厚度不超过 3mm 的同种水泥浆抹平。水泥浆用 32.5 级复合水泥或 42.5 级普通水泥调制,稠度要适宜。制成的试件上、下两面须相互平行,并垂直于侧面。

(2)多孔砖的试件制备:多孔砖以单块整砖沿竖孔方向加压。空心砖以单块整砖沿大面和条面方向分别加压。试件制作采用坐浆法操作。即用一块玻璃板置于水平的试件制备平台上,其上铺一张湿的垫纸,纸上铺一层厚度不超过 5mm,用 32.5 级复合水泥或 42.5 级普通水泥制成的稠度适宜的水泥净浆,再将经水中浸泡 10～20min 的多孔砖试样平稳地将受压面坐放在水泥浆上,在另一受压面上稍加压力,使整个水泥层与砖的受压面相互粘结,砖的侧面应垂直于玻璃板。待水泥浆适当凝固后,连同玻璃板翻放在另一铺纸放浆的玻璃板上,再进行坐浆,并用水平尺校正上玻璃板,使之水平。

制成的抹面试件应置于温度不低于 10℃ 的不通风室内养护 3d,再进行强度测试。非烧结砖不需要养护,可直接进行测试。

2. 试验方法与步骤

测量每个试件连接面或受压面的长、宽尺寸各 2 个,分别取其平均值(精确至 1mm)。将试件平放在加压板的中央,垂直于受压面加荷,加荷过程应均匀平稳,不得发生冲击或振动,加荷速度以 4kN/s 为宜。直至试件破坏为止。

3. 结果计算与数据处理

(1)结果计算:每块试样的抗压强度 f_p 按式(15—23)计算(精确至 0.1MPa)。

$$f_p = \frac{P}{LB} \tag{15—23}$$

式中　f_p——砖样试件的抗压强度,MPa;

P——最大破坏荷载,N;

L——试件受压面(连接面)的长度,mm;

B——试件受压面(连接面)的宽度,mm。

(2)结果评定

①试验后分别计算出强度变异系数 δ、标准差 s。

②当变异系数 $\delta \leqslant 0.21$ 时,按抗压强度平均值 $\bar{f}$、强度标准值 f_k 指标评定砖的强度等级。样本量 $n = 10$ 时的强度标准值按下式计算。

$$\text{普通烧结砖}:f_k = \bar{f} - 1.8s \quad \text{烧结多孔砖}:f_k = \bar{f} - 1.83s \tag{15—24}$$

式中　f_k——强度标准值，MPa，精确至 0.1。

③当变异系数 $\delta > 0.21$ 时，按抗压强度平均值 $\bar{f}$、单块最小抗压强度值 f_{min} 指标评定砖的强度等级。

（3）将上述结果记录在报告中。

二、混凝土小型砌块抗压强度试验

1. 主要仪器设备

压力试验机;钢板;玻璃平板;水平尺。

2. 试样制备

（1）试件数量为 5 个砌块。

（2）处理试件的坐浆面和铺浆面,使之成为互相平行的平面。将钢板置于稳固的底座上,平整面向上,用水平尺调至水平。在钢板上先薄薄地涂一层机油,或铺一层湿纸,然后平铺一层 1:2 的水泥砂浆(强度等级 32.5 级以上,普通硅酸盐水泥;细砂,加入适量的水),将试件的坐浆面湿润后平稳地压入砂浆层内,使砂浆层尽可能均匀,厚度为 3~5mm。将多余的砂浆沿试件棱边刮掉,静置 24h 以后,再按上述方法处理试件的铺浆面。为使两面能彼此平行,在处理铺浆面时,应将水平尺置于现已向上的坐浆面上调至水平。在温度 10℃ 以上不通风的室内养护 3d 后做抗压强度试验。

（3）为缩短时间,也可在坐浆面砂浆层处理后,不经静置立即在向上的铺浆面上铺一层砂浆、压上事先涂油的玻璃平板,边压边观察砂浆层,将气泡全部排除,并用水平尺调至水平,直至砂浆层平而均匀,厚度达 3~5mm。

3. 试验方法与步骤

（1）测量每个试件的长度和宽度,分别求出各个方向的平均值,精确至 1mm。

（2）将试件置于试验机承压板上,使实件的轴线与试验机压板的压力中心重合,以 10~30kN/s 的速度加荷,直至试件破坏。在试验报告册中记录最大破坏荷载 P。若试验机压板不足以覆盖试件受压面时,可在实件的上、下承压面加辅助钢压板。辅助钢压板的表面光洁度应与试验机原压板同,其厚度至少为原压板边至辅助钢压板最远角距离的三分之一。

4. 结果计算与数据处理

（1）每个试件的抗压强度按式（15—25）计算,精确至 0.1MPa。

$$f_q = \frac{P}{LB} \tag{15—25}$$

式中　f_q——试件的抗压强度,MPa;

　　　P——破坏荷载,N;

　　　L——受压面的长度,mm;

　　　B——受压面的宽度,mm。

（2）试验结果以 5 个试件抗压强度的算术平均值和单块最小值表示,精确至 0.1MPa。

（3）将上述结果记录在试验报告中。

第九节　混凝土强度无损检测试验

一、试验意义和目的

了解回弹仪和超声波检测仪的构造与原理；掌握回弹仪和超声波检测仪的正确使用方法；掌握利用超声回弹综合法测量混凝土强度的试验步骤与方法；掌握通过各种声学参数的分析判断混凝土内部缺陷的基本方法。通过本试验，可进行养护条件（或其他）对混凝土抗压强度（或回弹值、声速值等）影响的试验研究。本试验可作为设计性试验。

二、试验原理

回弹法是用一弹簧驱动的重锤，通过弹击杆（传力杆），弹击混凝土表面，并测出重锤被反弹回来的距离，以回弹值（反弹距离与弹击锤冲击长度之比）作为与强度相关的指标，来推定混凝土强度的一种方法。由于测量在混凝土表面进行，所以应属于表面硬度法的一种。

回弹法测定混凝土的抗压强度，是建立在混凝土的抗压强度 f_{cu} 与回弹值 R 之间具有一定的相关性的基础上的，这种相关性可用" $f_{cu}-R$ "相关曲线（或公式）来表示。相关曲线应在满足测定精度要求的前提下，尽量简单、方便、实用且使用范围广。

超声回弹综合法是指采用超声仪和回弹仪，在结构混凝土同一测区分别测量声时值及回弹值，然后利用已经建立起来的测强公式推算该测区混凝土强度 f_{cu} 的一种方法。与单一的回弹或者超声法相比，减少龄期和含水率的影响，弥补相互不足，提高了测试精度。

采用超声脉冲波检测结构混凝土缺陷的基本依据是，利用脉冲波在技术条件相同（指混凝土的原材料、配合比、龄期和测试距离一致）的混凝土中传播的时间（或速度）、接收波的振幅和频率等声学参数的相对变化，来判定混凝土的缺陷。

三、试验仪器

回弹仪、超声波检测仪、压力试验机等。

四、试验方法和步骤

1. 回弹法测量混凝土强度

将回弹仪在钢砧上率定，确定率定值在 80 ± 2 之间。将一组共三块混凝土试件依次放在压力机的下承板中心线上。开动压力机，在混凝土试件上施加 $30\sim50kN$ 的恒定压力。在试件的一对相对侧面上进行回弹测定，每个侧面均匀布置 8 个测点。共记录 16 个点的回弹值。在每个混凝土试件的三个部位测量混凝土试件的碳化深度，取其平均值作为该混凝土试件的碳化深度值。查测区混凝土强度换算表，确定混凝土试件的强度换算值。在压力试验机上，实测此组混凝土试件的抗压强度值。比较实测值与回弹法所得强度值的差别，并分析原因。

2. 超声回弹综合法测量混凝土强度

将回弹仪在钢砧上率定，确定率定值在 80 ± 2 之间。将一组共三块混凝土试件依次放在压力机的下承板中心线上。开动压力机，在混凝土试件上施加 $(30\sim50)kN$ 恒定的压力。在试件的一对相对侧面上进行回弹测定,每个侧面均匀布置 8 个测点。共记录 16 个点的回弹值。在混凝土试件未作回弹的两侧面画出正对的圆形域,保证测量时两换能器轴线重合。在圆形域涂抹耦合剂。将换能器靠在混凝土侧面的耦合剂上,轻轻转动挤压,使耦合剂均匀充满换能器与混凝土表面的间隙。开启超声波检测仪,进入开机界面。进入参数界面,设定各项参数值。进入状态界面,设定各项参数值。进入采样界面,按下采样键,当波形稳定时,按下存储键。依次测量混凝土试件的三个测点声速。按照上述步骤,测定一组中所有试件的回弹值和声速值。进入分析界面,选择测强分析,确定后输入相关强度参数,输入所测定的回弹值。系统自动计算出混凝土强度换算值。在压力试验机上,实测此组混凝土试件的抗压强度值。比较实测值与回弹法所得强度值的差别,并分析原因。

3. 测量混凝土裂缝深度

超声波测量混凝土裂缝深度的检测方法多种多样,包括平测法,斜测法和钻孔测法等。针对不同的裂缝性状,选择合理的方法进行测量,才能获得准确的测量值。下面以平测法为例说明,超声波检测混凝土裂缝深度的步骤。将预制的带裂缝混凝土构件水平放置在试验台上,使带裂缝的侧面向上。在裂缝的同一侧,与裂缝近似平行的方向做一条射线,在射线上确定距端点距离分别为 100mm、150mm、200mm、250mm、300mm、350mm 的六个点。在上述确定的各点涂抹耦合剂。设定超声仪参数为不跨缝检测。将发射换能器 T 和接收换能器 R 置于裂缝的同一侧,将 T 放置于射线端点,并耦合好保持不动,以 T、R 两个换能器内边缘间距 l_i' 为 100mm、150mm、200mm、250mm、300mm、350mm,依次移动 R 并读取相应的声时值 t_i。

以裂缝为中心,在其两侧确定一组对称测点,使对称测点的间距分别为 100mm、150mm、200mm、250mm、300mm、350mm。设定超声仪参数为跨缝检测。将 T、R 换能器分别置于裂缝的两侧,以上述确定的各点作为内边缘间距,依次测量声时值。在上述过程中,注意接收信号的首波反相现象,分析首波反相时测距与背测裂缝深度存在的关系。以 l' 为纵轴、t 为横轴绘制 $l'-t$ 坐标图,或用统计法求 t 与 l' 之间的回归直线式 $l'=a+bt$,每一个测点的超声实际传播距离 $l=l'+|a|$。按照 CECS 21—2000《超声波检测混凝土缺陷技术规程》中的下式计算裂缝深度:

$$h_{ci}=\frac{l_i}{2}\sqrt{\left(\frac{t_{ci}v}{l_i}\right)^2-1} \qquad (15—26)$$

试利用其他方法,检测相同裂缝的深度,并比较测量值的差别,并分析原因。

4. 试验数据记录与处理

表 15—13　回弹法检测原始记录表

编　号		1	2	3	4	5	6	7	8	9	10	11	12	13	14	15	16	碳化深度/mm
	试件																	
I 组	1																	
	2																	
	3																	
测面状态									回弹仪	型号								
测试角度										率定值								

表 15—14　综合法测试原始记录表

项目编号	Rn	超声声时值 μs			测距/ mm	声速/ (km/s)	修正后 声速/ (km/s)	换算 强度/ MPa	修正系 数 η
试件		1	2	3					
Ⅱ组　1									
Ⅱ组　2									
Ⅱ组　3									
测试面 状　态	测试 方法				换能器型号				仪器零 读数 μs
测试 角　度	超声仪 型　号				换能器频率				

表 15—15　结构或构件混凝土强度计算汇总表

项　目	测区换算强度 f_{cu}^c/MPa			备注
	1	2	3	
强度平均值	标准差 $S_{f_{cu}^c}$	强度最小 平均值 $m_{f_{cu}^c, min}$	批推定强度 $f_{cu, e}$	
试件抗压强度实测值				

表 15—16　超声波检测混凝土裂缝深度原始记录表

T/R 间距/mm	100	150	200	250	300	350
不跨缝测量 t_i/ μs						
跨缝测量 t_{ci}/ μs						

第十节　混凝土外加剂对水泥浆性能的影响

一、水泥净浆流动度试验

1. 试验目的

本试验测定外加剂对水泥净浆的分散效果，用水泥浆在玻璃平面上自由流淌的最大直径表示。通过本试验，可进行对多种外加剂（减水剂）的筛选。本试验可作为设计性试验。

2. 试验仪器

水泥净浆搅拌机；截锥圆模；玻璃板（400mm×400mm，厚5mm）；秒表；钢直尺；刮刀；药物天平（称量100g，分度值0.1g）；药物天平（称量1000g，分度值1g）。

3. 试验步骤

（1）将玻璃板放置在水平位置，用湿布将玻璃板，截锥圆膜，搅拌器及搅拌锅均匀擦过，使其表面湿而不带水。

（2）将截锥圆膜放在玻璃板的中央,并用湿布覆盖待用。

（3）称取水泥 300g,倒入搅拌锅内。

（4）加入推荐掺量的外加剂及 87g 或 105g 水,搅拌 3min。

（5）将拌好的净将迅速注入截锥圆膜内,用刮刀刮平,将截锥圆膜按垂直方向提起,同时开启秒表计时,任水泥浆在玻璃板上流动,至 30s,用直尺量取流淌部分互相垂直的两个方向的最大直径,取平均值作为水泥净将流动度。

4. 结果表达

（1）表达净浆流动度时,需注明用水量,所用水泥的标号、名称、型号及生产厂和外加剂掺量。

（2）试样数量不应少于三个,结果取平均值,误差为 ±5mm。

二、水泥砂浆工作性试验

1. 试验目的

用于测定外加剂对水泥分散效果,当水泥净浆流动度试验不明显时可用此法。

2. 仪器和设备

砂浆搅拌机;跳桌、截锥圆膜及模套、圆柱倒棒、卡尺;抹刀;台秤(称量 5kg)。

3. 材料

水泥;标准砂。

4. 试验步骤

（1）称取 300g 水泥,750g 标准砂倒入搅拌锅内,开启搅拌机,拌和 5s 后,徐徐加入水,30s 内加完,自开动机器起搅拌 3min,停机,将搅拌叶片提起,并刮下粘在叶片上的砂浆,取出搅拌锅。

（2）在拌和砂浆的同时,用湿布抹擦跳桌的玻璃台面、倒棒、截锥圆膜及模套内壁,并把它们置于玻璃台面中心,盖上湿布备用。

（3）将拌好的砂浆迅速分两层装入试模内,第一次装至截锥圆膜的 2/3,并用倒棒自边缘向中心均匀捣 15 次,接着装第二层砂浆,装至高出截面圆模约 2cm,同样用倒棒捣 10 次。在装砂浆与捣实时,用手将截锥圆膜按住,以免产生移动。

（4）捣好后取下模套,用抹刀将高出截锥圆膜的砂浆刮去并抹平,随即将截锥圆膜垂直向上提起,以每秒一次的频率使跳桌连续跳动 30 次。

（5）跳动完毕用卡尺量出砂浆底部流动直径,取互相垂直的两个直径的平均值为该用水量时的砂浆流动度用 mm 表示。

（6）重复上述步骤,直至流动度在（140 ± 5）mm。当砂浆流动度为（140 ± 5）mm 时的用水量即为基准砂浆流动度的用水量 M_0。

（7）测出掺外加剂砂浆流动度达（140 ± 5）mm 时的用水量 M_1。

（8）加入推荐掺量的外加剂,测定加入基准砂浆用水量的砂浆流动度,以 mm 表示。

5. 结果表达

（1）砂浆减水率,按下式计算:

$$砂浆减水率（\%） = \frac{M_0 - M_1}{M_0} \times 100\% \qquad (15—27)$$

式中 M_0——基准砂浆流动度为 (140 ± 5) mm 时的用水量,g;

M_1——掺外加剂的砂浆流动度为 (140 ± 5) mm 时的用水量,g。

(2)砂浆流动度

①试样数量不少于三个,结果取平均值,误差为 ± 5 mm。

②注明所用水泥的标号、名称、型号及厂家。

参考文献

1. 陈志源，李启令．土木工程材料（第2版）．武汉：武汉理工大学出版社，2003

2. 高琼英．建筑材料（第3版）．武汉：武汉理工大学出版社，2006

3. 姚燕．新型高性能混凝土耐久性的研究与工程应用．北京：中国建材工业出版社，2004

4. 吴中伟，廉慧珍．高性能混凝土．北京：中国铁道出版社，1999

5. 钱晓倩．建筑工程材料．杭州：浙江大学出版社，2009

6. 李上红．道路建筑材料．北京：机械工业出版社，2007

7. 苏达根．土木工程材料．北京：高等教育出版社，2008

8. 严家伋．道路建筑材料（第三版）．北京：人民交通出版社，1999

9. 潭忆秋．沥青与沥青混合料．哈尔滨：哈尔滨工业大学出版社，2007

10. 魏小胜，严捍东，张长清．工程材料．武汉：武汉理工大学出版社，2008

11. 符芳．建筑材料（第2版）．南京：东南大学出版社，2001

12. 励杭泉．材料导论．北京：中国轻工业出版社，2000

13. 湖南大学等合编．土木工程材料．北京：中国建筑工业出版社，2002

14. N Jackson, RK Dhir. Civil Engineering Materials (Second edition). Macmillan Education, 1988

15. J. Francis Young. 土木工程材料科学与技术（英文版）．北京：中国建筑工业出版社，2002